채식하는
운동선수

THE PLANT BASED ATHLETE

채식하는 운동선수

경기력을 극대화하는 게임 체인저: 최강의 채식 식단

맷 프레이저 · 로버트 치키 지음 | 엄성수 옮김

CYPRESS
싸이프레스

이 책에 담긴 건강 관련 조언과 정보는 다른 건강 전문가들의 의견을 대체하기보다는 보충하는 용도로 활용하길 바란다. 건강상 문제를 인지하고 있거나 염려된다면, 의료 프로그램이나 치료에 착수하기에 앞서 전문의와 상의하기를 권한다. 출간 일자 현재까지 우리는 이 책에 담긴 정보의 정확성을 확인하기 위해 가능한 한 모든 노력을 기울였다. 이 책의 출판사와 저자들은 책에서 제시하는 방법을 활용해 생겨나는 그 어떤 의학적 결과에 대해서도 책임이 없음을 밝힌다.

일러두기: 본문에서 [ ] 안의 내용은 '옮긴이 주'입니다.

그동안 운동선수들은 맹훈련을 하는 동시에, 다른 한편으로는 더 크고 더 강하고 더 빠른 몸을 만들기 위해 동물성 단백질을 섭취해 왔다. 모든 것은 경쟁력을 강화한다는 명목하에 행해진 일이다. 그러나 단기적인 성공을 위한 그런 노력으로 인해 운동선수들은 장기적으로 만성질환을 얻게 되는 경우가 많다. 이 책은 최정상급 운동선수부터 '주말 전사[주말에 격한 운동을 몰아서 사람]'에 이르는 많은 사람들이 장기적으로 건강을 잃지 않으면서, 단기적인 목표를 달성할 수 있는 방법이 있다는 사실을 보여준다. 동물성 단백질 식단을 채식 기반의 식단으로 바꿀 경우, 심장을 보호하고 암을 예방하며 당뇨병을 퇴치하고 뇌졸중을 막을 수 있다. 뿐만 아니라 염증을 완화하고 회복 시간 또한 단축시킬 수 있다. 승리에 대한 선수들의 의지는 활활 타오르게 된다.

- 콜럼버스 바티스트, 의학박사 겸 심장병 전문의

차례

THE PLANT BASED ATHLETE

이 책을 쓰는 데 도움을 준
채식하는 운동선수 모두에게 감사드립니다.

제임스 윌크스, 종합격투기 챔피언
브레아나 위글리, 국제보디빌딩연맹 비키니 선수
세이셸 웹스터, 스탠드업 패들보드 선수
더스틴 와튼, 미국 배구 국가대표
올라 월시, 미국 사이클 챔피언
울다 와아게, 미국 역도 챔피언
안드레 보이타, 올림픽 육상 선수
데이비드 베르버그, 올림픽 육상 선수
크리스틴 바다로스, 사이클 선수
에비에 우도-우도마, 미국 비치 핸드볼 국가대표
코린 서튼, 보디빌딩 챔피언
닉 스콰이어스, 역도 챔피언
레베카 소니, 올림픽 수영 선수
메리 슈나이더, 엘리트 마라톤 선수
존 샐리, NBA 챔피언(4회)
데이비드 로더, 철인 3종 경기 선수
리치 롤, 울트라마라톤 챔피언
제레미 레인더스, 네덜란드에서 가장 강한 남자
피오나 오크스, 마라톤 기네스 세계 신기록 보유자
제임스 뉴버리, 호주에서 가장 강한 남자(4회)
다니엘 네그리누, 포커 시리즈 세계 챔피언
줄리아 머레이, 올림픽 스키 선수
소피 멀린스, 영국 울트라마라톤 챔피언
헤더 미츠, 올림픽 축구 선수
나탈리 매튜스, 국제보디빌딩연맹 비키니 선수
제히나 말릭, 국제보디빌딩연맹 보디빌더
소냐 루니, 산악자전거 세계 챔피언
베라 레비, 체력 코치
조르주 라라퀴에, 전 북미아이스하키리그 선수
조시 라조니, 울트라마라톤 챔피언
캐틀린 쿠크, 미국 사이클 챔피언
비비안 콩, 엘리트 펜싱 선수
로라 클라인, 철인 2종 경기 세계 챔피언
매기 카탄, 미국 육상 국가대표팀 코치
스콧 주렉, 울트라마라톤 세계 챔피언
존 조셉, 철인 3종 경기 선수
샨다 힐, 울트라마라톤 챔피언
케빈 힐, 올림픽 스노보드 선수
스테판 그레이, 축구 프리스타일러
다시 게처, 카약 세계 챔피언
유리 포먼, 복싱 세계 챔피언
샤론 피치먼, 테니스 선수
립 에셀스틴, 수영 세계 기록 보유자
바네사 에스피노자, 복싱 챔피언
메건 두하멜, 올림픽 피겨 스케이팅 선수
알라스테어 딕슨, 트레일 러너
야시네 디보운, 울트라마라톤 챔피언
패트릭 델로렌지, 철인 3종 경기 선수
해리엇 데이비스, 국제보디빌딩연맹 비키니 선수
올레샤 다데마, 엘리트 체조 선수
카트라 코벳, 울트라마라톤 선수
베이비드 카터, 전 미식축구 선수
브렌던 브레지어, 철인 3종 경기 선수
타야 블랭코, 서핑 세계 챔피언
킴 베스트, 스트롱우먼 세계 기록 보유자
제임스 베빙턴, 카약 세계 챔피언
닷시 바우시, 올림픽 사이클 선수
로비 발렌거, 울트라 지구력 선수
캠 오섬, 복싱 챔피언
운살 아릭, 복싱 챔피언
오스틴 에리즈, 프로레슬링 세계 챔피언

서문

식단이 바뀌면 경기력도 바뀐다

- 마이클 그레거, 의학박사 겸 『죽지 않는 법How Not to Die』의 저자

채식하는 운동선수는 새로운 개념이 아니다. 고대 로마의 검투사들부터 순전히 즐거움을 위해 무려 260킬로미터 달리기 경주를 한 멕시코 북부의 타라후마라 부족에 이르기까지, 채식 기반의 식단을 한 선수들에 대한 기록은 얼마든지 찾아볼 수 있다. 채식하는 운동선수들을 다룬 연구 역시 새로운 건 아니다. 하지만 이런 류의 연구는 오늘날에 이르러 더 큰 설득력을 갖게 되었다. 2020년 4월 발표된 〈엄격한 채식주의자의 식단은 지구력과 근력을 저하시키나?〉라는 제목의 연구를 예로 보자. 연구진은 건강하고 활동적인 젊은 여성들을 엄격한 채식을 하는 그룹과 육식과 채식을 다 하는 그룹으로 나눠 2년 넘게 추적 · 관찰했다. 두 그룹의 체성분과 최대 산소 섭취량을 측정하고, 최소 지구력 테스트와 근력 테스트도 했다. 그 결과 신체활동 지수, 체질량 지수, 체지방률, 지방 제외 체중, 근력 등의 측면에서 두 그룹은 비슷하게 나타났다. 그러나 최대 산소 섭취량과 탈진에 이르는 최소 지구력 시간 측면은 엄격한 채식을 한 여성들이 현저히 더 나았다. 엄격한 채식 식단이 지구력과 근력을 떨어뜨리지 않을 뿐만아니라, 오히려 엄격한 채식을 하는 집단의 지구력이 더 높게 나타난 것이다. 전설적인 채식하는 육상 선수 피오

나 오크스Fiona Oakes나 스콧 주렉Scott Jurek, 브렌던 브레지어Brendan Brazier 같은 이들을 따르는 사람들에게 이런 연구 결과는 놀랄 일이 아니다. 이는 세계적인 운동선수들이 그 자리에 오른 이유를 뒷받침해주는 과학적 증거이기 때문이다.

이 책은 거의 모든 스포츠 종목의 세계 챔피언을 비롯, 채식 기반의 식단을 하는 많은 운동선수의 성공 스토리를 담고 있다. 그 자체로 아주 좋은 자극이 될 것이라 기대한다. 그러나 내 가장 큰 관심사는 선수들이 거둔 성과 뒤에 숨어 있는 과학이다. 기본적인 사실은 익히 알려져 있다. 식물로부터 우리가 필요로 하는 모든 단백질을 섭취할 수 있다는 사실, 식물성 식품에는 동물성 식품에 비해 항산화 물질이 64배나 더 많이 들어 있다는 사실, 섬유질은 식물에서만 발견된다는 사실, 식물성 식품은 동물성 식품에 비해 칼로리 당 영양소 비율인 영양소 밀도가 훨씬 더 높다는 사실 등은 영양학적 상식이다. 하지만 단순해 보이는 이 사실에 실은 훨씬 더 깊은 의미가 담겨 있다. 녹색 채소 속에 함유된 산화질소가 어떻게 혈류를 더 원활하게 해주는지, 항산화 물질들이 어떻게 근육 조직의 회복에 도움을 주는지, 식물들이 어떻게 안정시 대사율[육체적 또는 정신적으로 편안하고 고요한 상태에서의 대사 양]을 개선해주는지, 동물성 단백질 섭취를 피할 경우 어떻게 비만 위험도가 줄어드는지 등은 우리가 공론화하지 않아도 이미 각종 과학 문헌에 풍부하게 기술되어 있다. 식물은 오랜 세월 우리 인류가 선호해온 에너지원이며, 오늘날에도 성공적이고 지속적이며 활동적인 생활 방식을 위한 해결책이 될 수 있다는 것이다.

이 책의 저자 맷 프레지어Matt Frazier과 로버트 치키Robert Cheeke는 앞으로 소개될 많은 운동선수와 마찬가지로 이런 사실을 입증해 보인 사람들이다. 『채식하는 운동선수』는 엄청나게 신선하고 독창적인 책이다. 수십 년에 걸친 개인적인 경험과 세계적으로 유명한 선수들의 성공 스토리는 물론 각종 연구를 근거로 한다. 누구나 필자들의 조언에 귀 기울일 필요가 있다. 단순히 식습관에 대한 조언이 아니라, 육체적 능력과 전반적인 삶의 질을 높여줄 생활 방식을 만들어내는 데 꼭 필요한 조언이기 때문이다.

가장 건강하고 가장 행복하며 가장 보기 좋은 나를 만드는 길은 결국 본인이 어떤 음식을 먹느냐에 달려있다. 신중하면서도 현명하게 음식을 선택해 가장 건강하고 행복하며 보기 좋은 자신을 만들어가길 빈다.

한국어판 서문

채식 기반의 식단은 새로운 혁명이다

– 맷 프레지어 · 로버트 치키

세계 곳곳에서 경기력을 극대화하기 위해 채식 기반의 식단을 받아들이는 운동선수들이 늘어가고 있는 상황 속, 우리 책을 한국에서도 출간하게 되어 더없는 영광이다. 그동안 아시아 문화는 채식 기반의 식단에 관한 한 선구자적인 역할을 해왔다. 여러 세기에 걸쳐, 아니 어쩌면 그보다 더 오랜 세월, 아시아는 녹색 채소와 콩류, 죽류, 면류, 쌀 등을 이용한 각종 음식, 그리고 자연식 자체를 중시해 왔다. 한국인들이 즐겨 먹는 음식도 그 맥락에 있다. 김치, 비빔밥, 떡, 김밥, 만두, 면 등은 채식하는 운동선수에게 적절한 에너지를 주는 음식들이다. 물론 한국인들도 육류를 즐기지만, 최근 들어 세계적으로 채식 기반의 한식이 많은 인기를 얻고 있다. 또한 식물을 통해 몸을 키우고 경기력을 높이는 데 필요한 모든 영양소를 얻을 수 있다는 사실을 보다 잘 이해하고 있는 시대가 도래했다.

이처럼 한국을 비롯한 세계 각국에서 채식을 기반으로 하는 식단의 인기가 날로 높아지고 있는 가운데, 우리 책은 운동선수들의 경기력을 극대화해줄 최신 영양학 관련 정보들을 다뤘다. 요컨대 동물성 단백질을 즐길 경우, 과도한 칼로리를 섭취하게 되는 데다 몸속에 포화 지방과 콜레스테롤이 축적된다. 반면 쌀밥과 면류, 두부, 녹색 채소같이 한국인들이 즐겨 먹는 식단을 즐길 경우 염증이 완화될 뿐 아니라 고품질 영양소까지 얻을 수 있다. 채식 기반의 식단을 하면, 필요한 단백질은 물론 양질의 다량영양소, 그리고 각종 비타민과 미네랄을 섭취할 수 있는 것이다. 그 결과 경기력이 향상되고 건강도 좋아진다. 이는 스포츠 영양학 분야의 새로운 혁명과도 같다. 기쁜 마음으로 이 책 『채식하는 운동선수』를 한국 독자 여러분께 전한다.

추천사

평범한 나를 바꾼 채식의 힘

- 노경은, 야구 선수

저는 어려서부터 호기심이 많았습니다. 야구를 잘하기 위해 이런저런 테스트도 참 많이 했습니다. '가슴 근육을 키워보면 어떨까', '벌크 업을 해보면 어떨까'… 무수히 실험해 보고 실패하고, 실패하고, 또 실패했습니다. 저는 이름이 좀 알려졌을지 모르지만, 스타플레이어는 아닙니다. 가늘고 길게, 그리고 내일 없이. 하루하루 열심히 운동해 온 평범한 선수입니다. 이제 겨우 60승[2022년 5월 24일 기준]을 기록했습니다. 시험 삼아 채식을 하지 않았더라면 그마저도 달성하지 못했을지 모릅니다.

정확히 2020년 2월에 채식을 시작했습니다. 롯데자이언츠 강영식 코치님께서 채식하는 운동선수를 다룬 다큐멘터리 〈더 게임 체인저스The Game Changers〉를 추천해 주신 게 계기였습니다. 경기력을 끌어올리기 위해 트레이닝만 생각하던 제게 코치님은 식이요법을 권하신 겁니다. 저는 완전히 빠져들었습니다. 그리고 호기심이 발동했습니다. 어린 나이였으면 지나칠 수 있었겠지만 당시 서른일곱인 데다 현역 선수 생활을 더 이어가고 싶었기 때문에, '밑져야 본전이다. 해보자' 하고 바로 시행했습니다.

한 10여 일 지났을까요? 웨이트트레이닝을 한 시간에서 한 시간 삼십분 정도 하고서 방으로 돌아가는 데 뭔가 달랐습니다. 원래는 녹초가 돼서 바로 뻗어야 되는데 너무 멀쩡한 겁니다. '다시 한번 똑같이 하라고 하면 할 수 있을까?' 자문하니 '할 수 있을 것 같은데?'라는 답이 바로 나왔습니다. 그때 생각했습니다. '와, 이거 대박이다.'

2~3개월 지나고 나선 효과를 완전히 체감했습니다. 매일매일 기분 좋게 잠에서 깼고, 몸이 가벼웠습니다. 심지어는 선천적으로 안 좋은 줄 알았던 장까지 좋아졌습니다. 지구력에는 누구보다 자신이 생겼습니다. 7이닝까지도 지치지 않고 던질 수 있게 되었습니다.

5개월 정도 지나니 신체의 변화가 느껴졌습니다. 시즌 중에는 웨이트트레이닝을 특별히 많이 하지 않는데, 몸에 군살이 빠지고 근육이 붙은 것입니다. 트레이너마저 놀랄 정도였습니다. "단백질 엄청 먹고 웨이트트레이닝 엄청 한 몸 같다"고 말입니다. 몸의 변화는 결정적이었습니다. 특히 체중 증량에 성공하면서 채식 기반의 식단에 완전한 확신이 생겼습니다. 저는 늘 살을 찌우고 싶었습니다. '100킬로그램이 되면 어떨까' 테스트하고 싶었기 때문입니다. 그런데 선수 생활 내내 88~91킬로그램을 왔다 갔다 할 뿐 그 이상 살이 찌지 않았습니다. 많이 나가봐야 92킬로그램에 그쳤습니다. 그런데 채식을 하고서 너무도 쉽게 100킬로그램이 됐습니다. 억지로 스테이크 두 덩이 먹고, 자기 전에 야식 먹고… 정말 토할 정도로 먹고 웨이트트레이닝까지 했는데도 안 되던 게 말입니다. 더욱 놀라운 건 100킬로그램인 지금이 95킬로그램일 때보다 더 날씬하다는 겁니다. 100킬로그램인데 갈비뼈가 보입니다. 믿어지시나요?

사실 육식만 하는 테스트도 해본 적 있습니다. 저는 역효과를 봤고, 그래서 자신 있게 말할 수 있습니다. 동물성 단백질을 먹는다고 근력이 좋아지지 않습니다. 고기를 먹는다고 공을 잘 던질 수 있는 것도 아닙니다. 지인들은 시합을 앞둔 제게 말합니다. "내일 선발이지? 고기 먹자"고요. 잘못 알고 있는 겁니다. 실은 빵이나 쌀을 먹어야 합니다. 자동차에 기름이 연료이듯, 사람에겐 연료가 탄수화물이니까요.

저는 이러한 영약학적 사실을 채식을 하며 혼자 깨닫거나, 동료 및 지인을 통해 얼핏 들은 게 전부입니다. 지금도 그렇지만 제가 채식을 시작할 땐 정보가 많이 없었습니다. 특히 운동선수를 위한 채식 정보는 찾기 힘들었습니다. 『채식하는 운동선수』를 읽으면서 참으로 시원하다고 느낀 이유입니다. 그동안 채식을 하며 스스로 알아갈 수밖에 없던 점을 풍부한 사례를 통해 알기 쉽게 설명해 주었기 때문입니다. 저는 정보가 부족해 당황스러운 일을 겪기도 했습니다. 채식을 '어떻게' 해야 하는지 모른 채 시작해 근손실이 온 것입니다. 단백질의 중요성을 간과했고, 그러다 생전 처음으로 햄스트링 부상이 왔습니다. 다행히 파열까지는 아니었지만 채식으로 몸 상태가 너무도 좋았는데 다치니 적잖이 당혹스러웠습니다. 이 책을 그때 알았더라면, 다량영양소를 이해하고 체계적인 접근을 했더라면, 겪지 않아도 될 시행착오였습니다. 저와 같은 실수를 하지 않도록 이 책이 그 길을 안내해 줄 것입니다.

이 책은 완전한 채식을 하는 운동선수는 물론 저와 같은 간헐적인 채식을 하는 운동선수에게도 도움이 되는 책입니다. 어쩌면 환경과 동물 보호를 위해 채식을 고려하는 모든 이들을 위한 책일 수도 있습니다. 저는 생선까지 먹는 부분 채식주의자로 2020시즌을 보내다 2021시즌 7월 경에 폐렴을 심하게 앓으면서 채식을 중단하게 됐습니다. 병원식도 먹어야 했고 구단에서 순간 파워도 원했기 때문입니다. 현재는 선발 경기 전날과 당일에 채식을 하고 그 외의 날에는 가리지 않고 먹는 간헐적인 채식주의자입니다. 굳이 고기를 찾아먹지 않지만, 있으면 먹는 식입니다. 그렇게 채식을 알게 된 후 세 번째 시즌을 맞았습니다. 저는 볼 스피드를 올려보기로 했고, 또 성공해 보였습니다. 전문가들의 분석으론 작년 대비 구속이 시속 4킬로미터까지 빨라졌다고 합니다. 사람들은 말합니다. "그래, 고기 먹으니까 스피드가 나잖아?" 저는 속으로 "아무것도 모르는 소리"라고 웃습니다. 폼과 밸런스 변화 등 시즌 전 준비를 잘 한 것도 물론 있지만, 전 식단에 그 비결이 있다고 생각하기 때문입니다. 몸 상태가 좋지 않았더라면, 채식으로 그 기반이 닦아져 있지 않았더라면, 결코 구속을 끌어올리지 못했을 거라고 확신합니다.

저는 특별히 내세울 성적이 없는 선수입니다. 이 책에 나오는 각 종목의 챔피언, 올림픽 메달리스트 같은 눈부신 성과는 제게 없습니다. 하지만 확실히 말할 수 있는 것이 있습니다. 채식을 하면 건강이 좋아진다는 것입니다. 제가 채식을 하는 제1의 이유가 바로 건강입니다. 자고 일어나면 너무도 개운합니다. 기분 좋은 일이 생기거나 어디 여행이라도 가는 날 설레는 것처럼 몸이 가볍습니다. 피로도는 훨씬 덜합니다. 채식하기 전보다 30~40퍼센트는 덜 지칩니다. 게다가 채식을 하면 예방할 수 있는 질병이 무척 많습니다. 당뇨, 뇌혈관 질환 등 가족력이 있는 제게 채식은 최선의 예방책이기도 합니다. 컨디션은 자연스럽게 좋아집니다. 그러다 보면 모든 게 잘 풀리지 않을까 생각합니다. 운동선수라면 경기력으로 이어지는 것이죠.

저는 채식을 지지합니다. 지금도 보다 엄격한 채식을 하길 원합니다. 그리고 은퇴하면 채식을 할 생각입니다. 제가 하고 싶은 이야기 또 듣고 싶었던 이야기가 이 책 안에 있습니다. 지난 2년여간 한 실험이 세계적인 운동선수가 해온 것과 같다는 점이 놀라울 따름입니다. 채식이라는 대안을 만나 저와 수많은 선수들이 한 경험을 여러분도 함께 나누었으면 좋겠습니다.

1장

채식하는 운동선수들

지구상에서 가장 크고, 가장 강하고, 가장 빠른 인간들인 유명 엘리트 운동선수들이 거둔 세계 최고의 성과 뒤에는 비밀 무기 하나가 감춰져 있다. 그들은 그 비밀 무기 덕에 더 열심히 훈련하고, 더 오래 뛰고, 더 빨리 뛰고, 더 좋은 기록을 내고, 부상을 예방하고, 더 빨리 회복한다고 말한다. 실제 그 비밀 무기 덕에 그들은 올림픽 메달을 따고 월드컵, 윔블던, 슈퍼볼 등에서 챔피언이 되며, 각종 세계 기록을 깨고 있다. 그들이 말하는 비밀 무기는 비용이 많이 드는 최첨단 기기나 혹독한 훈련이 아니다. 헌신적인 트레이너나 본인들의 우월한 DNA도 아니다. 오히려 정반대다. 비용이 많이 들지 않을뿐더러 그 누구든 의지만 있다면 쉽게 따라 할 수 있다. 바로 채식 기반의 식단이다. 이를 입증하는 대표적인 운동선수들의 이름을 대기란 어렵지 않다.

2019년 여름에 열린 여자 월드컵에서 미국 대표팀에 우승을 안기며 전 세계에 이름을 알린 알렉스 모건Alex Morgan은 자신의 힘과 지구력이 오롯이 채식 기반 식단에서 나온 것이라고 말했다. 같은 해 여름, 테니스 세계 랭킹

1위 노박 조코비치Novak Djokovic는 로저 페더러Roger Federer를 제치고 5번째 윔블던 챔피언에 오르는 쾌거를 이뤘다. 놀라운 성과와 관련된 질문을 받았을 때 그는 망설임 없이 자신의 에너지와 스태미나 그리고 전반적인 성취는 전부 채식 기반 식단 덕이라고 답했다. 2011년, 여자 테니스의 아이콘 비너스 윌리엄스Venus Williams는 자가면역 질환인 쇼그렌 증후군으로 US 오픈 도중 돌연 기권했다. 당시 극심한 피로와 관절통에 시달린 그녀는 건강 회복을 위해 채식 기반의 식단을 시작했다. 그리고 바로 그다음 해, 윔블던에서 우승하고 올림픽 금메달을 목에 걸었다. 수년간 여자 테니스계를 지배해 온 비너스의 동생 세레나 윌리엄스Serena Williams 역시 과거 때때로 채식 기반의 음식을 먹곤 했다. 그리고 지금은 대부분 채식 기반의 식단을 하고 가끔 육식을 하는 보다 강도 높은 채식 중심의 식단을 따르고 있다.

미국프로농구(NBA) 올스타에 빛나는 카이리 어빙Kyrie Irving은 2017년 식단을 채식 기반으로 바꿨다. 그해 어빙은 클리블랜드 캐벌리어스에서 보스턴 셀틱스로 트레이드되며 마침내 르브론 제임스LeBron James의 그늘에서 벗어날 기회를 잡았는데, 보스턴이 시즌 초 예상외의 저조한 성적을 보이자 식단에 변화를 준 것이다. 이후 보스턴은 13연승을 거두었다. 어빙은 계속 성공 가도를 달려 팀의 리더가 되었고 곧이어 올스타에 선정됐다. 현재 브루클린 네츠의 간판스타로 활약 중인 어빙은 여전히 채식 기반의 식단을 고수하고 있다. 그는 또 2019-20시즌, 브루클린 유니폼을 입고 뛴 첫 경기에서 무려 50점을 기록, NBA 역사를 새로 쓰기도 했다. NBA에서 채식 기반의 식단을 통해 경쟁력을 높이고 있는 선수는 어빙만이 아니다. 또 다른 NBA 올스타 데미안 릴라드Damian Lillard 역시 체중을 줄이고 스피드를 높이기 위해 채식 기반의 식단을 택했다. 그는 두 가지 목표를 모두 달성했다. NBA 세컨드 팀 올스타에서 벗어나 삽시간에 리그 전체를 통틀어 가장 뛰어난 선수 중 하나로 부상했다. 크리스 폴Chris Paul, 저베일 맥기JaVale McGee, 디안드레 조던DeAndre Jordan, 윌슨 챈들러Wilson Chandler 같은 NBA 스타들 역시 경기력을 향상시키기 위해 채식 기반의 식단을 해오고 있다. 크리스 폴은 선수로서는 비교적 황혼기에 접어든 2019-20시즌에 전성기를 연상케하는 활약을 펼쳤는데 이때는 그가 꼬박 1년 이상 채식 기반의 식단을 한 뒤였다. 미국여자프로농구(WNBA)에서도 채식 기반의 식단은 아주 큰 인기를 얻고 있다. 많은 사람들이 역사상 가장 위대한 여자 농구 선수로 인정하는 다이애나 터라시Diana Taurasi를 비롯해, 가장 기량이 출중한 선수 여럿이 에너지와 경기력 그리고 건강 그 자체를 위해 채식 기반의 식단을 하는 중이다. WNBA 스타인 리즈 캠베이지Liz Cambage, 레베카 브런슨Rebekkah Brunson, 은네카 오구미케Nneka Ogwumike 등도 경기력을 높이기 위해 채식 기반의 식단을 택하고 있다.

2017년 미국 프로미식축구(NFL)의 라인백커 데릭 모건Derrick Morgan 역시 테네시 타이탄스의 다른 주전 수비수들과 함께 채식 기반의 식단을 택해, 9년 만에 처음으로 팀을 플레이오프까지 이끌었다. 그에 뒤질 새라 워싱턴 풋볼 팀[현 워싱턴 커맨더스]의 주전 공격수들도 2017년에 채식 기반의 식단을 택했다. 보다 최근 사례로는 캠 뉴턴Cam Newton이 있다. 한때 NFL 최우수 선수였던 그는 경기력 향상을 위해 채식 기반으로 식단을 바꿨다. 그리고 한동안 '비건 스트롱Vegan Strong' 캠페인에 참여하면서 여러 주요 매체들의 스포트라이트를 받았다. 인터뷰에서 그는 부상 후 회복에 채식 기반의 식단이 긍정적인 효과를 미쳤으며, NFL 주전 쿼터백 자리로 되돌아가는 데 큰 도움이 되었다고 말했다.

복싱 전설 마이크 타이슨Mike Tyson은 무려 54세라는 나이에 링에 복귀했다. 10여 년간 채식 기반의 식단을 고수한 결과, 건강은 물론 운동선수로서의 신체 능력을 되찾은 것이다. 네이트 디아즈Nate Diaz, 닉 디아즈Nick Diaz, 맥 댄지 그Mac Danzig, 제임스 윌크스James Wilks 같은 많은 종합격투기(MMA) 선수들 또한 지구력을 끌어올리고, 체력을 빠르게 회복하기 위해 채식의 힘을 빌리고 있다. 티모시 브래들리Timothy Bradley, 데이비드 헤이David Haye, 캠 오섬Cam Awesome, 운살 아릭Unsal Arik, 유리 포먼Yuri Foreman 같이 유명한 자국 및 세계 복싱 챔피언 역시 매 라운드 버틸 힘을 키우고 회복력과 경기력을 향상시키기 위해 채식 기반의 식단을 하고 있다.

헤더 미츠Heather Mitts, 레베카 소니Rebecca Soni, 메건 두하멜Meagan Duhamel, 닷시 바우시Dotsie Bausch 같은 올림픽 메달리스트들도 채식이 빠른 회복과 경기력 향상에 효과적이라고 입을 모은다. 그들은 채식 기반의 식단을 따르고 있을 뿐만 아니라, 다른 사람들에게도 채식 기반의 식단을 권하고 있다. 역사상 가장 위대한 올림픽 메달리스트 중 한 사람이자 전설적인 육상 선수인 칼 루이스Carl Lewis 또한 시대를 초월한 자신의 성취를 채식 기반의 식단과 그에 따른 생활습관 덕이라고 말한다. 금메달 9개 포함해 총 10개의 올림픽 메달을 손에 넣은 그는 수많은 세계 최정상급 운동선수들을 채식 기반의 식단으로 이끌었다. 그리고 그를 따른 많은 이들은 올림픽 메달리스트가 되는 영광을 누렸다.

비랏 콜리Virat Kohli는 각종 상과 타이틀을 휩쓴 세계 최고의 크리켓 선수 중 한 명으로, 스포츠 전문 매체 ESPN이 선정한 가장 유명한 운동선수 100인 리스트에서 7위에 오른 크리켓의 아이콘이다. 그는 〈포브스Forbes〉가 선정한 가장 돈 많이 버는 운동선수 100인 리스트는 물론 〈타임TIME〉이 선정한 가장 영향력 있는 인물 100인 리스트에도 올랐다. 세계에서 가장 영향력 있는 채식하는 운동선수 21인 리스트에도 그의 이름이 있다. 이 리스트에는 루이스 해밀턴Lewis Hamilton 또한 자리하고 있다.

포뮬러 원 7회 우승에 빛나는 루이스 해밀턴은 대놓고 채식 기반의 식단을 하고 있다고 말한다. 대개 유명 운동선수들은 자신이 채식 기반의 식단을 한다는 사실을 잘 공개하지 않는데, 그는 예외다. 단순히 채식 기반의 식단을 고수하는 것에 그치지 않는다. 해밀턴은 틈나는 대로 많은 사람들에게 자신의 식단과 생활 방식을 권하고 있다. 그 영향으로 수백만에 달하는 그의 팬들이 자신의 건강과 환경보호를 위해 채식 기반의 식단을 따르고 있다. 2019년과 2020년에도 각종 기록을 수립한 그는 오늘날 세계에서 가장 인정받는 운동선수 중 한 명으로 꼽히고 있다.

막강한 권력과 힘, 남성다움의 상징과도 같은 인물인 아놀드 슈왈제네거Arnold Schwarzenegger 역시 근육을 키우기 위해 굳이 육류를 섭취할 필요가 없다는 사실을 역설하고 있다. 실제로 그는 요즘도 거의 채식 기반의 식단을 고수하고 있으며, 다른 사람들에게도 채식 기반의 식단을 권하고 있다.

운동선수들에게 채식 기반의 식단은 이제 더 이상 부차적인 주제가 아니다. 최근 몇 년간 각종 매체에 오른 주요 뉴스 제목들을 살펴보자.

〈USA 투데이〉: **채식 기반의 식단이 스포츠계를 평정하다**
CNBC: **왜 NFL 선수들과 다른 운동선수들은 채식주의자가 되고 있는가?**
〈U.S. 뉴스 앤 월드 리포트〉: **운동선수들은 채식 기반의 식단으로 성공할 수 있다**
〈포브스〉: **운동선수들이 채식주의자가 되어가는 다섯 가지 이유**
〈뉴욕 타임스〉: **루이스 해밀턴이 바꾼 식단, 유행이 되다**

점점 더 많은 위대한 프로 운동선수와 올림픽 메달리스트, 기타 다른 엘리트 체육인들이 신체 단련을 위해 채식 기반의 식단을 택하고 있다. 가능하리라 꿈도 꾸지 못한 방식들로 신체 능력이 향상될 뿐 아니라 선수 생명은 물론 수명까지 늘어나기 때문이다. 이는 우리 인간의 몸이 강해지기 위해 굳이 육류나 달걀 또는 유제품을 필요로 하지 않는다는 강력한 증거이기도 하다. 만일 채식 기반의 식단을 하며 NBA의 가장 빛나는 스타들이 불꽃 튀는 한 시즌을 잘 치를 수 있고, NFL의 가장 강하고 뛰어난 선수들이 엄청난 신체 능력이 요구되는 미식축구에서 기량을 뽐내고, 걸출한 프로 테니스 선수들이 각종 변수와 시차를 극복해가며 1년을 잘 보낼 수 있다고 하면 어떨까. 평범한 운동선수들이 채식 기반의 식단을 택할 경우 어떤 경험을 하게 될는지 상상하기란 어렵지 않다. 이것이 바로 우리가 지난 30여 년간의 경험을 공유하려 하는 이유다. 또 이 책 『채식하는 운동선수』가 전하고자 하는 메시지다. 즉, 어떻게 채식 기반의 식단을 당신의 삶에 적용하고 또 당신의 잠재력을 십분 발휘하게 할 것인지를 알려주고자 한다. 그에 앞서 특출한 운동선수들이 실제 어떻게 먹고 어떻게 훈련하고 어떻게 회복하는지부터 살펴볼 예정이다.

채식주의는 우리 시대 가장 거대한 트렌드 중 하나로 자리매김해 있다. 그렇다. 완전한 채식주의자이든 잠시 채식주의에 관심을 보이는 사람이든 채식주의를 택하는 거의 모든 사람들은, 채식을 더 많이 하고 육식을 덜함으로써 많은 이점을 누린다. 체지방이 줄어들고 혈당 수치가 안정화되며(많은 경우 당뇨 진단까지 번복된다) 콜레스테롤 수치가 떨어진다. 이뿐만 아니다. 심장병이 개선되고 관절통을 비롯한 여러 형태의 염증들이 완화되며 많은 만성질환들이 치유된다.

자, 이제 다음 단계로 나아가야 할 때다. 바로 채식 기반의 신체 단련이다. 채식 기반의 신체 단련은 채식을 아는 사람들에겐 새로울 게 없는 개념으로, 우리 두 저자 역시 잘 알고 있다. 우리는 경쟁력을 갖춘 채식하는 운동선수들로, 두 사람 도합 30여 년의 경험을 보유하고 있기 때문이다. 1990년대 중반이 넘어 채식하는 운동선수가 된 로버트 치키는 '비건 보디빌딩 운동'의 대부로 여겨지고 있다. 마라톤 선수인 맷 프레이저는 세계 최대 규모의 채식하는 운동선수 웹사이트 '육식 하지 않는 운동선수(nomeatathlete.com)'를 2009년부터 운영해오면서 채식하는 운동선수의 생활 방식과 관련된 논의를 주도하고 있다. 또한 우리 두 사람은 여러 해에 걸친 연구와 직접적인 경험을 통해 운동선수들이 채식 기반의 식단으로 필요한 단백질과 영양소를 섭취할 수 있을 뿐 아니라 운동선수로서 뛰어난 성과를 올리고 높은 신체적 목표를 달성할 수 있다는 사실도 확인했다. 그 사실을 바탕으로 우리는 노련한 프로 선수들부터 주말에 몰아서 운동을 하는 이른바 '주말 전사'에 이르기까지 많은 이들에게 새로운 가능성을 열어 주었다. 그러나 아직까지도 신체 단련이라는 핵심으로 주제가 넘어오지 못하고 있다. 이 과도기에서 『채식하는 운동선수』는 변화를 이끌고자 한다.

선구자들이 멈춘 곳에서 다시 시작하기

많은 스포츠 종목의 챔피언들은 오래전부터 식물에서 힘을 얻어왔다. 이런 주제에 대한 책과 문헌이 나오기 전부터, 채식주의자라는 사실을 누군가가 부담 없이 밝힐 수 있는 시대가 오기 전부터, 또 소셜 미디어의 이른바 인플루언서들이 채식 기반의 제품을 홍보해 돈을 벌거나 채식 기반의 식단으로 근육을 키우고 몸매를 가꿔 수입을 얻는 시대가 오기 전부터 말이다. 아니, 인터넷이 생겨나기 한참 전부터 그랬다. 그리고 현대화된 채식 기반의 식단이 생겨나기 한참 전에 이미 음식 불평등과 정부 보조금, 환경오염, 공장식 축산, 동물 학대 등에 반대 의사를 분명히 밝히면서 채식 기반의 식단을 택해 올림픽 메달을 딴 운동선수들이 있었다. 또한 가장 높은 수준의 경쟁력을 확보하기 위해 굳이 동물성 단백질을 섭취할 필요가 없다고 주장한 운동선수들도 있었다. 몇 십 년 전에 이미 많은 선수들이 기록을 향상시키기 위해 채식 기반의 식단을 택했고, 그 결과 자신들이 원하는 효과를 보았던 것이다. 여기서 드는 의문 하나. 채식 기반의 식단이 정말 효과가 있었다면, 왜 그 당시 주류가 되지 못한 걸까? 늘 하는 말이지만, 채식 기반의 식단을 한다는 게 아무리 가치 있는 일이라 해도 습관은 쉽게 바뀌지 않는다. 변화에는 시간이 필요하며 관례를 깨는 건 쉽지 않다. 그러나 그건 그때의 일이다. 지금은 채식하는 운동선수들을 위한 새날이 밝아오고 있다.

채식하는 운동선수의 역사는 로마 검투사까지 거슬러 올라간다. 법의학자들이 뼈 성분을 분석한 후 내린 결론에 따르면, 로마 시대의 검투사들은 주로 채식 기반의 식단을 했다.[1] 채식을 한 고대 올림픽 선수들에 대한 기록도 있다. 경기력 향상을 위해 채식 기반의 식단을 받아들인 전설적인 운동선수들이 본격적으로 나타나기 시작한 건 1970년대와 1980년대다. 대표적으로는 전설적인 육상 선수인 에드윈 모지스Edwin Moses와 칼 루이스Carl Lewis, 유명 보디빌더인 빌 펄Bill Pearl과 안드레아스 칼링Andreas Cahling 그리고 여자 테니스 챔피언인 마르티나 나브라틸로바Martina Navratilova 등을 꼽을 수 있다. 모지스는 1977년부터 1987년 사이, 400미터 허들 경기에서 122회 연속 우승을 차지하는 기염을 토한 선수다. 400미터 허들 경기의 경우, 스프린터 신발이 단 한차례만 크로스바에 걸려도 바닥에 나뒹굴어 연승이 깨질 수 있다는 걸 감안하면 이는 실로 엄청난 기록이 아닐 수 없다. 모지스가 육류를 뺀 식단을 하면서 세계 기록 4개를 세우고, 올림픽 금메달과 세계 선수권 금메달을 각각 2개 획득했다는 사실은 많은 사람들에게 다음과 같은 메시지를 전한다. '세계에서 가장 위대한 성공을 거둔 선수들 중 한 명이 그것도 강하고 폭발적인 힘을 요구하는 종목에서 활약하는 선수가 육류를 섭취하지 않고도 높은 수준의 성공을 거둘 수 있다면, 우리 같이 평범한 사람들이야 오죽할까?'

전설적인 육상 선수 모지스가 서서히 사람들의 관심에서 멀어져 갈 때, 또 다른 육상 스타가 전성기를 누린다. 칼 루이스다. 1984년 LA 올림픽에서 금메달을 따낸 스프린터이자 멀리뛰기 선수인 루이스는 역사상 가장 위대한 올림픽 챔피언 중 한 명으로 부상하기 시작했다. 그 역시 채식 기반의 식단을 한 것으로 유명하다. 그는 여러 차례 자신의 전성기는 완전한 채식주의자로 보낸 첫해였다는 말을 했으며, 지금까지도 채식을 지지하고 있다. 그 무렵 마르티나 나브라틸로바 역시 가장 위대한 여자 테니스 선수 중 한 명으로 떠오르고 있었다. 수백 주 동안 단식, 복식 모두에서 세계 1위에 랭크되는 등 그녀의 놀라운 성과와 기록은 끝없이 계속되는 듯했다. 마르티나는 아주 오랜 기간 전성기를 구가했다. 그녀는 40대를 훌쩍 넘기고서도 최고 수준의 경기력을 보여 주었는데, 그 비결 역시 채식 기반의 식단이었다. 놀라운 점은 선수 시절 그녀가 완전한 채식주의자가 아니라 일반적인 채식주의자였다는 사실이다.

1990년대에 네 차례나 NBA 우승컵을 들어 올린 농구 선수 존 샐리John Salley는 선수 생활이 끝나갈 무렵, 채식주의의 장점을 역설해 많은 NBA 선수들이 채식 기반의 식단을 받아들이게 만들었다. 결국 그는 남부 캘리포니아에 채식주의자 전용 카페를 열었고, 대체육 생산 판매 업체 비욘드 미트Beyond Meat의 초기 투자자가 됐다. 채식주의와 관련된 많은 다큐멘터리와 기사에 목소리를 낸 것은 물론이다. 그러나 채식 기반의 식단을 택하는 운동선수에게 가장 큰 영향을 준 이들은 따로 있다. 1990년대에 활약한 장거리 육상 선수들이다. 루스 하이드리히Ruth Heidrich, 브렌던 브레지어, 스콧 주렉 같은 전설적인 선수들이 대표적이다. 채식 기반의 식단을 택한 이들은 채식이 인간에게 강력한 힘을 주어 울트라마라톤을 비롯한 달리기 경주에서 뛰어난 성적을 올릴 수 있게 해준다는 사실을 스스로 입증해 보였다. 이 책의 공저자인 로버트 치키를 비롯해 케네스 윌리엄스Kenneth Williams, 로비 헤이즐리Robbie Hazeley, 알렉산더 다가츠Alexander Dargatz 같이 믿기 어려울 만큼 놀라운 성과를 보여준 보디빌더들 역시 엄격한 채식을 고수했고, 맥 댄지그와 제이크 실즈Jake Shields 같은 종합격투기 선수들 또한 채식 기반의 식단을 택해 더 많은 사람들이 채식을 따르게 만들었다.

지구력을 필요로 하든 근력이나 체력을 필요로 하든 채식 기반의 식단으로 뛰어난 성과를 올리고 성공할 수 있다는 사실이 너무나도 분명해지자 세상 사람들은 채식 기반의 식단에 관심을 갖게 되었다. 그렇게 2000년대 초 스포츠계 채식주의 운동이 태동한다. 로버트 치키의 웹사이트 '비건 보디빌딩 & 피트니스Vegan Bodybuilding & Fitness'는 2003년에 만들어져 곧 채식하는 운동선수 수십만 명이 즐겨 찾는 사랑방이 되었다. 그로부터 6년 후에는 맷 프레이저의 웹사이트 '육식하지 않는 운동선수No Meat Athlete'가 생겨나 곧 해당 분야 최대 규모로 성장했다. 현재 방문자 수가 수백만에 달하는 '육식하지 않는 운동선수'는 채식하는 운동선수 공동체 내에서 막강한 영향력을 발휘하고 있다.

그간 우리 두 저자는 우리가 영웅이라 불러 마지않는 선수들이 채식주의로 가는 길을 닦고 성공을 거머쥐는 모습을 목격해왔다. 로버트 치키의 경우 어린 시절 침실에 칼 루이스의 포스터를 걸어두었고(그 당시에는 칼 루이스가 채식주의자인지도 모르고), 맷 프레이저의 경우 자신이 쓴 첫 번째 책의 서문을 브렌던 브레이저에게 부탁하는 등 채식 기반의 식단이 스포츠계에서 진정한 주류가 되기까지 함께한 우리의 여정은 나름대로 보람이 있었다.

무엇보다 큰 보람은 그들을 통해 얻은 깨달음이다. 그 깨달음은 하나의 의문에서 시작되었다. '모든 운동선수들이 기본적으로 같은 방식으로 훈련을 하고 비슷한 성과를 올린다면, 대체 어떻게 운동선수들을 구분할 것인가?' 하는 것이다. 우리는 보다 효율적으로 회복하고 보다 자주 훈련하며, 전반적인 스피드, 지구력, 체력, 경기력을 개선할 수 있는 능력을 가진 운동선수와 그렇지 못한 운동선수로 구분하는 것이 옳다고 생각한다. 이 주장의 대전제는 '그 차이가 영양 섭취에 있다면 어떻게 할 것인가?' 하는 것으로, 이는 위대한 운동선수들이 수십 년에 걸쳐 사실임을 입증해왔다. 그들은 운동선수의 유형을 나누는 데 전문화된 식단보다 중요한 게 없다는 사실 또한 입증해 보였다. 우리 역시 그간의 경험과 많은 과학적 연구를 통해 충분한 증거들을 갖고 있다. 어떤 스포츠를 하든, 칼로리를 충분히 섭취할 수 있는 잘 짜인 채식 기반의 식단을 택하면 에너지를 끌어올리고 염증을 줄이며 원치 않는 체지방을 없애고 수면의 질까지 향상시킬 수 있다는 증거들 말이다. 게다가 많은 의사와 영양사, 기타 다른 의료 전문가들도 심장학, 신경학, 정신 의학, 기능 의학, 생활 습관 의학, 자가면역질환 예방 및 치유 의학 등의 분야에서 채식 기반의 식단이 많은 도움이 된다는 사실을 적극 주장하고 있다.

채식 기반의 식단이 주는 이점을 알게 된 이들이 늘면서, 점점 더 많은 유명 운동선수들이 채식 기반으로 식단을 바꾼 뒤 겪은 일을 공유하고 있다. 채식 기반의 식단을 통해 만성질환을 극복했을 뿐 아니라 개인적으로 세운 목표를 놀랄 만큼 초과 달성했으며, 선수 생활 또한 일반적인 경우보다 훨씬 더 오래 할 수 있었다는 등 각자의 경험을 털어놓고 있는 것이다. 그리고 그 과정에서 매우 중요하고 핵심적인 두 가지 질문이 제기되었다. **"위대한 운동선수들은 채식 기반의 식단을 최대한 잘 활용하기 위해 정확히 어떻게 하고 있는가?", "우리 같은 평범한 선수들은 정확히 어떻게 해야 하는가?"**

우리는 이제 그 질문들에 답하려 한다.

우리 두 저자는 프로 미식축구 선수, 농구 선수, 축구 선수, 테니스 선수, 서핑 선수, 레슬링 선수, 종합격투기 선수, 사이클 선수, 철인 3종 경기 선수, 육상 선수, 복싱 선수, 역도 선수, 보디빌더 등 세계에서 가장 뛰어나고 유명한 채식하는 운동선수들에게서 부상을 최소화하며 최대의 효과를 거두기 위해 어떻게 먹고 어떻게 훈련해야 하는지에 대한 구체적인 방법들을 들었다. 그렇게 가장 바람직한 채식 기반의 식단을 짜는 데 필요한 구체적인 청사진을 제시할 수 있게 되었다. 앞으로 음식을 정확히 어떻게 먹어야 하고 또 얼마나 많이 언제 먹어야 하는지(이는 성별, 나이, 키, 체중, 활동 유형 그리고 지구력이나 민첩성, 체력 또는 스피드 같은 신체 단련 목표에 따라 달라지겠지만), 또 강도 높은 훈련 후 어떻게 보다 효과적으로 컨디션을 회복하는지를 소개하려 한다. 최대한 맛있고 영양가 높은 채식 요리를 만드는 법도 알려줄 것이다. 동시에 채식 기반의 식단을 택한 엘리트 운동선수들이 전한 경험뿐 아니라 의사, 영양사, 영양학 전문가들이 전한 전문지식도 공유할 예정이다. 그들이 연구를 하는 과정에서, 또 환자들을 봐오는 과정에서 알게 된 것이 우리 두 저자를 비롯, 이 장에서 언급한 운동선수들 모두가 체육관이나 헬스클럽에서 봐온 것과 일치하기 때문이다. 즉, 식물에는 놀라운 힘이 들어 있어서 식물을 섭취하면 혈액 순환이 좋아지고, 혈액 내 산소 공급이 늘며, 염증이 줄고, 독소가 배출되며, 근육이 강화되고, 심장이 튼튼해지며, 뇌에 도달하는 영양분 공급이 늘고, 그 결과 체력과 경기력이 무척 좋아지게 된다는 것이다. 한마디로 식물이라는 강력한 연료를 각자의 몸에 맞추는 구체적인 방법을 알게 되면, 경기력을 한 단계 위로 끌어올릴 수 있게 된다는 말이다.

운동선수나 아주 활동적으로 살아가는 사람들이 아니더라도 채식 기반의 식단을 하면 모두가 큰 효과를 볼 수 있다. 우리는 다음과 같은 도전을 권하고 싶다. 체력을 보다 높은 수준으로 끌어올리면 어떤 일들이 가능해지는지, 그리고 채식 기반의 식단을 택할 경우 건강과 체력, 그리고 일상에 어떤 변화가 나타날 것인지를 마음을 활짝 열고 받아들이라고 말이다. 우리의 조언, 그리고 이 장에서 언급한 엘리트 운동선수들과 의료 전문가들의 조언을 받아들인다면, 훈련에서는 물론 실제 경기력 향상에 도움이 될 많은 방법을 확보하게 될 것이다. 전반적인 건강 측면에서도 아주 큰 도움을 받게 될 것임을 물론이다.

이제 이 책에 나오는 운동선수들이 그렇게 했듯, 당신 역시 장기적으로 그리고 기꺼이 계속 노력하는 일이 남았다. 앞으로 나올 여러 조언과 채식 기반의 식단을 받아들여 새로운 목표를 달성하길 바란다. 시도해 볼 만한 가치가 있는 도전이 늘 그렇듯, 힘든 날도 있을 것이고 장애물도 만나게 될 것이다. 성공하느냐 실패하느냐는 맞닥뜨릴 위기를 어떻게 극복하느냐에 달려 있다. 그리고 그 모든 걸 극복하고 채식 기반의 식단으로 많은 효과를 본 운동선수 대열에 합류할 경우, 당신은 더 강해지고 더 빨라지고 더 강인해질 것이다. 당신 뒤에는 우리들이 있다. 앞으로 내디딜 한 걸음 한 걸음에 응원을 보낸다

• • • • •

운동선수들이나 다른 활동적인 사람들이 채식 기반의 식단을 통해 얻을 수 있는 가장 큰 장점 중 하나는 고혈압, 염증, 산화 스트레스[체내 활성산소가 많아져 생체 산화 균형이 무너진 상태], 지방 독성 그리고 서구식 식단에서 비롯된 장내 세균 불균형 상태를 예방할 수 있다는 것이다. 채식 기반의 식단을 하면 에너지 충

전, 신체 기능 향상 및 회복 등의 측면에 도움이 된다고 알려져 있다. 나는 늘 세계기록을 수립하는 채식하는 운동선수들로부터 많은 영감을 얻고 있다. 또한 채식 기반의 식단을 함으로써 건강하고 활기찬 생활을 하는 70~80대 일반인들에게서도 많은 영감을 얻고 있다. 그들은 각종 만성질환에 대한 걱정에서도 자유롭다. 내게 있어 이는 진정한 건강의 척도다. 장기적인 건강에 관한 한 그 어떤 것도 채식 기반의 식단을 능가할 수 없다.

- 브렌다 데이비스, 영양사 겸 작가, 연구원 그리고 강사

운동 후 회복 시간이 짧다는 점은 채식 기반 식단의 가장 큰 이점이다. 그로 인해 더 많은 훈련을 할 수 있고, 더 빨리 경기력이 향상될 수 있다. 영양분 스트레스가 사라져 코르티솔[급성 스트레스에 반응해 분비되는 물질] 수치가 떨어지기 때문에 잠도 더 잘 온다.

- 브렌던 브레지어, 울트라마라톤 챔피언

업계에서는 그간 운동선수들이 수년간 채식 기반의 식단을 하고도 경쟁에서 살아남을 수 있다는 걸 받아들여왔다. 그리고 지금은 채식주의로 향하는 길을 닦아온 전설적인 운동선수들 덕에 많은 의료 전문가들이 채식 기반의 식단으로 단순히 경쟁에서 생존할 뿐만 아니라 크게 성공할 수도 있다고 보고 있다. 나는 신체 운동학 및 영양학 분야에서 내가 대학 시절 배운 것들에 의문을 제기하며 진실을 찾으려 애썼다. 채식 기반의 식단을, 그것도 불완전하게 한 지 일주일도 채 안 돼 나는 체중이 불었고 지난 몇 년간 깬 것보다 더 많은 개인 기록을 깼다. 그리고 그다음 날이면 거의 아무런 염증 반응 없이 다시 운동할 준비가 되었다. 역기를 들어 올리는 순간 뭔가 느꼈다. 그리고 역기를 내려놓을 때 깊은 깨달음 같은 게 왔다. 태어나서 처음으로, 미처 상상도 못했던 심신에 대한 통제력을 갖게 됐다.

- 알리사 스트롱, 미국스포츠의과대학이 공인한 운동생리학자

물리치료를 배우고 이 병원 저 병원에서 일하면서, 나는 병원에서 본 각종 건강 문제들을 피하기 위해 식단을 바꿔야 할 필요가 있다는 사실을 분명히 인지하게 됐다. 단기적인 경기력 향상을 위한 결정이 아니라 장기적인 관점에서 내린 결론이었다. 제대로 에너지를 얻지 못하면, 운동선수들이 아주 좋은 결과를 내는 일은 결단코 있을 수 없다.

- 스콧 주렉, 160킬로미터 지구력 달리기 7회 연속 우승자 겸
217킬로미터 배드워터 울트라마라톤 2회 우승자

채식 기반의 식단을 택한 뒤 나타난 가장 큰 변화는 평소에 활력이 더 넘치고 강도 높은 훈련을 해도 덜 아팠다는 것이다. 그 덕에 주간 훈련 외에 더 많은 훈련을 할 수 있었다.

- 제레미 레인더스, 네덜란드에서 가장 강한 남자(2018년)

2장

음식 속에 감춰진 힘 이해하기: 다량영양소, 미량영양소, 칼로리 밀도

이렇게 2장까지 넘어왔다면, 건강과 운동 능력을 다음 단계로 끌어올리기 위해 육식이 아닌 채식을 시도할 가능성에 마음을 열었다는 신호로 볼 수 있다. 그 자체로 대단한 일이다. 앞으로 모든 장에서 보게 되겠지만, 그런 변화가 당신의 건강과 운동 능력 모두에 엄청난 영향을 준다는 증거는 차고 넘치기 때문이다. 그 증거의 대표 격으로 리치 롤Rich Roll을 꼽을 수 있다. 그는 삶의 가장 중요한 시기에 식단을 채식 기반으로 바꿔 육체적 · 정신적으로는 물론, 전반적인 운동 능력과 생활 방식까지 바뀐 인물이다.

오늘날 세계에서 가장 유명한 채식하는 운동선수 가운데 한 명으로 꼽히는 리치는 울트라마라토너이자 그 유명한 '리치 롤 팟캐스트The Rich Roll Podcast'의 진행자다. 많은 엘리트 운동선수와 오피니언 리더들은 팟캐스트에 초대되기만 해도 마치 매거진 커버를 장식할 인물로 선정되거나 유명한 TV 쇼에 출연이라도 하듯 대단하게 여긴다. 거의 광신도에 가까운 수많은 팬들도 거느리고 있다. 하지만 처음부터 그랬던 건 아니다. 가장 자주 인용되는 그의 말

가운데 하나를 살펴보자. "나는 43세가 돼서야 비로소 운동선수로 정상에 올랐다. 44세엔 처음으로 책을 썼다. 그리고 45세에 팟캐스트를 시작했다. 30세 때 나는 인생이 끝났다고 생각했다. 그러나 52세에 깨달았다. 내 인생이 이제 막 시작되고 있다는 것을. 쉬지 말고 달려라. 절대 포기하지 마라. 그리고 당신의 연이 하늘 높이 나는 걸 지켜보라." 리치는 지난 10년간 자신의 인생을 180도 바꿔 놓았다. 그리고 그 변화 뒤에는 채식 기반의 식단이 있었다.

우리가 인터뷰한 다른 많은 운동선수와 마찬가지로, 리치의 인생 역시 파란만장하다. 스탠퍼드대학교 시절 뛰어난 수영 선수로 활약하고 변호사가 되어 성공 스토리를 쓴 그는 삶이 무너지는 경험을 했다. 마약과 술에 빠져 철창신세를 지고 재활 치료까지 받는 등 인생이 나락으로 떨어진 것이다. 그러나 인생 역전 스토리를 쓴 많은 사람들이 그랬듯, 리치의 인생에도 경종이 울린다. 한 여자의 남편이자 네 아이의 아버지로 40번째 생일을 맞은 날이었다. 정상 체중보다 22킬로그램이나 더 나갔던 그는 계단을 오르려다 그대로 쓰러졌다. 마약도 술도 하지 않은 맑은 정신이었는데도 고꾸라졌다. 당시 그는 '이러다 심장마비가 오는 게 아닌가' 하는 두려움에 떨어야 했다. 여러 해 동안 경쟁력 있는 운동선수와는 거리가 먼 삶을 산 그는 그 일을 계기로 건강과 활력을 되찾아야겠다고 느꼈다. 선택지는 둘이 있었다. 계속 아프고 우울한 상태로 살 것인가, 아니면 건강하고 행복한 상태로 살 것인가. 리치는 후자를 택했다. 그렇게 식단을 채식 기반으로 바꿨고 수영과 달리기를 다시 시작했으며 자전거를 구입했다. 그의 울트라마라톤 인생은 그렇게 시작됐다. 시간이 흘러 그는 유명 매거진의 커버를 장식하는 인물이 됐다. 〈멘스 피트니스Men's Fitness〉가 선정한 세계에서 가장 탄탄한 몸을 가진 남성 25인에 들었고, 울트라맨 철인 3종 경기에서도 두각을 나타내 세계 최정상급 운동선수이자 혁신가로 강렬한 인상을 남겼다. 울트라맨 세계 선수권 대회에서는 신기록을 세우면서 스포츠 사상 가장 큰 성공을 거둔 운동선수 중 한 사람으로 인정받았다. 그는 한때 수영을 한 적은 있었지만, 첫 번째 울트라맨 철인 3종 경기에 출전하기 2년 전까진 자기 소유의 자전거도 없었다. 그런데 3일 일정의 대회에서 그가 자전거로 달린 거리는 하루에 자그마치 170마일[약 274킬로미터]이나 됐다.

2010년에 리치와 울트라 지구력 운동선수 제이슨 레스터Jason Lester는 '에픽5 챌린지EPIC5 Challenge'라 이름 붙인 도전에 성공했다. 하와이의 5개 섬에서 열린 철인 3종 경기 대회 5개를 일주일 안에 치른 것이다. 그로부터 2년 후 리치는 베스트셀러 1위에 오른 회고록 『울트라 찾기Finding Ultra』를 출간했다. 앞서 언급한 그의 말을 떠올리면 아마 그의 나머지 인생도 어느 정도 짐작이 갈 것이다. 현재 리치는 50대 중반이지만 매일 운동을 거르지 않는다. 자신의 에너지 중 상당 부분은 팟캐스트에 쏟고 있으며, 동시에 전 세계의 전문가 및 오피니언 리더들과 자신의 이야기를 공유하고 있다. 리치는 대화야말로 더 나은 세상을 만드는 열쇠라 여긴다. 중요한 문제에 대해 이야기하고, 아주 의미 있는 질문을 던지며, 독단적으로 판단하지 않고 사람들의 말에 유심히 귀 기울인다면, 또 사회의 발전과 관련해 진중한 대화를 나눈다면 더 나은 세상을 만들 수 있다는 믿음을 갖고 있다. 애초에 그를 채식주의자로 만든 것도 지식에 대한 탐구욕, 그리고 자아 성취에 대한 갈망이었다. 채식주의는 오늘날 그가 옹호하고 대변하는 모든 것들의 기폭제나 다름없는 것이다.

채식은 마약과 술, 우울증, 스트레스, 나쁜 식습관에 빠져 지내던 그에게 운동선수로서 새로운 삶을 발견하게 해준 연료와도 같았다. 그렇다면 정확히 어떤 식으로 채식이 그의 운동 능력에 영향을 준 것일까? 리치는 열량은 낮지만 영양가가 풍부한 음식을 먹기 시작했다. 그 과정에서 채소를 먹으면 먹는 양을 늘려도 체중을 줄일 수 있다는 사실을 알게 됐다. 그리고 염증과 질병을 유발하는 육식을 삼가고 여러 색상의 음식을 먹으면, 영양분으로 무장한 다양한 열량의 과일, 채소, 콩류, 곡물류, 견과류, 씨앗류로 더 많은 영양소를 섭취할 수 있다는 사실 또한 알게 됐다. 리치는 새로운 열정을 가지고 수영을 하고 자전거를 타고 달리기를 했다. 체중이 줄자 운동이 더 쉬워졌고 능률은 올라갔으며 즐거움은 더 커졌다. 영양가가 집약된 스무디는 그의 주식이 되었다. 그리고 식단에서 동물성 단백질, 식이성 콜레스테롤, 엄청난 양의 포화 지방, 높은 칼로리의 음식 등을 배제하자 비타민, 미네랄, 항산화제, 섬유질, 식물성 영양소 등이 풍부한 건강 증진 음식들을 훨씬 더 많이 먹을 수 있게 되었다.

채식 기반의 식단은 리치에게 큰 변화를 가져다주었다. 대다수의 미국인처럼 '비만으로 인해 조만간 심장마비로 쓰러지지 않을까' 노심초사하거나 피로와 무력감에 젖기보다는 채식을 통해 힘을 얻었다. 그냥 힘을 얻은 정도가 아니라 철인 3종 경기들을 연속 완주하는 등 믿을 수 없는 결과를 내는 '기계'가 되었다. 채식의 영향이 없었다면, 그러니까 채식이 에너지를 주지 않았다면, 회복을 촉진시키지 않았다면, 전반적인 운동 능력을 높이고 행복이란 감정을 느끼게 하지 않았다면 '리치 롤 팟캐스트'는 존재하지 않았을 것이다. 또한 우리가 독자들에게 전해줄 이 강력한 이야기도 없었을 것이다. 그러나 리치는 해냈다. 식단과 생활 방식에 모든 것을 쏟아부어 영원한 변화를 이끌어 냈다.

리치는 우리에게 특히 많은 영감을 준 선수다. 몇 년간 그가 나누어준 지혜에 우리는 깊은 존경과 감사를 가지고 있다. 그중에서도 리치가 항상 주문처럼 되뇌던 '계속해서 자신을 증명하라'는 말은 고난과 역경 속에서도 포기하지 않도록 힘을 주었다. 주문은 언뜻 보기에는 믿을 수 없을 만큼 간단해 보이지만 정말 하루도 빠짐없이 매일 '자신을 증명'한다면, 또 정말 하고 싶은 일을 한다면, 그 과정 속에서 행복을 찾을 수 있을 것이다. 어쩌면 가장 나은 버전의 자신을 만나게 될지도 모른다.

리치 롤의 사례처럼 그리고 앞으로 소개될 다른 세계 정상급 운동선수들의 사례에서처럼, 채식 기반의 음식을 먹는 게 경기력 측면에서 '게임 체인저'가 될 수 있다는 증거는 대단히 많다. 이는 엄격한 채식을 하는 우리 저자들이 직접 입증해 보일 수 있는 일이기도 하다. 또한 식물이 운동선수들을 위한 최적의 연료가 된다는 것은 의학계와 과학계에서도 확인되고 있는 사실이다. 최근 연구 결과들을 보자. 우리 몸에 식물이 보다 바람직한 에너지원이라는 근거를 확인할 수 있을 것이다.

- 엄격한 채식 식단은 지구력과 근력을 해치지 않는다. 사실 지구력에는 육식 · 채식 혼용 식단보다는 엄격한 채식 식단이 더 좋을 수 있다.[1]
- 운동선수의 경우 채식 식단, 특히 엄격한 채식 식단을 하는 것이 지구력을 요하는 달리기에 큰 도움이 된다. 육식 · 채식 혼용 식단보다 건강에는 더 좋은 대안이 될 수 있다.[2]
- 채식 기반의 식단이 혈류, 체성분, 항산화 능력, 전신 염증, 글리코겐 축적에 미치는 영향에 따라 채식 기반의 식단을 택할 경우 지구력을 요하는 스포츠에서 더 좋은 성과를 낼 수 있고, 더 빠르게 회복할 수 있다. 이는 점점 더 많은 운동선수들이 채식 기반의 식단을 택하는 과학적 근거이기도 하다.[3]

"그래서, 대체 무얼 먹어야 하나?" 사람들이 흔히 갖는 이와 같은 질문에 답할 수 있게 앞으로 몇 장에 걸쳐 도움을 주려 한다. 채식하는 운동선수에 관한한, 그 답은 단순히 '육류를 먹지 않는다'거나 '거의 자연식물식에 가까운 채식 기반 식단을 한다'는 것 이상의 미묘한 차이가 있다. 이번 장에서는 그 문제를 철저히 분석한다. 어떻게 먹어야 하는지, 특히 한계까지 내몰린 몸에 채식이 어떻게 활력을 주는지에 대한 꼭 필요한 정보를 담았다.

모든 건 다량영양소[많은 양을 필요로 하는 영양소]와 미량영양소[적은 양을 필요로 하는 영양소] 그리고 칼로리 밀도를 이해하는 일부터 시작해야 한다. 이는 어떤 채식 기반의 음식들을 먹어야 하는지는 물론 그 음식들을 얼마나 많이, 또 어떤 비율로 먹어야 하는지에 영향을 미치는 요소들로, 이를 감안해 식단을 짜야 체내 에너지를 최대한 잘 활용할 수 있다. 그 목표가 체중을 빼는 것이든, 지구력이나 체력을 키우는 것이든, 민첩성을 높이는 것이든, 그 무엇이 됐든 말이다.

궁극적으론 개인 맞춤형 식단을 짜는 것이 목표지만, 그에 앞서 해야 할 일이 있다. 현재 먹고 있는 음식들을 철저히 분석하는 것이다. 그 과정을 통해 균형 잡힌 채식 기반의 식단을 짜는 방법, 그러니까 운동선수와 전반적으로 건강한 사람이 필요로 하는 모든 걸 줄 수 있는 식단 짜는 방법을 알 수 있다.

당신이 매일 먹을 식단의 영양 및 칼로리를 최대한 잘 구성할 수 있도록, 운동선수들이 실생활 속에서 채식주의를 어떻게 실천하고 있는지 몇 가지 사례를 소개한다.

먼저, 우리 저자 중 한 사람의 이야기다. 로버트 치키는 10대 초반부터 엄격한 채식을 고수해왔다. 그가 장거리 육상 선수 생활을 접고 보디빌딩 세계에 뛰어들었을 때 세운 목표는 빠른 시간 내에 많은 근육을 키우는 것이었다. 당시 나이 스무 살. 근육을 키우는 데 필요한 최적의 테스토스테론 수치와 남다른 열정을 갖고 있던 그는 열심히 근육 만들기에 몰두했지만…… 결과는 처참했다. 로버트가 계속해서 육상 선수의 마인드를 가지고 있는 게 문제였다. 어린 시절부터 줄곧 달리기를 하고, 대학 시절엔 1년간 크로스컨트리 경주에도 참여한 그는 늘 적절한 양의 음식을 섭취한 뒤 많은 칼로리를 태우는 게 몸에 배어 있었다. 그 결과 키 183센티미터에 체중 68킬로그램 정도를 유지했고, 이는 달리는 데는 유리한 조건이었다. 로버트는 역기를 들어올리기 시작했을 때도 여전히 체력 관리를 위해 달리기를 하고 있었다. 동시에 자전거도 타고 매일 팔 굽혀 펴기와 윗몸 일으키기 같은 맨손체조를 하면서도 칼로리 섭취는 그리 늘리지 않았다. 그렇게 꼬박 1년을 하자 근육이 발달되고 체구가 커지긴커녕 체중도 거의 늘지 않았다. 뭔가 몸에 변화가 오길 기대하며 일기장에 매일 운동 과정까지 기록했지만 별 효과가 없었다.

핵심은 '채식 기반의 식단을 택해 근육을 키우지 못했다'는 게 아니다. 진짜 문제는 칼로리 밀도 및 총 칼로리 섭취량이 칼로리 손실과 어떤 관계가 있는지 제대로 이해하지 못했다는 데 있다. 그는 근육을 키운다는 목표를 세우고도 자신이 섭취하는 것보다 훨씬 더 많은 칼로리를 태우고 있었다. 한마디로, 식단과 목표가 서로 상충되고 있었던 것이다.

좌절한 그는 거의 자포자기하려고 했었는데, 그때 우연히 〈삶을 위한 몸Body for Life〉(당시 엄청난 인기를 끌었던 웨이트트레이닝 프로그램)을 알게 됐다. 그 후로 로버트는 일주일에 6일간 훈련하면서 자신의 훈련 및 칼로리 섭취 현황을 상세히 기록했다. 또한 그 프로그램의 지침에 따라 세 시간마다 한 번씩 하루에 총 여섯 번 음식을 섭취했다. 규칙적으로 적정량의 칼로리를 소비한 것이다. 그는 또 자전거 타는 걸 그만뒀고 달리기하는 시간도 줄이면서 체계적인 웨이트트레이닝 루틴을 만들었다. 그 모든 건 잊지 않고 기록했다. 매일 시간을 내 훈련 결과를 평가해 보고, 무엇이 효과가 있고 무엇이 효과가 없는지를 판단한 것이다.

그 결과, 모든 게 분명해졌다. 1년 넘게 체중도 늘지 않고 체격도 좋아지지 않았는데, 12주 만에 체중이 8.6킬로그램 정도 늘고 10개월이 지나자 총 13킬로그램 정도 늘었다. 그다음 해에는 4.5킬로그램 정도가 더 늘었고, 그 다음 해에는 경쟁력을 갖춘 보디빌더가 되었으며, 2년 후에는 챔피언에 등극했다. 체중을 약 90킬로그램까지 끌어올린 그는 엄격한 채식을 하면서도 보디빌딩이 가능하다는 걸 입증해 보인 산증인이 되었다. 몸의 변화는 단순히 근육이 불어난 것 이상의 의미가 있다. 로버트는 본인이 겪은 일을 통해 자신감을 얻었고, 채식 기반의 식단이 가지고 있는 힘도 믿게 되었다. 사실 동물 학대 근절을 위해 엄격한 채식주의자가 되기로 한 그는 그 결정으로 인해 운동선수로서는 좋지 않은 결과가 따를 수 있다는 말을 그대로 받아들이고 있었다. 거의 모든 친구와 팀 동료들, 그리고 코치까지 그런 말을 했기 때문이다. 그가 고등학교를 다닌 1990년대에는 그런 생각이 일반적이었다. 로버트는 웨이트트레이닝을 통해 근육을 키우려 애쓰면서 '그 말이 사실일까' 하는 의구심을 품기 시작했다. 그리고 스스로 사실이 아님을 입증해 보였다. 채식 기반의 음식을 먹으면서도 근육을 키울 수 있으며, 운동선수로서 경쟁력을 갖추지 못하는 것이 아니라 오히려 챔피언이 될 수도 있다는 사실을 몸소 보여준 것이다.

훗날 그는 영양소 밀도와 칼로리 밀도에 대해 훨씬 더 많은 걸 알게 되고, 그 덕에 근력 강화 측면에 최고의 효율을 보장해 주는 음식들을 선택할 수 있는 눈이 생겼다. 나이 마흔에 이르러서는 거의 체중 100킬로그램에 달하게 되었다. 이는 25년 전 처음으로 채식 기반의 식단을 택했을 때에 비해 무려 45킬로그램이 늘어난 것이다. 소중한 교훈은 경험을 통해 마음속 깊이 새겨지는 경우가 많다. 로버트는 번번이 실패했고 그 경험 속에서 배웠으며, 마음을 열고 꾸준히 도전했다. 그 결과 도전했다 실패한 사람에서 다시 도전해 성공한 사람이 되었다.

이번엔 맷 프레이저 차례다. 그의 시작은 창대했으나…… 더 크게 실패했다. 맷은 대부분의 미국 아이들과 마찬가지로 스포츠를 즐기고 일반적인 미국 음식을 먹으며 자랐다. 대학생이 되기 전까지만 해도 자신의 식단이나 건강 같은 것엔 별 관심도 없었다. 그러다 난데없이 몇몇 친구와 함께 단순히 마라톤을 즐기는 것이 아니라(한 번에 5킬로미터 정도도 뛰지 않았으면서), 그 유명한 보스턴 마라톤에 참가하기로 마음먹었다. 그 당시 보스턴 마라톤에 참가할 수준이라는 건 42.195킬로미터의 마라톤 코스를 3시간 10분 안에 주파한다는 의미였다. 다시 말해, 1.6킬로미터를 약 7분 15초의 속도로 계속 달려야 한다는 뜻이다. 맷은 자신의 1.6킬로미터 개인 기록이 마라톤 선수와는 비교도 안 된다는 사실을 망각한 채, 달릴 때마다 기록을 메모하며 마라톤 선수가 되는 꿈을 꾸기 시작했다. 그리고 6개월 후, 그와 그의 친구들은 샌디에이고 로큰롤 마라톤에 나가 결승선을 통과했다. 4시간 52분 만에…… 그 4시간 52분은 맷과 친구들이 경험한 가장 고통스러운 시간이었으며, 보스턴 마라톤에 참가할 수준에서 무려 100분 이상 오버된 시간이었다.

마라톤 경력에 종지부를 찍을 수 있는 사건이었지만 맷은 되려 시작으로 삼았다. 실망스러운 결과 앞에 좌절하기는커녕 오히려 새로운 가능성을 보고 용기를 냈다. 당시 그는 이런 생각을 했다. '지금의 몸 상태로도 결승선을 통과할 수 있단 말이지? 그럼 100분 더 빨리 달리려면 어떤 몸 상태를 만들어야 할까? 훈련, 영양 섭취, 그리고 회복을 어떻게 해야 하지? 그러자면 또 얼마나 강인한 정신력을 키워야 하는 걸까?'

맷은 이후 7년을 보스턴 마라톤 완주라는 목표를 달성하기 위해 노력했고 또 번번이 실패했다. 하지만 그 과정에서 다치지 않는 법을 잘 알게 되었고,

보다 효율적으로 훈련하는 법을 배웠다. 동시에 최고의 기록을 내는 데 적합한 음식을 먹었다. 그렇게 몇 년을 보내면서, 맷은 하나의 결정을 했다. 소와 돼지를 먹지 않기로(주로 윤리적인 이유로) 한 것이다. 그는 채식주의자가 되고 싶었지만, 다른 많은 운동선수와 마찬가지로 충분한 단백질을 섭취하지 못하게 될까 걱정이 앞서, 우선 네 다리 달린 동물로부터 나온 고기를 먹지 않기로 했다. 다음 2년여에 걸쳐 점차 가금류와 생선도 끊었다. 맷은 채식 기반의 식단을 고수하며 지구력을 요하는 마라톤에 필요한 에너지를 어떻게 얻을 것인가 하는 문제와 관련된 정보를 찾았다. 도움이 되는 정보를 거의 찾지 못하자, 또 하나의 결정을 했다. 자신이 경험한 일들을 온라인상에 상세히 알리기로 한 것이다. 눈치챘겠지만 웹사이트 '육식하지 않는 운동선수'는 이렇게 탄생했다.

맷은 육식을 중단한 뒤 놀라지 않을 수 없었다. 경기력과 운동 후 회복력이 눈에 띄게 좋아졌기 때문이다. 체중이 줄었지만 체력은 그대로였다. 훈련 과정에서 최고 기록을 올리기 시작했고 그 기록은 떨어질 줄 몰랐다. 예전 같았으면 훈련이 어느 단계에 이르면 늘 부상을 입었지만, 채식을 한 뒤로는 전혀 그렇지도 않았다. 일생일대에 가장 꾸준하고, 가장 강도 높은 여름 훈련을 마친 맷은 뉴욕 주 코닝에서 열린 와인글래스 마라톤에 나서 3시간 9분 59초 만에 결승선을 통과했다. 이는 보스턴 마라톤 출전에 필요한 기록보다 1초 빠른 기록이었다.

마침내 보스턴 마라톤에 출전할 수준에 이른 맷은 목표를 바꿨다. 더 힘든 울트라마라톤으로 말이다. 그는 정식 마라톤 경기의 풀코스인 42.195킬로미터보다 더 먼 50킬로미터와 80킬로미터 달리기 경주에 참가하기 시작했고, 채식 기반의 음식을 먹으며 이런저런 실험도 했다. 처음으로 160킬로미터 달리기 경주에 참가했을 땐 꼬박 2년을 100퍼센트 채식만 한 상태였다. 예전 같았으면 석 달간 마라톤 경주에 두 번 참가했다간 십중팔구 다쳤을 것이다. 그러나 맷은 달라졌다. 대개 일주일에 100킬로미터 가까이 달렸고 그 절반인 약 50킬로미터는 주말을 이용해 24시간 내에 달릴 수 있게 되었으며, 몇 개월도 안 되는 짧은 기간 내에 50킬로미터 달리기, 80킬로미터 달리기, 160킬로미터 달리기를 해낼 수 있게 되었다. 그러면서 부상도 입지 않았다. 채식을 하면서 영양소 밀도와 항염증 능력이 높아졌기 때문이다.

다량영양소: 우리 몸의 연료

앞으로 개개인의 생리 작용과 노력 그리고 목표에 맞춰 식단을 짜는 구체적인 방법을 소개하려 한다. 그에 앞서 알아 두어야 할 것이 있다. 성공적인 채식 기반의 식단을 짜는 데 필요한 기본적인 요소들이다.

먼저 다량영양소다. 이는 우리가 먹는 모든 음식에 들어 있는 영양소로, 우리 몸은 이 다량영양소를 통해 필요한 연료를 공급받는다. 전반적인 건강과 체력 외에 운동 성과를 높이는 데도 엄청나게 중요한 요소다. 음식을 연료로 사용하기 위해서는 적절한 양의 다량영양소와 충분한 양의 미량영양소가 들어 있는 음식을 먹어야 한다. 어떤 다량영양소는 너무 많이 섭취하고 어떤 다량영양소는 충분히 섭취하지 않을 경우, 칼로리가 과다 섭취되어 체지방이 늘고 운동에 필요한 에너지는 얻지 못한다. 운동 후 회복에 필요한 각종 비타민과 미네랄도 충분히 섭취하지 못하게 되는 등 여러 부작용에 시달릴 수 있다. 특정 다량영양소를 충분히 섭취하지 않을 경우엔 운동 후에

되려 전반적인 건강 문제가 생길 수도 있다.

식단 안에서 중요한 다량영양소는 세 가지다. 크게 단백질과 탄수화물 그리고 지방으로 나뉘는데, 이 다량영양소들이 우리가 소비하는 칼로리(또는 에너지)가 된다. 단백질, 탄수화물, 지방이라는 세 가지 다량영양소는 각기 나름대로의 효과를 갖고 있어 일반적으로 권장량이라는 게 있다. 이 다량영양소들은 일단 소화되면 장 속에 흡수되어 혈류 안으로 보내지고, 그런 다음 간에 의해 신진대사가 이루어지면서 여러 생물학적 기능들에 연료처럼 쓰인다.

단백질

- 성장을 돕는다(특히 아이들과 10대, 임신한 여성들에게 중요하다).
- 세포 조직의 회복을 돕는다.
- 면역 기능을 강화시킨다.
- 필수 호르몬과 효소들을 만든다.
- 탄수화물이 없을 때 에너지를 제공한다.
- 지방질 없는 근육량을 유지시킨다.

탄수화물

- 몸에 연료를 공급한다(우리 몸의 모든 세포와 세포 조직들은 탄수화물의 한 요소인 포도당을 연료로 사용한다).
- 중추신경계와 신장, 뇌 그리고 근육(심장 포함)의 기능에 필요하다.
- 근육과 간 속에 저장되어 후에 에너지로 쓰일 수 있다.
- 장 건강과 노폐물 제거에 중요한 역할을 한다.

지방

- 정상적인 성장과 발달을 돕는다.
- 에너지(지방은 가장 농축된 에너지원이다)를 제공한다.
- 특정 비타민(비타민 A, D, E, K와 지용성 비타민인 카로티노이드 등)의 흡수를 돕는다.
- 각 장기들 사이에서 쿠션 역할을 한다.
- 세포막들을 유지시킨다.
- 음식의 맛, 농도 그리고 저장 안전성에 기여한다.[4]

미량영양소: 작지만 강하다

식단 구성에 대해 얘기할 때 다량영양소는 대개 쇼의 스타로 비유된다. 그렇다고 해서 채식 기반의 음식을 통해 영양분을 제공하는 미량영양소와 비타민 그리고 미네랄들의 힘을 간과해선 안 된다. 미량영양소는 우리 몸을 건강하게 유지하는 데 꼭 필요하다. 에너지를 생성하고 면역 기능을 강화하는 데 필수적일 뿐 아니라, 산화 손상 및 스트레스로부터 우리 몸을 보호하고, 신경전달물질들을 만들어 내며, 근육과 힘줄, 인대, 연골을 생성하고 고치는 데도 꼭 필요하다. 비타민과 미네랄은 피에 산소를 공급하고 뼈를 튼튼하게 해주며 전해질이 부족하면 다시 채워주는 역할을 한다. 육체적으로 건강한 상태를 유지하는 데 없어선 안 될 요소들이다.

문제는 우리 몸이 대부분의 미량영양소들을 만들어 내지 못한다는 사실이다. 미량영양소는 음식으로 섭취해야 한다. 물론 몇 가지 예외는 있다. 비타민 D와 B12처럼 채식 기반의 음식을 먹든 먹지 않든 따로 보충해야 하는 경우도 있다. 그러나 다른 모든 미량영양소들은 음식을 통해 얻어야 한다. 그렇다고 해서 더 많은 미량영양소가 함유된 음식을 먹겠다고 의식적인 노력을 할 필요는 없다. 굳이 매일매일 비타민과 미네랄을 찾아 먹을 필요까지는 없다는 뜻이다. 채식 기반의 음식을 다양하게 먹으면, 여러 가지 미량영양소를 포함해 적절한 영양분을 섭취할 수 있기 때문이다. 그러니까 결론은 굳이 과일을 먹으면서 비타민 C 생각을 한다든가, 녹색 채소를 먹으면서 비타민 B2 생각을 한다든가, 고구마를 먹으면서 비타민 B7 생각을 한다든가, 특정 음식을 먹으면서 다른 비타민이나 미네랄 생각을 한다든가 할 필요는 없다는 것이다.

예를 들어 특정 미량영양소를 섭취해야 하는 질환을 앓고 있는 게 아니라면, 그 미량영양소의 1일 섭취 권고량의 1,000퍼센트를 섭취할 필요는 없다. 자연 상태에서 그렇게 높은 수치의 미량영양소를 찾는 게 쉽지 않을뿐더러 그렇게 높은 수치의 미량영양소를 반드시 섭취해야 하는 경우도 거의 없다. 그러니 1일 섭취 권장량의 수백 퍼센트 또는 수천 퍼센트에 달하는 특정 미량영양소만 따로 함유된 식품들은 조심하는 게 좋다. 그보다는 적절한 칼로리를 섭취한다는 가정 하에, 과일과 채소류, 견과류, 곡물류, 씨앗류 그리고 콩류가 균형 있게 들어가 있는 음식을 먹으면 다양하면서도 충분한 양의 미량영양소를 섭취할 수 있다. 물론 예외도 있는데, 그에 대해선 추후 보충제 파트에서 다시 설명할 예정이다. 일단 여기에서는 특정 비타민과 미네랄, 특히 비타민 B12는 식물에서 얻기가 힘들다는 사실만 알아두자.

수용성 비타민이 함유된 채식 기반의 식품들

비타민 B1: 두유, 수박, 도토리호박

비타민 B2: 곡물류, 시리얼

비타민 B3: 곡물류, 버섯, 감자

비타민 B5: 곡물류, 브로콜리, 아보카도, 버섯, 감자

비타민 B6: 콩류, 두부, 바나나

비타민 B7: 곡물류, 대두

비타민 B9: 아스파라거스, 시금치, 광저기[콩과 식물]

비타민 C: 감귤, 감자, 피망, 토마토

지용성 비타민이 함유된 채식 기반의 식품들

비타민 A: 고구마, 당근, 망고

비타민 E: 녹색 채소, 견과류

비타민 K1: 케일, 시금치, 브로콜리, 아스파라거스, 그린빈

주요 미네랄이 함유된 채식 기반의 식품들

칼슘: 녹색 채소

염화물: 소금

마그네슘: 시금치, 브로콜리, 콩류, 씨앗류

칼륨: 과일, 채소, 곡물류, 콩류

나트륨: 소금, 간장, 채소

미량 미네랄이 함유된 채식 기반의 식품들

크롬: 견과류

구리: 견과류, 씨앗류, 통곡류, 콩류, 말린 자두

불소: 차

요오드: 요오드 첨가 식염

철: 과일, 녹색 채소

망간: 견과류, 콩류, 통곡류, 차

셀레늄: 브라질너트

아연: 콩류, 통곡류

칼로리 밀도: 영양학의 기초

다시 다량영양소 얘기로 돌아가 보자. '탄수화물 대 단백질 대 지방'을 섭취한다는 게 무슨 의미인지 살펴보기에 앞서 알아 둘 것이 있다. 영양학을 이해하는 데 기초가 되는 칼로리 밀도가 그것이다.

칼로리 밀도란 음식 측정치 당 함유된 칼로리의 수치, 그러니까 음식 그램당 칼로리, 파운드당 칼로리, 1인분당 칼로리 등을 뜻한다. 냉장고나 팬트리에 있는 음식의 칼로리 밀도는 천차만별인데, 하나는 확실하다. 각종 오일이나 다른 가공식품, 특히 동물성 식품에 비해 비전분 채소(시금치, 케일, 그린빈, 콜리플라워, 브로콜리 등)의 칼로리 밀도가 훨씬 낮다는 것이다.

칼로리 밀도를 통해 특정 음식에 다량영양소가 얼마나 함유 되어 있는지 알 수 있다. 다량영양소들의 칼로리 밀도가 서로 다르기 때문이다.

지방: 그램당 9칼로리

알코올: 그램당 7칼로리

단백질: 그램당 4칼로리

탄수화물: 그램당 4칼로리

지방 함량이 높은 음식은 탄수화물 함량이 높은 음식에 비해 칼로리 밀도가 더 높다. 땅콩버터 1인분 칼로리가 같은 양의 상추 1인분 칼로리보다 훨씬 더 높은 것도 이 때문이다. 정크푸드 또한 과일에 비해 칼로리 밀도가 더 높은데, 이는 정크푸드에 지방과 오일, 기타 다른 가공 성분들이 들어 있기 때문이다. 칼로리 밀도는 음식을 먹고 난 뒤의 배부른 정도를 나타내는 포만감에도 큰 영향을 준다. 위에는 특정 양의 음식이 소화됐다는 걸 알려주는 '신장 수용기'라는 것들이 있다. 그러나 오일처럼 칼로리가 높고 양이 적은 음식은 위 안에서 차지하는 공간이 아주 작아, 위가 뇌에 '꽉 찼다'는 신호를 보내지 않는다. 그 결과 포만감을 느끼기 위해 더 많이 먹게 되고, 결국 칼로리를 과다 섭취하게 된다. 반면에 십자화과(배추과) 채소나 과일 또는 콩류 같이 양은 많지만 칼로리는 낮은 음식을 먹을 경우, 더 적은 양의 칼로리를 섭취하면서도 영양가는 더 많이 섭취하고, 포만감도 느낀다.

일반적인 음식군의 칼로리 밀도는 다음과 같다.

음식 칼로리 밀도 차트

채소: 파운드당 200칼로리

과일: 파운드당 300칼로리

정제되지 않은 복합 탄수화물: 파운드당 500칼로리

콩류: 파운드당 600칼로리

동물성 단백질: 파운드당 1,000칼로리
정제된 탄수화물: 파운드당 1,400칼로리
정크푸드: 파운드당 2,300칼로리
견과류 및 씨앗류: 파운드당 2,800칼로리
오일 및 다른 순수 지방: 파운드당 4,000칼로리

*파운드는 약 0.45킬로그램

이 음식 칼로리 밀도 차트가 중요한 건 다음과 같은 이유 때문이다.

- 칼로리 밀도를 알면 지나치게 많이 먹거나 지나치게 적게 먹지 않을 수 있게 된다. 예를 들어 이상적인 체중을 유지하기 위해 하루에 3,000칼로리가 필요하다고 해보자. 칼로리 밀도를 무시한 채 아무 음식이나 막 먹으면 칼로리를 과도하게 섭취하게 되어 점점 체중이 늘거나, 더 적은 칼로리를 섭취하게 되어 점점 체중이 준다. 그렇게 되면 양질의 근육을 키울 수 없다.
- 칼로리 밀도를 알면 건강을 유지하기 위해 어떤 음식을 먹지 않아도 되는지 알 수 있다. 예를 들어 스테이크를 먹는 것보다 큰 그릇으로 하나 가득 곡물류, 채소류, 콩류를 먹는 것이 칼로리 측면에서 훨씬 더 이득이다. 결국엔 대체로 탄수화물 위주의 음식을 먹는 걸 목표로 삼게 될 것이다. (이에 대해서는 4장에서 좀 더 자세히 살펴볼 예정이다.) 탄수화물 위주로 식단을 구성하면 하루에 얼마나 자주 에너지를 보충해야 하든 섭취 목표를 달성하면서도 공복감은 느끼지 않게 된다.
- 칼로리 밀도를 알면 식단을 짜는 데 실질적으로 도움이 된다. 같은 양의 식사를 하면서 한 음식과 다른 음식을 비교해 볼 수 있기 때문이다. 예를 들어 칼로리 밀도라는 관점에서 보면, 450그램 정도의 과일과 같은

양의 견과류는 판이하게 다르다. 앞서 음식 칼로리 밀도 차트에서 보았듯, 과일에는 파운드당 300칼로리가 들어 있는 반면 견과류에는 무려 2,800칼로리가 들어 있다. 바로 이런 이유 때문에 식단을 현명하게 짜는 법을 알아야 한다. 그래야 그릇을 가득 채우지 않고서도 칼로리 밀도가 높은 음식들을 더 많이 즐길 수 있다.

식품 라벨의 거짓말

식품 라벨을 볼 때는 다량영양소의 그램당 칼로리 수치를 제대로 보는 게 특히 중요하다. 예를 들어 에너지 바나 단백질 바 포장 뒷면 영양성분표를 보면 아마 '지방 7그램' 같은 게 적혀 있을 것이다. 그 자체로는 별거 아닌 것처럼 보일 수 있지만, 사실 지방 7그램이 든 200칼로리 짜리 에너지 바 또는 단백질 바는 '지방 바'라 불러도 좋을 정도다. 그 칼로리의 거의 3분의 1이 지방에서 나오는 것이고, 나머지가 탄수화물과 단백질에서 나오는 것이기 때문이다. 단백질 바에 든 단백질은 12그램 정도다. 얼핏 보면 충분한 것 같지만 사실 그렇지도 않다. 그 외에도 30그램의 탄수화물이 더 들어 있다. 앞서 살펴보았듯, 단백질과 탄수화물에는 각각 그램당 4칼로리가 포함돼 있기 때문에, 말이 단백질 바이지 실상 단백질 바가 아니라는 걸 금방 알 수 있다. 결국 업체들이 지방바 또는 탄수화물 바를 단백질 바라는 이름으로 팔고 있는 것이다.

마찬가지로 100퍼센트 지방 제품인데 무지방 제품이라며 판매되는 게 있다. 쿠킹 스프레이다. 상식적으로 생각을 해보자. 쿠킹 스프레이의 1회 사용량은 '3분의 1초 동안 뿌리는 양'이라고 되어 있는데, 사실상 말도 안되는 얘기다. 1회 사용량이 너무 적어서, 많은 양의 음식을 할 때 그 1회 사용량을 지키기란 불가능에 가깝다. 그러니까 그동안 팬에 채소를 넣고 센 불에서 빨리 볶으면서 음식 전체에 '무지방' 쿠킹 스프레이를 뿌렸다고 생각했겠지만, 사실 그 음식에 추가된 칼로리는 100퍼센트 지방에서 나왔다. 다시 한번 말하지만, 지방의 칼로리 밀도는 다량 영양소 중 가장 높은 그램당 9칼로리다.

한눈에 보는 칼로리 밀도

일반적인 음식의 칼로리 밀도를 살펴보면 다음과 같다.

낮음	중간	높음
파운드당 100~300칼로리	파운드당 350~750칼로리	파운드당 1,400~4,000칼로리
케일	렌틸콩	오일
시금치	덩굴강낭콩	가공식품
브로콜리	병아리콩	아몬드
당근	핀토콩	호두
콜리플라워	검정콩	캐슈
완두콩	현미	땅콩버터
망고	쪼개서 말린 완두콩	아몬드버터
바나나	감자	캐슈버터
블루베리	고구마	해바라기버터
딸기	얌	호박씨
체리	두부	햄프씨드
사과	템페	해바라기씨
오렌지	귀리	참깨

*파운드는 약 0.45킬로그램

칼로리 밀도 VS 영양소 밀도

칼로리 밀도와 영양소 밀도는 완전히 다르다는 것을 명심해야 한다. 칼로리 밀도는 어떤 음식이나 음료에 얼마나 많은 칼로리가 들어 있는지를 측정한 것이라면, 영양소 밀도는 어떤 음식이나 음료에 칼로리당 얼마나 많은 영양소가 들어 있는지를 측정한 것이다. 예를 들어 식물성 오일은 1파운드당 4,000칼로리로, 식물 중에서 그리고 모든 오일과 순수한 지방원들 가운데서 가장 칼로리 밀도가 높지만, 영양소 밀도(칼로리당 영양소)는 아주 낮다. 반대로 케일 같은 채소는 칼로리 밀도는 믿기 어려울 만큼 낮지만 칼로리당 영양소 수치는 그 어떤 음식보다 높고, 영양소 밀도 또한 아주 높다. 영양가 측면에서 볼 때, 오일 대비 훨씬 낫다는 뜻이다.

이처럼 칼로리 밀도와 영양소 밀도는 건강에 워낙 큰 영향을 주기 때문에, 식단을 짤 때 반드시 참고해야 한다. 아주 흔한 한 가지 오해를 떨쳐버리는 걸로 시작하자. 어떤 음식이 칼로리가 높다고 해서 그 음식이 식단의 중심이 되어야 한다는 뜻은 아니라는 것이다. 앞서 말한 대로 각종 오일과 다른 형태의 순수한 지방은 우리가 구할 수 있는 가장 칼로리 밀도가 높은 식재료지만, 그렇다고 해서 저녁 식단을 올리브오일 한 그릇을 중심으로 짜선 안 된다. 참깨 또한 좋은 식재료지만 워낙 칼로리 밀도가 높은 만큼, 그걸 중심으로 저녁 식단을 짜선 안 된다. 그보다는 귀리와 콩, 두부, 템페, 감자, 현미, 렌틸콩, 얌과 같은 푸짐하면서도 칼로리 밀도가 낮은 식재료들을 중심으로 식단을 짜는게 좋다. 칼로리 밀도가 낮은 음식으로 식단을 구성하면 칼로리 대비 꽤 많은 양을 먹을 수 있다.

즉 어떤 식재료가 메인 메뉴로 적합하고, 어떤 식재료가 사이드 메뉴로 좋은지, 또 어떤 식재료가 조미 식품(음식 위에 뿌리거나 바르는 소스 등)으로 적절한지 아는 것이 중요하다.

식단을 짤 때는 주로 칼로리 밀도와 영양소 밀도에 따라 각 식재료의 역할을 정해야 한다.

메인 메뉴, 사이드 메뉴, 조미 식품의 대표적인 예는 다음과 같다(전체 리스트는 210페이지 참조).

메인 메뉴	사이드 메뉴	조미 식품
콩류	**녹색 채소**	**허브**
렌틸콩	케일	바질
핀토콩	시금치	타임
병아리콩	로메인 상추	딜
검정콩	비트	오레가노
덩굴강낭콩	루콜라	파슬리

곡물류	십자화과 채소	향신료
쌀	브로콜리	강황
퀴노아	콜리플라워	계피
밀	양배추	후추
보리	방울양배추	생강
귀리	무	페퍼민트
수수	순무	육두구

전분 채소	비전분 채소	씨앗류
감자	당근	아마씨
고구마	아스파라거스	참깨
플랜테인	가지	햄프씨드
땅콩호박	후추	해바라기씨
도토리호박	오이	호박씨
얌	그린빈	치아씨
파스닙	버섯	석류씨
옥수수	주키니	양귀비씨
카사바	양파	수박씨

단백질이 풍부한 식품	수분 함량이 높은 과일	견과류
두부	수박	캐슈넛
템페	베리류	아몬드
세이탄	오렌지	호두
너트버터	캔털루프 멜론	피스타치오
씨앗버터	자몽	헤이즐넛
식물성조직단백질	파인애플	피칸
대두 식품	복숭아	브라질너트

*세이탄은 고단백 저지방의 밀 글루텐이다.

밀도 높은 과일	조미 식품
아보카도 바나나 잭푸르트 자두 살구 감 배 파파야	살사 드레싱 후무스 과카몰레 케첩 겨자 타히니 잼

일반 스낵	일반 음료
크래커 사과 소스 트레일 믹스 그래놀라 말린 과일 스낵/에너지 바/단백질 바 떡 유제품 비함유 요구르트	식물성 우유 커피 차 코코넛 워터 탄산수 갓 짜낸 주스 유제품 비함유 케피어 발효 음료(콤부차)

영양학적 관점에서 볼 때 식단 구성의 기본적인 목표는 쌀과 콩, 아보카도, 상추 그리고 토마토 등이 들어가는 멕시코 음식 부리토처럼, 각 범주의 식재료가 몇 가지 들어가게 하는 것이다. 그런 다음 풍미를 더해줄 식재료들(특히 허브, 향신료, 조미 식품 등)을 추가하면 된다. 필요한 칼로리를 토대로 적절한 식단을 짜는 방법에 대해서는 7장에서 보다 자세히 살펴보려 한다. 이어 11장에 있는 레시피를 참고하면 오트밀에는 어떤 재료들을 추가해야 하는지, 그린 스무디에는 어떤 재료들을 넣어야 하는지 또 균형 잡힌 식단은 어떻게 짜야 하는지 등에 대해서도 알게 될 것이다. 결론을 말하면 이렇다. 최적의 칼로리를 제공하는 식단을 짜고(칼로리 밀도 시스템은 그걸 돕기 위해 만들어진 것이다) 거기에 간식과 음료를 곁들이면, 영양학적으로 적

절한 이점을 볼 수 있다.

자, 이쯤에서 다시 다량영양소 얘기로 되돌아가보자. 다량영양소는 칼로리 밀도를 설명하는 데 도움이 될 뿐만 아니라 영양학적 측면에서 볼 때, 식단의 주요 구성 요소이기도 하다. 그래서 단순히 칼로리 측면뿐 아니라 다량영양소 측면도 고려하는 게 건강에도 더 좋고 지속 가능성도 더 높다.

앞서 메인 메뉴, 사이드 메뉴, 조미 식품 얘기 중에 언급했듯, 하루에 3,000칼로리 상당의 지방을 먹을 수도 있지만, 그렇게 섭취하면 양이 비교적 적어 위를 충분히 채워주지 못하기 때문에 아마 계속 허기질 것이다. 게다가 지방은 우리 몸이 더 선호하는 에너지원인 탄수화물에 비하면 부차적인 에너지원이라는 사실을 알아둘 필요가 있다. 지방은 아주 농축된 에너지원으로 탄수화물이 없을 때 에너지로 사용될 수 있지만, 우리 몸은 가능한 한 탄수화물이라는 연료로 움직이길 원한다. 따라서 모든 다량영양소군을 제거할 경우, 우리 몸은 더 선호하는 에너지원인 탄수화물은 물론 그것이 제공하는 물과 각종 비타민, 미네랄, 항산화 물질, 섬유질 등도 결핍되게 된다. 에너지원 및 영양소원으로 고단백질만 섭취할 경우도 마찬가지다. 고단백질 식단은 특정 집단의 사람들 사이에서 유행하는 경향이 있으나, 사실 단백질은 모든 다량영양소들 가운데 가장 효율성이 떨어지는 에너지원이다. 오해 없길 바란다. 어떤 한 가지 다량영양소가 나쁘다는 얘기가 아니다. 앞서 말했듯, 다량영양소는 반드시 모두 필요하다. 그러나 연장통 안에 들어 있는 연장들을 사용할 때처럼 단순히 각 다량영양소의 사용법을 알고 있는 것과 칼로리 밀도 및 영양소 밀도까지 제대로 알고 있는 것은 다르다. 단순히 육식을 중단한 채, 그리고 건강의 다른 측면들은 무시한 채 채식 기반의 식단을 택하는 것과 식물의 힘을 제대로 이해하고 활용한 식단을 택하는 것은 다른 이야기다. 다음 몇 장을 통해 우리는 탄수화물, 단백질, 지방에 대해 또 그것들이 식단에 기여하는 바에 대해, 그리고 탄수화물, 단백질, 지방이 갖고 있는 독특한 이점들을 살릴 식단 짜는 법에 대해 알아볼 것이다.

다량영양소 커닝 페이퍼

채식 기반의 식단에 다량영양소를 어떻게 추가하면 좋을지 모르겠는가? 걱정하지 않아도 좋다. 다량영양소 커닝 페이퍼를 만들었다. 여기엔 사람들이 즐겨 먹는 채식 기반 음식 여든 가지의 다량영양소들이 분석되어 있을 뿐 아니라 각자에게 적합한 식단을 쉽게 짤 수 있게 해 줄 간단한 음식 가이드도 들어 있다. 다량영양소 커닝 페이퍼는 웹사이트 '육식하지 않는 운동선수(nomeatathlete.com/book-bonus)'에서 다운로드할 수 있다.

• • • • •

채식 기반의 음식을 먹으면서 식품 라벨을 보고 그 안에 무엇이 들었는지를 이해하는 능력이 좋아졌다. 쉽게 체중을 유지하는 법도 배웠고, 그 덕에 엄청난 에너지도 생겼다. 체중 감량에는 에너지를 덜 쓰고, 상대 선수들을 KO 시키는 데는 에너지를 더 쓰고 있다.

- 캠 오섬, 미국 아마추어 복싱 챔피언

사람들은 내가 왜 채식 기반의 식단을 하게 되었는지에 대해선 이런저런 질문을 하지만, 내가 자신들이 알고 있는 그 누구보다 많은 에너지를 갖고 있다는 사실에 대해선 아무 질문도 하지 않는다. 나는 일찍이 내 결정에 대해 사람들을 가르치려 하는 걸 멈췄다. 그저 본보기를 보임으로써 그들을 이끌기로 했다. 누군가 건강하고 활동적이며 사회에서 잘 나갈 때, 사람들은 그 사람이 무얼 하는지 알고 싶어 하는 법이다.

- 세이셸 웹스터, 스탠드업 패들보드 선수 겸 코치

나는 아이스하키 선수 시절에 채식을 시작했다. 그러자 바로 체력과 지구력이 좋아졌다. 채식 기반의 식단을 하기로 마음먹은 날, 의사와 함께 건강검진까지 받았다. 그러고 나서 6개월 만에 체력, 지구력, 혈당 수치 등이 훨씬 좋아졌다. 그리고 계속 성공 가도를 달렸다.

- 조르주 라라퀴에, 전 NFL 선수

나는 20년 전에 완전한 채식주의자가 되었고, 그 이후 훨씬 에너지 넘치는 사람이 되었다. 정신적 에너지도 더 강해졌다. 경주 도중 고도의 집중력이 필요할 때, 예를 들어 난이도 높은 사이클로크로스 레이스를 펼치거나 5시간 내내 달려야 하는 로드 레이스 도중 미세한 움직임을 느껴 극도의 신경을 써야 할 때 큰 도움이 되고 있다.

- 크리스틴 바다로스, 프로 사이클 선수

3장

이제 단백질 이야기를 할 때

다량영양소에 대해 대략 다뤘고 칼로리 밀도도 살펴봤으니, 이제는 우리가 매일 먹는 음식의 칼로리를 다량영양소별로 정확히 나눠 살펴볼 시간이다. 운동선수라면, 특히 채식 기반의 식단을 하는 운동선수라면 대개 탄수화물, 단백질, 지방이라는 3대 다량영양소 가운데 가장 먼저 단백질을 떠올릴 것이다. 어쨌든 채식주의자들, 특히 채식하는 운동선수들이 가장 흔히 받는 질문이 "그런데 단백질 섭취는 대체 어떻게 하나요?"니까.

소셜 미디어를 훑어보면 금방 알 수 있는 일이지만, 채식 기반의 식단을 하면서도 단백질 섭취에 대한 걱정 없이 매일 자신이 좋아하는 음식을 즐기는 운동선수들은 그야말로 수십만에 달한다. 그런 운동선수 중 하나가 NFL 선수였던 데이비드 카터David Carter다. 5개 팀을 오가며 4년이 넘는 기간 동안 NFL에서 활약한 그는 20대 중반 시절 젊은 나이에도 불구하고 체력 소모가 말도 못 하게 컸다. 체중이 136킬로그램이나 된 데다 수비 라인맨으로 뛰었기 때문이다. 원인 모를 몸의 통증은 날이 갈수록 심해져 손과 손가락 감각이 없어지기에 이르렀고, 어떤 날엔 팔꿈치 통증 때문에 제힘으로 욕조를 빠져나오는 것조차 힘들었다. 결국 그는 진통제를 먹어가며 뛰어야 했다. 백방으로 해결책을 찾던 그는 어느 날 획기적인 내용의 다큐멘터리 〈나이프보다 포크Forks Over Knives〉를 보게 된다. 식단에서 육류와 가공식품을 제거하면 거의 모든 퇴행성 질환들을 관리 또는 치유할 수 있다는 주장을 하나하나 짚어보는 다큐멘터리였다. 그날 데이비드는 갖고 있던 밀크셰이크를 다 쏟아버리고 바로 엄격한 채식주의자가 됐다. 유제품을 먹는 게 자신을 괴롭히던 부상 중 하나인 건염의 원인이 될 수 있다는 사실을 알게 되었기 때문이다. NFL 선수의 아주 일반적인 한 끼 식사인 치즈를 추가한 더블 패티 햄버거 6개에 닭가슴살, 그리고 폭찹까지 먹는 습관도 문제로 인식하게 됐다. 그렇게 먹은 결과 스물다섯 살밖에 안 된 그에게 남은 건 염증과 과도한 체지방, 고혈압 등이었다.

데이비드의 식단이 하룻밤 새에 채식 기반으로 바뀌고, 눈에 띄는 결과들이 나타났다. 첫 달에는 체중이 20킬로그램 가까이 줄었다. 그리고 두 달도 채 안 돼 모든 통증들이 사라졌다. 식단 변화와 경기력 향상에 동료 선수들은 관심을 보였고, 데이비드는 본인이 겪은 놀라운 경험을 공유했다. 몸이 가벼워진 그는 더 빨라졌고 더 먼 거리를 달렸으며 통증에서도 자유로워졌다. 그러나 수비 라인맨이라는 포지션 특성상 136킬로그램의 체중은 유지해야 했다. 데이비드는 채식하는 몇몇 보디빌딩 코치에게 도움을 요청해 1만 칼로리를 섭취할 수 있는 채식 기반의 식단을 입수했다. 그 덕에 그는 완전한 채식 식단으로 체중을 다시 136킬로그램까지 늘리는데 성공했다. 그는 증량 후에도 온종일 동물성 단백질을 먹던 때보다 더 빨랐고 더 강했다. 군살은 더 없었다.

데이비드는 최적의 체중을 유지하기 위해 애썼다. 매일 체중 1파운드당

1.2그램에 해당하는 많은 양의 식물성 단백질을 섭취하려 했는데, 그게 무려 360그램에 달했다. 그 많은 단백질은 치즈 버거를 먹어 섭취하는 대신, 단백질 셰이크를 만들어 마시는 것으로 했다. 흰 강낭콩을 주재료로 하고, 과일로 색과 맛을 낸 셰이크였다. 그러면서 쌀과 콩, 귀리, 캐슈(특히 캐슈 치즈), 녹색 채소, 그리고 과일을 실컷 먹었다. 두 시간마다 식사를 하고 식사와 식사 사이에 채식 기반의 간식을 먹었다. 미리 많은 양의 스무디를 만들어 놓고 하루 내내 마시기도 했다. 그렇게 그는 채식 기반의 식단을 통해 하루에 총 1만 칼로리를 섭취했다.

선수 생활을 그만두면서 데이비드는 더 이상 건강에도 안 좋고 비정상적인 136킬로그램이라는 체중을 유지할 필요가 없었다. 그는 다시 한번 섭취하는 칼로리와 먹는 음식의 비율을 조정했다. 곧 20킬로그램 정도가 줄었다. 그는 지금도 열심히 운동하고 있다. 선수 시절보다 훨씬 더 건강하며, 보다 운동선수다운 몸을 유지하고 있다. 패스트푸드를 여전히 좋아하긴 하지만, 요즘 '소울 푸드'는 병아리콩 버거, 캐슈 맥 앤 치즈, 채식 기반의 단백질 와플 등이다. 데이비드는 선수 생활을 연장시켜주고, 결국 자신의 생명까지 구해준 채식 기반의 식단에 확신을 가지고 있다. 그 연장선상에서 그는 운동선수들, 특히 소수 집단에 속하는 운동선수들에게 채식 기반의 식단이 가진 이점을 알리는 데 전념하고 있다.

물론 데이비드가 체격, 힘, 스피드를 모두 필요로 하는 운동선수가 어떻게 채식을 통해 충분한 단백질을 얻을 수 있는지를 보여주는 유일한 사례는 아니다. 그가 채식 기반의 식단을 택하기 거의 10년 전에, NFL 역사상 가장 뛰어난 타이트 엔드로 손꼽히는 토니 곤잘레스Tony Gonzalez 역시 데이비드와 비슷한 변화를 경험했다. 데이비드의 경우와 마찬가지로, 토니 역시 단 몇 주 만에 7킬로그램에 가까운 체중을 감량하는 등 처음에 아주 빠른 속도로 살을 뺐다. 토니가 엄격한 채식주의자였던 건 겨우 한 달 정도였다. 이후 여러 해 동안 채식 기반의 식단을 고수했는데, 그는 지금도 그런 식단 덕에 선수 생활을 7년 이상 더 할 수 있었다고 말한다. 전성기 때 채식 기반의 식단을 택한 또 다른 NFL 스타로는 아리안 포스터Arian Foster를 꼽을 수 있다. 그는 미식축구에서 가장 거친 포지션 중 하나를 맡아 많은 에너지를 필요로 할 때조차도 육류를 먹지 않았다. 그리고 그다음 시즌, 러싱 시도와 러싱 터치다운 부문에서 최고 기록을 세우며 리그 최고의 러닝 백이 되었다. NFL 테네시 타이탄즈의 데릭 모건Derrick Morgan 역시 채식 기반의 식단을 했다. 그는 수비 라인을 비롯한 다른 선수 10명에게 채식 기반의 식단을 알리기도 한 선수로, 데릭의 활약에 힘입어 팀은 2017년에 자력으로 플레이오프에 진출했다. 10년 만에 처음 있는 일이었다. 인디애나폴리스 콜츠에서 네 시즌을 뛰는 등 여러 팀에서 와이드 리시버로 활약한 그리프 웨일런Griff Whalen 또한 NFL에서 활약한 마지막 시즌에 채식 기반의 식단을 했다. 캠 뉴턴Cam Newton은 부상을 극복하고 회복력 및 경기력을 높이기 위해 채식 기반의 식단을 택해 화려한 재기에 성공한 선수다. 한때 NFL 최우수 선수로 꼽혔던 그는 오늘날 자신이 채식주의자라는 걸 가장 적극적으로 밝히는 미식축구 선수 중 한 명이기도 하다. 자, 어떤가. NFL 선수들도 이처럼 채식 기반의 식단으로 충분한 단백질을 섭취할 수 있다면, 당신 역시 그럴 가능성이 아주 높지 않겠는가.

채식만으로 상당한 근육을 늘릴 수 있다는 확신이 들지 않는다면, 평생을 엄격한 채식주의자로 살고 있는 여자 프로 보디빌더 제히나 말릭Jehina Malik 사례를 보자. 프로 보디빌더가 된다는 것은 그 자체로 힘든 일이다. 특정한 크기와 모양의 근육을 아주 많이 키우고 그대로 유지해야 한다는 엄청난 부담이 따르기 때문이다. 어떤 사람들은 그러려면 하루에 치킨 여섯 마리에 달걀 12개를 먹는 등, 동물성 단백질을 상당히 많이 섭취해야 한다고 믿는다.

스테로이드와 호르몬 같은 골형성 촉진제에 의존하는 사람도 많다. 제히나를 보자. 그녀는 이런 말을 즐겨 한다. "저와 제 다섯 형제들은 전부 엄마 뱃속에 있을 때부터 엄격한 채식주의자였어요." (실제로 제히나의 다섯 형제는 모두 운동선수라는 사실에 주목할 필요가 있다.) 그녀는 세 살 때부터 무용 발표회에서 춤을 추는 등 늘 무대 위에서 살다시피 했다. 그러나 처음 사람들에게 자신이 프로 보디빌더가 되고 싶다는 얘기를 했을 땐 비웃음만 샀다. 사람들은 육류를 먹지 않고 보디빌더 같은 근육을 키우는 건 불가능하다고 말했다. 그러나 그녀는 여러 해 동안 열심히 훈련했고, 결국 보디빌딩 대회에서 트로피를 안기 시작했다. 그리고 2014년, '모태 채식주의자'로 국제보디빌딩연맹(IFBB) 프로 보디빌더가 되는 새 역사를 썼다. "제가 처음 출전한 전미 보디빌딩 대회에서 국제보디빌딩연맹 프로 보디빌더 자격을 따자 모두 놀라 입을 다물지 못하더군요. 하지만 저는 훈련을 통해 모든 걸 해냈고 최후의 승자가 됐어요."

자연스럽게 제히나가 받는 가장 흔한 질문은 평소 무엇을 먹느냐, 직접 요리를 하느냐, 어떤 종류의 보충제를 먹느냐, 그리고 채식 기반의 식단을 고수하면서 어떻게 프로 보디빌딩에 필요한 단백질을 섭취하느냐 하는 것이다. 단백질은 보디빌더에게 아주 중요하지만 그녀는 단백질을 얼마나 많이 섭취하느냐 하는 건 전혀 신경 쓰지 않는다고 말한다. 단백질은 모든 음식에 들어 있는 데다, 하루 내내 음식을 달고 살아 단백질을 충분히 섭취하고 있다는 걸 잘 알고 있기 때문이다. 제히나는 또 요즘은 목표한 단백질을 섭취하는 게 훨씬 더 쉬워졌다는 말도 한다. 영양가가 풍부한 채식 기반의 음식에 대한 수요가 점점 늘면서, 직접 요리하든 미리 조리된 상태로 구입하든 선택할 수 있는 맛있는 음식들이 많다는 것이다. 제히나가 가장 좋아하는 음식은 식물성 버거와 소시지, 비건 치킨, 베트남 쌀국수, 식물성 단백질 음료와 단백질 쿠키다. 물론 귀리, 캐슈, 기름에 튀긴 케일, 샐러드용 채소와 과일 그리고 견과류 등도 좋아한다. 몇 가지 보충제도 복용한다. 휴식을 위해 사우나도 이용하며, 일반적인 보디빌더처럼 훈련도 한다.

그간 거머쥔 수많은 우승컵 외에도 제히나가 보람을 느끼는 일은 또 있다. 다른 많은 운동선수들이 그녀의 영향을 받아 채식 기반의 식단을 택하고 있다는 사실이다. 많은 엄마들은 그녀를 보고 본인의 아이들도 채식주의자로 키우고 있다고 알려오기도 한다. 제히나는 자신이 다른 사람들의 삶에 변화와 긍정적인 영향을 줄 수 있다는 사실을 더없는 영광으로 생각하고 있다.

이렇듯 단백질이라는 다량영양소 측면에서 볼 때 채식 기반의 식단은 근력을 필요로 하는 운동선수에게 큰 도움이 되고 있다. 그럼 지구력을 필요로 하는 운동선수에게는 어떨까? 마라톤 선수 메리 슈나이더Mary Schneider의 경우를 보자. 메리는 2020년 올림픽 미국 대표 선발전에서 2시간 42분 01초라는 개인 최고 기록을 냈다. 42.195킬로미터를 1.6킬로미터당 6분 11초라는 놀라운 속도로 달렸다는 의미다. 그녀는 그간 캘리포니아 주 샌디에이고 프라도 레이싱 팀의 핵심 선수로 활약해오면서, 많은 마라톤 경주에 출전해 우승컵을 들어 올리기도 했다. 늘 채식하는 운동선수였던 건 아니다. 경쟁력을 갖춘 운동선수였지만, 몸 상태가 그리 좋지도 않았다. 그녀는 만성적으로 철분 수치가 낮았다. 정상 범위 내엔 간신히 들었지만 마라톤 선수로 좋은 성적을 내는 데에 적절하다고 여겨지는 수치보다는 한참 낮았다. 그런데 채식 기반의 식단을 택한 뒤 모든 게 드라마틱하게 변했다. 많은 사람들은 놀랐다. 철분은 주로 붉은색 고기와 관련이 있기 때문이다. 채식 기반의 식단을 택하기 두 달 전 메리의 철분 수치는 46mcg/dL이었다(정상 수치는 40~190mcg/dL). 그녀는 너무 피로해 원하는 만큼 규칙적으로 훈련도, 운동도 할 수 없었다. 피로감에 통증이 겹쳐 전혀 훈련을 할 수 없는 날도 있었다. 결국 만성 피로 상태에서 훈련을 하고 대회에 나서는 지경에 이르렀다.

사실 메리는 채식 기반으로 식단을 바꾸었을 때 단백질 섭취에 대한 걱정이 아주 많았다. 평소 육류를 즐겨 먹었기 때문이다. 매끼 식사의 메인 메뉴가 육류였고 탄수화물 위주의 음식이나 채소는 사이드 메뉴였다. 그녀는 채식 기반의 식단을 택한 사람들이 지겨울 정도로 듣게 되는 "단백질은 어디서 얻나요?"라는 질문에 답하는 것도 걱정이었다. 더욱이 그녀는 철분 수치가 낮아 걱정이 더 심했다. 그런데 채식 기반의 식단을 택한 지 4개월 만에, 철분 수치는 거의 두 배인 76mcg/dL까지 올라갔다. 건강 상태가 좋아졌다고 확신하게 된 건 비단 혈액검사 결과 때문만은 아니었다. 몸에 몇 가지 큰 변화들이 일어나고 있다는 걸 메리는 눈으로 확인했다. 다리에 있던 멍울들이 육류를 끊자 완전히 사라진 것이다. 단백질 섭취가 불충분해 에너지가 떨어지기는커녕, 채식 기반의 식단을 택한 뒤 오히려 몸에 더 활력이 돌었다. 채식을 하기 전에는 식사 후 몸이 나른해져 잠시 낮잠을 자거나 커피를 마셔야 하루를 버틸 수 있었는데 채식을 시작한 뒤엔 하루 종일 높은 에너지 수준을 유지할 수 있었다. 심지어 특별히 힘든 운동이나 대회를 치르고 난 뒤에도, 컨디션 회복을 위해 그날의 나머지 시간들을 소파에 누워 있지 않아도 됐다. 채식 기반의 식단으로 인한 변화는 이토록 영향력이 컸다. 메리는 회복 시간이 눈에 띄게 줄어든 것 역시 채식 기반의 식단 덕이라고 말한다. "운동 후 보통 며칠간 몸이 뻐근했어요. 그런데 지금은 운동을 해도 대개 그날 밤이나 그다음 날 아침쯤이면 완전히 회복되곤 해요. 마라톤을 하고 나면 몇 주 동안 몸이 뻐근하니 피곤했는데 이젠 그렇지도 않고, 설사 그렇다 해도 단 며칠만 그래요." 회복력이 좋아진 덕에 그녀는 훈련 중에도 더 멀리 더 빨리 달릴 수 있게 되었다. 마라톤 대회도 더 자주 나설 수 있게 되었다. 메리는 식단을 채식 기반으로 바꾸면서 체성분까지 바뀌었다. 의식적인 노력을 하지 않았는데도, 근육이 늘고 체지방이 줄어든 것이다.

이 장에서 우리는 메리 슈나이더가 경험을 통해 깨달은 사실, 즉 단백질은 거의 모든 식물성 음식에 들어 있고 또 하루 중 수시로 보충할 수 있다는 사실을 좀 더 자세히 살펴보려 한다. 다시 말해 탄수화물이 다량 함유된 식단은 단백질을 제공해 주는 동시에 몸의 연료탱크에 늘 연료를 가득 채워준다는 것이다. 요즘 메리는 많은 양의 탄수화물을 섭취해 힘든 훈련과 마라톤 경주에 필요한 에너지를 충분히 얻고 있다. 물론 그 외에 렌틸콩, 두부, 템페 등 단백질이 풍부하다고 알려진 음식도 먹으려 하고 있다. 그녀는 채식 기반의 식단을 통한 자신의 성공 스토리를 이렇게 간단히 요약한다. "사람들은 제게 그런 식으로 먹으면서 마라톤을 계속할 수 있겠느냐는 질문을 해대곤 했어요. 저는 채식 기반의 식단을 고수하면서 뛰어난 경기력을 보여주는 운동선수의 본보기가 되려고 무진 애를 썼어요. 제가 어떻게 하는지, 또 채식을 하면서 뛰어난 실력을 보여줄 수 있는지 지켜보는 눈이 많다는 걸 잘 알고 있었으니까요. 그런데 14개월도 안 되는 기간 동안 다섯 차례 마라톤 대회에 출전하고, 그중 네 대회에서 개인 최고 기록을 수립하고, 2020년 2월에 열린 여자 마라톤 올림픽 대표 선발전에서 51위에 오르자, 그리고 그 기간 중에 그 어떤 부상도 입지 않고 만성 피로 증상도 보이지 않자, 비판론자와 회의론자들이 입을 다물더군요."

당신이 근력을 필요로 하는 운동선수이든 지구력을 필요로 하는 운동선수이든 취미로 운동을 하는 사람이든 아니면 '주말 전사'이든, 이 사례들을 통해 얻어야 하는 교훈은 하나다. **채식 기반의 식단을 하면서도 얼마든지 충분한 단백질을 섭취할 수 있다**는 것이다. 게다가 영양분을 섭취하고 근육을 키우는 문제에 관한 한 식물성 단백질은 결코 동물성 단백질보다 못하지 않다. 환경 파괴와 동물 학대 문제는 물론이고 콜레스테롤, 칼로리 과다, 발암,

섬유질 부족, 포화 지방 문제 등 동물성 단백질을 섭취할 경우 야기되는 문제는 한두 가지가 아니다. 그 대신 식물성 단백질 속에 들어 있는 아미노산을 섭취하면, 필요한 모든 영양소를 취하는 동시에 각종 이점까지 누릴 수 있다.

단백질에 대한 기본 상식: 식물성 VS 동물성

대부분의 사람들은 "제가 충분한 단백질을 섭취하고 있는 건가요?"라고 묻곤 한다. 그 질문에 답하는 건 쉽다. 그런데 우리는 "왜 그렇게 단백질에 집착하는가?" 라는 질문에 먼저 답하는 게 더 바람직하다고 생각한다. 자, 답을 찾아 보기로 하자.

앞서 설명했듯, 단백질은 그램당 4칼로리로 이루어진 다량영양소로 근육 조직을 키우고 회복시키는 일과 필수 호르몬 및 효소를 만드는 일에 중요한 역할을 한다. 근육량을 유지하고 면역 기능을 돕는 일에도 관여한다. 또한 단백질은 유아기에서 소년기를 거쳐 성인이 되는 성장 과정은 물론 근육 유지 및 훈련 후 회복과도 깊은 관련이 있다. 아주 중요하고 반드시 필요한 건 맞다. 그렇지만 지나칠 정도로 과대 포장되어 있는 것도 사실이다.

체질량지수가 높은 운동선수들을 비롯해 아주 많은 운동선수들은 충분한 단백질을 섭취하지 않을 경우 쪼글쪼글해져 버릴지도 모른다고 생각한다. 그 두려움 끝에 끊임없이 단백질(동물성 식품, 단백질 음료, 단백질을 보충해 줄 보조 식품 등)을 찾아 헤맨다. 앉아서 일하는 생활 방식에 익숙해져 별도의 운동도 하지 않으면서 마케팅 전문가와 광고주의 말만 믿고 '건강'을 위해 단백질 음료와 단백질 바를 먹는 사람도 수백만에 달한다. 게다가 정확한 지식을 갖추지 못한 소위 '의료 전문가'라는 사람들이 '채식 기반의 식단을 하는 사람은 충분한 단백질을 섭취하지 못한다'는 얘기를 퍼뜨려 불필요한 공포감을 조성하고 있다.

대체 우리는 왜 이렇게 단백질, 특히 동물성 단백질과 분리 단백질(탄수화물과 지방 그리고 종종 섬유질과 물을 제거하고 특정한 영양소, 이 경우는 단백질을 섭취하게 만들어진 보충제 또는 보충 식품)에 집착하게 됐을까? 건강과 관련된 유행들이 대개 그렇듯, 그 원인은 마케팅과 광고에서 찾을 수 있다. 기업들은 돈벌이가 된다면 어떤 주장을 이용할 길을 어떻게든 찾아내며, 고객은 결국 무언가가 꼭 필요하다는 주장에 낚이게 된다. 이런 식으로 단백질 및 육류 관련 기업들은 술, 담배, 제약 관련 기업들과 마찬가지로 아주 효과적이고 기발한 전략들을 총동원해 사람들을 세뇌시켰다. 자신들의 제품이 건강에 도움이 될 뿐 아니라 꼭 필요하다고 말이다.

육류 및 동물성 식품들은 TV 시청자 수가 폭발적으로 늘어난 1930년대에 건강 및 몸매 관리와 동의어처럼 되어 버렸다. 이는 공교롭게도 기업들이 축산업을 확대하면서 소비자들을 상대로 온갖 방법을 동원해 육류 제품에 대한 마케팅을 강화한 시기와 일치한다. 육류를 건강에 좋고 꼭 필요한 식품으로 소개하는 광고들을 보면서, 미국인을 비롯한 전 세계 사람들은 육류와 우유 그리고 달걀에 관심을 가지게 됐다. 그리고 머지않아 아침에는 베이컨과 달걀, 점심에는 로스트비프와 햄 또는 칠면조 샌드위치, 저녁에는 스테이크와 감자를 먹게 되었다. 많은 양의 동물성 단백질을 섭취하는 게 대세가 된 것이다.

스포츠계에서 동물성 단백질은, 특히 보디빌더들을 대상으로 한 스포츠 영양 관련 제품들이 쏟아져 나온 1970년대에 큰 인기를 얻기 시작했다. 원래 치즈 제조 과정에서 버려지던 부산물인 카제인 단백질과 유청 단백질 같은 우유 단백질을 추출해 분말로 만든 뒤 분리 단백질 보충제를 만들고, 그것들을 마법 같은 단백질 보충제라며 광고해 운동선수들에게 판 것이다. 1970년대에 보디빌더 조 웨이더Joe Weider와 아놀드 슈왈제네거Arnold Schwarzenegger가 매거진 커버를 장식하고 카제인 단백질과 유청 단백질 보충제 광고 모델로 나오면서 보디빌딩 붐이 일어난 것도 한몫을 했다. 많은 소비자들은 그 보충제를 구입했고 오늘날 수십억 달러 규모로 커진 스포츠 관련 보충제 시장이 형성됐다. 단백질 분말은 훨씬 더 많은 종류의 보충제와 단백질 바, 식사 대용 분말, 분지쇄 아미노산 분말, 필수 지방산 등의 제품으로 만들어졌다. 이 제품들은 현재 세계 곳곳의 '건강식품' 매장뿐 아니라 슈퍼마켓에서 구입할 수 있다. 이후 각기 다른 조합과 화학식, 그리고 효과를 가졌다는 제품들이 쏟아져 나왔고 그 제품들을 복용한다는 선수들의 광고를 본 많은 사람들이 그들처럼 근육과 힘을 키우고 싶다며 그 제품들을 구입하기에 이르렀다. 이런 식으로 단백질에 집착하게 된 미국인들은 웬만한 양의 단백질로는 성에 차지 않았다. 그 결과 고단백질 식단, 특히 고동물성 단백질 식단은 애플파이만큼이나 미국적인 식단으로 자리 잡았다. 지방과 탄수화물이 각종 건강 문제의 원흉으로 지목되고 있는 오늘날에도 단백질에 대한 집착은 여전하다. 가능한 한 더 많은 단백질을 찾아내려 애쓰는 것처럼 보일 지경이다.

그러나 진실은 다음과 같다. 우리는 그렇게 많은 단백질이 필요치 않을 뿐 아니라, 실제 필요로 하는 양은 전부 채식 기반의 식단을 통해 얻을 수 있다. 건강에 좋은 적정량의 단백질을 섭취하려면 어떻게 해야 하는지에 대해서는 이 장 후반부에서 구체적으로 알아보기로 하고, 우선 영양 전문가와 스포츠 과학자의 권고부터 살펴보자. **권장 단백질 섭취량은 대개 체중(킬로그램)**

을 기준으로 정해진다. 전문가들이 말하는 일반 성인 기준 1일 권장 단백질 섭취량은 체중 1킬로그램당 0.8그램이다. 예를 들어 체중이 68킬로그램이라면, 성별과 관계없이 하루에 약 54그램의 단백질 섭취가 권장되는 것이다. 대개 단백질 음료 하나에 든 단백질이 20~30그램이다. 많은 양은 아니지만, 활동적인 사람이 아니라면 괜찮다. 단백질 음료 하나에 더해 약간의 음식을 먹고 소량의 칼로리만 더 섭취해도 하루에 필요한 단백질 양을 채우는 데는 충분하다. 활동적인 사람이라고 해도 문제 될 건 없다. 단백질을 더 필요로 하긴 하지만, 사실 그 차이가 그리 크지 않다.

서로 결합해 단백질을 형성하는 아미노산은 20종이 있다. 그중 11종의 아미노산(비필수 아미노산이라 한다)은 체내에서 만들어지지만, 나머지 9종의 필수 아미노산은 음식을 통해 섭취해야 한다. 필수 아미노산은 전부 다양한 식물성 식품으로 섭취할 수 있다. 양은 다르지만, 사실 모든 식물성 단백질에는 각종 필수 아미노산이 들어 있다. 그리고 인체는 참 신비로워서, 적절한 원료만 넣어주면 알아서 '완전한' 단백질을 만들어낸다. 아침에 귀리를 먹고 점심에 샐러드를 먹고 저녁에 콩류를 먹으면, 그것들이 서로 합쳐져 몸이 필요로 하는 단백질을 만들어낸다는 것이다. 이는 **영양학적 측면에서 볼 때 굳이 육류와 우유 그리고 달걀 같은 동물성 식품으로 단백질을 섭취하거나, 보충제를 통해 단백질을 섭취할 필요가 없다**는 뜻이다. **단백질을 형성하는 아미노산은 모든 식물성 식품을 통해 섭취할 수 있으니까 말이다.**

〈미국 임상영양학 저널American Journal of Clinical Nutrition〉에 실린 한 최근 연구를 보자. 연구진은 19세에서 72세까지 남녀 2,986명을 채식을 하는 그룹과 채식·육식을 다 하는 그룹으로 나누어 근육량과 체력을 비교했다. 그 결과 연구진은 충분한 단백질을 섭취하는 한, 그 단백질이 식물성이냐 동물성이냐 하는 건 중요치 않다는 사실을 알게 됐다.[1] 더 놀라운 건 다음의 연구다. 미국 국립생물공학정보센터National Center for Biotechnology Information는 매일 채식 기반의 식단을 통해 섭취하는 칼로리를 늘리는 데 집중하면 전반적인 단백질 섭취를 늘리지 않아도 필요한 단백질의 97퍼센트나 충족된다는 사실을 밝혀냈다. 완전한 채식을 하든 일반적인 채식을 하든, 운동선수는 필요할 경우 칼로리를 늘리는 데 집중하고, 그걸 통해 최적의 단백질 섭취를 해야 한다는 게 연구진이 내린 결론이다.[2]

이쯤이면 생각만큼 많은 단백질을 섭취할 필요는 없다는 사실을 인지했을 것이다. 채식을 통해 충분한 단백질을 섭취할 수 있다는 것도 이해했으리라 기대한다. 이제 매일매일의 식단에 어떻게 적용할 것인지를 알아보기에 앞서, 식물성 단백질이 건강과 운동에 도움이 되는 반면 동물성 단백질은 왜 그렇지 않은지 확실히 짚고 가자.

동물성 단백질이 몸에 좋지 않은 이유

동물성 단백질 섭취가 비만, 당뇨병, 고혈압, 장기 부전 등 여러 주요 사망 원인과 관련이 있을 수 있다는 건 익히 알려진 사실이다. 실제 미국인의 사망 원인 1위는 심장병이며, 심장병은 육류, 우유, 달걀 같은 동물성 단백질이 많이 함유된 식단과 직접적인 관련이 있다. 많은 양의 콜레스테롤(동물성 식품에서만 발견된다) 섭취와 그로 인한 포화 지방 증가와 관련이 있는 경우도 많다. 콜레스테롤과 동물성 지방으로 인해 동맥 내에 플라크가 쌓이고, 그 결과 혈류가 심장 같은 주요 장기들로 흘러가지 못하는 것이다. 그런 식으로 혈류가 줄어들면 발기 부전, 심장병, 심장마비, 뇌졸중 같은 질환들이 생겨나게 된다. 능히 상상되겠지만, 이는 운동선수에게 결코 좋을 리 없다. 지구력, 체력 그리고 회복력을 위해서는 적절한 혈액 순환과 혈류가 필요하기 때문이다.

염증과 산화 스트레스 문제도 있다. 오해를 풀고 가자. 염증이 반드시 나쁜 건 아니다. 사실 염증은 면역 체계가 외부 침입자를 격퇴하기 위해 사용하는 유용한 도구이기도 하다. 그러나 공격을 당하고 있다는 '경고'에 면역 체계가 반복적으로 반응하다 보면, 지속적인 염증이나 만성 염증으로 이어진다. 그게 바로 스스로를 공격해 세포 조직들을 망가뜨리게 되는 상태, 즉 산화 스트레스 상태다.[3] 염증은 많은 원인에 의해 생겨날 수 있다. 단기적인 염증(급성 염증)일 수도 있고 장기적인 염증(만성 염증)일 수도 있다. 대개 세균에 의해 감염되거나 부상을 입은 뒤에 급성 염증으로 발전된다. 특정 음식이나 스트레스 같은 외부 자극에 계속 노출되다 보면 만성 염증이 나타나기도 한다. 여러 연구 결과에 따르면, 붉은 고기 및 가공육 섭취는 염증 및 산화 스트레스 증가와 밀접한 관련이 있다. 만성 염증에 따르는 결과는 아주 심각하다. 오늘날 전 세계적으로 가장 많은 사망 원인이 만성 염증이다. 만성 염증은 비만과 천식의 중요한 원인이기도 하며, 모든 죽음의 약 50퍼센트는 심장병, 뇌졸중, 암, 당뇨병, 만성 신장병, 비알코올성 지방간 질환, 알츠하이머 같은 자가면역 및 신경퇴행성 질환 등 많은 염증 관련 질병과 연관이 있을 수 있다.[4] 이보다 덜 심각한 질병일지라도 염증과 산화 스트레스는 운동선수의 훈련에 지대한 영향을 끼친다. 운동을 많이 할수록 회복하기가 더 힘들어지고, 그로 인해 운동과 운동 사이 더 많은 휴식 시간이 필요해지기 때문이다.

염증 이해하기

염증 반응은 치유의 정상적인 과정이다. 부상이나 세균 감염으로 인해 염증이 생긴 부위에는 영양분이 공급되고 면역 체계 활동이 이루어져야 하기 때문이다. 상당수의 경우, 염증은 치유에 도움이 되고 꼭 필요하기도 하다. 문제는 염증으로 인한 치유 반응이 중단되어 만성 염증이 된다거나 회복이 지연될 때다. 더욱이 오늘날의 생활 방식은 환경 독소, 흡연, 비만, 만성 스트레스, 수면 부족, 앉아서 일하는 습관, 식단 등 많은 잠재적 염증 유발 요인들을 안고 있다.

– 린다 플로라이트, 의학박사

대부분의 음식은 들어 있는 성분을 토대로 염증 유발 음식과 염증 억제 음식으로 구분할 수 있다. 구분하는 목적은 염증 유발 음식 섭취를 줄이고 염증 억제 음식 섭취를 늘리는 쪽으로 변화를 유도하기 위해서인데, 일반적인 미국인들의 식단을 보면 지나칠 정도로 염증 유발 음식들이 많다. 예를 들면 다음과 같다.

- 오메가-6 지방산 섭취가 많다든가 하는 식으로, 건강에 좋지 않은 오메가 지방산 섭취 비율을 보이는 경우가 많다. 오메가-6 지방산은 염증을 유발하는 반면, 오메가-3 지방산은 염증 억제 효과가 있는 편이다.
- 혈당 지수[탄수화물이 혈당에 미치는 효과를 나타내는 지수]가 낮은 음식들이 주로 포함되는 채식 기반의 식단과는 반대로, 일반적인 미국인의 식단에는 혈당 지수가 높은 음식들이 많이 포함된다. 그런 음식들을 섭취하면 혈당이 급격히 오르는데, 그렇게 되면 체내의 당분과 단백질 간에 당화 반응이라는 이상 반응이 일어나게 되며, 그 결과 최종당화산물이라는 염증 유발 화합물이 만들어진다. 그 화합물로 인해 DNA가 손상되고 세포막에 문제가 생겨 결과적으로 노화가 빨라진다.
- 특히 인위적으로 곡물을 과다하게 넣은 사료 등을 먹고 자란 동물로부터 나오는 동물성 식품(고기, 유제품, 달걀)은 염증을 유발한다. 그런 사료 등을 먹고 자란 동물에서 나오는 고기나 유제품 또는 달걀에는 염증 지방, 특히 포화 지방이 많이 들

어 있기 때문이다.

채식 기반의 식단은 염증 억제 효과가 훨씬 높아 운동으로 인해 생겨나는 염증을 퇴치하는 데 더 유리하다. 그 이유는 다음과 같다.

- 과일과 채소가 특정 색을 띠게 만드는 천연 색소는 염증을 억제하는 강력한 특성을 가지고 있다.
- 곡물은 혈당을 급격히 올리지 않아 염증을 억제하는 데 효과가 있다.
- 채식 기반의 식단은 대체로 오메가-6 지방산 대 오메가-3 지방산 비율이 좋다.
- 채식 기반의 식단은 염증 억제 효과가 높은 특정 항산화제가 들어 있는 음식일 경우가 많고, 그런 음식을 먹을 경우 산화 스트레스와 그로 인해 생겨나는 활성 산소가 줄어들 수 있다. 그 좋은 예가 올리브, 녹차, 다크초콜릿 그리고 생강과 강황 같은 허브와 향신료들(특히 후추와 합쳐질 때)이다. 또 케일, 브로콜리, 콜리플라워, 방울양배추, 양배추 등이 있다.

육류(소고기, 돼지고기, 양고기 등), 특히 가공육(예를 들어 핫도그와 런천 미트)이 특정 암(특히 대장암, 췌장암, 전립선암)과 관계가 있다는 것 역시 익히 알려진 사실이다. 많은 연구와 세계보건기구(WHO)가 이를 뒷받침하고 있다. 그 관계는 흡연과 폐암의 연관성 만큼이나 밀접하다. 가공육이 현재 1급 발암 물질로 분류되고 있는 이유다. 또한 연구진이 밝혀낸 바에 따르면 여성은 유제품을 먹을 경우 유방암 발병 가능성이 무려 80퍼센트까지 올라가고,[5] 남성은 우유에 함유된 카제인 단백질을 섭취할 경우 전립선암세포가 급증하게 될 수 있다.[6]

동물성 음식의 과다 섭취와 만성 질환과의 관계는 특히 미식축구, 보디빌딩 같이 체질량이 중시되는 스포츠에서 충분히 입증되어 왔다. 실제로 체격을 불리기 위해 가능한 한 많은 동물성 단백질을 섭취하는 선수들의 평균 수명이 가장 짧고 심장병, 암, 당뇨병, 비만, 기타 그 밖의 다른 건강상의 문제들을 갖게 되는 경우가 많다. 유명 보디빌더들을 비롯한 많은 운동선수들이 동물성 단백질을 과다 섭취해 40대 초반에 심장병이나 장기 부전으로 세상을 떠나기도 했다. 불행히도 이는 스포츠계 전반에서 나타나고 있는 추세다.

육류가 이토록 우리 몸에 해롭다면, 어째서 이런 문제가 대중적인 논의로 확대되지 못하는 걸까? 건강 및 영양학 관련 권위자가 목소리를 높이고, 동물성 식품 섭취와 만성 질환 발병 가능성의 상관관계가 과학적인 연구를 통해 뒷받침되고 있는데도 말이다.

베스트셀러 『죽지 않는 법』의 저자인 마이클 그레거Michael Greger 박사는 육류를 먹는 게 지극히 '정상적인' 일이기 때문이라고 주장한다. 사람들이 육류를 먹는 이유는 다른 대부분의 사람들이 육류를 먹기 때문이라는 것이다. 오늘날의 육류 업계를 60년 전의 담배 업계와 비교해보면 정말 심각한 일이 아닐 수 없다. 미국 연방정부가 의무 총감 보고서를 통해 흡연이 건강에 해로우며 암을 유발할 수도 있다는 사실을 공표한 것은 무려 7,000회의 연구 결과, 흡연과 폐암 발병 간에 밀접한 관련이 있다는 게 밝혀진 이후의 일이었다. 어째서 7,000회의 연구 결과가 나온 뒤에야 누군가가 팔 걷고 나서 생명을 잃지 않으려면 금연을 해야 한다고 말하게 된 것일까?

바로 흡연을 지극히 '정상적인' 일로 여겼기 때문이다. 심지어 의사들까지 흡연을 하는 상황에서 환자들에게 자신도 하고 싶지 않은 금연을 하라고 한다면, 과연 얼마나 많은 사람들이 그 권고에 따르겠는가? 식당에서, 직장에서, 각종 스포츠 경기장에서, 집에서, 술집에서, 파티에서, 심지어 진료실 안에서도 담배를 피는 것이 일상인 때가 있었다.

육류를 먹는 것이 우리의 건강에 해롭고 목숨을 위협할 수도 있다는 사실을 아는데, 왜 그간 누군가가 나서 뭔가 얘기하려 하지 않았겠는가? 세계보건기구는 지금도 계속 뭔가 얘기를 하고 있다. 실은 몇 년째 그래 왔다. 의사들 역시 동물성 단백질 섭취의 위험성에 목소리를 높여 왔고 각종 책을 써 왔으며 다큐멘터리에 출연했고 논문을 발표했다. 또 순회강연을 했고 심지어 대학 교직원들과 학생들을 상대로 교육도 해 왔다. 그럼에도 채식 기반의 식단이 건강에 좋다는 메시지가 전 국민적인 주제로 떠오르지 못하는 주요 원인은 다음과 같다.

1. 육류를 먹는 것이 지극히 '정상적인' 일로 여겨져 왔다.
2. 대기업 및 국가 예산이 사람들로 하여금 계속 육류를 먹게 하는 일에 투입되고 있다.
3. 많은 사람들이 현재의 생활 습관을 바꾸려 하지 않는다. 그로 인해 목숨을 잃을 수 있다 해도 말이다.

이 세 가지 이유는 아주 높은 벽이다. 하지만 최근 몇 년간 채식 기반의 식단을 지지하는 많은 운동선수와 전문가, 요리사, 의사, 작가가 동물성 단백질의 위험성을 소리 높여 주장해 온 결과, 이제는 그 메세지가 어느 때보다 더 강하게 대중의 마음에 와닿고 있다.

생선은 어떨까?

생선을 먹으면 건강에 좋다(대개는 오메가-3 지방산과 관련해)고 알려져 있다. 하지만 채식 기반의 식단을 지지하는 의사들은 동물성 단백질(해산물에 들어 있는 동물성 단백질 포함)에서 얻을 수 있는 잠재적 이점보다는 그로 인해 야기될 수 있는 위험이 훨씬 더 크다고 말한다. 가장 주목할 만한 사실은 물고기에 수은이 함유되어 있다는 점이다. 수은으로 인해 사람의 뇌, 심장, 신장, 폐 그리고 면역 체계가 손상될 수 있다. 연어, 대구, 새우, 송어같이 좀 더 작은 생선과 해산물의 경우 수은이 많이 함유되어 있기로 유명한 옥돔, 황새치, 고등어, 참치 같은 물고기들에 비해 수은 수치가 낮은 편이지만, 그 조차도 많은 의료 전문가들이 먹지 말라고 할 정도로 높은 것이 사실이다. 또 다른 문제는 전 세계의 호수와 바다를 오염시키고 있는 미세 플라스틱이다. 플랑크톤을 먹고 사는 작은 물고기들이 그 미세 플라스틱을 먹고, 그 물고기들을 다시 먹이 사슬 위에 있는 물고기들이 먹고, 그 물고기들을 다시 인간이 먹는다. 그렇게 우리가 섭취하게 되는 미세 플라스틱은 각종 장기를 손상시킬 뿐 아니라 독성 화학물질(특히 호르몬을 교란시키는 BPA, 즉 비스페놀 A 포함)을 침출시켜 면역 기능과 생식 기능까지 손상시킨다.[7]

그렇다고 해서 양식장에서 키운 물고기를 먹는 게 나을 것도 없다. 그 물고기들은 항생제를 먹여 키우는 경우가 많기 때문이다. 연구 결과에 따르면 양식장에서 키운 연어에도 PCB, 즉 폴리염화바이페놀이라는 산업 독소가 함유되어 있다. 이는 그 연어를 키울 때 야생에서 잡은 물고기들을 갈아 먹이기 때문인 것으로 추정된다.[8]

환경을 위하여

육류 섭취가 지구 전체에 미치는 부정적인 영향에 대한 얘기 없이 육류에 반대한다는 주장을 편다는 건 사실상 불가능에 가깝다. 육류는 우리 몸에 광범위한 해를 끼칠 뿐 아니라, 환경까지 파괴한다. 지구 온난화 문제의 무려 50퍼센트는 육류 생산과 관련이 있다고 할 정도로 육류는 가장 큰 환경 파괴 요인 중 하나로 꼽힌다. 소, 돼지, 닭 같은 가축과 그 가축으로 인한 온실가스 배출, 화석연료 사용, 육류 제품 유통용 비행기와 트럭 운용으로 인한 배기가스 배출, 공장식 축산 농장으로 인한 수질 오염, 보다 큰 공장식 축산 농장을 짓기 위한 벌목, 가축들을 먹이기 위한 작물 재배(특히 브라질이 세계 최대 규모의 소고기 수출국이기 때문에 지구의 폐에 해당하는 아마존 열대우림에서 대규모로 행해짐) 등이 그 좋은 예다. 이 외에 가축을 기르는 데 필요한 어마어마한 양의 물도 문제다. 예를 들어 암소 한 마리를 새끼 때부터 키워 그 고기로 햄버거 패티를 만들려면, 소고기 1파운드[0.45킬로그램] 당 1,910갤런[약 7,230리터]의 물이 필요하다. 암소가 뜯어 먹을 풀 등을 기르기 위해 많은 물이 필요하기 때문이다.[9]

육류 생산은 코로나19 팬데믹의 주요 원인 중 하나이기도 하다. 전염병의 대부분은 동물 매개 감염 질병, 즉 동물에게서 인간으로 옮겨지는 전염병이기 때문이다. 물론 코로나19 팬데믹이 최초의 동물 매개 감염 질병은 아니다. 역사적으로 과거에도 흑사병, 스페인 독감, 에볼라바이러스, 인체면역결핍바이러스(HIV), H1N1 바이러스(돼지 독감), H7N9(조류 독감), 중증급성호흡기증후군(SARS) 등의 팬데믹이 있었다. 불행히도 코로나19 팬데믹이 마지막이 아닐 것이다. 미국 질병통제예방센터는 인간에게 새로 생겨나는 질병 넷 가운데 셋은 동물을 통해 옮겨진다며, 우리가 그런 일이 일어나기 더 없이 좋은 환경을 조성해 왔기 때문이라고 경고하고 있다. 육류 가공 산업과 그로 인한 지구 온난화, 지구 온난화를 부채질하는 자연 서식지 파괴 등의 이유로, 살 곳이 부족해진 동물들은 동물들끼리는 물론 우리 인간들과도 더 가까이 붙어살 수밖에 없게 됐다는 것이다. 가장 최근에 일어난 코로나19 팬데믹 이전까지만 해도, 이는 아시아나 아마존 열대우림 지역에 국한된 문제로 여겨지는 듯했다. 그러나 2009년에 발생한 돼지

독감은 미국 아이오와 주의 공장식 양돈 산업에 따른 결과였다. 그리고 코로나19 팬데믹 위기는 이런 팬데믹에 국경이 없다는 걸 보여주고 있다. 많은 전문가들은 미래의 팬데믹을 예방하기 위해 우리가 시도할 수 있는 가장 중요한 변화는 육식을 중단하는 것이라고 한목소리를 내고 있다.

그 외에 우리가 육식 중단을 고려해야 하는 이유는 윤리적인 문제 때문이다. 살아 있는 다른 생명을 죽여가면서까지 음식을 만들어야 하는가 하는 문제에서부터 산업화된 공장식 축산 농장에서 자라는 동물들의 삶의 질이 너무 처참하다는 문제에 이르기까지 많은 윤리적 문제가 산적해 있다. 그 동물들은 지나치게 비좁은 공간 안에서 살고, 자유롭게 돌아다니며 풀을 뜯을 수 없다. 어릴 때 어미와 강제로 떨어져야 하는 등 그야말로 엄청난 스트레스 속에 사는 경우가 많다.

다행히도 육식을 대체할 수 있는 보다 건강하고 지속 가능한 식단이 있다. 바로 채식 기반의 식단이다. 식물성 단백질의 경우, 많은 양을 섭취하더라도 동물성 단백질만큼 건강에 나쁜 영향들을 주지 않는다. 특히 콩류나 통곡물 같은 자연식 형태의 식물성 단백질은 동물성 단백질만큼이나 생체 내 활용이 가능한데다 각종 비타민, 미네랄, 항산화 물질, 식물성 영양소, 수분은 물론 동물성 단백질에는 없는 섬유질까지 섭취할 수 있다는 이점도 있다. 게다가 1파운드당 1,000~2,000칼로리가 함유된 동물성 음식과 달리 식물성 음식에는 1파운드당 200~600칼로리 정도밖에 함유되어 있지 않아, 식물성 음식의 경우 더 많은 양을 먹고도 목표 칼로리 섭취량을 넘기지 않을 수 있다. 이런 이유로 식물성 음식을 먹으면 병에 잘 걸리지 않을 뿐 아니라 설령 병에 걸린다 해도 덜 심하게 앓는다. 식물을 먹으면 그 속에 들어 있는 항산화 물질 덕에 염증과 산화 스트레스가 사라지고, 육식을 중단하면 특히 비

만, 당뇨병, 심장병 같은 건강 문제들이 해결될 수 있다. 체중이 줄어 혈류가 개선되면 동맥의 부담이 줄어들고 몸에 미량영양소가 넘쳐 나게 된다. 염증이 완화되면, 체력이 좋아져 더 나은 성과를 올리고 회복 속도 또한 빨라질 뿐 아니라, 더 오래 그리고 더 만족스러운 삶을 살 수 있다.

그리고 무엇보다 중요한 사실이 있다. **식물성 단백질은 체력과 근력을 키우는 데 동물성 단백질만큼이나 효과가 있다**는 사실이다. 2015년 〈국제 스포츠 영양학회 저널Journal of the International Society of Sports Nutrition〉에서 발표한 이중맹검법 연구[실험을 할 때 편견을 방지하기 위해 실험 대상들에게 특정 정보를 공개하지 않는 연구 기법]에 따르면, 12주간의 저항력 훈련 중에 완두콩 단백질 보충제를 복용한 사람들은 우유 단백질의 하나인 유청 단백질을 섭취한 사람들만큼(그리고 위약을 복용한 사람들보다는 더 많은) 근육이 증가했다.[10] 2013년 〈국제 스포츠 영양학회 저널〉 연구 발표 결과도 일맥상통하다. 8주 동안 쌀 단백질을 섭취한 운동선수 집단은 유청 단백질을 섭취하면서 같은 훈련을 한 운동선수 집단과 동일한 체력 및 회복력을 보였다.[11]

건강과 환경에 악영향을 주지 않으면서 동물성 단백질을 섭취했을 때와 동일한 효과를 얻을 수 있다면, 완두콩이나 쌀 같은 식물성 단백질을 섭취하지 않을 이유가 무엇이 있겠는가?

엄격한 채식 식단 VS 원시인 식단

최근 몇 년 사이에 체력을 기르거나 체중을 줄이기 위한 목적으로 이른바 '원시인 식단'을 택하는 사람이 늘고 있다. 들이나 동굴에서 혈거 생활을 한 원시인들의 식단을 흉내 내는 것이다. 여기서는 원시인 식단을 택한 사람들을 열거하거나, 그 식단이 왜 잘못된 것인지 그 이유들을 장황하게 늘어놓지 않으려 한다. 대신 채식 기반 식단과 원시인 식단의 공통점을 알아보고자 한다.

사실 엄격한 채식주의자들이 먹는 식단에 들어가는 음식은 거의 다 원시인들이 먹던 것들이다. 우선 씨앗류가 그렇다. 콩과 밀 역시 원시인들이 먹던 음식이다. 그 외에 오늘날 채식하는 운동선수들이 먹는 음식 또한 혈거 생활을 하던 원시인들이 먹었을 법한 음식들이다. 그 반대도 마찬가지다. 혈거 생활을 하던 원시인들이 먹은 음식들 또한 거의 다 오늘날의 엄격한 채식주의자들이 먹는 음식과 같다. 원시인들의 식단엔 유제품이 전혀 없었고 많은 채소와 견과류 그리고 과일 등이 있었다. 오늘날의 엄격한 채식주의자의 식단은 원시인 식단과 아주 유사하다고 해도 과언이 아니다.

우리는 다음과 같은 사실들에도 동의한다.

- 채소는 건강에 좋다. 농약을 뿌리지 않고 키운 유기농 채소는 더 좋다.
- 견과류는 건강에 좋다.
- 과일도 건강에 좋다.
- 패스트푸드는 건강에 아주 안 좋다.
- 어린 소들이 먹어야 할 우유를 성인이 된 인간들이 마시는 건 자연의 이치에 맞지 않고 건강에도 안 좋다.
- 자연식은 더없이 소중하며, 우리는 가능한 한 자연 상태에 가까운 음식을 먹어야 한다.
- 가공식품은 독과 같으며, 그런 걸 먹으라고 강권하는 문화는 크게 잘못된 것이다.

안타깝게도, 위에 나열한 사실들에 동의하는 사람은 정말 극소수다. 많은 가공식품이 쏟아져 나오고 비만 인구가 급증하는 요즘 같은 시대에 패스트푸드를 피하고 우유를 마시지 않으며 가공식품 대신 자연식을 먹으면 별난 사람이라는 취급을 받는다는 걸 우리도 잘 알고 있다.

사실 육류는 원시인들의 식단에서도 '주식' 역할을 했다. 하지만 그런 원시인들조차 동물들을 가둬 키우는 방식 때문이든 그 동물들에게 먹이거나 주입하는 것들 때문이든 오늘날의 공장식 축산 농장에서 생산되는 제품은 좋지 않다는 데 동의할 것이라 생각한다.

그런데 육류에 있어서는 왜 엄격한 채식주의자들과 원시인들이 서로 다른 걸까?

윤리적인 문제들 때문에 모든 게 좀 혼란스러워졌다고 생각한다. 채식주의자들은 원시인들이 너무도 당당히 육류를 먹었다는 사실이 마음에 내키지 않는다. 반면에 원시인들은 채식주의자들이 인류가 역사적으로 쭉 해온 일을 갑자기 잘못된 일이라고 말하는 게 마음에 안 들 것이다.

우리는 어느 쪽 식단이 더 나은가를 놓고 영원히 갑론을박할 수도 있다. 그러나 어느 누구도 다른 편을 들도록 설득하진 못할 것이다. 그리고 우리 사회가 넘쳐나는 가공식품 탓에 온갖 질병으로 고통받고 있는 상황에서 그건 중요하지도 않다. 채식주의자가 원시인과 어떻게 다른가 하는 건 전혀 중요한 문제가 아닌 것이다. 핵심은 양측 모두 '자연식품을 먹자'는 말에 동의한다는 점이다. 건강과 식문화에 변화를 가져올 것은 바로 '자연식품을 먹자'는 말이지 채식주의자들과 원시인들의 차이가 아니다. 우리가 건강에 좋은 음식을 먹겠다는 의지가 있다면, 또 진정한 변화를 원한다면 활용해야 하는 건 바로 그 공통점이다.

자, 원래의 질문으로 되돌아가보자. "우리가 필요로 하는 단백질의 양은 대체 어느 정도일까?"

단백질과 아미노산은 남녀 모두에게 필요한데, 그 양은 체중에 따라 달라진다. 일반적인 성인(19세부터 59세까지)의 경우 1일 단백질 권장량은 체중 1킬로그램당 0.8그램이다.[12] 만일 체중이 60킬로그램이라면, 하루에 48그램의 단백질이 필요하다는 뜻이다. 실제로는 어떨까? 조리된 오트밀 한 컵에는 약 6그램의 단백질이 들어 있다. 거기에 땅콩버터 1테이블스푼을 더하면 4그램의 단백질이, 다시 두유 반 컵을 더하면 4그램의 단백질이 추가된다. 다 더하면 14그램의 단백질이 되는데, 이는 하루 목표량의 30퍼센트밖에 안 된다.

운동선수의 경우엔 또 다르다. 1일 단백질 권장량에 다소 차이가 있다. 2016년 미국 스포츠 의학 대학, 영양 및 영양학 학회, 캐나다 영양사 협회는 영양 및 운동선수의 경기력과 관련된 한 합동 성명서를 통해 운동선수는 더 많은 단백질을 섭취해야 한다고 권고했다.[13] 최근 자료에 따르면, 신진대사 적응과 회복 그리고 단백질 전환[세포 내 단백질이 재생되는 것]에 필요한 식이 단백질의 양은 하루에 체중 1킬로그램당 1.2~2.0그램이다.

예를 들어 체중이 60킬로그램인 마라톤 선수라면, 대략 하루에 70~120그램의 단백질이 필요하다. 이는 채식을 하지 않는 일반인들에 비해 40퍼센트가량 많은 수치지만, 균형 잡힌 식사를 통해 목표로 한 칼로리만 제대로 섭취하면 그다지 맞추기 어려운 수치는 아니다. 게다가 2021년 2월에 발표된 논문 〈저항력 훈련 적응 측면에서 본 채식 위주의 고단백질 식단 대 단백질 위주의 채식 · 육식 식단: 채식주의자들과 채식 · 육식 혼용주의자들〉에 따르면, 근력 및 근육량을 키우기 위해 채식 기반의 식단만으로 고단백질을 섭취(하루에 체중 1킬로그램당 1.6그램)하는 것과 채식 · 육식 식단을 혼용해 고단백질을 섭취(자연식 + 유청 단백질 보충제)하는 것은 별 차이가 없다.[14] 적정량의 단백질만 섭취하면, 어떤 종류의 단백질을 섭취하든 저항력 훈련에 적응하는 데는 그다지 영향을 주지 않는다는 것이다. 보충 설명해 줄 샘플 메뉴를 제시하기에 앞서, 먼저 단백질 섭취 상황을 추적 · 관찰하는 데 영향을 주는 라이신에 대해 살펴보기로 하자.

라이신의 중요성

단백질과 관련해 엄격한 채식주의자들이 다른 사람들보다 더 신경을 써야 하는 게 하나 있다. 바로 라이신이다. 라이신은 필수 아미노산의 하나로, 카르니틴(지방산을 에너지로 전환시키고 콜레스테롤 수치를 낮추는 데 도움을 주는 영양소)을 생산하는 데 중요한 역할을 한다. 섬유상 단백질인 콜라겐, 연골 그리고 피부를 만드는 데도 관여한다.

식물성 음식 안에는 대개 소량의 라이신이 함유되어 있다. 라이신이 제한 아미노산[식품 단백질의 필수 아미노산 중 결핍되는 것]으로 불리는 이유다. 하루에 필요로 하는 라이신을 섭취하는 것이 하루에 필요로 하는 단백질을 섭취하는 것보다 더 중요하다고 주장하는 영양학자가 있는 것도 이 때문이다. 한마디로 우리 몸이 필요로 하는 라이신을 섭취만 한다면, 필요로 하는 단백질을 전부 섭취하는 것이나 다름없다는 뜻이다.

1일 라이신 권장량은 체중 1킬로그램당 38밀리그램이다. 만일 체중이 60킬로그램이라면 2,280밀리그램의 라이신이 필요하다는 뜻이다.

다행히 라이신이 풍부한 식물성 음식은 대개 평소 즐겨 먹는 '주식'에 속하는데, 혹 그렇지 않다면 그런 식물성 음식을 그릇 가득 채워 먹는 게 좋다. 라이신, 즉 제한 아미노산을 실컷 섭취할 수 있는 음식은 다음과 같다.

음식	1인분	라이신(밀리그램)
템페	1/2컵	754
세이탄	약 85그램	656
렌틸콩	1/2컵	624
두부	1/2컵	582
아마란스	1컵	515
퀴노아	1컵	442
피스타치오	1/4컵	367
호박씨	1/4컵	360

아미노산의 효과

단백질 섭취 상태를 한눈에 보기 위해, 또 단백질을 적절히 섭취하는 게 얼마나 쉬운지 설명하기 위해 채식하는 두 운동선수의 사례를 소개한다.

사례1: 트로이

트로이는 키가 178센티미터이고 체중은 70.3킬로그램이다. 그는 보스턴 마라톤 경주에 나가기 위해 훈련 중이다.

그의 1일 단백질 권장량은 70.3킬로그램 × 1.3그램 = 91그램이다.

그의 1일 라이신 권장량은 70.3킬로그램 × 38밀리그램 = 2,671밀리그램이다.

그는 다음과 같이 음식을 먹으며 1일 단백질(라이신 포함) 권장량을 맞추고 있다.

식사	음식	단백질(그램)	라이신(밀리그램)
아침	통곡물 빵 2장	7.3	93
	땅콩버터 2테이블스푼	8.0	290
	두유 약 240밀리리터	9.2	439
	바나나 1개	1.3	59
간식	후무스 1/2컵	4.0	291
	라바시 크래커 2개	4.0	144
	베지 스틱 1컵	1.3	102
점심	채식주의자용 구운 콩 1컵	12.0	488
	중간 크기의 구운 감자 1개	4.3	263
	브로콜리 1컵	3.6	234

간식	오렌지 1개	1.2	62
	피스타치오 1/3컵	8.2	489
저녁	단단한 두부 약 140그램	12.0	651
	퀴노아 1컵	8.1	442
	완두콩 1/2컵	3.9	463
	옥수수 1/2컵	2.3	272
간식	기름 없이 볶은 병아리콩 1/4컵	3.6	243
	딸기 1컵	1.0	37
	총	**95.3**	**5,062**

사례2: 사라

사라는 키가 157센티미터이고 체중은 56.8킬로그램이다. 그녀는 역도 선수다.

그녀의 1일 단백질 권장량은 56.8킬로그램 × 1.6그램 = 91그램이다.

그녀의 1일 라이신 권장량은 56.8킬로그램 × 38밀리그램 = 2,158밀리그램이다.

그녀의 샘플 메뉴는 다음과 같다.

식사	음식	단백질(그램)	라이신(밀리그램)
아침	절단된 귀리 3/4컵	7.5	501
	치아씨 1테이블스푼	2.0	150
	카카오씨 떡잎 1테이블스푼	1.0	70
	키위 1개	1.1	200
간식	소이 요거트 약 180밀리리터	4.0	439
	호박씨 3테이블스푼	6.6	270
점심	중간 크기의 통곡물 베이글 1개	10.0	186

*절단된 귀리는 귀리를 철제 칼날로 토막 낸 오트밀의 일종이다.

점심	땅콩버터 2테이블스푼	8.0	290
	두유 약 240밀리리터	9.2	439
간식	구운 콩 1/3컵	22.6	427
	오렌지 1개	1.2	62
저녁	조리한 아마란스 1컵	9.3	515
	검정콩 1/2컵	7.6	523
	렌틸콩 1/2컵	8.9	624
	조리한 시금치 1/2컵	3.0	115
	총	**104**	**4,811**

예를 좀 더 깊이 들여다보자. 트로이와 사라 두 사람 모두 다음과 같은 것들을 골고루 먹고 있다.

- 과일류
- 채소류
- 콩류
- 견과류

두 사람은 다음과 같은 것들은 먹지 않고 있다.

- 단백질 파우더
- 대체육
- 단백질이 아주 많이 함유된 음식들

요점은 다음과 같다. 많은 운동선수가 가공식품과 단백질 파우더 같은 걸 먹지만, 사실 채식 기반의 식단을 하는 운동선수는 그런 것들을 먹지 않고서도 얼마든지 1일 단백질 권장량을 섭취할 수 있다.

단백질이 좀 부족하더라도 칼로리가 충분한 음식을 먹기 위해 노력을 기울여야 한다. 그런데 지금 많은 현대인들은 자신이 하루에 필요로 하는 단백질보다 3~4배 많은 단백질을 섭취하고 있다. 단백질을 많이 섭취한다고 더 많은 근육이 생기지 않는데도 말이다. 필요 이상 단백질을 섭취하면 그냥 없어지거나 지방 형태로 저장될 뿐이다. 그래서 충분한 단백질을 섭취하려면 어떻게 해서든 탄수화물이 식단의 주메뉴가 되게 하라는 것이다. 이에 대해서는 앞으로 좀 더 자세히 다룰 예정이니 일단 여기서는 영양가 높은 식물을 다양하게 먹는 게 좋다는 얘기 정도만 기억해 두자.

계속해서 어떻게 식단에 충분한 단백질을 포함시킬 것인지 하는 문제가 신경 쓰인다면, 앞으로 식료품점에 갈 때 다음 목록을 참고하기 바란다. 단백질이 풍부한 식품들이다.

견과류와 씨앗류

아몬드	캐슈버터	햄프씨드
아몬드버터	피스타치오	해바라기씨
땅콩	호두	아마씨
땅콩버터	헤이즐넛	치아씨
캐슈	호박씨	

콩류

팥	흰콩	검정콩
대두	흰강낭콩	병아리콩
덩굴강낭콩	푸른완두콩	렌틸콩
리마콩	쪼개서 말린 완두콩	

곡물류

퀴노아	메밀	옥수수 가루
아마란스	귀리	불구르
야생쌀	카무트	수수
테프		

채소류

방울양배추	감자	브로콜리
시금치	아스파라거스	브로콜리 라베
포토벨로	케일	물냉이
버섯	콜라드잎	알파파 스프라우트

최소 가공된 식물성 단백질 음식

두부
템페
세이탄
발아 곡물 빵
식물성 단백질 음료
식물성 단백질 바
식물성 단백질 푸딩
견과류, 씨앗류 그리고 녹색 채소가 들어간 스무디

콩에 대한 오해와 진실

콩은 자주 오해받는 식재료다. 수십 년간 우리의 식단에서, 그리고 다른 많은 채식하는 운동선수의 식단에서 큰 부분을 차지해오고 있는 식재료이기도 하다. 수천 년간 아시아의 일부 식단에서 중요한 역할을 해오기도 했다. 콩에 대한 오해와 진실을 몇 가지 정리하고 넘어가자.

'콩 식품'은 콩류의 하나인 대두로 만들어지는 모든 제품을 가리킨다. 가공된 많은 콩 식품(분리 대두 단백 등) 외에 풋콩, 두유, 두부 그리고 템페(발효시킨 대두) 등이 있다. 그 외에 콩기름, 콩가루, 조직 식물 단백질(육류 대체품), 요구르트와 치즈 같은 대용 유제품도 대표적인 콩 식품이다.

자연 상태의 콩은 완전하면서도 품질 좋고 영양가 높은 단백질원이다. 콩에는 콜레스테롤이 들어 있지 않으며 포화 지방이 적고 불포화 지방(우리 몸에 필요한 오메가-3 지방산 등)이 많이 함유되어 있다. 섬유질, 비타민 B, 철분, 아연 외 다양한 항산화 물질도 들어 있다. 또한 자연식 콩 식품을 먹으면 콜레스테롤 수치가 낮아지고 생식력이 개선되며 폐경기 증상들이 줄어들고 골다공증, 당뇨병, 심장병, 유방암 발병 위험이 감소한다. 콩에는 그냥 에스트로겐이 들어 있는 게 아니라 이소플라본이라 불리는 몸에 좋은 식물성 에스트로겐이 들어 있기 때문이다. 식물 안에서 자연스레 생겨나는 이소플라본이라는 화합물은 까다로운 에스트로겐 수용체의 조절제 역할을 한다. 이 식물성 에스트로겐으로 인해 일부 세포 조직들에서는 에스트로겐의 긍정적인 효과가 일어나고 그렇지 못한 세포 조직들에서는 항에스트로겐 효과가 일어나는 것이다.[15] 이소플라본을 섭취한다고 해서 남성다움이 줄어들진 않는다. 남녀 할 것 없이 건강상 장점이 많다. 특히 심혈관상에 좋아, 군살 없이 근육량을 키우는 데는 동물성 단백질만큼이나 효과적이다.[16]

문제는 콩을 어떻게 먹느냐이다. 우리는 이미 자연 상태의 식물성 식품이 가공된 식물성 식품보다 몸에 좋다는 얘기를 한 바 있다. 이는 콩도 마찬가지다. 두부, 템페, 두유 같이 가공이 최소화된 식품은 건강에 좋지만, 가공이 심하게 된 분리 단백질 식품은 그렇지 않다. 자연 상태의 콩 식품과 달리 섬유질이나 영양소는 없고 정제당, 트랜스 지방 같이 영양가 없는 성분만 들어 있기 때문이다.

가능한 한 늘 자연 상태의 콩 식품을 선택하고, 유기농 콩 또는 유전자 변형을 하지 않은 콩으로 만든 식품을 선택하는 것이 좋다. 일반적으로 콩은 실험실에서 인위적으로 만들어진 유전자 변형 물질들을 사용해 재배되는 경우가 많다. 유전자 변형 식품(GMO)이 건강에 미칠 잠재적 위험에 대해선 아직 장기적이고 독립적이며 신뢰할 만한 연구가 행해진 바 없으나, 건강에 좋을 리는 없다. 많은 건강 전문가 역시 유전자 변형 식품이 인체에 미칠 영향을 우려해 그런 식품을 먹지 말라고 권고한다. 미국의 경우 식품 기업들에게 자사 식품이 유전자 변형 식품인지를 밝힐 걸 강제하는 법은 없지만, 그렇다고 해서 유전자 변형 식품을 유기농 식품이라 할 수는 없다. 그러니까 가장 안전한 방법은 라벨에 '유기농' 또는 '비유전자 변형'이란 말이 들어 있는 식품을 구입하는 것이다.

단백질이 풍부하면서도 맛있는 음식 서른다섯 가지를 간단히 소개한다.

- 각종 곡물, 콩, 녹색 채소가 들어가는 부리토 볼
- 쌀, 두부, 피망, 당근 등이 들어가는 카레 요리
- 두부, 시금치, 버섯, 토마토 등이 들어가는 두부 스크램블
- 호밀빵, 사워크라우트, 식물성 치즈 등이 들어가는 템페 루벤
- 두부, 코코넛 우유, 버섯, 후추, 브로콜리 등이 들어가는 태국식 카레
- 각종 채소와 보리 등이 들어가는 렌틸콩 수프
- 상추, 토마토, 피클, 식물성 치즈 등이 들어가는 채식 버거
- 상추, 토마토, 피클, 식물성 치즈 등이 들어가는 템페 또는 두부 샌드위치
- 콩류와 각종 채소 등이 들어가는 칠리
- 각종 채소, 허브, 향신료 등이 들어가는 렌틸콩 빵
- 옥수수, 토마토, 당근, 양파 등이 들어가는 검정콩 수프
- 세이탄, 양배추, 토마토, 살사 등이 들어가는 타코
- 쌀, 콩, 아보카도, 상추, 토마토 등이 들어가는 부리토
- 템페, 녹색 채소, 새싹, 드레싱 등이 들어가는 쌈
- 두부, 잘게 썬 다양한 채소, 녹색 채소, 드레싱 등이 들어가는 샐러드

- 글레이즈나 디핑 소스를 친 세이탄 꼬치
- 각종 허브와 향신료가 들어가는 병아리콩 및 파바콩 팔라펠
- 발아 통밀빵과 잼으로 만든 땅콩버터 샌드위치
- 완두콩, 풋고추, 고추 등이 들어가는 두부 탕수
- 렌틸콩, 보리, 샐러리, 양파, 옥수수 등이 들어가는 병아리콩 스튜
- 두부, 오이, 브로콜리, 당근 등이 들어가는 볶음밥
- 온갖 채소가 들어가는 BBQ 세이탄 조각들
- 땅콩 소스, 면, 무, 당근 등이 들어가는 신선한 두부 스프링 롤
- 견과류, 과일, 씨앗류 등이 들어가는 오트밀
- 채소 육수가 들어가는 흰콩 및 케일 수프
- 베리류와 메이플 시럽이 들어가는 아몬드버터 및 스펠트 팬케이크
- 파스타가 들어가는 두부 볼로네제
- 현미, 해초, 아보카도, 오이, 당근 등이 들어가는 템페 초밥
- 양념한 두부, 현미, 각종 채소, 핫소스 등이 들어가는 한국식 퓨전 두부 요리
- 두유, 각종 베리류, 견과류 등이 들어가는 통곡물 시리얼
- 올리브, 아보카도, 볶은 고추, 올리브오일, 레드와인 식초 등이 들어가는 지중해식 퀴노아 요리
- 마리나라 소스와 올리브 등이 들어가는 시금치 및 두부 라자냐
- 양파, 아마씨, 칠리 파우더가 들어가는 고구마 및 병아리콩 패티
- 시금치, 식물성 대체육, 마리나라 소스 등이 들어가는 렌틸콩 파스타
- 버섯, 올리브, 시금치, 말린 토마토, 풋고추 등이 들어가는 피자

결론은 이렇다. 아주 쉽게 충분한 단백질을 섭취할 수 있다는 것이다. 그리고 필요한 단백질을 섭취하기 위해 굳이 뭔가 대가를 치를 필요도 없다. 그저 당신이 가장 좋아하는 음식들을 즐기면 된다. 군침 돌 정도로 맛있으면서도 단백질이 풍부한 채식 기반 음식은 수도 없이 많다. 더 많은 아이디어를 얻고 싶다면, 11장에 나오는 레시피를 참고하기 바란다.

한눈에 보는 단백질 식품 목록

대부분의 사람들이 그러하듯, 단백질 섭취 문제를 걱정하는 이는 없을 것이다. 그래도 혹여나 걱정되는 이가 있다면 안심해도 좋다. 우리가 식물성 단백질 식품 목록을 만들었다. 목록에는 우리가 즐겨먹는 식물성 단백질 식품은 물론 아미노산 섭취에 필요한 정보들도 담겨 있다. 목록은 웹사이트 '육식하지 않는 운동선수(nomeatathlete.com/book-bonus)'에서 다운로드할 수 있다.

• • • • •

역도 선수들에게 단백질은 왕과 같다. 나는 내 몸을 한계점까지 몰아붙이고 48시간 후에 회복해 다시 운동을 할 수 있는 상태로 만들기 위해, 일주일에 많은 시간을 체육관에서 보낸다. 체중은 100킬로그램에서 114킬로그램 사이를 오가고, 하루에 섭취하는 단백질은 200그램에서 260그램 정도다. 잘 믿기지 않겠지만, 그리 힘든 일은 아니다. 오늘날에는 고단백질을 섭취할 수 있는 채식주의자용 음식이 얼마든지 있기 때문이다.

- 닉 스콰이어스, 국제 역도 챔피언 겸 캘리포니아주 역도 기록 보유자

심혈관 센터 간호사인 나는 30~40대 운동선수들이 운동 중 심장마비로 쓰러져 병원에 실려 오는 경우를 점점 더 많이 보고 있다. 나이 쉰도 넘지 않은 사람들 중에 심근경색 환자가 이렇게 많다는 건 정말 충격적인 일이 아닐 수 없다. 심장병이나 심장마비는 한때 '노인들이나 앓는 병'이었지만, 이제 더 이상 그렇지 않다. 나는 또 점점 더 많은 운동선수들이 심장마비가 오고 난 뒤 자신들의 식단에 의문을 제기하는 걸 보고 있다. 그러나 심혈관 중재 시술 전문의들은 식단에 대해선 아무 말도 하지 않는다. 그래서 환자들은 (운동선수든 아니든) 단순한 치료 이상의 것에 아주 관심이 많다. 자신들의 식단이 건강에 도움이 되는지, 또 특정 음식을 먹기 시작해야 하는지 아니면 먹길 중단해야 하는지 등을 알고 싶어 하는 것이다. 채식 기반의 식단을 하는 간호사(이를테면 나 같은)들이 그들의 귀에 대고 나직이 동물성 음식을 줄이라고 속삭이는 것도 바로 그 때문이다.

- 알바 멘데즈, 간호학 학사 겸 간호사

위장병 전문의인 나는 식단이 건강에 얼마나 큰 도움을 주는지, 또 해를 끼치는지 직접 목격해 왔다. 동물성 식품은 소화가 잘될 수는 있어도, 우리의 장 안에서 염증성 부산물을 만든다. 반면에 섬유질이 풍부한 자연식은 염증 수치를 낮춰 주며 소화 기관 및 신장, 심혈관 건강에 좋고 수명도 늘려준다. 우리의 몸이 식물성 자연식을 먹으면서 좋아진다는 건 의심할 여지가 없다. 장과 장내 미생물을 효율적으로 움직이게 해주고 장을 건강하게 유지시켜주며 면역 체계와 전반적인 건강 또한 최적의 상태를 유지하게 해 준다. 결국 식물성 자연식은 우리 몸에 필요한 연료와 같다.

- 바네사 멘데즈, 의학박사 겸 식물 의학 연구소 위장병 전문의,
내과 전문의 그리고 원격 의료 책임자

나는 스포츠 침술 분야에서 일하는 침술 및 한의학 전문의이다 보니 매일 운동선수들을 접한다. 늘 훈련을 해야 하는 운동선수들에게 내가 해주고 싶은 첫 번째 조언은 최대한 빨리 채식 기반의 식단을 하라는 것이다.

- 힐다 A. 곤잘레스, 한의사

어리고 젊은 운동선수들이 채식 기반의 식단으로 튼튼한 몸과 건강을 유지할 수 있다는 건 확실하다. 실제로 나는 내 사무실을 찾는 젊은 운동선수들에게 경기력을 끌어올리고 싶다면 영양 섭취에 신경 쓰라고 조언한다.

섬유질과 항산화 물질이 함유된 음식들을 먹고 수분 섭취를 잘하면 어린 아이들은 물론 활동적인 사람들에게도 도움이 된다. 그것이야말로 우리가 우리의 건강과 행복을 위해 할 수 있는 최선의 일 중 하나다.

- 야미 카줄라-란카스터, 정골 의학박사 겸 보건학 석사, 소아과 의사, 코치, 작가 그리고 강사

운동선수이자 랍비[유대교의 율법학자]인 나는 신체적인 그리고 영적인 목표를 달성하는 데 가장 중요한 열쇠는 영양분이라는 사실을 깨달았다. 건강하면서도 탄탄한 몸을 만들기 위해서는 가능한 한 '폭력'이 배제된 음식을 먹어야 한다고 믿는다.

채식 기반으로 식단을 바꾼 뒤 나는 그 어느 때보다 활력이 넘친다.

- 유리 포먼, 이스라엘 최초의 세계 복싱 챔피언

4장

탄수화물: 우리 몸의 완벽한 연료

단백질을 식단의 메인으로 삼아선 안 된다는 사실을 분명히 인지했을 것이다. 그렇다면 단백질 대신 무엇을 메인으로 삼아야 할까? 그 답을 알고 나면 깜짝 놀랄 것이다. 실제 운동선수에게, 특히 근력을 필요로 하는 운동선수에게 무엇이 식단의 주메뉴가 되어야 하는지를 말해주면 소스라치게 놀라는 경우가 많았다. 대부분의 운동선수, 특히 근육을 키워야 하는 운동선수가 이 식품군을 많이 먹으라는 말을 늘 듣는 건 아니기 때문이다. 그러나 우리는 의심의 여지가 없다고 생각한다. **식단의 메인은 탄수화물이 되어야 한다**.

지구력과 체력을 필요로 하는 운동을 해 온 우리 두 저자는 심지어 근육을 키울 때도 탄수화물을 많이 섭취하는 영양 프로그램으로 가장 나은 결과를 봤다. 운동선수로 성공할 수 있게 한 식단의 비밀을 한 문장으로 집약하라고 하면 '탄수화물이 풍부한 음식이 영양가도 가장 높다'로 정리할 수도 있다고 생각한다. 탄수화물이 풍부한 음식은 그 어떤 음식보다 총영양밀도

지수(ANDI. 영양가 대 칼로리 비율을 토대로 매기는 점수)가 높고, 에너지로 쓸 수 있는 칼로리도 아주 높다. 또한 탄수화물이 풍부한 음식을 먹으면, 염증이 줄고 운동 후 회복 속도가 빨라지며 수분 공급에 도움이 된다. 전해질, 비타민, 미네랄 공급도 더 활발해진다. 게다가 탄수화물이 풍부한 자연식품은 지방 수치가 낮고 우리 몸이 필요로 하는 단백질도 적절히 함유하고 있어, 운동선수에게 더없이 좋다. 우리의 주장을 입증하는 가장 확실한 방법은 그 효과를 확인해 보는 것이다. 그리고 여기, 탄수화물을 메인으로 식단을 짠 세계 최정상급 운동선수들이 있다. 이들이야말로 최적의 식단은 어떤 식단인가 하는 의문에 '결국엔 탄수화물이 왕'이라는 사실을 입증해 보인 산 증인들이다.

기왕에 '왕' 이야기가 나왔으니 말인데, 역사상 가장 큰 업적을 이룬 채식하는 운동선수가 누구냐고 하면 마땅히 울트라러너 스콧 주렉을 첫손가락에 꼽아야 한다. 그의 업적을 나열하면 금방 수긍이 갈 것이다. 그동안 언급해온 다른 채식하는 운동선수들처럼 올림픽 메달리스트는 아니지만, 스콧이 지난 20여 년간 쌓아온 경력을 보면 역사상 가장 위대한 울트라러너라 불러도 손색이 없다. 그는 단순히 놀라운 울트라러너에 그치지 않는다. 월간 매거진 〈러너스 월드Runner's World〉에 의해 '역사상 가장 위대한 육상 선수 10인'에 선정된 실로 대단한 울트라러너다. 익히 알려진 대로 그는 1999년에 프로 선수 생활을 시작하면서 식단을 채식 기반으로 바꾸었다. 그 이후 〈내셔널 지오그래픽National Geographic〉에 의해 '올해의 모험가'로 선정됐고, 〈울트라 러닝Ultra Runnning〉이 꼽은 '올해의 울트라러너'에 네 차례 올랐다. 또 〈멘즈 헬스Men's Health〉에 의해 '역사상 가장 탄탄한 몸을 가진 남성 100인'에 선정되기도 했다.

화려한 수상 이력보다 더 인상적인 것은 그가 남긴 수많은 업적이다. 수십 년간 채식 기반의 식단을 한 스콧은 스포츠계 채식주의 운동의 선구자와 같다. 세계 곳곳에서 수천 킬로미터 이상의 포장도로와 흙먼지 길을 달리고 지구력 달리기 종목에서 많은 신기록을 세우면서, 훗날 채식 기반의 식단을 택할 다른 많은 운동선수를 위한 길을 닦은 것이다. 그는 1999년부터 2005년까지 7년 연속 미국 서부 주 100마일[약 160킬로미터] 지구력 달리기 대회에서 우승을 거뒀다. 세계에서 가장 혹독한 달리기 경주인 배드워터 135 울트라마라톤 대회 정상도 2번이나 올랐다. 배드워터 135 울트라마라톤은 기온이 무려 섭씨 54도까지 올라가는 7월 중순에 캘리포니아 주 '죽음의 계곡'을 지나 135마일[약 217킬로미터]을 달리는 경주로, 도중에 2.6킬로미터가 넘는 고지대도 뛰어 올라가야 한다. 우승하는 건 둘째 치고, 혹독한 여건 속에서 엄청나게 먼 거리를 달린다는 것 자체가 힘든 일이다. 여기서 끝이 아니다. 2015년에는 애팔래치아 트레일 스루-하이킹[장거리 하이킹 코스를 처음부터 끝까지 걷는 것]을 가장 빠른 속도로 주파하기도 했다. 끊임없이 변화하는 날씨 속에서 그는 총 46일 8시간 7분 동안 2,189마일[약 3,523킬로미터]의 오르막길과 내리막길을 최대한 빠른 속도로 걸었다. 스콧은 당시에 겪은 일들을 『북쪽North』이란 제목의 책으로 엮어 내기도 했다. 애팔래치아 트레일을 걸으면서 자아 발견을 하는 과정을 써 내려간 일종의 회고록을 출간한 것이다. 그가 미국에서 열린 24시간 로드 레이스에서 세운 165.7마일[약 267킬로미터]이라는 최장거리 기록도 빼놓을 수 없다. 이는 하루에 마라톤을 무려 여섯 번 반 뛴 것과 같다. 보통 사람으로서는 상상도 할 수 없는 일로, 스콧 같이 채식하는 세계 정상급 운동선수의 이야기가 더없이 주목을 끄는 이유이기도 하다. 그와 같이 위대한 운동선수가 수십 년간 채식 기반의 음식으로 에너지를 얻고 있다는 사실은 세상 사람들에게 주어진 선물이나 다름없다. 그는 사람들에게 채식 기반의 식단으로도 의미 있는 목표를 달성할 수 있다는 확신을 심어 주었고, 채식주의자로 가는 길을 활짝 열었다.

스콧은 채식 기반의 식단으로 전반적인 지구력과 회복력이 좋아져 육상 선수로 성공할 수 있었다. 그렇다면 계속 새로운 기록을 세우는 위대한 울트라러너가 되게 해 준 에너지원은 무엇일까? 그가 좋아하는 음식에서 답을 찾아보자. 무엇보다 그는 싱싱한 채소로 만든 음료를 아주 좋아한다. 케일, 시금치, 보리순, 루콜라, 스피룰리나, 클로렐라 등을 가지고 만드는 스무디나 즙이 그 예다. 대부분의 사람들과 마찬가지로 스무디나 즙에 향이 좋은 각종 베리류나 파인애플, 바나나, 망고 등 과일을 섞어 마신다. 강한 채소 맛을 줄이고 탄수화물, 전해질, 항산화 물질, 그 밖의 영양소를 더하기 위해서다. 스콧은 스포츠 영양학에도 관심이 많다. 그는 현미, 완두콩 단백질, 필수 지방산, 아보카도, 코코넛 같은 자연식품에서 나오는 좋은 지방을 섭취하려 하며, 그 외에 각종 녹말 채소, 콩류, 곡물류, 견과류, 씨앗류 등도 즐겨 먹는다. 스콧은 이런 말을 한다. "어떤 사람들은 채식 기반의 식단을 택할 경우 맘껏 먹을 수 없을 거라고 생각하는데, 그렇지 않아요. 정말 중요한 건 먹는 음식의 양이기도 하니까요. 채식을 하면서도 양질의 지방을 충분히 섭취할 수 있어요. 저는 먹는 걸 좋아해요. 채식 기반의 식단을 하면 정크푸드로 배를 채우지 않으면서도, 정말 많은 음식을 먹을 수 있어요."

울트라러너에게 에너지를 공급하려면 어떻게 해야 할까? 스콧은 무엇보다 소화가 잘 되는 음식들을 찾아 먹어야 한다고 말한다. 20~30분 간격으로 25그램의 탄수화물을 섭취하고 많은 물과 전해질을 마셔 그걸 씻어내야 한다고 강조한다. 그는 또 운동선수를 위해 만들어진 음식을 먹는 데 아주 관심이 많은 편이다. 그와 같이 극한 스포츠를 하는 사람에겐 더없이 중요한 일이기도 하기 때문이다.

그래도 최우선 순위에 두고 있는 것은 적절한 비율의 탄수화물과 단백질,

그리고 지방을 섭취하는 것이다. 일주일에 며칠, 그리고 하루에 30분에서 60분 정도 운동하는 사람의 경우엔 다량영양소 비율, 식사 시간, 스포츠 전용 보충제, 총 칼로리 섭취 등이 중요하긴 해도 꼭 신경 쓸 필요는 없지만, 스콧처럼 한 번에 160킬로미터 이상을 달리는 선수라면 이야기는 달라진다. 경기력과 직결되기 때문이다. "운동선수인 저는 몸에 어떻게 에너지를 공급할 것인가 하는 데 관심이 아주 많아요. 저에게는 아주 재미있는 일이기도 하죠." 그는 또 자신이 살고 있는 콜로라도 주의 농산물 시장에서 식료품을 사고 집에서 요리하는 걸 좋아하며, 채식 기반의 식단이 풍요롭게 느껴질 만큼 늘 다채로운 음식을 즐긴다. 심지어 경주 중에도(그렇다. 정말 경주 중에도) 먹는다. 도로나 트레일 위를 오랜 시간 달리는 데 필요한 에너지를 틈틈이 보충하기 위해 부리토 같은 고형식품을 먹는 게 장거리 달리기 중 스콧이 택한 영양 섭취법이다. 그는 그렇게 부리토나 샌드위치, 채식 기반의 초밥, 피자 같은 다양한 간식을 즐긴다. 워낙 오랜 시간(초장거리 경주에선 종종 24시간 내내) 달리기 때문에, 경주 중 그의 몸은 부드러운 젤이나 음료를 마시는 것은 물론 '음식'을 먹는 것에도 적응이 되어 있다.

스콧의 몸은 실질적으로 도움이 되는 음식을 필요로 했고, 여러 해에 걸친 시행착오 끝에 그중 어떤 음식이 자신에게 가장 이로운지 알아냈다. 물론 모든 사람이 스콧과 같을 수는 없다. 사람의 몸은 다 달라서 모든 사람에게 맞는 접근법은 존재하지 않는다. 하지만 스콧이 강조하는 것이 있다. 적절한 연료를 몸에 공급하는 것이 무엇보다 중요하다는 것, 그리고 각자가 실험과 적용 과정을 거치면 오래 운동하는 데 가장 적절한 연료를 찾을 수 있다는 것이다.

그런데 스콧은 어쩌다 채식을 하게 된 걸까? 미국 미네소타 주에서 자란 그는 사냥꾼이자 어부였고, 본인 말에 따르면 육류와 감자를 아주 좋아했다.

그러다 학교에서 물리치료를 배우고 의료 관련 일을 하면서 새로운 눈을 뜨게 된다. 자연스럽게 발을 들여 놓은 의료업계에서 많은 만성 질환들을 목격하고, 건강 전반에 영향을 미치는 식단의 중요성을 깨달은 것이다. 스콧은 건강 유지에 도움이 될만한 다른 대안을 찾기 시작했다. 그 과정에서 앤드류 웨일Andrew Weil 같은 자연 치유 분야 전문가가 쓴 책을 통해 채식 기반의 식단이 건강에 미치는 장기적 이점을 알게 되고, 또 많은 영감을 받았다. 그는 목장 경영자에서 적극적인 동물보호 운동가로 변신한 하워드 라이먼Howard Lyman의 책 『미친 카우보이Mad Cowboy』도 읽었다. 그렇게 여러 책에서 영감을 얻어 자신의 식단을 점검하고 채식하는 운동선수로 변모했다. 이미 얼마 간의 울트라마라톤 대회에 출전한 경험이 있었던 스콧은 채식주의자가 된 뒤 20년 여를 더 활약했다. 그럼 그가 육류 및 감자 위주의 식단을 포기하고 스무디, 과일, 채소, 채소 부리토, 초밥 등 채식 기반의 식단을 택한 뒤 출전한 대회의 결과들은 어떨까? 그는 자신이 채식주의자가 된 이야기를 하면서 이런 말을 했다. "그 후 저는 운동 후 회복 속도가 빨라진 걸 느꼈어요. 훈련을 하거나 대회를 치르면서도 몸 상태가 꾸준히 좋았고요. 그거야 말로 경기력 향상에 꼭 필요한 거였죠." 그는 이런 말도 덧붙였다. "엄격한 채식주의자의 길을 걸으면서, 저는 체성분만 좋아진 게 아니라 근육량도 늘어났어요. 많은 사람들은 체력을 필요로 하는 스포츠에선 많은 근육 또는 충분한 근육을 키우기 위해 동물성 식품을 먹어야 한다고 생각해요. 하지만 시간이 지나면서 그게 잘못된 믿음이라는 게 입증되고 있어요." 스콧은 채식 기반의 식단을 통해 자기 몸에 필요한 에너지를 공급하고 또 수십 년간 가장 뛰어난 울트라러너 중 한 명으로 군림해오며 잘못된 믿음을 산산조각 냈다.

우리는 스콧이 채식을 하는 차세대 울트라러너들에게 희망과 영감이라는 역사적인 유산을 남겼다고 생각한다. '다른 사람에게 건강을 선물하려면 어떻게 해야 할까'라는 의문에서 시작된 일은, 명예의 전당에 이름을 올리는 개인의 영광을 넘어 다른 이들의 삶을 더 풍요롭게 만드는 일로 이어졌다.

다씨 개처Darcy Gaechter는 발원지에서 바다까지 그 길이가 무려 4,200마일[약 6,759킬로미터]에 달하는 세계에서 가장 긴 강인 아마존강을 처음부터 끝까지 카약을 타고 완주한 최초의 여성이자 유일한 여성이다. 그녀는 스물한 살 때 채식 기반의 식단을 시작했으며, 바로 그 무렵에 카약에 몸을 싣고 급류를 타는 모험에 큰 관심을 갖게 됐다. 자라면서 배구와 기타 다른 스포츠들을 즐겨 운동이 몸에 밴 그녀는 험한 산을 오르기 시작했고, 곧이어 다른 모험을 찾았는데 그때 가장 가슴에 와닿은 모험이 바로 카약 타기였다.

카약은 거의 모든 면에서 도전적인 스포츠다. 첫째, 안전에 대한 우려가 있다. 물 위이기 때문이든 야생동물 때문이든 주변 환경이 위험하다. 아마존강의 경우 해적이나 불법 벌목꾼들과 맞닥뜨릴 위험도 상존한다. (그래서 카약 타기를 시작하면서, 그녀는 멀리서 보면 남자로 보이도록 머리카락까지 짧게 잘랐다.) 게다가 무게가 23킬로그램 정도 되는 카약을 수 킬로미터씩 끌고 다녀야 하고 그 외에 무게가 14킬로그램 정도 되는 캠핑 장비와 식량도 가지고 다녀야 한다. 키 162센티미터에 체중 54킬로그램밖에 안 되는 그녀가 카약 타기를 하려면 그야말로 젖 먹던 힘까지 다 써야 하는 것이다.

에너지 보충 문제와 관련해 다씨는 식단과 정신이라는 두 가지 중요한 요인에 주목한다. 끊임없이 움직이는 데 필요한 에너지를 얻기 위해 그녀는 식물성 탄수화물이 풍부한 음식을 먹는다. 집 안이나 카약 안에서 보내는 그녀의 하루 식단을 살펴보면 다음과 같다.

평소 집 안에서의 하루 식단:

아침: 그래놀라와 햄프씨드 우유

점심: 식물성 버거(주로 팥으로 만든)

저녁: 쌀과 핀토콩, 두부, 으깬 고추, 올리브오일, 액체 아미노산, 아보카도, 토마토, 양파, 피망 등이 들어가는 부리토 볼에 토르티야 칩과 핫 소스를 곁들인 한 끼

평소 카약 안에서의 하루 식단:

아침: 베이글, 아보카도, 핫 소스

점심: (강 위에서 늘 먹는 건 아니다. 먹는다면) 에너지 바

저녁: 말린 검정콩 또는 렌틸콩 수프

다씨가 편안한 집을 떠나 오랜 시간 극한의 야외 환경에서 지내는 데 도움을 주는 또 다른 요소는 강인한 정신이다. 그녀는 자신이 각종 도전과 장애물에 대처하는 방식을 이렇게 설명한다. "마음속으로 그런 것들을 계속 신경 쓰다 보면 모든 게 견디기 힘든 상황으로 변하고 말아요. 그런데 계속 긍정적인 정신을 유지하고 눈앞에 펼쳐지는 놀라운 광경과 몸에 일어나는 놀라운 일에 집중하다 보면, 힘겨운 상황에 놓여 있어도 기분이 좋아져요." 다씨는 길 위를 달릴 때나 강 위를 달릴 때나 채식 기반의 식단을 고수했다. "일주일간 떠난 훈련에서 모든 스태프들이 햄버거를 먹으러 식당에 들어갈 때, 주차장에 앉아 홀로 음식을 먹는 건 정말 상당한 의지를 필요로 하는 일이에요. 그래도 지난 20여 년간 늘 그에 상응하는 보람은 있었어요."

다씨는 아마존 강 완주만큼이나 짜릿한 다른 일에 도전해 보고 싶어졌다. 카약을 타고 아마존 강을 완주한 지 그리고 다른 많은 도전들을 벌인 지 5년 넘게 지난 시점이라 몸이 근질거렸다. 그녀는 40번째 생일을 기념해 새 목표를 세웠다. 고도 4,877미터나 되는 콜로라도 주의 높고 험한 엘크 산맥

에서 40마일[약 64킬로미터] 달리기를 하기로 마음먹은 것이다. 그리고 단 6주간의 훈련을 마친 뒤, 그 목표를 달성했다. 당시 그녀는 이런 말을 했다. "이건 제가 채식 기반의 식단을 하기 전엔 상상도 할 수 없었던 일이에요."

고탄수화물 식단으로 힘과 에너지를 얻는 건 지구력을 필요로 하는 운동선수뿐만이 아니다. 놀라지 마시라. 팀 스포츠를 하는 운동선수는 물론 많은 보디빌더와 역도 선수까지도 비교적 탄수화물 함유량이 높은 음식을 먹는다. 그 예로 세계에서 가장 강한 운동선수 가운데 한 명인 바네사 에스피노자Vanessa Espinoza를 소개하고자 한다. 그녀는 20년간 채식 기반의 식단을 고수해 온 베테랑 운동선수로, 그간 자신이 뛰어든 모든 종목에서 두각을 드러냈다.

바네사는 전미 고등학교 농구 선수로 활약하던 2000년대 초, 채식 기반의 식단을 택했다. 이후 전액 장학금을 받고 전국 7위에 랭크되어 있던 콜로라도주립대학교 여자 농구팀에 들어가 운동학 이학사 학위까지 받았다. 졸업 후엔 WNBA 소속 인디애나 피버스에 드래프트되었다. 그러나 코트를 밟아보지도 못한 채 유니폼을 벗었다. 전직 프로 복싱 선수였던 아버지가 세상을 떠나면서 어머니와 함께 지내기로 한 것이다. 바네사는 아버지를 기리기 위해 복싱에 전념한지 얼마 안 돼 세 차례 콜로라도 주 골든 글로브 챔피언에 올랐다. 그리곤 역도 선수로 전향했다. 그녀의 목표는 최대한 강인한 여성이 되는 것이었다. 바네사는 사람들이 가능하다고 생각하는 것 이상으로 많은 근육과 힘을 길렀다. 그렇게 몇 년간 근력 운동을 한 뒤 나선 첫 번째 대회에서 거의 세계기록을 세울 뻔했다. 이후 바네사는 출전한 모든 경기에서 정상에 올랐으며, 역도 선수들이 가장 명예롭게 여기는 올림픽 무대까지 밟았다.

정식으로 체육 교육을 받은 엘리트 농구 선수이자 복싱 선수 그리고 역도 선수인 바네사는 그 모든 운동을 할 수 있는 몸을 만들기 위해 필요한 건 단백질뿐만이 아니라고 말한다. 경기력을 끌어올리고 면역력을 높이려면, 또 최고 수준의 건강을 유지하고 매일매일 최상의 컨디션으로 운동을 하려면, 복합 탄수화물 속에 함유된 여러 미량영양소도 꼭 필요하다는 것이다. 실제 그녀의 1일 영양 프로그램에서 단백질과 지방은 빠뜨릴 수 없는 중요한 영양소다. 하지만 그 토대가 되는 건 역시 탄수화물이다.

바네사가 세심하게 자연식품 위주로 짠 일주일치 식단을 영양학적 측면에서 분석해보면 보다 확실히 알 수 있다. 그녀는 탄수화물을 가장 좋아하고, 그 다음에 지방, 그 다음에 단백질을 선호한다. 섬유질과 물은 늘 풍부하게 섭취한다. 근력을 필요로 하는 다른 많은 운동선수와 마찬가지로 그녀 역시 단백질이 풍부한 음식을 먹어야 한다고 생각은 하지만, 굳이 단백질을 찾아 먹지는 않는다. 단백질이 풍부한 음식 중 상당수는 탄수화물도 풍부하고, 또 그 음식 중 일부는 단백질보다 탄수화물을 더 많이 함유하고 있기 때문이다. 콩이 그 좋은 예다. 일반적으로 콩을 단백질이 풍부한 식물성 음식으로 생각하는 경우가 많은데, 실제 그 속에 들어 있는 칼로리의 약 75퍼센트는 탄수화물에서 나온다. (대두는 예외다. 그래서 대두로 만든 두부와 템페에는 대부분의 다른 콩보다 훨씬 많은 단백질이 들어 있다. 두부와 템페가 동물성 단백질의 대체 식품으로 널리 쓰이는 이유다.) 바네사의 식단에 포함된 퀴노아와 렌틸콩 같은 다른 단백질원 역시 탄수화물 함유량이 높다. 그녀의 식단에 많은 미량영양소를 채워주는 채소와 과일 역시 탄수화물 함유량이 높은 편이다.

실제 바네사의 일주일 식단과 레시피에서 영양 정보를 계산해 봤다. 그녀가 평소 섭취하는 평균 칼로리와 탄수화물, 단백질, 지방의 섭취량은 다음과 같다.

하루에 취하는 총 칼로리: 2,270
하루에 탄수화물로부터 취하는 칼로리: 1,100
하루에 단백질로부터 취하는 칼로리: 540
하루에 지방으로부터 취하는 칼로리: 630
다량영양소 섭취 비율: 탄수화물 48퍼센트
단백질 24퍼센트
지방 28퍼센트
하루에 섭취하는 평균 섬유질 양: 74그램

이를 가장 일반적인 칼로리 및 섭취량 분석 방식으로 정리하면 다음과 같다.

칼로리: 2,270
탄수화물: 275그램
단백질: 135그램
지방: 70그램
섬유질: 74그램

칼로리 밀도를 감안하지 않고 그냥 그램으로 표시된 이 수치만 보면 바네사는 탄수화물에서 가장 많은 칼로리를 섭취하고 그다음에 단백질, 지방 순으로 그 나머지 칼로리를 섭취한다고 결론 내리기 쉽다. 그러나 실은 그렇지 않다. 앞서 살펴본 대로, 우리 몸은 탄수화물과 단백질에서 그램당 4칼로리씩 섭취하지만, 지방에서는 그램당 9칼로리나 섭취한다. 다시 수치를 살펴보자. 단백질 그램 수는 지방 그램 수의 거의 두 배지만, 실제 그녀의 식단

중 단백질에서 나오는 칼로리(하루에 약 540)는 지방에서 나오는 칼로리(하루에 약 630)보다 적다는 것을 알 수 있다. 다량영양소 탄수화물:단백질:지방의 평균 비율(바네사의 경우 50:25:25로 근력을 필요로 하는 운동선수의 경우 대개 이렇다)은 물론 각 다량영양소의 그램 수를 알아 두면 좋은 이유는 바로 이 때문이다. 바네사의 경우에서 본 것과 같이 대부분의 영양 정보는 그램 수로 표기돼 혼동을 유발한다.

바네사가 엘리트 농구 선수이자 복싱 선수 그리고 역도 선수라는 사실로 미루어 볼 때, 그녀가 키도 크고 체중도 70킬로그램 내지 90킬로그램 정도 될 거라고 짐작하는 이가 많을 것이다. 이 역시 아니다. 그녀는 키 160센티미터에 체중 59킬로그램밖에 안된다. 그런데도 데드리프트 자세로 180킬로그램 이상을 들어 올리고, 스쿼트 자세로 165킬로그램 이상을 들어 올리며, 벤치프레스 자세로 무려 110킬로그램을 들어 올린다. 그리고 그녀가 하루에 섭취하는 평균 칼로리는 체격이 더 큰 운동선수나 훈련을 더 오래 하는 운동선수가 필요로 하는 3,000칼로리에 한참 못 미치는 2,300칼로리 정도다. 이는 그녀가 체격이 작은 데다 역도와 복싱, 단거리 달리기 등 폭발적인 힘을 필요로 하고, 훈련 시간도 비교적 짧기 때문이다. 바네사는 체중이 비슷한 대부분의 남자 운동선수보다 근육량이 더 많을 만큼 근육이 발달됐지만, 체지방 수치는 더 낮다. 음식이 당기는 날에도 과도한 칼로리를 섭취하지 않는다. 비축된 지방 형태인 추가 체지방으로 인해 경기력이 떨어지는 걸 원치 않기 때문이다.

식물에서 에너지 얻기

우리의 근육은 물론 우리의 뇌도 탄수화물(그다음이 지방이고, 단백질은 최후의 수단)을 연료로 움직이는 걸 선호한다. 탄수화물을 섭취하면 먼저 포도당으로 변환되고, 그런 다음 다시 간과 근육 속에 글리코겐으로 저장되어 이후 연료로 사용된다. 즉, 운동을 할 때 우리의 몸은 저장된 그 글리코겐을 연료로 사용하는 것이다. 그 글리코겐을 연료로 다 쓰고 나면, 우리 몸은 비축된 지방을 2차 연료로 사용한다. 앞 장에서도 언급했고 뒤에서도 재차 강조하겠지만, 많은 사람들이 알고 있는 사실과는 달리 단백질이 연료로 사용되는 경우는 드물다.

키토제닉 식단[지방 섭취를 늘리고 탄수화물과 단백질 섭취를 줄이는 식단]을 비롯한 저탄수화물 식단이 몸에 좋다는 말을 들어봤을 것이다. 탄수화물을 섭취하지 않음으로써 몸이 어쩔 수 없이 비축된 지방을 연료로, 즉 에너지원으로 사용하게 하는 게 좋다는 것이다. 이는 포도당 대신 지방산과 아미노산을 사용함으로써 몸이 지방을 에너지원으로 쓰게 되고, 그로인해 췌장의 인슐린 분비가 줄어들게 되면 결과적으로 혈당이 떨어지게 된다는 논리다. 그러나 이런 생리학적 상태 즉, 케토시스[몸에 포도당이 부족할 때 에너지원으로 지방산의 일종인 케톤체를 사용하는 상태]는 오랫동안 지속되지 못한다. 다시 강조하지만, 당신의 뇌는 연료로 포도당을 필요로 한다. 케토시스 상태에서 간은 포도당을 시급히 대체하기 위해 케톤체를 만들어 내기 시작하지만, 케톤체는 뇌가 선호하는 에너지원이 아니다. 때문에 몸을 계속 케토시스 상태로 유지하면 건강에 부정적인 영향이 따르고, 결국 만성질환으로 이어질 가능성이 높아진다. 일부 사람들에게는 효과가 있을지 모르겠지만, 건강까지 걸고 시도해 볼 일은 못 되는 것이다. 반면 즉시 사용 가능한 에너지원인 탄수화물을 섭취하면 균형 잡힌 다량영양소를 섭취할 수 있을 뿐 아니라 최적의 생리학적 상태도 유지할 수 있다.

결론은 보다 많은 탄수화물을 섭취하자는 것이다. 이때 알아 두어야 할 것은 탄수화물이 한 가지 형태만 있는 게 아니라는 점이다. 탄수화물에는 복합 탄수화물도 있고 단순 탄수화물도 있다. 복합 탄수화물 식품은 가공되지 않은 천연 식품으로, 섬유질과 녹말이 손상되지 않고 그대로 들어 있다. 통곡물, 콩류, 채소, 과일 등이 그 좋은 예다. 반면에 단순 탄수화물 식품은 가공된 것이다. 일반 사과가 아닌 사과 주스를 떠올리면 이해하기 쉽다. 물론 설탕, 옥수수 시럽, 흰 밀가루 같이 가공된 곡물과 케이크, 탄산음료 같이 인위적으로 설탕을 추가한 식품이나 음료 등도 다 단순 탄수화물 식품에 해당된다.

복합 탄수화물과 단순 탄수화물의 가장 큰 차이는 분해 속도다. 단순 탄수화물은 빨리 소화되어 혈당이 일시적으로 급격히 올라가고 또 그만큼 빨리 떨어지지만, 복합 탄수화물은 분해되는 데 더 오랜 시간이 걸린다. 과일 주스, 사탕, 에너지 음료, 에너지 젤, 설탕을 넣은 식품 같은 단순 탄수화물 식품을 섭취했을 때 에너지가 순간적으로 올라갔다 얼마 안돼 떨어지는 이유는 바로 그 때문이다. 당연히 렌틸콩, 옥수수, 호박, 얌 같은 복합 탄수화물 식품들을 섭취하면 그 반대다. 채식 영양 및 건강 분야 전문가로 잘 알려진 트레이너 존 피에르John Pierre는 두 탄수화물의 차이를 아주 기억하기 좋게 설명한다. "단순 탄수화물은 벽난로 안에서 타는 신문지와 같고, 복합 탄수화물은 천천히 타는 통나무와 같다"는 것이다. 즉 단순 탄수화물은 순식간에 타 없어지는 에너지라면, 복합 탄수화물은 천천히 오래 타는 에너지다.

단순 탄수화물을 섭취하지 말라는 이유

단순 탄수화물을 섭취하지 말라고 하는 이유는 그 속에 당분이 잔뜩 들어 있기 때문이다. 2014년 세계보건기구는 1일 당분 권장량을 반으로 줄였다. 10퍼센트에서 5퍼센트로 줄인 것이다. 정상적인 체질량지수를 가진 성인의 경우 1일 당분 권장량은 티스푼 6개, 즉 25그램이다. 그런데 일반적인 스포츠음료 20온스[약 600밀리리터] 짜리 한 병에는 35그램이 넘는 당분이 들어 있다. 가장 보편적인 병 사이즈 중 하나로 가격이 1달러 내외인 32온스[약 960밀리리터] 짜리 한 병엔 당분이 무려 50그램이나 들어 있다. 이는 1일 당분 권장량의 두 배에 달한다.

많은 사람들은 자신이 먹는 가공식품에 그렇게 많은 당분이 '숨어 있다'는 사실을 잘 인지하지 못한다. 우리가 그 예를 정리했다.

- 탄산음료 한 캔에는 10티스푼(40그램) 분량의 당분이 들어 있을 수 있다.
- 케첩 한 테이블스푼에는 1티스푼 분량의 당분이 들어 있다.
- 일반적인 시리얼 한 그릇에는 20그램의 첨가당이 들어 있다.
- 과일 주스에는 1인분 당 40그램의 당분이 들어 있을 수 있다.
- 시중에서 사는 그래놀라에는 보통 1인분 당 6티스푼 분량의 당분이 들어 있다.
- 아이스티에는 12온스[약 360밀리리터] 당 33그램의 당분이 들어 있을 수 있다.
- 단백질 바에는 30그램의 첨가당이 들어 있다.
- 과일 통조림은 설탕 시럽 안에 보존된다.

- 병에 든 스무디 1인분에는 24티스푼 분량의 당분이 들어 있을 수 있다.
- BBQ 소스, 파스타 소스 같은 소스들은 설탕 범벅으로, 1인분 당 티스푼 여러 개 분량의 당분이 들어 있다.

운동 중 소실되는 칼로리를 보충하기 위해 단순당[가수 분해로 더 이상 간단한 화합물로 분해되지 않는 당류]이 들어 있는 간식을 자주 먹을 경우 과도한 칼로리 섭취로 이어지게 된다. 미국 국립보건원에 따르면 비만과 2형 당뇨병, 심장병, 암 등으로 발전될 가능성도 더 높아진다.

두 종류의 탄수화물 외에 뉴트러스위트NutraSweet 사, 이퀄Equal 사, 스윗앤로우Sweet'N Low 사, 스플렌다Splenda 사 등의 제품에 들어 있는 아스파탐, 사카린, 수크랄로스 같은 인공감미료도 주의해야 한다. 인공감미료는 자연 상태에서 추출되지만 화학적인 변형 과정을 거치기 때문에, 과다 섭취할 경우 체중이 늘게 되고 체중 감량 저항성이 커지며 소화관 내 세균 균형도 깨진다. 단 음식에 대한 갈망은 커져 결과적으로 혈당 수치는 불안정해지게 된다.

균형 잡힌 영양 섭취를 하려면, 무엇보다 먼저 식단에 가공식품이 포함되지 않게 해야 한다. 정제된 설탕, 밀가루, 설탕이 든 음료, 초콜릿을 입힌 에너지 바와 단백질 바 그리고 그 외에 슬며시 숨어드는 불필요한 단순 탄수화물이 포함되지 않게 해야 하는 것이다. 방법은 두 가지다. 하나하나 멀리할 수도 있고, 아니면 단번에 멀리할 수도 있다. 어느 쪽을 선택하든 결코 쉽지 않겠지만, 건강은 물론 운동 목표 달성에 도움이 되는 일이니 도전해 볼 만한 가치는 충분하다. 건강에 안 좋은 영향을 끼쳐 온 음식을 멀리하고 좋은 몸 상태를 만들어 줄 음식을 가까이하는 습관을 들이는 데도 더없이 큰 도움이 될 것이다.

자연식품에 들어 있는 당분은 너무 두려워하지 않아도 된다. 음식에는 애초에 당분이 포함되어 있으며, 우리 인간 역시 애초에 그런 음식을 먹게끔 되어 있기 때문이다. 일례로, 과일과 채소에는 수분과 섬유질이 들어 있는데 그것들이 과일과 채소 속에 함유된 당분이 인체에 미칠 부작용들(인슐린 스파이크 등)을 완화시켜준다. 그러나 당분을 추출하고 농축한 뒤 다른 음식에 추가하거나 그 자체로 섭취하는 경우는 다르다. 당분이 혈당에 안 좋은 영향을 주는 데다 그 속에 기본적으로 미량영양소가 전혀 들어 있지 않기 때문이다. 게다가 단순당이 많이 들어 있는 음식에는 지방도 많이 들어 있는 경우가 많다. 페이스트리를 비롯한 다른 단 음식들을 생각해 보면 금방 알 수 있다.

반면 자연식품들, 특히 과일과 채소는 칼로리가 아주 낮은 편으로 우리 몸은 그 속에 든 당분을 바로 연료로 사용하거나 글리코겐 형태로 비축해 두었다가 훗날 사용한다. (지방과 당분이 많고 칼로리가 높은 음식에 들어 있는 에너지는 연료로 전소되지 않을 경우 지방 형태로 축적된다.) 우리가 먹는 가공식품의 상당 부분은 지방으로 축적된다. 에너지 젤이나 스포츠음료처럼 소량의 단순당이 운동 전이나 도중에 바로 소비되거나 훈련 중에 연료로 사용되지 않는다면 말이다. 과일이 완벽한 단기 에너지원이라는 것은 이 때문이다. 자연에서 얻을 수 있는 과일은 수분, 섬유질, 항산화 물질, 비타민, 미네랄 등도 골고루 들어 있다. 이 장 뒷부분에서 좀 더 자세히 다루겠지만, 과일은 운동을 앞두고 가장 먹기 좋은 음식 중 하나이기도 하다. 잘 익은 과일에는 훨씬 더 많은 당분(에너지)이 들어 있어, 에너지에 미치는 영향에 관한 한 기본적으로 복합 탄수화물이지만 그 효과는 단순 탄수화물과 비슷하다. 잘 익은 바나나가 좋은 예다. 말린 과일 역시 수분이 함유된 자연 상태의 음식은 아니지만 섬유질과 단순 탄수화물이 풍부해, 따로 추출된 당분 형태로 다른 음식들에 추가되는 단순 탄수화물과는 또 다르다.

그렇다면 어떤 탄수화물을 섭취해야 할까? 답은 쉽다. 언제 물어봐도 질문에 대한 답은 하나, 복합 탄수화물이다. 영양소 밀도는 물론 그 속에 함유된 영양가 측면에서도 녹색 채소, 십자화과 채소, 과일, 콩류 같은 자연식품에 들어 있는 복합 탄수화물이 지구상에서 가장 건강에 좋다. 최소한도로 가공된 곡물류는 과일이나 채소, 콩류만큼 영양가가 풍부하지는 않지만, 에너지 생산 능력 및 영양가 면에서 비식물성 음식보다는 훨씬 낫다. 밀, 귀리, 쌀, 보리, 퀴노아, 메밀, 스펠트[밀 품종의 하나] 등은 전 세계인들이 즐겨 먹는 주요 곡물로, 채식 기반의 식단을 하게 될 경우 가장 많이 접하게 될 대표적인 탄수화물 공급원들이다. 이 책에 나오는 많은 운동선수의 식단에서 가장 높은 비중을 차지하는 곡물은 밀이다. 거기에 콩류와 채소가 더해지면 칼로리가 높고 영양가는 풍부한, 에너지 보충용 메뉴가 된다.

영양가 면에서 볼 때 복합 탄수화물의 섭취 대비 효과를 보여주는 증거(또한 그 측면에서 식물성 음식이 동물성 음식보다 훨씬 낫다는 걸 보여주는 증거)는 조엘 퍼먼Joel Fuhrman 박사가 만든 총영양밀도지수 만한 게 없다. 총영양밀도지수는 서른 네 가지의 주요 영양학적 지표를 활용해 각 음식이 칼로리 당 제공하는 미량영양소를 토대로 등급(영양소 밀도가 가장 낮은 음식은 1, 가장 높은 음식은 1,000)을 매긴 것이다. 어떤 음식이 1,000점 만점으로 총영양밀도지수가 가장 높을 것 같은가? 그렇다. 녹색 채소다. 그중에서도 특히 십자화과 채소가 1,000점으로 가장 높다. 시중에서 흔히 볼 수 있는 식품들의 총영양밀도지수를 소개하면 다음과 같다. 각 식품의 총영양밀도지수가 어떻게 다른지 한 번 훑어보자.

일반적인 식품의 총영양밀도지수

케일: 1,000
콜라드 잎: 1,000
겨자 잎: 1,000
물냉이: 1,000
비트: 895
시금치: 707
루콜라: 604
로메인 상추: 510
방울양배추: 490
당근: 458
양배추: 434
브로콜리: 340
콜리플라워: 315
피망: 265
버섯: 238
아스파라거스: 205
토마토: 186
딸기: 182
고구마: 181
주키니: 164
아티초크: 145
블루베리: 132
아이스버그 상추: 127
포도: 119
캔털루프 멜론: 118
양파: 109
아마씨: 103
오렌지: 98
오이: 87
두부: 82
참깨: 74
렌틸콩: 72
복숭아: 65
해바라기씨: 64
덩굴강낭콩: 64
푸른완두콩: 63
체리: 55
파인애플: 54
사과: 53
망고: 53
땅콩버터: 51
옥수수: 45
피스타치오: 37
오트밀: 36
새우: 36(수치가 가장 높은 동물성 식품)
달걀: 31
호두: 30
바나나: 30
아몬드: 28
아보카도: 28
감자: 28
닭가슴살: 24
다진 소고기: 21
감자 튀김: 12
체더 치즈: 11
사과 주스: 11
올리브오일: 10
흰빵: 9
콘칩: 7
콜라: 1

케일(1,000점)의 총영양밀도지수가 가장 높은 수치를 보인 동물성 식품 새우(36점)보다 27배나 높고, 두부가 육류나 우유 또는 달걀보다 영양소 밀도가 2배 이상 높다는 것에 주목해야 한다. 또 중요한 게 있다. 녹색 채소가 많은 칼로리를 제공하지 못한다는 점이다. 녹색 채소는 칼로리당 가장 많은 영양소를 제공하기 때문에 총영양밀도지수는 가장 높지만, 충분히 많이 먹어도 아주 많은 칼로리는 섭취하지 못할 수 있다. 그래서 총칼로리 섭취 측면에서는 다양한 영양소를 고루 섭취하는 게 중요하다. 케일, 콜라드잎, 시금치, 방울양배추 같은 식품은 영양소 밀도가 가장 높은 편이지만, 경기력을 높이기 위해서는 그것만으로 부족하다. 충분한 칼로리를 섭취하려면 고구마, 두부, 렌틸콩, 콩류, 템페, 아보카도, 너트버터, 귀리, 쌀같이 칼로리 밀도가 더 높은 식품을 함께 먹어야 한다.

장에도 좋다

탄수화물을 식단의 메인으로 삼아야 하는 이유가 하나 더 있다. 탄수화물이 장에도 더 좋기 때문이다. 소화기계의 일부인 장에는 셀 수 없이 많은 미생물, 특히 세균이 득실거린다. 그 세균 중 어떤 세균은 건강에 좋고 건강 증진에도 도움이 되지만, 또 어떤 세균은 염증을 유발한다. 균형을 잘 잡아 건강에 좋은 '착한 세균(주로 천연 식물에서 나온다)'에게 좋은 환경을 조성해 주는 것이 우리의 목표다.

식물성 음식, 특히 녹색 채소를 통해 섭취하는 섬유질은 착한 세균을 먹여 살리고 질병을 유발하는 '나쁜 세균'을 저지한다. 그리고 식물의 섬유질로 인해 착한 세균이 많아지면 강력한 효과가 나타난다. 염증이 치유되고 수소이온지수(pH) 균형이 잡히며 과민성대장증후군과 게실염 같은 소화기계 질환이 치유된다. 에너지가 충전되고 복부팽만증이 줄어들며 대장암 발병률까지 낮아진다.

장은 뇌, 각종 호르몬, 면역 체계와 직접 커뮤니케이션하기도 한다. 때문에 장을 잘

돌보면 기분이 좋아지고 신진대사가 활발해지며 스트레스 반응이 안정된다. 면역 반응 또한 잘 통제된다.

예외 경우들

식물성 식품을 통해 복합 탄수화물을 섭취하지 않는 게 좋은 경우도 있다. 소화 기능을 둔화시키지 않으면서 신속히 에너지를 보충할 필요가 있을 때 특히 그렇다. 예를 들어 한창 마라톤 경주를 하고 있는 중에는 단순당이 함유된 전해질 음료를 마시는 것이 전분과 복합 탄수화물이 풍부한 렌틸콩을 먹는 것보다 에너지 보충에 효과적이다. 지구력을 필요로 하는 운동선수가 영양가가 떨어짐에도 불구하고 각종 젤이나 과일 캐러멜, 에너지 바, 스낵 바, 스포츠음료 등을 마시는 것도 바로 그 때문이다. 그런 제품들은 달리기를 하거나 자전거를 타고 가는 중에도 후딱 먹을 수 있게 포장되어 있어 편하기까지 하다. 그런 상황에서 바나나나 사과, 다른 제철 과일, 채소, 콩류, 곡물류는 먹기가 편치 않을 것이다. (울트라마라톤 응급 치료소에서는 감자 같은 것들이 제공되기도 한다. 선수들이 약간의 섬유질 정도는 소화시킬 수 있기 때문이다.) 즉, 자연식품을 가지고 다니면서 씹거나 소화시키는 게 어려운 상황에서는 단순 탄수화물 형태로 에너지를 공급하는 것이 실보다 득이 많을 수 있다.

주목할 만한 사실이 또 하나 있다. 각종 식재료를 사용해 직접 스포츠 영양 제품을 만들어 먹을 수도 있다는 것이다. 대추를 으깨 코코넛 워터와 섞어 마시는 게 대표적인데, 대추에서 나오는 천연 당분과 코코넛 워터에서 나오는 천연 전해질이 합쳐지면 강력한 에너지원이 된다. 이는 수년간 채식 기반의 식단을 하는 지구력 운동선수들 사이에서 '데이토레이드[대추date와 케토레이

gatorade의 합성어]'란 이름으로 알려져 왔다.

정제 설탕이나 인공감미료를 멀리해야 한다는 원칙을 깨는 예외도 있다. 바로 천연감미료다. 이는 최소한도로 가공된 식물성 당으로, 하룻밤 불린 귀리(361페이지 참조)나 고구마 브라우니(418페이지 참조) 같은 음식에 단맛을 더하기 위해 사용하는 경우가 많다. 이처럼 건강에 더 좋은 천연감미료로는 코코넛 야자당, 메이플 시럽, 야콘 시럽, 수수 시럽, 스테비아 등을 꼽을 수 있다. 이중 스테비아 레바우디아나Stevia rebaudiana라는 국화과 식물에서 추출하는 천연감미료인 스테비아는 특히 주목할 만한 가치가 있다. 스테비아의 혈당 지수가 0이기 때문이다. 이는 스테비아 섭취 후에 혈당이나 인슐린 수치의 급등이 없다는 의미다.

어떤 탄수화물 음식을 먹을 것인가

탄수화물은 우리 몸이 가장 선호하는 에너지원이어서 많이 섭취해도 무방하다. 활동량에 따라 다르지만, **전체 칼로리의 50퍼센트에서 70퍼센트 정도는 탄수화물이 차지해도 괜찮다**. 정확히 얼마나 탄수화물을 섭취할 것인가는 운동에 따라 달라진다. 일반적으로 지구력을 필요로 하는 운동의 경우, 탄수화물로 보다 많은 비율의 칼로리를 섭취해야 한다. 반면에 근력과 힘을 필요로 하는 운동의 경우, 단백질과 지방 섭취 비율을 늘리더라도 탄수화물 섭취 비율은 줄여야 한다.

어떤 게 더 효과적인지를 알아내는 **가장 좋은 방법은 각 2주일씩 처음엔 70퍼센트의 탄수화물을 섭취하고 그다음에는 50퍼센트의 탄수화물을 섭취**해 보면서 어떤 음식을 섭취했는지, 그때 컨디션은 어땠는지 꼼꼼히 기록하는 것이다. 그런 다음 각자의 몸에 가장 이상적이고 실용적인 음식 배합을 찾아내는 것이 좋다. 지구력을 필요로 하는 운동선수의 경우 최적의 탄수

화물:단백질:지방 조합은 대략 60:20:20 비율이다. 일부 운동선수의 경우엔 70:15:15 비율이 더 좋다. 근력을 필요로 하는 운동선수의 경우엔 50:25:25 비율이 더 낫다. 이런 비율 계산은 마이피트니스팰MyFitnessPal이나 크로노미터Cronometer 같은 칼로리 계산 앱을 사용하면 쉽게 할 수 있다.

일단 본인에게 가장 잘 맞는 탄수화물:단백질:지방 섭취 비율을 찾아내면, 칼로리 비율보다는 그램 단위로 생각해 보는 게 더 편할 것이다. 처음 며칠간 또는 일주일간은 섭취하는 모든 음식을 자세히 기록하고(또는 앱에 입력하고) 다량영양소를 계산해 보자. 이상적인 탄수화물:단백질:지방 섭취 비율과 어떻게 다른지 비교해 볼 수 있어 도움이 될 것이다. 식물성 자연식품에 얼마나 많은 칼로리와 다량영양소가 들어 있는지 어느 정도 숙지하게 되면, 먹은 음식을 일일이 기록하지 않아도 좋다. 칼로리와 다량영양소를 얼마나 섭취했는지 쉽게 짐작할 수 있기 때문이다.

무엇을 먹을 건지를 결정하는 문제는 아주 간단하다. 고탄수화물 음식은 거의 무제한으로 먹어도 좋다. 고탄수화물 음식은 거의 모든 과일, 채소, 곡물류, 콩류를 망라할 뿐 아니라, 다양하게 먹기만 한다면 그리고 각자의 운동 목표에 따라 그 양이 1일 칼로리 허용량 이내에 들어오기만 한다면, 많이 먹으면 먹을수록 좋기 때문이다. 또 모든 복합 탄수화물이 같은 방식으로 작동되지 않기 때문이기도 하다. 앞서 언급했듯 감자, 귀리, 현미, 렌틸콩, 얌 그리고 다른 탄수화물 음식은 보다 오랜 기간 동안 에너지를 공급하지만, 과일이나 탄수화물 함유량이 적은 채소를 통해 섭취하는 탄수화물의 경우 대개 에너지가 보다 빨리 타 없어진다. 따라서 10분에서 30분 내로 운동을 시작한다면 빨리 소화될 수 있는 탄수화물 공급원인 과일을 먹는 게 좋다. 그러나 운동 시간이 두 시간 정도 남았다면 감자, 귀리, 쌀, 콩류 같이 보다 칼로리 높은 식재료로 만든 음식을 먹는 게 더 좋다. 그런 음식은 천천히 타고 더 오래 지속되는 에너지를 제공하기 때문이다. 마찬가지로 한 시간 넘게 운동을 하다가 기력이 쇠하기 시작할 경우, 예를 들어 역기 같은 걸 들어 올리다 힘이 달린다거나 달리기를 하거나 자전거를 타다가 어떤 한계에 부딪힌 기분이 들 경우, 복합 탄수화물이 도움이 될 수 있다. 회복 효과가 더 빨리 나타나기 때문이다. 운동을 시작할 때쯤 바나나 한 개 또는 두 주먹의 베리류를 먹으면 끝까지 에너지를 유지하는 데 도움이 되기도 한다. 대신 운동을 마친 후에는 얌, 호박, 렌틸콩, 쌀같이 탄수화물 함유량이 높은 음식을 먹는 게 회복에 좋다.

다행히도 탄수화물의 경우 선택할 수 있는 음식이 아주 많고 다양하다. 다음은 운동선수에게 더없이 이상적인 탄수화물 공급원의 목록이다. 각각 먹기 가장 좋은 시간대도 적었다.

과일

운동 전 또는 운동 중에 먹으면 좋다.

사과	멜론	토마토
오렌지	파인애플	자몽
바나나	자두	대추
블루베리	복숭아	잭푸르트
블랙베리	천도복숭아	패션푸르트
산딸기	살구	무화과
딸기	체리	키위
크랜베리	포도	석류
망고		

전분 채소

훈련 한두 시간 전 또는 운동 전 에너지 보충용으로 먹으면 좋다. 운동 후 영양 보충용으로도 훌륭하다.

감자	도토리호박	플랜테인
얌	땅콩호박	완두콩
고구마		

전분이 적거나 전혀 없는 채소

운동 후 영양 보충용으로 좋다.

비트	상추	아티초크
당근	방울토마토	오이
옥수수	브로콜리	양파
그린빈	콜리플라워	무
케일	아스파라거스	주키니

콩류

운동 후 영양 보충용으로 좋고 포만감을 느끼기에도 좋다.

렌틸콩	핀토콩	검은완두콩
덩굴강낭콩	검정콩	팥
가르반조콩	쪼개서 말린 콩	리마콩
대두	파바콩	

곡물류와 유사 곡물류

운동 전 에너지 보충과 운동 후 영양 보충하는 데 좋다.

현미	메밀*	수수*
백미	보리	스펠트
귀리	아마란스*	불구르
퀴노아*	야생쌀*	

*퀴노아, 메밀, 아마란스, 수수는 엄밀히 따지자면 유사 곡물류로 알려진 씨앗류다. 곡물류를 닮았고 곡물류처럼 먹을 수 있으며 곡물류처럼 많은 이점을 가졌기 때문이다. 마찬가지로 야생쌀은 수생 식물로 세계 몇몇 지역에선 채소로 여겨지지만, 실은 곡물류에 속한다. 땅콩은 콩류이고 토마토는 식물학적으로 과일이다. 흔히 토마토를 채소로 분류하는데, 그건 우리가 토마토를 채소처럼 사용하기 때문이다.

명심해야 할 것은 아무리 경기력을 높이기 위해서라고는 해도 음식 먹는 게 지루한 일이 되어서는 안 된다는 점이다. 바로 앞의 식품 목록을 참고해 식단을 짜든 다른 많은 식품들(단백질이 풍부한 두부, 템페 같은 식품들과 지방이 풍부한 아보카도, 코코넛, 견과류, 씨앗류, 너트버터 같은 식품 등 포함)을 사용해 식단을 짜든 마음껏 창의력을 발휘해 먹는 일을 즐기자. 음식에 세계 각지의 레시피에서 영감을 얻어 만들어진 각종 소스와 허브, 그리고 향신료를 더할 경우, 채식 기반의 식단을 하는 건 실용적인 일이라기보다는 아주 즐거운 일로 느껴지기 시작할 것이다.

바로 앞 식품 목록에서 단순 단백질이 함유된 식품은 보지 못했을 것이다. 그런 음식은 운동선수의 식단에서 배제되어야 하기 때문이다. 가공식품에서 나오는 단순 탄수화물의 섭취도 최소화해야 한다. 특히 날씨가 아주 더운 날의 경우, 운동 전에 마시는 음료는 정말 필요한 때가 아니면 자제하는 게 좋다. 전해질 음료 역시 극도로 힘든 운동을 할 때가 아니면 자제해야 한다. 식료품점 선반 위에 놓여 있는 초콜릿 입힌 이른바 '에너지 바'는 손도 대지 말자. 대신 블루베리나 트레일 믹스[한입에 먹을 수 있는 작은 크기의 시리얼, 건조 과일, 견과류 등이 혼합된 것]를 먹는 것이 좋다. 운동 전후와 운동 중에는 가능한 한 채식 기반의 식단에 집중해야 한다. 하고 있는 운동에 따라 필요로 하는 경우라면 각종 젤이나 음료, 단순당을 섭취해도 괜찮지만 실질적인 영양 보충을 위해서는 젤이나 음료, 단순당에 의존하지 않아야 한다. 운동으로 손실된 영양소는 반드시 채식 기반의 자연식품과 물로 보충해야 한다.

• • • • •

채식 기반의 식단으로 바꾼 뒤 나는 에너지가 훨씬 더 넘치고 몸도 훨씬 더 좋아졌다. 7년째 엄격한 채식을 하고 있는데, 몸 상태가 놀랄 만큼 좋다.

나는 거의 매일 운동을 하고 있다. 죽어라 운동을 하지 않는 이상 운동 후에 몸 상태가 그리 나쁘지도 않다. 발은 더 가벼운 것 같고, 운동 중엔 에너지가 더 충만한 것 같다.

- 티아 블랑코, 서핑 세계 챔피언

발걸음이 더 가볍고 피로감도 덜해지는 등, 몸이 훨씬 가볍게 느껴진다. 비단 체중만 준 게 아니다. 에너지 수준도 하루 종일 기복이 덜하다. 운동 후 회복에 필요한 시간도 훨씬 짧아졌다.

- 야시네 디보운, 울트라마라톤 선수

채식 기반의 식단을 시작한 뒤 나는 더 강해졌고 들어 올리는 역기 무게도 더 증가했다. 전반적으로 몸 상태가 그 어느 때보다 좋다.

- 데이비드 베르버그, 4x400미터 계주 올림픽 금메달리스트

나는 채식 기반의 식단을 하면서 워낙 에너지가 넘쳐 체중이 136킬로그램이나 나가는 상태에서도 몬트리올 마라톤 대회 풀코스를 두 번이나 완주했다. 42.195킬로미터를 달린다는 건 채식 기반의 식단을 시작하기 전엔 꿈도 꾸지 못할 일이었다.

- 조르주 라라퀴에, 전 NHL 선수

운동은 세포 조직으로 가는 혈류를 늘려 산소 공급을 원활하게 해주는 가장 강력한 방법 중 하나다. 강도 높은 운동을 하면 근육 조직 내 미토콘드리아가 자기복제를 시작하고, 그 영향으로 커다란 신진대사가 일어난다. 근육 조직 내 미토콘드리아 자기복제의 가장 중요한 효과 중 하나는 인슐린 감수성의 증대다. 소량의 인슐린을 사용해 근육이 혈액으로부터 많은 양의 포도당을 흡수, 즉각 에너지로 활용하거나 에너지로 비축해 두었다가 후에 글리코겐으로 활용하는 것이다. 인슐린 감수성이 높아진 근육은 포도당을 우선 연료로 활용하면서 아주 효율적으로 움직이게 된다. 그럼 운동선수들이 과일, 전분이 풍부한 채소, 콩류, 통곡물 등 다양한 식물성 자연식품을 먹으면 어떻게 될까? 탄수화물로부터 많은 양의 포도당을 보충 받아 인슐린 감수성이 높아진 근육에 아데노신 3인산(ATP)을 효율적으로 생성하는 데 필요한 연료만 공급한다. 결과적으로 아주 소량의 인슐린만 사용하게 되는 것이다. 연구 결과에 따르면, 인슐린 감수성이 높은 사람은 2형 당뇨병, 심혈관계 질환, 암 같은 만성질환에 걸릴 가능성이 크게 준다. 즉 인슐린 감수성이 높아지면 훈련 중 근육 기능이 향상될 뿐 아니라 장기적으로 만성질환 발병률 또한 급격히 감소한다.

- 사이러스 캄바타, 박사 겸 〈뉴욕 타임스〉 선정 베스트셀러 『당뇨병 정복하기』의 저자

뇌와 장의 연관성에 대해선 들어봤을 것이다. 장내 미생물은 우리의 뇌 기능은 물론 기분과 각종 갈망에까지 영향을 미친다. 근육과 장도 비슷한 관계가 있다. 최근 연구에 따르면 내장 미생물은 근육의 크기, 힘, 그리고 신체 기능을 유지하는 데 도움을 줄 뿐만 아니라 경기력을 높여줄 수 있다.

겉으로는 그리스 신이나 여신 같아 보이면서도 속으로는 완전히 썩어들어가고 있는 사람도 있다. 너무도 많은 보디빌더들이 단기적으로 보기 좋은 몸을 만들기 위해 장기적으로 건강을 해치고는 한다. 이는 사실 전혀 불필요한 타협이다. 채식 기반의 식단을 택하면 최적의 몸을 만들면서 건강을 포기하는 게 아니라 오히려 챙길 수 있다. 장내 미생물은 염증 및 면역 체계와 관련이 있으며, 염증 및 면역 체계는 근육 증대 및 운동 후 회복에 꼭 필요하다. 그리고 장을 최적의 상태로 만들면, 경기력도 높아지고 회복력 또한 더 좋아지게 된다. 장내 미생물을 최적의 상태로 만드는 방법은 명확하다. 식물성 음식을 충분히 그리고 다양하게 먹는 것이다.

- 윌 불시비츠, 의학박사 겸 〈뉴욕 타임스〉 선정 베스트셀러 『섬유질 공급』의 저자

5장

지방: 무조건 나쁜 건 아니다

이상하게 들릴 수도 있겠지만, 지방은 우리 식단에 꼭 필요하다. 탄수화물, 단백질과 함께 3대 다량영양소에 속하는 지방은 건강, 신체 단련, 경기력, 체중 감량 등의 측면에서 금기시되는 경우가 많지만, 실은 생명을 유지하기 위해선 반드시 필요하다. 지방에 대해 자세히 알아보기 전에 인정할 건 하고 가자. 우리는 너 나 할 것 없이 지방을 가지고 있다. '지방을 가지고 있다'는 말보다 '뚱뚱하다'는 말이 익숙하겠지만, 여기서는 보다 건강한 표현인 '지방을 가지고 있다'고 표현했으면 한다. 다시 말하지만, 지방은 꼭 필요한 영양소이기 때문이다. 지방은 장기를 보호하고 우리 몸이 영양소를 흡수하도록 돕는다. 중요한 호르몬을 만들고 세포 성장을 촉진시키며 우리 몸에 에너지를 제공하기도 한다. 실제 지방은 우리 몸이 탄수화물에 이어 두 번째로 선호하는 에너지원이다. 오랜 시간 운동이나 훈련을 하는 바람에 비축해 둔 탄수화물이 다 떨어질 경우, 탄수화물 대신 에너지로 쓰이는 것은 단백질이 아닌 지방인 것이다. 또 하나 알아 두어야 할 사실이 있다. 지방을 섭취한다고 해서 꼭 뚱뚱해지는 건 아니라는 사실이다. 지방 섭취를 피하는 방법을 배우기 보다 가능한 한 가장 좋은 지방을 적절한 양만큼 섭취해 최상의 결과를 보는 법을 배우길 권하는 이유다.

그렇다면 운동선수들은 지방 섭취를 어떻게 해서 경기력을 높이는 걸까? 가능한 한 가장 건강한 상태의 자연산 지방을 섭취하는 걸 원칙으로 삼고 있는 엘리트 운동선수들의 이야기를 들어 보자.

먼저 소개할 인물은 프로레슬링 세계 챔피언 오스틴 에리즈[Austin Aries]다. 이야기에 앞서 한 가지 짚고 넘어갔으면 하는 것이 있다. 대학생들이나 올림픽 출전 선수들이 겨루는 레슬링은 선수 개개인의 특정한 운동 능력이나 기술에 의존하는 '스포츠'지만 프로레슬링은 쇼 성격이 강한 '스포츠 엔터테인먼트'라는 것이다. 그러나 아무리 쇼 성격이 강하다 해도, 레슬러는 근력을 키우고 지구력을 높여야 하며, 라이브로 지켜보는 관객들 앞에서 기민한 움직임을 보여 주기 위해 유연성도 키워야 한다. 그리고 오스틴은 근력과 지구력, 유연성을 가진 프로 레슬러 중 한 명이다. 프로레슬링은 '남자다움'을 보여주는 스포츠로, 격한 스포츠로 소문난 축구와 럭비 또는 복싱보다 더 격렬하다. 종합격투기와 함께 평일 밤 TV에서 방송되는 '가장 남자다운' 스포츠로 통한다. 점점 더 많은 프로레슬러가 식단에서 동물성 단백질을 빼고 있다는 사실에 사람들이 놀라는 이유다.

오스틴은 현실에 안주하지 않기 위해 2002년 엄격한 채식을 시작했다. 모든 종류의 동물성 단백질을 멀리하며 식단을 꾸렸다. 이후 채식을 통해 체격을 키워 군살이 적고 보다 보기 좋은 몸을 가진 프로레슬러가 됐다. 그는 한 단계 한 단계 올라가 전 세계의 여러 독립 프로레슬링 리그에서 챔피언에 올랐고, 세계 최대 규모의 프로레슬링 단체인 WWE(월드 레슬링 엔터테인먼트)에까지 진출했다. 그뿐 아니다. 프로레슬링계의 '슈퍼 볼'로 불리며, 전 세계적으로 수백만 명의 팬들이 시청하는 레슬매니아WrestleMania에도 진출했다.

여러 해 동안 오스틴을 알고 지내온 우리는 채식을 통한 영양 섭취와 관련해 그와 얘기를 나눈 적 있다. 당시 그는 총 칼로리의 거의 3분의 1을 지방에서 섭취한다고 밝혔다. 이는 일반적으론 다소 높은 비율이라는 비판이 있는데, 오스틴은 그에 굴하지 않는다. 실제 오스틴의 지방 섭취는 3,000칼로리에 달하는 그의 식단에서 약 30퍼센트 정도로, 우리가 권하는 일반적인 가이드라인 안에 가까스로 들어오는 수준이다. 그는 그 많은 지방을 주로 견과류, 너트버터 같은 자연식품과 지방 함유량이 높다고 알려진 아보카도, 씨앗류, 견과류를 먹어 섭취한다. 총 칼로리의 나머지는 근력을 필요로 하는 많은 운동선수의 경우와 비교적 비슷하다. 약 50퍼센트의 칼로리는 탄수화물로 섭취하고 20퍼센트는 단백질로 섭취한다.

오스틴은 지방이 가장 좋은 에너지원 중 하나라고 말한다. 그는 우리 몸이 탄수화물에 이어 두 번째로 선호하는 연료가 지방이라는 걸 잘 인지하고 있다. 지방이라는 다량영양소를 두려워하지도 않는다. 지방이 탄수화물과 단백질보다 칼로리 밀도가 두 배나 높은 가장 농축된 에너지원이라는 사실도 알고 있기 때문이다. 그에게 최적의 식단이란 총 지방 섭취보다는 자신이 섭취하는 지방의 종류와 관련이 깊다고 할 수 있다.

체중을 유지하기 위해 오스틴은 식사를 하루에 6번 정도 한다. 주로 자연식품을 먹지만 가끔은 즐겨 찾는 라스베이거스의 몇몇 채식 식당에서 가공식품을 사 먹기도 한다. 그의 목표는 식사를 할 때마다 20~30그램의 지방을 섭취하는 것으로, 그렇게 했을 때 하루에 총 100그램 이상의 지방을 섭취하게 된다. 그는 또 근육량을 유지하기 위해 일주일에 약 4일을 운동한다. 근력과 힘을 키우고 또 유지하기 위해 주로 역기와 아령 같은 것들을 이용한다. 성격은 운동선수치고는 느긋한 편이다. 스스로에 대해 지나치게 심각하게 생각하지도 않고 스트레스가 건강에 부정적인 영향을 미치게 놔두지도 않는다. 밤엔 숙면을 취한다.

프로레슬링계는 테스토스테론이 넘쳐 나는 세계임에도 불구하고, 오스틴은 채식 기반의 식단을 유지하는 데 별다른 어려움이 없다. 그나마 힘든 시기는 투어를 할 때다. 음식을 준비하는 스태프가 레슬러에게 적합하면서 동시에 채식주의자에게도 적합한 메뉴를 준비해야 하기 때문이다. 다행히 다른 선수들은 오스틴의 식습관을 이해하고 지지해 주었다. 사실 그의 식습관에 관심을 보이는 선수도 많았다. 아니나 다를까, 오스틴이 WWE에 진출한 뒤 세계 최정상급 프로레슬러 여럿이 채식주의자가 되었다. 적어도 한동안은 그랬다. 수차례 WWE 챔피언 자리에 올랐던 다니엘 브라이언(본명 브라이언 다니엘손Brian Danielson), 역시 WWE 챔피언이었던 CM 펑크(본명 필립 브룩스Phillip Brooks), WWE 인터콘티넨털 챔피언이었던 라이백(본명 라이언 엘렌 리브스Ryan Allen Reeves) 그리고 지금까지도 채식을 계속하고 있는 알리(본명 라우라 데니스Laura Dennis) 등이 그 좋은 예다. 이 외에도 채식하는 레슬러들이 수십 명은 된다. 어떤 스포츠 종목에서 한 선수가 솔선수범해 채식을 하면, 다른 선수들 역시 채식을 통해 위대한 성과를 이룰 수 있을 거라는 확신을 얻어 그 뒤를 따르게 되는 것이다.

오스틴같이 근력과 힘을 필요로 하는 운동선수가 비교적 지방이 풍부한 채식 기반의 식단을 택하는(특히 3,000칼로리 정도를 섭취하면서) 경우는 사실 흔하다. '지방을 섭취하는' 다른 예를 보자. 장거리 육상 선수, 철인 3종 경기 선수, 울트라마라톤 선수 역시 지방이라는 농축된 에너지원을 굳이 멀리하려 하지 않는다. 지구력을 필요로 하는 선수들 역시 오랜 훈련과 힘겨운 경주를 소화하려면 많은 칼로리를 섭취해야 한다는 걸 잘 알고 있기 때문이다. 지구력을 필요로 하는 여러 스포츠 종목에서 맹활약하고 있는 로라 클라인[Laura Kline] 역시 필요에 의해 지방을 섭취하는 선수다.

로라는 철인 2종 경기 세계 챔피언이다. 철인 2종 경기는 철인 3종 경기와 비슷하지만, 수영 대신 달리기를 한다. 즉 달리다가 사이클링을 하고 다시 달리는 방식이다. 그녀는 미국 철인 3종 경기 챔피언이기도 하다. 2008년에는 미국 국가대표로 올림픽에 참가하기도 했다. 2013년에는 자기 연령대에서 올해의 세계 철인 선수로 선정됐고, 자기 연령대에서 미국 최고의 여성 철인 2종 경기 선수로 랭크되기도 했다. 그야말로 오랜 기간 달리기 경주 종목을 지배해 온 셈이다. 로라가 해온 스포츠가 지구력을 필요로 한다는 공통점이 있긴 하지만, 어쨌든 그녀가 여러 종목에서 두각을 드러냈다는 건 정말 인상적인 일이 아닐 수 없다. 게다가 이 모든 건 지난 15년간 채식 기반의 식단을 고수해 오면서 이루어 낸 것이다.

건강에 좋은 지방은 로라의 식단에서 중요한 부분을 차지하고 있다. "지구력을 필요로 하는 운동선수인 저는 건강에 좋은 지방을 얼마나 섭취해야 하는지에 늘 관심을 기울여요. 그게 건강한 뼈와 관절을 유지하는 데 가장 중요하기 때문이죠. 단백질과 탄수화물은 채식 기반의 식단에서 충분히 섭취할 수 있어서 저는 늘 어떻게든 견과류와 씨앗류, 아보카도 또는 코코넛 우유같이 건강에 좋은 지방원을 추가하려 해요. 운동선수에게 단백질 섭취와 탄수화물 섭취가 중요하긴 하지만, 매일 건강에 좋은 자연식품을 먹고 적정량의 칼로리를 섭취한다면 필요한 단백질과 탄수화물은 얼마든지 섭취할 수 있거든요." 다른 많은 엘리트 운동선수와 마찬가지로, 그녀는 해외 대회에 참가할 때 미리 식단을 짜 과일, 얇게 썬 채소, 후무스[병아리콩을 으깨 만드는 이집트의 대중 음식], 트레일 믹스 등을 가지고 간다. 그러나 아무리 철저히 준비해도, 해외에선 늘 예기치 못한 일이 발생한다. "해외에 나갈 때 저는 만일의 경우에 대비해 미리 조리되어 포장된 쌀과 다른 음식들을 가져가요. 한 번은 해외에서 열리는 세계 선수권 대회 전날 밤, 미리 조리되어 포장된 쌀에 어떤 가게에서 찾아낸 후무스를 섞어 먹었는데, 그러고 나서 금메달을 땄어요." 이렇듯 건강에 좋은 지방을 적정량 먹으면 몸이 훨훨 나는 기분이 된다고 로라는 말한다. 몸이 전혀 무겁게 느껴지지 않는다는 것이다. "식단에서 불필요한 동물성 음식을 빼버리면, 몸은 그런 음식을 처리하고 소화시키느라 힘들게 일할 필요가 없어져요. 그렇게 되면 몸에 더 많은 에너지가 남아 자연스레 경기력이 좋아져요. 식사 후 나른해지지도 않아요. 이른바 몸의 엔진이 하루 종일 힘차게 돌아가는 거죠."

로라는 또 각 식사의 세세한 면에 신경 쓰는 대신 전반적인 면을 중시한다. 그녀는 그릇에 채식 기반의 자연식품을 가득 담아 먹으면 그 자체로 단백질을 비롯한 필요한 영양소를 두루 섭취할 수 있다는 걸 잘 알고 있다. 다른 사람들이 단백질을 어디에서 섭취하느냐는 질문을 해올 때 그녀는 주로 다음과 같은 답을 한다. "당신이 먹는 동물들이 단백질을 섭취하는 바로 그 식물들에서요!"

세계 챔피언을 향한 로라의 여정에는 영양소 외에 다른 중요한 측면도 있다. 건강에 좋은 채식 기반의 자연식을 고수하려는 노력 외에 강철 같은 의지도 한몫을 했다. 그녀는 어린 시절부터 이미 그런 의지가 몸에 배어 있었다. 로라는 우리에게 이런 말을 했다. "저는 여덟 살 때부터 이미 전력을 다하는 운동선수였어요. 그 일부는 아직도 제 피 속에 녹아 있죠. 저는 또 어린 시절부터 경쟁이 치열한 환경에서 자랐어요. 아버지는 늘 제게 동료 선수들보다 더 열심히 뛰라고 밀어붙이셨고, 무슨 일을 하건 100퍼센트 쏟아붓지 않는 걸 결코 용납하지 않으셨어요. 아마 제 속에서 어떤 열정을 보셨던 것 같아요. 전 모든 일을 정말 열심히 했고 힘겨운 도전에 직면해도 절대 물러서지 않았거든요. 뭔가를 정말 간절히 원한다면, 그걸 손에 넣기 위해 최선을 다해야 해요. 세계 최정상급 운동선수가 되길 원한다면, 기꺼이 그래야 하죠. 힘겨운 상황에서 살아남는 법을 배워야 하고, 실패에서 뭔가를 배워야 하며, 성공을 발판 삼아 더 높이 올라가야 해요. 늘 현실을 직시해야 하고 꾸준해야 하며 내적 동기부여도 되어야 해요. 고개를 숙일 줄도 알아야 하고, 매사에 자신감과 결단력을 가지고 임해야 하죠. 그리고 그 무엇보다 그 여정 자체를 조건 없이 사랑해야 해요. 승리는 물론 패배까지도요."

이 같은 정신력을 가지기 위해서는 몸이 필요로 하는 것들에 관심을 기울이는 노력이 병행되어야 한다. 로라는 이 사실을 선수 생활 초기에 어렵게 알게 됐다. 개인적으로 어둡고 힘든 시기를 거친 로라에게 달리기는 특별했다. 하나의 돌파구이자, 자신의 삶을 제대로 통제하고 있다는 느낌을 갖게 해준 무언가였다. 그녀는 몸을 극한 상황으로 밀어붙이면서 자신의 고통까지 통제할 수 있었다. 아니, 통제할 수 있다고 믿었다. 그리고 그 모든 것들이 결과로 이어지자 보람 있는 일처럼 느껴지기도 했다. 그러나 세계에서 가장 위대한 많은 운동선수들이 너무도 잘 알고 있는 진리처럼, 그 보람 뒤에는 값비싼 대가가 따랐다. 몸이 요구하는 바에 귀 기울이고 몸의 한계를 인정하는 대신, 로라는 이런저런 경고 신호를 무시한 채 자신의 몸을 계속 밀어붙였다. 크고 작은 부상들을 간과했으며 적절한 휴식도 취하지 않았다. 결국 모든 것들이 어그러지기 시작했다. 그녀는 한 경주 도중 열사병으로 쓰러져 병원에 실려 갔고, 세계 선수권 대회와 전미 선수권 대회에선 완주조차 하지 못했다. 또한 부상을 방치해 제대로 걷지 못하게 됐으며, 회복하는 데 무려 17개월이나 걸렸다. 운동에 대한 정신적 접근 방식을 바꿔야겠다고 마음먹은 건 바로 그 무렵이다. 로라로선 뭔가를 계속 밀어붙이고 싶은 상황에서 그런 욕구를 억눌러야 한다는 건 힘겨운 도전과 같았다. 하지만 지금은 다르다. 현재 그녀는 운동, 그리고 자기 자신을 그 어느 때보다 잘 이해하고 있다.

로라는 세계 최고의 선수들과 함께 15년간 경쟁을 하고서도 여전히 높은 경쟁력을 갖고 있다는 사실에 너무도 만족하고 있다. 하지만 그게 영원히 계속될 수 없다는 것도 잘 안다. 언젠가 그녀 역시 더 이상 예전처럼 높은 경쟁력을 보일 수 없을 것이다. 하지만 채식하는 운동선수의 미래는 낙관적으로 보고 있다. "채식 기반의 식단을 하는 운동선수의 수가 폭발적으로 늘어나는 걸 보는 건 정말 흥분되는 일이에요. 거의 모든 스포츠 종목에서 아주 유명한 채식하는 운동선수를 볼 수 있다는 사실은 시사하는 바가 많아요. 다시 말해, 어떤 운동을 하든 채식을 하면서 큰 성공을 거둘 수 있고 또 그 종목을 지배할 수 있다는 것이죠. 요즘은 채식하는 운동선수가 도처에 있어 많은 사람들이 갖고 있는 낡은 고정관념을 깨고 있어요. 충분한 단백질을 섭취하지 못하면 몸이 약해지고 영양실조에 걸리고 건강을 잃는다는 고정관념도 그 중 하나죠. 채식 기반의 식단이 보편화되면 다음 세대의 선수들은 앞서 채식주의자의 길을 걸어간 선수들을 괴롭혔던 장애물에 걸리지 않고 편히 채식주의자의 길을 갈 수 있게 될 것이라 생각해요. 저는 지난 15년간 채식을 해왔어요. 채식을 하면서 오랜 시간 선수생활을 하는 건 불가능하다는 믿음을 얼마든지 깨부술 수 있는 사람이죠. 그간의 경험과 지식을 젊은 운동선수들에게 전해주고 싶어요."

로라와 마찬가지로 존 조셉John Joseph 역시 철인 3종 경기에 필요한 에너지를 얻으려면 음식을 균형 있게 먹어야 한다고 말한다. 약 4킬로미터를 헤엄쳐 가고 약 180킬로미터를 자전거를 타고 달린 뒤 또 약 42킬로미터를 뛴다는 것은 그 누구에게도, 심지어 집중적인 훈련을 거친 선수에게도 쉬운 도전이 아니다. 게다가 현재 50대 후반인 존이 미국 하드코어 펑크 밴드 크로-매그스Cro-Mags와 함께 심야 하드록 밴드 생활을 하고 있다는 점을 감안하면, 이는 또 다른 차원이라 할 만하다. 그러나 존에게는 비밀 무기가 있다. 무려 40

년간 채식 기반의 식단, 그것도 주로 유기농 식품과 현지 생산된 식품으로 구성된 식단을 고수하고 있다는 것이다.

존은 1980년에 채식 기반의 식단을 시작했다. 당시는 그가 하드코어 펑크 밴드 가수로 활약하던 때로, 함께 어울렸던 밴드 멤버들은 래스터패리언[에티오피아의 옛 황제 하일레 셀라세를 숭배하는 자메이카 종교 신자]이었다. 그들은 건강과 신체 단련 그리고 채식 기반의 식단에 관심이 많았다. 존은 그들과 함께 요가 공동체와 히포크라테스 건강 연구소에게서 영감을 받아 엄격한 채식주의자가 되었다. 그에게 특히 큰 동기부여가 된 건 아힘사[인간이 먹고살기 위해 살아 있는 다른 생명체를 해칠 권리가 없다는 인도의 사상]였다. 아힘사라는 비폭력주의는 어린 시절 그가 겪은 아픈 경험을 중화시켜주는 해독제나 다름없었다. 학대가 심한 가정에서 자란 존은 많은 시간을 거리와 감옥에서 보냈다. 총상도 입고 칼에도 찔려 봤으며, 1970년대의 뉴욕 거리에서 벌어진 여러 폭력 사건도 직접 목격했다. 동물 학대에서 자유로운 삶의 방식, 즉 채식을 택하는 것은 보다 긍정적이고 평화로운 삶을 살아갈 수 있게 하는 방법과 같았다.

그 무렵, 지금은 세상을 떠났지만 당시 사이클 광이었던 삼촌과 함께 시간을 보내던 존은 우연히 텔레비전을 통해 철인 3종 경기를 보게 된다. 그리고 암을 비롯해 다른 큰 인생의 고난을 극복하고 치열한 경쟁을 해나가는 선수들의 이야기를 접하며 감동한 나머지 눈물까지 흘렸다. 철인 3종 경기를 완주하는 것 자체가 그 개개인에겐 인생의 승리나 다름없어 보였다. 그때였다. 존은 언젠간 자신도 그런 경쟁에 뛰어들어야겠다고 마음먹었다. 그로부터 30년여 후, 50세가 되어 다짐을 지켰다. 수십 년 전 예상한 것처럼 사람을 겸허하면서도 활기차게 만드는 일이었다. "누구나 자기 안의 악마를 밖으로 끄집어내 죽여야 할 이유를 갖고 있어요. 중요한 건 바로 그거예요. 우리 모두 그런 악마, 그런 사연을 갖고 있다는 것이죠. 우리 모두 가슴속에 맺힌

게 있는데, 스포츠라는 세계가 사람들을 하나로 만들어 줘요." 존은 현재 훈련과 경주에 수많은 시간을 쏟아붓고 있다. 살아가며 만나는 각종 도전을 긍정적으로 해결해 나가는 한 방법으로 말이다. "결승선을 통과하면서 눈물을 흘리지 않은 경주는 없었던 것 같아요. 살아오면서 겪은 모든 일들이 주마등처럼 스쳐 지나가거든요. 결승선 통과라는 귀한 선물을 받기 위해선, 그리고 또 제 자신과 저를 이루고 있는 모든 것들을 테스트하기 위해선 결코 멈춰서는 안 돼요. 결코 포기해서도 안 돼요. 여기서 여러분들이 얻어야 하는 교훈은 하나예요. 끈질겨야 한다는 거죠. 꾸준히 단련해야 하고 결단력이 있어야 해요. 그 모든 게 여러분의 삶 구석구석에 영향을 주고 결국 여러분의 직업의식이 되는 거예요."

58세인 조셉은 대만에서 멕시코에 이르기까지 세계 각지를 누비며 철인 3종 경기에 참가하고 있다. 70대까지도 계속 출전하는 게 그의 목표다. 일부 사람들이 미친 짓이라며 무시해 버릴 수도 있는 그 목표가 현실이 된다면 그건 바로 채식 기반의 식단 덕일 것이다. "허구한 날 '단백질, 단백질, 단백질'을 외치며 동물성 식단을 고수하고 있는 동료들이 많은 건강 문제를 겪고 있어요. 지금의 저는 신경 쓸 필요도 없는 문제들을 말입니다." 존은 무려 40여 년 전인 20대 때처럼 운동하고 있다. 그리고 그 모든 것을 식단과 긍정적인 정신(Positive Mental Attitude. 그는 이를 줄여서 PMA라고 부른다), 그리고 새로운 인생 목표를 정하는 데 도움을 준 스승들 덕으로 돌리고 있다.

영양에 관한 한 그는 굳이 다량영양소에 목매지 않는다. 직감적으로 음식을 먹으면서도 자신의 몸에 어떤 음식이 좋은지 잘 알기 때문이다. 다량영양소를 세심히 따지진 않지만, 오히려 늘 영양에 많은 관심을 기울인다고 말할 수 있을 정도다. 그는 사이클링을 할 때 스포츠 젤을 먹고 운동을 하고 난 후에는 유기농 식물성 단백질 음료를 마신다. 직접 음식을 준비하는 것도 좋아하는데, 그 음식에는 자연스럽게 단백질, 탄수화물, 지방이 고루 들어간다. 그는 또 첨가 오일을 완전히 배제하지 않는다. 가능한 한 요리를 할 때 최소한의 양만 사용하려 한다. 그의 주 관심사는 건강에 좋은 자연식품을 섭취하는 것이다. 특히 녹색 채소와 많은 물 그리고 경기력을 높여주는 식재료(과일, 햄프씨드, 너트버터, 귀리 등)에 관심이 많다. "지금하고 있는 운동이 무엇인지에 따라, 또 회복을 위해 무엇을 할 것인지에 따라 언제 어떻게 음식을 섭취할 것인지가 달라져요." 결국 모든 건 하는 운동에 달려 있다는 뜻이다. 예를 들어 그는 달리기를 하기 전에는 과일을 먹고, 장거리 사이클링을 하기 전에는 보다 오래 지치지 않기 위해 오트밀이나 퀴노아를 먹는다.

사람들은 늦은 나이에 채식하는 운동선수가 되어 많은 것을 이뤄낸 존을 보면서 통찰력 있는 조언을 해달라고 요청하곤 한다. 그럴 때 그가 해주는 말은 간단하다. "한번 해보세요." 그가 채식 기반의 식단을 해보라고 권하는 사람 열 명 가운데 아홉 명은 계속 식단을 유지 중이다. 몸 상태가 워낙 좋아졌기 때문이다. 사람들은 누군가가 하는 말에 크게 관심이 없다. 하지만 그 행동은 눈여겨본다. 그리고 말을 행동으로 옮기는 것보다 좋은 본보기는 또 없다. 뉴욕 슬럼가에서 자라 강인하고 긍정적인 철인 3종 경기 선수가 된 존은 솔선수범하며 앞장선 진정한 리더다.

좋은 지방 섭취하기

2장에서 언급했듯 지방에는 그램당 9칼로리가 들어 있다. 이는 탄수화물과 단백질 칼로리 밀도의 두 배가 넘는 수치다. 이는 무엇을 의미할까? 만일 어떤 음식 1인분에 10그램의 지방이 들어 있다면, 그 1인분의 90칼로리는 지방에서 오는 것이라는 뜻이다. 또 만약 하루에 100그램의 지방을 섭취한다면(동물성 식품을 먹는다면 어려운 일도 아니다), 지방으로 섭취하는 칼로리는 900칼로리라는 말이다. 이는 하루 종일 섭취하는 2,000칼로리 중 거의 50퍼센트를 차지한다. 물론 대부분의 운동선수는 하루에 2,000칼로리보다 훨씬 많은 칼로리를 섭취하지만, 이 예를 굳이 든 이유가 있다. 식이 지방이 너무도 쉽게 식단의 많은 칼로리를 차지해 버린다는 것을 잘 드러내주는 사례이기 때문이다. 이는 두 가지 이유에서 문제가 될 수 있다. 첫째, 많은 지방원들(특히 가공식품 안에 숨어 있는 오일과 수소 첨가 지방)은 영양가가 거의 없다. 둘째, 목표가 체중을 줄이는 것일 경우, 너무 많은 지방을 섭취하면 헬스클럽이나 체육관 같은 데서 쏟아붓는 노력들이 다 헛수고가 될 가능성이 높다. 목표가 체중을 늘리는 것일 경우도 마찬가지다. 지방을 섭취하면 탄수화물이 풍부한 음식을 통해 얻는 영양학적 이점이 상쇄돼 버리기 때문에 큰 증량 효과를 볼 수 없다. 근력 트레이닝에 적합한 식이요법을 하면서 동시에 더 많은 칼로리를 섭취하려 하고 있다 해도, 몸이 칼로리의 대부분을 지방으로 섭취하려 하진 않을 것이다. 결국 지방을 최적의 범위 내에서 섭취하려면, 전체 다량영양소 섭취량 대비 지방 섭취량 비율을 알아야 한다.

2장에서 우리는 총 칼로리의 50퍼센트에서 75퍼센트는 탄수화물에서 섭취하라고 권했다. 또 지방 섭취는 총 칼로리의 15퍼센트에서 25퍼센트로 제한하라고 조언했다. 이때 가장 좋은 비율을 찾기 위해선 어느 정도의 시행착

오를 거쳐야 하고, 또 그 비율은 하고 있는 운동의 종류와 목표에 따라 달라진다고 했다. 그러나 경험에 따른 원칙은 늘 같다. 식단에서 지방은 어디까지나 '조연'이어야 한다는 것이다. 여기서 말하는 조연이란, 이른바 '양념' 음식이다. 그런 음식은 꼭 많은 양은 아니더라도 어느 정도는 우리의 식단에 필요하다.

여기서 중요한 포인트가 나온다. '**지방이 모두 똑같은 건 아니다**'라는 것이다. 앞으로 당신은 식단에 매일 얼마나 많은 지방을 포함시키고 있는지 모니터링해야 할 뿐만 아니라, 어떤 지방을 섭취하고 있는지도 알아야 한다. 식이 지방에는 다음과 같은 네 종류가 있다.

불포화 지방
다불포화 지방
포화 지방
트랜스 지방

불포화 지방에는 오메가-9 필수 지방산이 속한다. 오메가-9 필수 지방산은 몸 안에서 만들어질 수 있다. 굳이 음식을 통해서 얻어야 하는 건 아니다. 그러나 오메가-9 필수 지방산을 음식을 통해 얻는 것에는 장점이 있다. 불포화 지방은 염증을 줄이고, 인슐린 감수성을 향상시킨다. '좋은' HDL 콜레스테롤 수치는 높이고, '나쁜' LDL 콜레스테롤 수치는 낮추며, 심장마비와 뇌졸중을 야기하는 동맥 내 플라크 제거를 돕는다. 불포화 지방이 많이 함유된 식품으로는 아몬드, 캐슈, 호두 같은 견과류와 아보카도, 치아씨, 코코넛 등을 꼽을 수 있다. 해바라기오일과 올리브오일 같은 일부 식물성 오일에도 오메가-9 필수 지방산이 풍부하지만, 압축 및 농축을 거치며 다량영양소가 소실된다. 반면 식물성 자연식품(견과류나 씨앗류에서 짠 오일보다는 견과류나 씨앗류 그 자체)은 다량영양소들이 그대로 들어 있어 영양가가 높다.

다불포화 지방은 오메가-3 필수 지방산과 오메가-6 필수 지방산으로 이루어져 있다. 오메가-9 필수 지방산과 달리, 이 필수 지방산들은 우리 몸 안에서 만들어지지 않는데 장점은 워낙 많아 음식을 통해 꼭 섭취해야 한다. 여기서 주목할 점이 있다. 일반적으로 오메가-6 필수 지방산은 너무 많이 섭취하고 오메가-3 필수 지방산은 충분히 섭취하지 않는다는 것이다.

주로 에너지로 사용되는 오메가-6 필수 지방산은 우리 몸이 생물학적으로 기능하는 데 아주 중요하다. 하지만 각종 오일과 가공식품에 함유되어 있어 현대인의 경우 대부분이 과다 섭취하고 있다. 건강에 안 좋은 영향을 줄 수 있는 데도 말이다. 반면 오메가-3 필수 지방산은 음식에서 섭취하기가 오메가-6 필수 지방산보다 힘들어서 식단에 부족한 경우가 많다.

오메가-3 필수 지방산 결핍은 건강에 해로운 영향을 끼친다. 오메가-3 필수 지방산이 세포막 형성에 꼭 필요하기 때문이다. 또한 오메가-3 필수 지방산은 심장 기능을 강화시켜줄 수 있고 정신 건강 및 심신 안정에 좋으며 체중 감량에도 도움이 된다. 뇌 발달에도 기여한다. 또한 염증을 완화시키며 치매 예방에도 도움이 된다. 이뿐만 아니다. 천식 증상을 덜하게 하고 뼈를 튼튼하게 하며 지방간도 개선한다.

오메가-6 지방산과 오메가-3 지방산의 이상적인 섭취 비율은 약 4 대 1 또는 3 대 1이다. 그러나 대부분의 사람들은 10 대 1에서 20 대 1, 심지어는 50 대 1의 비율로 오메가-6 필수 지방산을 많이 섭취한다. 오메가-6 필수 지방산을 너무 많이 섭취하고 오메가-3 필수 지방산을 너무 적게 섭취하면 심혈관계 질환, 염증성 질환, 자가면역질환, 암 등이 생겨날 가능성이 높아진다. 그 반대의 비율로 섭취하면, 자연스럽게 그런 병들이 생겨날 가능성이 낮아진다. 오메가-6 필수 지방산을 너무 많이 섭취하지 않으려면 주로 식물성 자연식품을 먹고, 오일류와 다른 가공식품을 멀리해야 한다. 오메가-3 필수 지방산은 적절히 섭취하기 위해 신경 써야 한다. 오메가-3 필수 지방산이 많이 들어 있는 식물성 자연식품으로는 호두, 햄프씨드, 치아씨, 아마씨 등이 있다. 어떤 사람들은 오메가-3 필수 지방산이 들어 있는 음식을 충분히 먹고 있지 못하다고 생각하거나 자신의 몸이 필수 지방산을 소화하고 사용하는 데 어려움이 있다고 생각해 아예 오메가-3 필수 지방산 보충제를 복용하기도 하는데, 이와 관련해서는 6장에서 보다 자세히 살펴볼 예정이다. 지금은 식단에 오메가-3 필수 지방산이 풍부한 음식을 더 많이 포함시켜야 한다는 것만 기억하도록 하자.

포화 지방은 대부분이 식단에 포함시키고 싶어 하지 않을 지방이다. 포화 지방이 들어 있는 음식을 먹으면 피 속에 몸에 '나쁜' LDL 콜레스테롤 수치가 올라가고, 그 영향으로 심장마비나 뇌졸중에 걸릴 가능성이 커진다. 미국심장협회에서는 총 칼로리의 5~6퍼센트만 포화 지방에서 섭취할 것을 권고하고 있을 정도다. 이 경우 물론 동물성 식품은 피해야겠지만 그 외에도 유의해야 할 점이 있다. 대개 버터, 라드[돼지비계를 정제한 반고체 기름], 치즈, 아이스크림 그리고 기타 다른 유제품에 들어 있는 포화 지방이 일부 구운 식품과 에너지바에도 가공된 오일 형태로 들어 있을 수 있다는 것이다. 또 하나 유의해야 할 건, 식단에 소량의 포화 지방(총 섭취량의 약 5퍼센트)이 포함되는 것이 허용될 뿐만 아니라 오히려 권장되기까지 한다는 점이다. 건강에 좋은 포화 지방원은 코코넛이다. 코코넛에는 MCT, 즉 중쇄 트리글리세리드가 들어 있다. 중성 지방인 MCT는 소화가 잘 될 뿐 아니라 건강상의 이점도 많다. 뇌 기능과 기억력을 향상시켜주고 에너지와 지구력을 올려주며 혈당과 콜레스테롤 수치를 낮춰준다. 체중 감량에도 도움을 준다.

트랜스 지방은 크게 두 종류가 있다. 자연 상태에서 생겨나는 트랜스 지방(특히 가공육과 유제품 등 일부 동물성 식품)도 있고, 인위적으로 만들어지는 트랜스 지방(부분적으로 수소가 첨가된 식물성 오일)도 있다. 우리가 섭취하는 트랜스 지방은 거의 다 인위적으로 만들어진 트랜스 지방으로, 액체 상태의 식물성 오일에 수소를 첨가해 만든다. 그렇게 만들어진 트랜스 지방은 반고체 또는 반액체 상태의 오일인데, 흔히 피자, 쿠키 그리고 버터가 들어간 식품 등 심하게 가공된 식품과 구운 식품에 주로 사용된다. 연구 결과에 따르면, 트랜스 지방을 섭취하면 심장병이나 염증이 잘 생기며 몸에 나쁜 LDL 콜레스테롤 수치는 높아지고 몸에 좋은 HDL 콜레스테롤 수치는 낮아진다. 또한 트랜스 지방 섭취 시 트리글리세리드가 증가하고, 그로 인해 뇌졸중이나 심장병이 발생할 가능성이 높아진다. 굳이 말로 할 필요도 없는 얘기겠지만, 트랜스 지방은 절대 가까이하지 말자. 식물성 자연식품을 먹는다면 별로 어려운 일도 아니다.

1일 지방 섭취 가이드라인

건강에 안 좋은 지방이 식단에 너무 많이 포함되지 않게 하기 위해 다음과 같이 해볼 것을 권한다.

- 지방을 통한 칼로리 섭취는 하루 식단의 15퍼센트에서 25퍼센트 정도로 유지한다.
- 포화 지방을 총 칼로리의 5퍼센트 이내로 제한한다.
- 트랜스 지방은 가능한 한 0퍼센트에 가깝게 제한한다.
- 식단에 오메가-3와 오메가-9 필수 지방산이 포함된 음식은 더 많이 포함시키되, 오메가-6 필수 지방산은 지나치게 많이 포함시키지 않도록

한다. 특히 오일류와 가공식품을 통한 섭취는 자제하는 것이 좋다. 오메가-6 및 오메가-3 필수 지방산의 적절한 비율은 4 대 1이나 3 대 1이다. 참고로 호두와 햄프씨드 같은 식품 안에는 천연 상태의 오메가-3 및 오메가-6 필수 지방산이 들어 있다.

지방이 풍부한 식물성 식품은 다음과 같다.

오메가-3 필수 지방산

아마씨	흰강낭콩	아마씨오일
치아씨	방울양배추	콩 음료와 같은 강화 식품
두부	아보카도	두부

오메가-6 필수 지방산

두부	햄프씨드	올리브오일
호두	호박씨	야자수오일
아몬드	껍질을 제거한 참깨	햄프씨드오일
캐슈	통곡물 빵	포도씨오일
땅콩버터	시리얼	홍화오일
해바라기씨	올리브	아보카도오일

오메가-9 필수 지방산

올리브오일	마카다미아오일
해바라기오일	아몬드

포화 지방

코코넛

여전히 지방을 의심하는 당신에게

식이 지방은 대체로 평판이 안 좋다. 식이 지방을 섭취하면 체중이 느는 데다, 건강에 안 좋다고 알려진 도넛, 버터, 아이스크림, 동물성 식품 등은 죄다 식이 지방과 관련이 있는 경우가 많기 때문이다. 이쯤에서 과학적인 접근이 필요하다. 치아씨에 지방이 들어 있다고 생각하고 먹는 사람은 많지 않을 것이다. 아마도 설탕이 잔뜩 묻은 도넛보다는 치아씨가 훨씬 덜 흔하기 때문이라 생각한다. 그러나 식물성 지방은 아보카도, 코코넛, 땅콩버터, 아몬드버터, 견과류, 모든 종류의 씨앗류 같은 식품에 풍부하게 들어 있다. 이 식품들은 피자나 밀크셰이크만큼 우리 주변에서 흔히 볼 수는 없지만, 마음만 먹으면 대부분 쉽게 구할 수 있다. 잘 알아 두어야 하는 건, 식물성 지방이 건강에 많은 도움을 준다는 점이다. 지방이 일반들에게 어떤 식으로 알려져 있는지는 영양학적 관점에선 중요치 않다. 진짜 중요한 건 지방이 인간의 건강에 끼치는 영향을 보여주는 실질적 증거다.

과학을 통해 보는 식물성 지방 VS 동물성 지방

2018년 하버드 T.H.챈보건대학원 연구진은 9만 명 이상을 대상으로 22년 넘게 실시해 온 연구 결과를 발표했다. 그동안 연구진은 남녀 참가자들에게 섭취한 음식을 가능한 한 정확히 기록하라고 요청해 그 기록들을 4년마다 한 번씩 모았다. 연구진은 동물성 단불포화 지방산이 관상동맥 심장병에 미치는 영향과 식물성 단불포화 지방산이 관상동맥 심장병에 미치는 영향을 비교 · 분석하는 데 관심이 많았다. 그리고 그들이 내린 결론은 다음과 같다.

'건강에 안 좋은 포화 지방이나 정제된 탄수화물, 또는 트랜스 지방을 동물성 단불포화 지방이 아닌 식물성 단불포화 지방으로 대체했을 때 심장병 발병률이 낮아졌다. 그리고 식물성 지방을 더 많이 섭취할 경우 그 어떤 이유에서든 사망할 위험성이 16퍼센트 낮아졌다. 반면에 동물성 지방을 더 많이 섭취할 경우 그 어떤 이유에서든 사망할 위험성이 21퍼센트까지 높아졌다.'[1]

우리는 하버드 T.H.챈보건대학원의 연구를 좀 더 깊이 들여다보았다. 연구에 따르면, 식물성 단불포화 지방이 들어 있는 식재료 가운데 사람들이 가장 많이 먹는 음식은 올리브오일이었다. 올리브오일은 지방이 많이 함유된 다른 식물성 자연식품에 비해 많은 면에서 건강에 좋지만, 영양가는 아주 낮다. 총영양밀도지수가 1,000점 중 10점밖에 안되고, 1파운드 당 4,000칼로리에 달한다. 또한 감자튀김, 샐러드 드레싱, 마가린, 구운 식품 등을 식물성 단불포화 지방이 들어 있는 '식물성 식품'으로 연구에선 분류했다. 그럼, 하버드 T.H.챈보건대학원 연구진이 식물성 자연식품에 들어 있는 지방의 효과를 연구했다면 어떤 결과가 나왔을까? 보다 심하게 가공된 식물성 지방을 섭취했을 때 사망 위험이 16퍼센트 낮아진다면 아보카도, 호두, 아몬드, 캐슈, 아마씨, 치아씨, 코코넛같이 지방이 풍부한 자연 상태의 식품을 섭취했을 때 결과는 더 말할 것도 없다.

물론 이는 지방이 풍부한 음식의 한 가지 측면에 불과하지만, 영양가 높은 음식을 섭취하면 경기력은 물론 건강도 더 좋아진다는 우리가 말하고자 하는 바와 맞아 떨어진다. 식물성 자연식품은 탄수화물, 단백질, 지방이라는 영양소 측면에서 섭취 대비 이익이 가장 높다.

너무 걱정할 건 없다. 가장 엄격한 채식 기반의 식단을 하는 운동선수들의 경우에도 예외는 있다. 그들도 여행을 가거나 식당을 찾거나 축하 행사 같은 데 참석할 때는 종종 가공된 형태의 지방을 섭취한다. 이는 사회생활을 하는 한 거의 피할 수 없는 일이다. 중요한 건 채식하는 운동선수들이 늘 몸에 좋은 식물성 지방을 섭취하려 애쓰고 있다는 사실이다.

우리는 지방을 두려워하고 싶지도 오일을 두려워하고 싶지도 않다. 그러면서도 음식들 간에 적절한 균형을 취하길 원한다.

이제 운동하는 데 도움이 될 최적의 식단, 그러니까 영양가가 풍부하고 칼로리가 다른 세 가지 다량영양소들 간에 균형 잡힌 식단을 짜는 데 필요한 기본 지식은 모두 전달했다. 그러나 아무리 열심히 노력한다 해도 일부 영양소와 필수 성분들의 경우 우리가 먹는 음식에선 아예 섭취할 수 없거나, 충분히 섭취할 수 없다. 운동선수 중 일부가 훈련 강도를 높이거나 경쟁 우위를 점하기 위해 보충제를 복용하는 이유다. 다음 장에서 우리는 보충제와 관련된 모든 것들을 분석할 예정이다. 당신에게 어떤 종류의 보충제가 적절한지 함께 알아보자.

● ● ● ● ●

수영 선수 생활을 그만두고 채식 기반의 식단을 택한 이후, 나의 가장 큰 관심사는 내 몸 상태가 어떻고 내 몸매가 어떤가 하는 것이었다. 나는 체중을 줄이려 하루에 세 시간 넘게 운동을 하는 등 안간힘을 써오고 있었는데 채식 기반의 식단을 택한 후에야 마침내, 어쩌면 난생처음으로 몸 상태가 괜찮다고 느껴졌다.

- 레베카 소니, 수영 올림픽 금메달리스트(3회)

헤비급 권투 선수들은 체중에 신경 쓸 이유가 없음에도 불구하고, 내 경우엔 체중을 유지하는 게 중요했다. 채식 기반의 식단을 하면서 나는 내 몸이 필요로 하는 것들에 귀 기울이는 법을 배웠다.

- 캠 오섬, 미국 아마추어 복싱 챔피언

평생 해온 채식이 운동선수인 내게 어떤 영향을 미쳤을까? 나는 건강에 좋은 채식 기반의 식단을 고수함으로써 1년 365일 매일 탄탄한 몸매를 유지할 수 있었다. 나는 운 좋게도 두 번이나 올림픽에 참가했고, X 게임[극한 스포츠 대회]에서 금메달과 은메달을 땄으며, 미국과 캐나다 선수권 대회에서 금메달을 획득했다. 그 모든 게 내가 선택한 건강한 생활 방식과 식단 덕이라고 생각한다.

- 케빈 힐, 스노보드 X 게임 금메달리스트

6장

보충제:
복용해야 하나 복용하지 말아야 하나?

채식 기반의 식단과 관련해 단백질 섭취 문제 외에 가장 논란의 여지가 많고 흔히 제기되는 의문은 식이 보충제 및 스포츠 보충제와 관련된 의문일 것이다. 구체적으로 말하자면 다음과 같은 의문들 말이다.

1. 필요한 영양소를 섭취하기 위해 보충제를 복용해야 하는가?
2. 뛰어난 운동선수가 되기 위해 보충제를 복용해야 하는가?

이 의문들에 '네' 또는 '아니오'라고 간단히 답할 수는 없지만, 현명한 결정을 내리기 위해 꼭 알아 두어야 할 정보는 있다. 이 장에서는 엘리트 운동선수들의 경험을 공유하고 또 그들이 어떻게 보충제를 선택하는지(아니면 선택하지 않는지)를 설명하려 한다. 그에 앞서 살펴볼 것이 있다. 보충제와 영양소 그리고 운동을 둘러싼 몇 가지 잘못된 믿음이 그것이다. 어떤 보충제가 노이즈 마케팅되고 있는지, 또 일부 보충제는 어떻게 채식 기반의 식단을 보충해 줄 수 있는지 하는 문제에 대해서도 알아볼 예정이다. 자, 이제 좀 더 자세히 들여다보도록 하자.

채식 기반의 식단, 보충해야 하나?

자주 제기되는 이 의문에 대한 답은 복잡 미묘하다. 이 의문이 대체로 오래전부터 내려오는 잘못된 믿음에 그 뿌리를 두고 있기 때문이다. 모든 혼란은 다음 두 가지 문제에서 비롯된다.

1. 음식 문제를 보충제를 통해 해결하려는 환원주의 경향
2. 채식 기반의 식단은 영양가가 부족하다는 잘못된 통념

수십 년간 우리는 '비타민을 보충하라'는 말을 들어왔다. '씹어 먹는 플린스톤Flintstones 비타민'을 기억하는가? 한때 미국 가정의 약 보관함은 그 비타민으로 가득 차 있었다. 의사와 제약회사가 앞다퉈 '모든 사람은 음식 외에 비타민을 따로 복용해야 한다'고 강력히 주장했기 때문이다. 100퍼센트 틀린 말은 아니다. 패스트푸드와 간편식품을 많이 먹는 현대인은 식물성 자연식품에서 섭취해오던 비타민과 미네랄을 비롯한 다른 식물성 영양소를 필요한 만큼 섭취하지 못하고 있으니 말이다.

비타민 보충제는 엄청난 돈벌이 수단이 된 지 오래다. 한 가지 이상의 특정 영양소를 제공하는 물약, 알약 또는 분말 형태의 영양제 역시 전 세계적으로 팔리고 있다. 그 시장 규모는 2019년에 이미 총 1,300억 달러에 달했다. 2025년쯤에는 2,500억 달러가 넘을 것으로 관측된다. 보충제 업계를 대변하는 책임 있는 영양 위원회Council for Responsible Nutrition에 따르면, 성인의 77퍼센트가 식이 보충제를 복용하고 있다. 이 수치는 앞으로 우리가 다룰 필수 보충제를 복용하는 사람들의 수를 보여주기도 하는데, 여기서 알 수 있는 확실한 사실이 하나 더 있다. 많은 사람이 식단을 통해 섭취할 수도 있는 영양소를 보충제를 통해 섭취하고 있다는 것이다.

생각해 볼 문제도 있다. '필요로 하는 모든 영양소를 채식 기반의 식단에서 섭취할 수 있는가?' 하는 것이다. 기억나는가? 2장에서 살펴본 바와 같이 식물에는 우리가 필요로 하는 모든 필수 아미노산들이 들어 있다. 다양한 식물성 음식을 충분히 섭취하는 것만으로도, 우리 몸이 필요로 하는 모든 필수 아미노산을 얻을 수 있는 것이다. 널리 알려진 것처럼 식물은 각종 비타민과 미네랄의 원천이며, 우리가 건강한 삶을 사는 데 필요한 영양소들이 풍부하게 들어 있는 영양의 보고다.

영양학적으로 잘 짜인 채식 기반의 식단을 할 경우, 추가로 종합비타민이나 섬유질 또는 항산화 보충제를 복용할 필요가 없다. 누차 설명했듯 식단 자체에 그 모든 영양소가 풍부하게 들어 있기 때문이다. 단백질도 따로 보충할 필요가 없다. 운동선수를 제외한 대부분의 사람들은 실제 필요로 하는 것보다 두세 배 많은 단백질을 섭취하고 있다. 과잉 섭취한 단백질은 그냥 없어지든가 지방으로 비축되든가 할 뿐이다. 이 외에도 예외의 경우가 좀 더 있지만 일단 여기서 한 번 정리하자. 한마디로, 비타민 보충제를 복용한다는 건 식단을 보충한다는 것이나 다름없다. 비타민 보충제는 식물성 음식을 먹지 않아 생기는 빈자리를 메우는 역할을 하는 것뿐이다. 보충제는 말 그대로 보충제다. '영양 상태'를 위해서가 아니라 '영양 프로그램'을 보충하기 위해서 복용해야 한다.

언제 보충제를 복용해야 하나?

채식 기반의 식단에 기본적인 영양소는 거의 다 들어 있지만, 육식·채식을 다 하는 많은 사람들은 물론 가장 건강한 채식주의자조차 놓치기 쉬운 영양소도 있다. 사실 식물에서 모든 영양소가 나오는 건 아니다. 식물에 풍부하게 들어 있지 않은 필수 영양소(비타민 B12, 비타민 D 등)도 있고, 식물에서 충분히 섭취할 수 없는 영양소(아연 등)도 있으며, 특정 식물에 들어 있긴 하지만 서구 식단에서 잘 섭취되지 않는 영양소(요오드, 비타민 K2, 오메가-3 지방산 등)도 있다. 다시 말하지만, 우리는 지금 보충제를 활용해 영양 문제를 해결하라고 권하는 것이 아니다. 건강에 대단히 중요한 필수 영양소는 채식 기반의 식단을 통해 먼저 보완할 것을 권한다. 대부분의 필수 영양소는 앞으로도 계속 식물을 통해 섭취하도록 하고, 흔히 접하는 식물에 들어 있지 않거나 그런 식물에서 충분히 섭취하지 못하는 비타민 B12, 비타민 D, 오메가-3 지방산, 요오드, 비타민 K2, 아연 같은 영양소는 보충제로 채워 넣도록 하자.

비타민 B12

비타민 B12는 식물이나 동물에 의해 만들어지는 게 아니라 미생물에 의해 만들어진다. 그 미생물은 물은 물론 흙에서도 발견된다. 그런데 현대적인 영농 관행과 정수 과정 때문에, 육식하는 사람은 대개 몸 안에 더 많은 미생물을 받아들이는 반면(육식으로 인해 콜레스테롤, 포화 지방, 염증 수치가 증가하는 걸 감안하면 이점은 거의 없다고 볼 수 있지만), 채식하는 사람은 몸 안에 많은 미생물을 받아들이지 못한다. 또한 우리 조상들은 각종 벌레와 흙 등을 먹어 비타민 B12를 실컷 섭취했으나, 그런 유인원과는 완전히 다른 삶을 살고 있는 우리는 어쩌면 매일 보충제를 먹어야 하는 운명인지도 모른다.

비타민 B12는 건강을 유지하는데, 특히 DNA를 만드는 데 꼭 필요하다. 비타민 B12 수치가 낮으면 피로, 신경쇠약, 변비, 브레인 포그[머리에 안개가 낀 것처럼 멍한 느낌이 지속돼 생각과 표현을 제대로 하지 못하는 상태], 조정 능력 및 균형감각 저하, 우울증, 그리고 기타 신경학적 문제 등이 생길 수 있다. 문제는 비타민 B12 결핍을 알아채기 쉽지 않다는 것이다. 예방 차원에서 선제적으로 보충제를 복용하는 게 더 안전할 수 있는 이유다.

가장 기본적인 비타민 B12 공급원 두 가지는 시아노코발라민cyanocobalamin과 메틸코발라민methylcobalamin(메틸코발라민과 그 조효소 아데노시코발라민을 섞어 사용하면 가장 좋은 효과를 볼 수 있음)이다. 이 둘은 거의 비슷한데, 큰 차이가 하나 있다. 자연 상태에서 생겨나는 메틸코발라민은 비타민 B12를 품고 있는 세균이 들어간 음식을 통해 섭취할 수 있는데 반해, 시아노코발라민은 합성 물질이라는 것이다. 둘 중 어느 게 더 나은지에 대해서는 의견이 분분한데, 결론은 하나다. 평소 복용하는 보충제에 비타민 B12를 포함시켜야 한다는 것이다.

얼마나 많이 필요한가?

최적의 수치를 유지하기 위해 많은 양의 비타민 B12를 섭취할 필요는 없다. 비타민 B12는 몸에서 오랜 시간에 걸쳐 아주 소량만 배출되기 때문이다. 하루에 2.4마이크로그램 정도의 비타민 B12만 섭취하면, 2~3일 또는 몇 주 복용을 거르더라도 우리의 몸은 당분간 적정량의 비타민 B12를 활용할 수 있다. 복용하고 있는 보충제가 2.4마이크로그램보다 훨씬 많은 비타민 B12를 제공한다 해도 너무 걱정할 것 없다. 비타민 B12는 물에 용해되기 때문에 과다 섭취해도 몸에 해로울 가능성이 거의 없다.

비타민 D

비타민 D라는 이름은 사실 좀 부적절하다. 비타민 D가 비타민이 아니기 때문이다. 비타민 D는 사실 일종의 스테로이드로 호르몬 같은 특성을 갖고 있어 면역 체계나 신경 체계, 심혈관 체계같이 중요한 체계의 기능에 영향을 준다.

일부 유제품 제조업체가 제품에 비타민 D를 추가하기도 하지만, 비타민 D는 기본적으로 음식을 통해 자연스럽게 섭취되는 비타민이 아니다. 햇빛에 노출될 때 우리 몸에서 만들어지는 것이다. 그러나 대부분의 현대인은 하루 중 많은 시간을 인공조명 아래에서 보내는 데다, 살고 있는 곳의 위치 문제(특정 위도의 지역은 햇빛을 덜 받음)와 대기 오염 문제(비타민 D 합성에 필요한 햇빛을 차단함)까지 있어, 열대 기후 속에 살지 않는 한 대부분의 사람들은 비타민 D 보충제를 필요로 한다. 비타민 D가 결핍되면 더 자주, 더 심하게 아프게 된다. 우울증, 피로, 근육통, 근력 저하, 골소실, 심장병, 고혈압, 당뇨병, 다발성 경화증 등으로 이어질 수도 있다.

얼마나 많이 필요한가?

햇볕을 충분히 쬐서 비타민 D 결핍이 없을 수도 있다. 그걸 확인하려면 혈액 검사를 통해 25(OH)D 즉, 25-하이드록시 비타민 D 수치를 봐야 한다. 대부분의 의료 전문가는 최적의 건강 상태를 유지하고 암을 예방하려면 혈중 비타민 D 수치가 데시리터당 30밀리그램 이상이어야 한다고 말한다.

비타민 D 수치가 낮을 경우엔 비타민 D3 보충제를 복용해야 한다. 마이클 그레거 박사를 비롯한 많은 전문가들은 약 2,000IU[국제 협정에 의해 정해진 미량 단위]

를 권한다.

오메가-3 지방산

5장에서 살펴봤듯 오메가 지방산에는 오메가-3 지방산과 오메가-6 지방산이라는 두 종류의 '필수' 오메가 지방산이 있으며, 우리는 전자는 좀 더 많이, 그리고 후자는 좀 더 적게 섭취하는 걸 목표로 해야 한다. 오메가-3 지방산은 DHA 지방산, EPA 지방산, ALA 지방산으로 이루어져 있다. ALA 지방산은 균형 잡힌 채식 기반의 식단을 통해 아주 쉽게 섭취할 수 있지만(견과류와 씨앗류 덕에), DHA 지방산과 EPA 지방산은 섭취하기 더 어려울 수 있다. 실제 연구 결과에 따르면, 채식하는 사람의 무려 3분의 2는 오메가-3 지방산 수치가 낮다. (생선을 먹는 사람들은 대체로 DHA 지방산과 EPA 지방산 수치가 충분히 높지만, 생선이 대개 오염이 많이 되어 있어 그 장점이 다 상쇄되어 버린다.) 또한 어떤 사람들은 ALA 지방산을 DHA 지방산이나 EPA 지방산으로 변환시키는 게 힘든 경우도 있다.

오메가-3 지방산은 특히 뇌 기능에 아주 중요하다. 우울증과 불안감을 완화시켜줄 뿐 아니라 집중력을 높이는 데도 좋다. 게다가 오메가-3 지방산은 항염증 효과가 아주 뛰어나, 심장병과 대사 증후군 발병 가능성을 줄이는 데도 도움이 된다.

얼마나 많이 필요한가?

설령 DHA 지방산과 EPA 지방산이 함유된 음식을 규칙적으로 먹지 않는다 해도, 1~2년 내에 결핍 증상이 나타나진 않을 것이다. 설령 증상이 나타난다고 해도 아주 미묘한 나머지 처음엔 잘 모르고, 시간이 흘러 만성 질환 형태가 되어야 알아차릴 수 있다.

반면에 오메가-3 지방산의 섭취를 늘릴 경우 얻게 되는 잠재적인 이점은 상당히 많다. 식물성 ALA 지방산을 섭취하는 동시에 DHA 지방산이나 EPA 지방산이 풍부한 해조류도 먹길 권하는 이유다. 참고로 그레거 박사는 일주일에 두세 차례 해조류 중심의(생선 제외) DHA/EPA 지방산 200~300밀리그램을 보충하라고 말한다. (과학계에서는 아직 DHA 지방산과 EPA 지방산 1일 권장량에 대해 의견 일치를 보지 못하고 있다.)

이른바 '빅 3'(비타민 B12, 비타민 D, DHA/EPA 지방산) 보충제 외에 채식 기반의 식단을 하는 사람에게 도움이 될 수 있는 또 다른 보충제로는 요오드, 비타민 K2, 아연, 셀레늄, 마그네슘 보충제 등을 꼽을 수 있다.

요오드

우리 몸은 갑상선 호르몬을 만드는 데 요오드를 활용한다. 그래서 요오드가 없으면 신진대사와 기타 다른 생체 기능을 제대로 조절할 수 없게 되는 것이다. 요오드는 임신한 여성과 아이들에게 특히 중요하다. 성장할 때 갑상선 호르몬을 활용해 뼈대와 뇌가 발달되기 때문이다.

톳, 다시마, 미역 같은 특정 해조류에 들어 있다는 면에서 오메가-3 지방산과 비슷한 요오드는 서구식 식단에선 적절히 섭취되지 못할 가능성이 높다. 또한 크랜베리와 감자처럼 땅에서 자라는 요오드 식품도 있지만, 그 요오드 함량은 대개 경작 관행과 토양 품질, 그리고 자연 상태로 존재하는 요오드 수치에 따라 큰 차이가 난다. 따라서 식품을 통해 충분한 요오드를 섭취하겠다는 건 그리 좋은 방법이 아니다. 요오드 첨가 식염, 즉 요오드가 첨가된 식탁용 소금 역시 바람직한 식품은 못된다. 오히려 요오드가 첨가되지 않은 바닷소금(히말라야 암염 또는 핑크 솔트) 같이 자연 상태에 가까운 소금을 쓰는 것이 낫다. 의사들 또한 너무 많은 나트륨을 섭취하면 혈압이나 심혈관 건강에 좋지 않다고 경고하고 있다.

노파심에 한 가지 더 전한다. 유제품 가공 장치를 세척하는 데 쓰이는 제품에 소량의 요오드가 남기 때문에, 엄밀히 말하면 유제품을 통해 요오드를 섭취할 수도 있지만 그건 무시하도록 하자. 결국 충분한 요오드를 섭취하려면 매일 보다 많은 해조류를 먹는 게 바람직하다. 종합비타민이나 요오드 보충제 같은 것도 대안이 된다.

얼마나 많이 필요한가?

어떤 방식을 택하든 상관없다. 성인 남녀의 1일 요오드 권장량인 150마이크로그램 정도만 섭취하면 된다.

비타민 K2

대부분의 사람들은 오메가-3 지방산의 경우와 마찬가지로 비타민 K 역시 여러 형태로 나뉜다는 걸 잘 알지 못한다. 그중 하나인 비타민 K2가 최적의 영양 상태를 유지하는 데 꼭 필요한 비타민이라는 게 알려진 건 비교적 최근 일이다. 우리 몸이 칼슘을 제대로 관리하려면 비타민 K2가 꼭 필요하다는 사실을 잊지 말아야 한다. 다시 말해, 칼슘을 뇌나 심장 같은 연조직에서 뼈와 치아 같은 데로 옮기려면 비타민 K2가 꼭 있어야 한다는 이야기다. 비타민 K2는 관상동맥 질환을 예방하는 데도 도움이 된다. 비타민 K2가 동맥벽의 석회화를 막기 때문이다. 또 오메가-3 지방산의 경우와 마찬가지로, 비타민 K2는 만성 염증을 막아 질병을 예방해 주기도 한다.

비타민 K1은 흔히 먹는 식물성 음식에서 얼마든지 충분한 양을 섭취할 수 있지만(주로 녹색 채소 덕에), 주로 버터와 달걀노른자 같은 동물성 식품에 들어 있는 비타민 K2는 그게 쉽지 않다. 낫토와 미소 된장 그리고 템페(모두 대두를 발효시킨 것) 같은 발효 식품에 비타민 K2가 들어 있긴 하지만, 필요로 하는 용량을 다 섭취할 수 있다고 장담할 만큼 충분한 양은 아니다.

얼마나 많이 필요한가?

성인 남녀 일반적인 1일 비타민 K 권장량은 각기 120마이크로그램과 90마이크로그램이지만, 비타민 K2는 공식적인 1일 권장량이 없다. 앤드류 웨일Andrew Weil 박사 같은 일부 전문가는 10마이크로그램에서 25마이크로그램 정도를 섭취하라고 권한다.

아연

필수 미네랄 중 하나인 아연은 복잡한 사연을 갖고 있는 영양소다. 우리 몸은 다양한 방식으로 아연을 활용한다. 사실 미네랄은 효소 100개 이상의 활동을 촉진한다. 적절한 면역 기능도 지원하며 정상적인 성장에도 중요한 역할을 한다. 유전자 조절 같은 과정도 가능케 한다. 심지어 뉴런[신경계를 이루는 기본적인 단위] 간의 커뮤니케이션에도 도움을 주어 기억 형성과 학습을 할 수 있게 한다. 연구 결과에 따르면, 아연은 전신 염증을 막아 노화와 관련된 만성 질환 예방에도 도움을 준다.[1]

앞서 아연이 복잡한 사연을 갖고 있다고 한 이유는, 많은 채소에 아연이 들어 있음에도 불구하고 우리가 늘 아연을 섭취하는 건 아니기 때문이다. 음식을 분해하는 데 필요한 소화액의 양, 특정 화학물질 형태의 영양소, 그리고 함께 섭취되는 다른 영양소 등 어떤 물질이 얼마나 많이 혈류 안으로 들어오는지를 결정짓는 변수는 한두 가지가 아니다. 게다가 특정 영양소의 섭취를 가로막는 차단 물질도 있다. 피트산염phytate이 그 예다. 아연이 풍부한 여러 식물성 음식에는 피트산염도 들어 있는데, 피트산염은 우리 몸의 아연 흡수 능력을 떨어뜨린다. 때문에 일부 의료 분야 전문가들은 채식을 하는 이들에게 아연 섭취량을 50% 가까이 끌어올리라고 권고하기도 한다.

아연은 많은 견과류와 씨앗류, 곡물류는 물론 콩류와 템페, 두부 등 다양한 식물성 식품으로부터 섭취할 수 있다. 또한 아연은 식물성 우유, 여러 종류의 시리얼 그리고 심지어 특정 대체육 같은 다양한 첨가 식품으로부터도 섭취할 수 있다. 단, 잊지 말아야 할 점이 있다. 만일 이 책에서 소개하는 식물성 자연식품으로 아연을 섭취할 계획이라면, 요리하기 전에 견과류는 볶고 콩류와 곡물류는 물에 담그거나 발아시켜 피트산염을 줄여야 한다는 것이다. 그래야 더 많은 아연을 흡수할 수 있다.

얼마나 많이 필요한가?

충분한 양의 아연을 섭취 및 흡수하고 있는지 어떻게 알 수 있을까? 가장 좋은 방법은 피를 뽑아 혈청 아연 수치를 재보는 것이다. 의사와 혈액검사 일정을 잡기에 앞서 명심할 게 있다. 엄격한 채식주의자의 아연 수치는 보통 사람들에 비해 그리 낮지 않다는 연구 결과가 있다는 점이다. 2013년에 행해진 메타 분석[여러 해에 걸쳐 축적된 연구들을 가지고 분석하는 것]에 따르면, 채식주의자의 혈청 아연 수치는 일반인의 혈청 아연 수치보다 살짝 낮은 정도였으며, 선진국 국민의 경우엔 그 차이가 훨씬 덜했다.[2]

이는 분명 희망을 주는 소식이다. 그러나 아연이 워낙 다양한 인체 기능에 중요한 역할을 한다는 걸 잊지 말고, 매일 섭취하는 아연의 양에 주의를 기울여야 한다. 성인 남녀의 경우 1일 아연 권장량은 각기 11밀리그램과 8밀리그램이다. 그럼 자신이 아연을 너무 적게 섭취하고 있다고 생각된다거나 아연 결핍이라는 진단을 받게 된다면 어찌해야 할까? 전문가들은 1일 아연 권장량의 50퍼센트에 해당하는 보충제를 복용하라는 보다 온건한 조언을 하고 있지만, 영양 및 영양학 아카데미Academy of Nutrition and Dietetics에서는 1일 아연 권장량의 150퍼센트에 해당하는 보충제를 복용하라고 권하고 있다. 어느 쪽 조언을 따르든 건강에 해로울 건 없다. 참고로 1일 아연 허용 상한치는 40밀리그램이다.

다른 미네랄들

끝으로 두 가지 미네랄을 더 살펴보자. 셀레늄과 마그네슘이다. 이 두 미네랄은 보충제가 필요할 수도 있고 필요하지 않을 수도 있다. 이는 보충제를 어떻게 정의하는가에 따라 달라지는 문제다.

셀레늄은 남녀의 생식 문제는 물론 알츠하이머병, 파킨슨병, 감정 기복, 심혈관계 질환, 암 같은 신경퇴행성 질환으로부터 우리를 지키는데 중요한 역할을 한다. 셀레늄은 토양의 열화 때문에 많은 식물성 식품에 들어 있지 않고 단 한 가지 식물성 식품, 즉 브라질너트에 풍부하게 들어 있다. 만일 브라질너트를 통해 셀레늄을 섭취하고 싶다면, 그 적정량은 하루에 브라질너트 한 개다.

마그네슘은 셀레늄과 마찬가지로 토양의 열화 탓에 우리가 섭취하기 쉽지 않은 미네랄로, 마그네슘 결핍은 채식하는 사람과 육식 · 채식을 다 하는 사람 모두가 겪는 문제다. 마그네슘은 요오드 흡수에도 도움이 된다. 따라서 요오드 보충제를 복용할 때 적절한 비율의 마그네슘도 보충하는 게 바람직하다.

엄격한 채식주의자는 어떤 보충제가 필요할까?

하루에 보충해야 할 최소한의 보충제:

• 비타민 B12 300~1,000마이크로그램

- 비타민 D3 1,000~2,000 IU
- DHA 지방산 300밀리그램
- EPA 지방산 100~200밀리그램

다른 모든 미네랄을 보충하고 싶을 때의 보충제:

- 요오드 100~150마이크로그램
- 아연 8~12밀리그램
- 비타민 K2 50~100마이크로그램
- 셀레늄 30~50마이크로그램
- 마그네슘 150~200밀리그램

지금까지 설명한 영양소들은 엄격한 채식주의자에게 너무도 중요하다. 우리 저자 두 사람 중 하나(맷 프레이저)는 아예 보충제 제조 회사를 차렸을 정도다. 회사의 목표는 채식 기반의 식단을 하는 사람들이 다른 알약이나 종합비타민을 복용하지 않고도(대부분의 종합비타민이 제공하는 영양소는 채식 기반의 식단에 워낙 많이 들어 있어 복용 시 대개 불필요하거나 지나치게 과도해지기 때문에) 모든 영양소를 쉽게 섭취할 수 있게 하는 것이다. 회사의 연구나 제품에 대해 좀 더 알고 싶다면 LoveComplement.com에 접속해 보길 권한다.

철분에 대한 잘못된 믿음 없애기

철분은 사람들이 육식을 중단할 때 단백질 다음으로 걱정하는 영양소 중 하나다. 어쨌든 육류는 가장 좋은 철분 공급원이니까. 안 그런가? 안 그렇다. 전혀 안 그렇다. 사실은 이렇다.

철분에는 두 종류가 있다. 동물성 식품에서 발견되는 헴 철분heme iron과 식물에서 발견되는 비헴 철분nonheme iron이 바로 그것이다. 헴 철분은 비헴 철분보다 흡수가 더 잘 되기 때문에 채식하는 사람이 육식 · 채식을 모두 하는 사람에 비해 체내 철분 비축량이 적은 게 논리적으로 맞다. 그럼에도 불구하고 **채식주의자가 빈혈이 생길 가능성이 더 높지는 않다**. 철분 수치가 '낮은 정상'이라는 게 '이상적이지 않다'는 의미는 아니다. 철분 수치가 낮은 정상 범위에 있으면, 인슐린 기능이 향상되고 심장병 및 암 발병률도 낮아지는 등 오히려 몸에 더 좋다는 연구 결과도 있다.[3] 게다가 엄격한 채식주의자는 대체로 일반적인 채식주의자에 비해 철분 수치가 훨씬 좋은데, 그건 그들이 철분이 들어 있지 않은 달걀과 유제품 대신 보다 많은 철분이 들어 있는 식물성 식품을 먹기 때문이다. 그래서 맷 루스치그노Matt Ruscigno같은 영양학자는 **채식 기반의 식단을 택해도 철분은 문제가 되지 않는다**는 사실에 동의한다. 다양한 음식으로 식단을 짤 경우 사실 별도의 철분 보충제가 필요 없다는 것이다. 그러나 우리는 의료 전문가(가능하다면 채식 기반의 식단을 하는 사람의 각종 수치를 이해하고 있는 의료 전문가)에게 검사 받아 모든 수치가 정상 범위 내에 있는지 확인해 보라고 권하고 싶다.

철분을 충분히 섭취할 수 있는 방법은 다음과 같다.

1. 무엇보다 먼저 철분이 아주 많이 들어 있는 음식을 먹도록 하자. 철분

함량이 높은 식물성 식품은 다음과 같다.

- 콩류: 렌틸콩, 대두, 두부, 템페, 리마콩
- 곡물류: 퀴노아, 강화 시리얼, 현미, 오트밀
- 견과류와 씨앗류: 호박, 스쿼시, 솔, 피스타치오, 해바라기, 캐슈, 껍질을 벗기지 않은 참깨
- 채소류: 토마토소스, 비트, 콜라드 그린
- 기타: 블랙스트랩 당밀, 프룬 주스

2. 평소에 늘 충분한 철분을 섭취하도록 하자. 다음 사항들은 철분이 풍부한 음식을 충분히 먹는 것만큼이나 중요하다.
   - **소량의 철분을 자주 섭취하도록 하자.** 철분은 한 번 복용하면 끝나는 영양소가 아니다. 사실 한 번에 많이 먹어 봐야 별 도움도 안 된다. 우리 몸이 그걸 제대로 흡수하지 못하기 때문이다. 오히려 음식에 철분이 몇 밀리그램밖에 들어 있지 않을 때 더 많은 비율의 철분을 섭취할 수 있다.
   - **비타민 C 함량이 높고 철분이 풍부한 음식을 먹도록 하자.** 비헴 철분이 함유된 음식과 레몬, 오렌지, 귤 등을 함께 먹으면, 철분 섭취를 5배까지 늘릴 수 있다. 게다가 녹색 채소와 브로콜리, 토마토소스같이 철분이 풍부한 음식은 그 속에 이미 비타민 C가 들어 있다.
   - **커피와 차를 조심하자.** 이런 음료들에는 철분 섭취를 방해하는 타닌tannin이 들어 있다. 전문가들은 식사 한 시간 전 또는 두 시간 후에는 커피나 차를 피하라고 권한다.

미심쩍으면 확인하자

필수 영양소들이 부족한지 어떤지 확신이 서지 않는다거나 그런 영양소들을 정확히 얼마나 많이 보충해야 하는지 궁금하다면, 혈액 검사를 받고 부족한 영양소를 적절한 수치까지 보충하는 것이 좋다. 혈액 검사를 해보면, 음식을 통해 특정 영양소를 제대로 흡수하고 있는지를 알 수 있다. 특히 ALA 지방산을 DHA/EPA 지방산으로 잘 변환하는지 확인할 수 있다.

우리는 특히 채식하는 의사를 찾아가길 권한다. 그런 의사는 각 영양소의 적절한 수치를 보다 세심하게 알고 있을 뿐 아니라, 가능한 한 음식을 통해 섭취하는 방법을 알려줄 수 있기 때문이다. 채식하는 의사는 웹사이트 www.plantbaseddoctors.org/에서 찾을 수 있다.

운동선수와 보충제

채식 기반의 식단을 하면서 최적의 건강 상태를 유지하기 위해 굳이 많은 보충제를 복용할 필요는 없다. 그런데 운동선수들은 경기력을 끌어올리기 위해 이런저런 보충제를 복용한다. 당신 역시 그래야 할까?

누군가가 '운동선수로 성공하려면 보충제를 복용해야 하는가?'하고 묻는다면, 그 답은 단연코 '아니요'다. 보충제를 복용하지 않고도 위대한 업적을 이룬 올림픽 메달리스트와 세계 정상급 운동선수, 그리고 프로 운동선수는 얼마든지 있기 때문이다. 우리는 보충제를 복용하지 않는 많은 엘리트 운동선수와 인터뷰를 하면서 그 같은 사실을 직접 확인한 바 있다. 올림픽 메달을 딴 트랙 사이클리스트 닷시 바우시, 여섯 번이나 올림픽 메달을 목에 걸고 5개의 세계 신기록을 세운 수영 선수 레베카 소니, 올림픽 금메달을 3개나 획득한 여자 축구 선수 헤더 미츠, 한때 세계 정상급 철인 3종 경기 선수이자 현재 자기 연령대에서 세계기록을 보유하고 있는 수영 선수 립 에셀스틴Rip Esselstyn, 팀 USA 헤비급 복싱 챔피언 캠 오섬 등이 그 좋은 예다. 특히 캠 오섬은 이런 말을 했다. "저는 보충제는 거의 먹지 않아요. 필요로 하는 모든 것들을 식단에서 섭취할 수 있으니까요."

닷시, 레베카, 헤더 역시 대체로 보충제를 멀리했다. 약물 검사를 통과하지 못할까 봐 두려웠기 때문이다. 우리는 인터뷰를 했던 거의 모든 올림픽 출전 선수들에게 그런 얘기를 들었다. 이런저런 위험을 무릅쓰고 보충제를 복용해 보고 싶다는 욕구보다는 약물 검사를 통과하지 못해 올림픽 출전 자격을 박탈당할 수도 있다는 두려움이 더 크다고 말이다. 그 속에 무엇이 들어 있는지 알 수 없어 단백질 파우더조차 멀리하는 선수도 많다. 또 우리의 경험을 통해, 그리고 보충제를 사용하지 않는 놀라운 이들(이를테면 장거리 달리기로 유명한 멕시코 북서부의 타라후마라 토착민들)을 통해, 운동선수로 성공하는 데 꼭 보충제가 필요한 건 아니라는 사실을 확인한 바 있다.

그런데 보충제가 정말 도움이 되긴 될까? 우리의 대답은 '될 것이다'이다. 특히 역도나 단거리 달리기 같은 순간적이고 폭발적인 힘을 필요로 하는 스포츠의 경우, 보충제는 강력한 에너지를 제공할 수 있다. 또 세포 조직을 복구하고 염증을 줄이는 데 도움을 줄 수 있다. 지구력을 요하는 선수에게도 물론이다. 마라톤같이 힘든 경주 도중 전해질을 섭취하고 에너지를 얻어야 할 때에도 보충제가 도움을 줄 수 있다.

보충제는 대개 아마추어보다는 엘리트 운동선수에게 더 큰 영향을 미친다. 일반적인 '주말 전사'가 매일 단백질 파우더를 먹는다고 경기력에 주목할 만한 변화가 생길까? 전혀 그렇지 않을 것이다. 그럼 엘리트 보디빌더는 어떨까? 매일 단백질 파우더를 먹으면 특정 다량영양소 섭취 목표를 달성하고 몸도 키울 수 있을까? 충분히 가능한 이야기다. 최고 높은 수준에서는 아주 미세한 경쟁 우위만으로도 다른 경쟁자를 앞설 수 있기 때문이다. 그러나 아마추어의 경우, 이런 류의 경쟁 우위는 새 발의 피에 불과하다. 보충제를 먹는다고 해서 갑자기 훨씬 더 빨리 달린다거나 훨씬 더 무거운 역기를 들어올릴 수는 없다. 물론 여기서 권하는 보충제는 아니지만, 문제의 보충제가 불법적인 아나볼릭 스테로이드나 성장 호르몬이 아니라면 말이다.

그리고 선수라면 응당 다른 선수가 복용하고 있을 거라 짐작되는 보충제에 큰 의미를 두기 쉬운데, 그러지 않는 게 좋다. 물론 보충제는 근육량을 키우거나 지방을 태우는 데 어느 정도 역할을 할 수 있지만, 그 역할은 미미하다. 실은 직업의식, 꾸준함, 식단, 태도 등이 결정적으로 중요한 역할을 한다. 또한 다른 누군가에게 효과가 있는 것이 꼭 당신에게도 효과가 있으리란 보장은 없다. 우리의 몸은 워낙 복잡하고, 또 저마다 다르기 때문이다. 예를 들어 크레아틴creatine은 그간 많은 연구가 이루어진 보충제로 긍정적인 효과를 주는 것으로 알려져 있다. 그러나 로버트 치키의 경우 크레아틴을 복용할 때마다 몸을 움직일 수 없을 정도로 심한 복통을 느낀다. 그 바람에 크레아틴 복용으로 얻을 수 있을지도 모르는 효과들이 전부 상쇄돼 버리는 케이스다. 카페인이 함유된 에너지 보충제 역시 마찬가지다. 효과가 아주 좋다고 알려져 있지만 부작용이 만만치 않다. 만일 저녁 운동에 대비해 카페인 보충제를 복용하는 데 밤에 숙면을 취할 수 없고 근육 회복도 잘 안된다면, 그 보충제는 아무짝에도 쓸모없다. 그러나 아침에 일어나자마자 운동을 하는 사람의 경우엔 도움이 될 수도 있다. 이렇듯 보충제의 효과를 보는 관점은 물론, 보충제가 당신의 생활 방식에 맞는지를 판단하는 관점 또한 각양각색이다.

예외들

흔히 하는 말이지만, 모든 규칙에는 예외가 있다. 경기력 변화에 상당 부분 관여하진 않더라도, 일부 운동선수에게는 도움이 된다는 게 과학적으로 입증된 보충제가 두 가지 있다. '비밀 병기' 같은 두 가지 보충제를 소개한다.

비밀 병기 1 : 카페인

많은 사람들이 카페인을 보충제로 생각하지 않겠지만, 카페인은 분명 보충제다. 보다 정확히 말하면 카페인은 약물이라 할 수 있다. 중추 신경계를 자극하는 각성제로 작용하기 때문이다. 카페인은 자연 상태에서 커피 원두, 찻잎, 콜라너트 같은 식물 속에 들어 있으며, 장거리 달리기와 철인 3종 경기같이 지구력을 필요로 하는 스포츠는 물론 테니스나 탁구, 무술, 야구같이 일정 수준의 주의력이나 집중력을 필요로 하는 스포츠에도 지대한 영향을 준다. 만일 경기력을 높이는 수단으로 카페인을 사용해 보려 한다면 많은 운동선수가 이렇게 말하고 있다는 것에 유념하자. "카페인은 섭취할 때만 눈에 띄는 효과를 볼 수 있어요. 그래서 모닝커피 한 잔 또는 점심 먹고 커피 한 잔 정도는 포기해야 할 수도 있어요." 또한 카페인은 카페인 민감증, 고혈압, 심장병, 빠른 심박수, 위식도 역류 질환 같은 증상들이 있는 사람은 멀리하는 게 좋다. 물론 임신한 여성이나 임신 계획이 있는 여성도 멀리하는 게 좋다. 숙면이나 깊은 휴식 또는 회복에 지장을 주지 않으려면, 가능한 한 이른 시간에 소량 또는 적정량 섭취해야 한다. 카페인은 중독성이 강하기 때문에 힘찬 하루를 보내는 용도로만 섭취해야 한다는 걸 잊지 말자. 만일 당신이 카페인을 지배하는 게 아니라 카페인이 당신을 지배하는 것처럼 느껴질 지경에 이르렀다면(카페인을 통한 자극 없이 하루 또는 2~3일을 보낼 수 있는가?), 카페인이 훈련이나 운동에 도움을 주고 있는지 아니면 당신의 삶을 망치고 있는지를 판단해야 할 때가 된 것이다. 카페인은 정말 신중히 섭취해야 한다.

비밀 병기 2: 크레아틴

크레아틴은 근육 세포 안에서 자연발생적으로 생겨나는 물질로, 강도 높은 운동이나 역도 같은 운동을 할 때 근육의 에너지 생성을 돕는다. 화학적인 측면에서 볼 때 크레아틴은 아미노산과 닮은 점이 많다. 우리 몸은 글리신glycine과 아르지닌arginine이라는 아미노산으로 크레아틴을 만드는데, 그렇게 만들어진 크레아틴은 주로 크레아틴인산염 형태로 근육 안에 저장된다. 나머지는 뇌와 신장 그리고 간으로 간다. 크레아틴인산염은 일종의 저장 에너지로, 우리 몸이 ATP(아데노신 3인산)라는 고에너지 분자를 더 많이 생산하게 하는 데 도움을 준다. 크레아틴은 또 근육량과 힘을 키우고 회복력을 높여주는 여러 세포 과정에도 영향을 미친다.

크레아틴은 다음과 같은 방식들로 근육을 키우는 데 도움을 준다고 알려져 있다.

- 운동량을 늘려서
- 세포 호르몬을 개선해서
- 아나볼릭 호르몬을 늘려서
- 세포에 대한 수분 공급을 늘려서
- 단백질 분해를 줄여서
- 근육 발달을 저해하는 단백질인 마이오스타틴myostatin 수치를 낮춰서

그간 가장 많은 연구가 이루어진 크레아틴은 구하기 쉬운 보충제 중 하나로 아직 밝혀진 부작용은 없다. 크레아틴이 힘을 필요로 하는 보디빌더, 역도 선수, 미식축구 선수들 사이에서 가장 인기가 높고 또 가장 널리 쓰이는 이유다.

크레아틴은 체내 수분 유지에도 도움을 준다. 크레아틴을 섭취하면 체중이 몇 킬로그램씩 눈에 띄게 늘어나는 이유다. 오해하지 말자. 근육이 아니라 수분이다. 근육량은 하룻밤 새에 갑자기 늘어나는 게 아니다. 그러나 전반적으로 체격이 점점 커지고, 점점 더 무거운 걸 들어 올리거나 밀거나 끌어당길 수 있게 된다. 이때 많은 양의 물을 마시고 싶어질 텐데, 이는 자연스러운 현상이다. 오히려 크레아틴 제조업체들이 권하는 바이기도 하다.

또한 많은 연구 결과에 따르면, 평소 주로 육류에서 발견되는 크레아틴을 많이 섭취하지 않는 사람의 경우 크레아틴 보충제를 섭취하면 기억력과 뇌 기능이 좋아지는 등 인지 능력 면에서도 많은 도움이 된다. 특히 채식 기반의 식단을 하는 사람이 크레아틴 보충제를 복용하면 육식 · 채식을 다 하는 사람들에 비해 훨씬 더 큰 도움을 받을 수 있다.

아답토젠

아답토젠이라는 약초는 이름 그대로의 효과를 갖고 있다. 우리 몸을 특히 육체적인 스트레스와 정신적인 스트레스에 'adapt'하게, 즉 '적응하게' 해주는 것이다. 아답토젠이라는 용어를 처음 사용한 건 구소련의 과학자들이다. 그들은 우주 프로그램을 진행하면서 우주비행사를 돕기 위해 강력한 약초를 사용했다. 그러면서 아답토젠을 복용하면 학습 능력, 기억력, 면역 반응, 지구력, 스태미나, 회복 시간 등이 개선된다는 사실까지 확인했다. 많은 엘리트 운동선수들이 아답토젠을 복용해온 건 어쩌면 지극히 당연한 일이다.

아답토젠이 사랑받는 이유는 양방향성을 갖췄기 때문이다. 에너지를 필요로 할 때나 몸이 쉬어야 할 때나 도움이 되는 게 아답토젠이다. 운동선수가 애용하는 아답토젠으로는 인삼, 아슈와간다[인도 인삼], 동충하초, 산자나무, 감초, 구기자, 홀리 바질, 황기, 영지버섯, 로디올라 등을 꼽을 수 있다.

비트

너무 뻔한 얘기지만, 훈련할 때 산소는 정말 중요하다. 호흡을 하면 우리의 피는 산소를 몸 곳곳의 근육에 공급해, 달리기를 하거나 자전거를 타거나 무거운 것들을 들어 올릴 때 도움을 준다. 따라서 산소를 제한하면 운동성과 또한 제한된다. 그러나 심혈관계 기능을 높여 생리학적 '산소 비용'을 줄이면 같은 노력을 들이고도 보다 나은 결과를 얻을 수 있다. 다시 말해, 우리 몸이 산소를 사용하는 속도를 높이면 경기력이 나아지는 것이다. 물론 심혈관 기능도 개선된다. 그렇다면 대체 산소 비용은 어떻게 줄일 수 있을까?

연구 결과에 따르면 비트가 도움이 될 수 있다. 비트에는 질산염이 다량 함유되어 있어, 동맥 확장 및 전반적인 심혈관 기능 개선에 도움이 되며, 그 결과 각 세포에 더 많은 산소를 공급할 수 있게 된다. 최근 행해진 한 연구 결과, 정기적으로 비트 즙을 마신 집단의 사이클 선수들이 그렇지 않은 집단의 사이클 선수들에 비해 훈련이나 운동 중 산소 비용이 19퍼센트나 적었다.[4]

섭취 방법

훈련이나 운동을 하기 45분에서 한 시간 전에 생 비트 즙을 한 잔 내지 두 잔 마신다. 샐러드로 먹어도 무방하다. 3개 정도 볶아 먹거나 가루를 내어 먹어도 좋다.

영양 효모

적당히 운동하면 면역 기능이 강화되고 각종 질환에 걸릴 가능성 또한 25~50퍼센트 줄어들 수 있지만,[5] 과도하게 운동을 할 때는 정반대의 효과가 나타날 수도 있다. 몇 시간에 걸쳐 몸이 스트레스를 받게 되면, 오히려 면역 기능이 저하되고 호흡기계 질병 감염률이 높아질 수 있기 때문이다. 면역 체계를 강화시킬 가장 좋은 방법 중 하나는 다양한 식물성 자연식품을 먹는 것이다. 하지만 가끔은 그 외에 다른 보충제가 필요할 수도 있다. 예를 들어 멀티 비타민 음료 같은 걸 마시면서 최선의 결과를 기대해 볼 수도 있고, 영양가가 풍부한 영양 효모를 이용할 수도 있다.

〈영국 영양학회 저널British Journal of Nutrition〉에서 발표한 한 연구 결과에 따르면, 과도한 운동으로 인한 면역력 저하 현상을 영양 효모로 예방할 수 있다.[6] 일례로, 강도 높은 운동을 꾸준히 한 사이클 선수들의 경우 혈류를 통한 백혈구 순환이 줄어들었는데(질병을 야기하는 바이러스와 세균을 퇴치하는 과정의 일종), 하루 식단에 단 4분의 3 티스푼의 영양 효모를 추가한 뒤 다시 테스트해 보니 면역 기능이 처음보다 더 강화된 것으로 나타났다. 또한 〈스포츠 과학 및 의학 저널Journal of Sports Science and Medicine〉에 실린 한 연구에 따르면, 매일 한 스푼 정도의 영양 효모를 복용한 마라톤 선수들의 호흡기계 질병 감염률이 무려 절반 가까이 감소했다.[7] 게다가 정신 혼란, 피로, 긴장, 분노 등이 줄어들고 에너지는 더 커졌다고 한다.

섭취 방법

다행스럽게도 영양 효모는 견과류 맛도 나고 치즈 맛도 살짝 나 다양한 요리에 맛있는 식물성 양념으로 사용할 수 있다. 하루에 4분의 3 티스푼의 영양 효모를 각종 볶음 요리와 샐러드, 파스타 등에 넣어 맛있는 파르메산 치즈 맛이 나게 해보길 추천한다.

잊지 말아야 할 건, 보충제는 원래 식이요법이란 이름의 피라미드 밑바닥이 아니라 맨 꼭대기에 위치해 있다는 점이다. 보충제를 복용하면 좀 더 오래 달리거나 달리기 기록을 조금 단축할 수 있다. 통증 때문에 원하는 만큼 열심히 또는 자주 운동을 할 수 없는 사람의 경우엔 통증이 완화되어 보다 생산적인 운동을 할 수 있다. 만일 특정한 보충제로 특정한 결과를 보려 한다면, 영양 관련 일기 같은 걸 쓰면서 이런저런 경험을 자세히 기록하는 게 좋다. 오디오 기록도 좋고 비디오 기록도 좋다. 그 외에 체중이 늘거나 주는 것도 자세히 추적 관찰하길 권한다. 그러면서 그 외의 방법으로는 알아채지 못했을 변화들을 체크하는 게 좋다. 몸이 더 커지고 있는지, 더 강해지고 있는지, 더 빨라지고 있는지, 회복력이 더 좋아지고 있는지 하는 것들 말이다. 그 모든 경험을 입증하긴 어려울 수 있으나, 언제든 필요할 때 되돌아볼 수 있는 당신만의 데이터가 되어줄 것이다.

굿바이, 우유 단백질

유청 단백질과 카제인 단백질은 보충제 형태로 가장 널리 복용되는 단백질이다. 이 두 가지 단백질을 섭취할 경우 근육량 증가라는 결과를 볼 수 있을지는 모른다. 그러나 건강에는 좋지 않다.

유청 단백질과 카제인 단백질은 우유, 즉 젖소의 젖에 들어 있는 두 가지 중요한 단백질이다. 치즈를 제조하고 파우더를 만들고 포장하는 과정에서 추출되며, 그런 다음 주로 운동선수에게 판매된다. 이런 것들의 문제는 모든 포유동물의 젖이 그 새끼들을 위한 것이듯, 젖소의 젖인 우유 역시 의심할 여지없이 송아지들을 위한 것이라는 사실이다. 영양학적 측면에서 볼 때 인간은 기린이나 얼룩말 또는 고양이의 젖을 필요로 하지 않듯 젖소의 젖을 필요로 할 이유 또한 전혀 없다. 게다가 젖소의 젖은 무게가 27킬로그램 정도 되는 송아지를 1년 만에 약 270킬로그램으로 불리고, 2년 후엔 다시 그 두 배로 불리기 위한 목적으로 쓰인다. 우유 속 단백질은 순전히 성장을 돕는 데 유용하다고 해도 과언이 아닌 것이다.

유청 단백질과 카제인 단백질은 근육을 키우는 데는 좋지만, 다른 한편으로 암세포들을 키우는 역할도 한다. 역사상 가장 뛰어난 영양학자 중 한 사람으로 평가받는 T. 콜린 캠벨T. Colin Campbell 박사는 쥐 실험을 통해 일정 수준의 카제인 단백질이 암세포 성장과 관련이 있다는 사실(반대로 카제인 단백질 섭취를 줄이면 암세포 성장이 멈춘다는 사실)을 발견했으며, 그 발견은 훗날 그의 유명한 저서 『중국 연구The China Study』의 토대가 되었다. 책에서 그는 이런 말을 했다. "카제인 단백질은 그간 확인된 가장 확실한 발암 물질 중 하나다."[8] 그의 이런 주장은 카제인 단백질이 전립선 암세포의 증식을 촉진한다고 결론 내린 최근 연구로 뒷받침된다.[9] 마찬가지로 유청 단백질 또한 전립선암 사망률을 "눈에 띄게" 높이는 것으로 알려져 있다.[10] 따라서 우리는 젖소의 젖인 우유는 송아지들에게 넘겨주고, 대신 그 역할을 식물에게 맡겨야 한다고 본다.

영양소 흡수를 극대화하는 음식 조합

영양소를 골고루 섭취하기 위해 먼저 다양한 식물성 자연식품을 먹어야 하지만, 그 음식이 몸 안에서 최대한 잘 활용되게 하기 위해서는 식사 때마다 이런저런 소소한 시도도 해야 한다. 그렇다고 해서 특정 음식을 섞어 먹을 필요는 없다. 이는 1970년대에 널리 퍼졌던 잘못된 믿음으로, 우리 몸이 아미노산을 어떻게 이용하는지를 규명해 주는 영양학이라는 학문을 통해 바로잡아진 바 있다. 그래도 비타민과 항산화 물질의 흡수 및 활용을 극대화하는 데 몇몇 음식 조합이 도움이 되기는 한다.

식물성 철분 + 비타민 C

채식하는 사람과 육식하는 사람들 모두 결핍될 수 있는 식물성 철분(비헴 철분)을 보다 잘 흡수하려면, 철분이 풍부한 음식에 비타민 C가 풍부한 감귤류를 추가하는 게 좋다. 케일 같은 샐러드용 채소에 오렌지즙이나 레몬즙을 뿌려 먹거나, 스무디 안에 햄프씨드, 아마씨, 자몽을 섞어 먹거나, 귀리나 식물성 요구르트 위에 토핑을 얹어 먹거나, 렌틸콩에 얇게 썬 라임 조각을 추가해 먹거나, 쌀밥 위에 캐슈를 올려 먹는 것 등이 식물성 철분 흡수를 돕는 좋은 방법이다. 비타민 C와 철분 함량이 높은 식품을 소개하면 다음과 같다.

비타민 C가 풍부한 식품

레몬	만다린	탠저린
오렌지	포멜로	탄젤로
라임	금귤	블러드 오렌지
자몽	클레멘타인	

철분이 풍부한 식품

두부	햄프씨드	시금치
템페	아마씨	브로콜리
렌틸콩	캐슈	방울양배추
완두콩	잣	감자
병아리콩	아몬드	버섯
검은 완두콩	마카다미아	올리브
덩굴강낭콩	케일	아마란스
리마콩	근대	퀴노아
호박씨	콜라드 그린	귀리

참깨 비트 그린

지용성 비타민은 건강에 좋은 지방과 함께 먹어 흡수율을 높이는 것이 좋다. 아보카도, 올리브, 견과류, 씨앗류 같은 불포화 지방 음식은 노란색 및 오렌지색 채소, 짙은 녹색 채소, 견과류, 씨앗류같이 비타민 A와 비타민 E, 비타민 K가 풍부한 음식과 함께 먹는 게 좋다. 간단히 샐러드에 지방 위주의 드레싱을 추가하기만 해도 된다. 물론 우리는 올리브, 아보카도, 참깨 같은 자연식품을 먹고 오일 섭취는 삼가라고 권하지만, 오일 위주의 드레싱은 워낙 흔한 데다 해 먹기도 쉽기 때문에, 그런 것들을 잘 이용하면 지용성 비타민 흡수를 손쉽게 늘릴 수 있다. 노란색 및 오렌지색 채소나 샐러드용 채소에 견과류, 씨앗류, 견과류 버터, 씨앗류 버터를 추가하는 것 역시 또 다른 좋은 방법이다. 그린 샐러드에 견과류, 씨앗류를 추가한 뒤 스무디로 마시거나 스무디 볼로 먹을 수도 있다. 우리는 스무디를 유독 좋아하는데, 스무디가 여러 음식을 한데 섞어 흡수 및 활용을 극대화할 수 있는 가장 보편적이고 효과적인 음식 중 하나이기 때문이다. 액체 형태라 소화하기도 쉽고 많은 칼로리를 효율적으로 섭취(많은 칼로리를 섭취하는 게 목표라면)할 수 있기도 하다. 또한 스무디는 아주 적은 비용으로 영양가 풍부한 식사를 할 수 있는 좋은 방법이다. 스무디를 마시는 걸 좋아하지 않는다면, 볼 안에 푸딩처럼 진한 스무디를 넣고 그 위에 베리류나 견과류를 얹은 스무디 볼을 만들어 먹어도 좋다. 이때 주의해야 할 점이 있다. 한 번에 들이키지 말고 조금씩 마셔야 한다는 것이다. 그래야 혈당이 급격하게 상승하는 것을 막을 수 있다.

지용성 비타민이 풍부한 식품

비타민 A:

고구마 다른 녹색 채소들 캔털루프 멜론

케일	당근	검은 완두콩
시금치		

비타민 E:

해바라기씨	땅콩	키위
아몬드	시금치	망고
헤이즐넛	브로콜리	

비타민 K:

케일	파슬리
시금치	발효 식품들

비타민 D:
햇볕 쬐기(음식이나 보충제를 먹지 않고 자연스럽게 비타민 D를 섭취하는 방법)

비타민 D는 칼슘 흡수에 도움을 준다. 이 장 서두에서 말했듯, 비타민 D의 대부분은 햇볕에 노출될 때 나온다. 그런데 많은 사람이 1년 내내 햇볕을 잘 쬐지 못하는 환경에서 살고 있다. 비타민 D 보충제가 권장되는 이유다. 그러나 비타민 D 보충제만 복용하는 것보다는 칼슘이 풍부한 음식을 함께 먹는 게 더 좋다. 비타민 D가 체내 칼슘 흡수를 촉진시켜줄 수 있기 때문이다. 평소 햇볕 아래서 윗옷을 벗고 샐러드를 먹지 않는다면, 칼슘이 풍부한 다음과 같은 식품을 먹으면서 동시에 비타민 D 보충제도 복용하자.

콜라드 그린	오렌지	칼슘 강화 음식들
브로콜리	오렌지 주스	
말린 무화과	두유	

강황과 후추를 동시에 먹으면 항염증 및 항산화 기능이 배가된다. 강황 뿌리를 빻아 만드는 노란색 향신료인 강황은 익숙할 것이다. 강황은 강력한 항

염증 특성이 있어 수 세기 동안 민간에서 사용되어 왔다. 경기력 향상 및 운동 후 회복에 효과를 보여 운동선수들에게도 인기다. 후추 또한 항염증 특성을 가지고 있다. 후추의 가장 큰 특징 중 하나는 강황 속에 들어 있는 강력한 성분인 커큐민curcumin 흡수를 촉진시켜준다는 것이다. 강황과 후추를 함께 섭취하면, 커큐민 흡수 능력이 2,000퍼센트나 높아지는 등 아주 강력한 치유력을 발휘하게 된다. 두 향신료는 두부 스크램블이나 카레, 스무디, 볶은 채소 또는 카페라테에 뿌려 먹는 등 맛있게 먹을 수 있는 방법이 아주 많다. 염증을 줄이고 회복력을 높이려는 운동선수들 사이에서 가장 널리 사용되는 조합 중 하나인 이유다.

레몬 + 녹차

녹차(특히 일본의 가루 녹차인 말차)는 건강에 아주 좋다. 뇌 기능을 향상시켜주는 항산화 물질이 풍부하기로 유명하고, 지방 연소와 체중 감량에도 도움이 된다. 또한 체내 손상을 치유해 주고, 2형 당뇨병과 심혈관계 질환 그리고 일부 암도 예방해 준다. 녹차와 가장 좋은 조합은 레몬 같은 감귤류다. 하버드대학교와 퍼듀대학교 등은 녹차와 함께 감귤류를 섭취하면 항산화 물질 흡수가 촉진된다는 연구 결과를 내놨다.[11]

보충제 보다 더 중요한 것

성공한 많은 운동선수들은 경기력을 높여준다는 보충제에 의존하려 하지 않는다. 그보다는 영양 프로그램을 통한 경기력 향상, 보다 꾸준한 훈련, 보다 나은 수분 공급, 보다 명확한 목표 또는 반드시 성공하겠다는 보다 강한 내재적 동기 등에 집중하려 한다. 이를 가장 잘 보여주는 증거가 바로 다음에 소개하는 채식하는 운동선수들의 경력과 업적들이다.

닷시 바우시는 2012년 런던 하계 올림픽 트랙 사이클링 은메달리스트다. 그녀는 또 전미 챔피언 자리에 일곱 차례, 범미 챔피언 자리에 두 차례 올랐으며, 팀 동료들과 함께 트랙 사이클링 3킬로미터 스탠딩-스타트 스프린터 경주에 참가해 세계 기록을 세우기도 했다. 그녀는 올림픽 메달을 따기 3년 전에 채식 기반의 식단을 시작했다. 그 이후 선수 생활 내내 일주일에 6일간 하루 6시간씩의 훈련하는데 필요한 에너지를 채식 기반의 영양 프로그램으로 얻었다.

일반적으로 올림픽 티켓을 따낸 선수들은 어린 시절부터 선수 생활을 시작한다. 올림픽 기간 중 텔레비전에서 선수 소개를 할 때, 세 살 때부터 이미 올림픽 메달을 꿈꾸기 시작했다거나 언젠가 국가대표로 올림픽에 출전해 조국의 국기를 흔들고 싶어 다섯 살 때부터 하루에 5시간씩 훈련을 했다는 운동선수의 이야기를 쉽게 접할 수 있다. 그러나 닷시의 경우는 아니다. 그녀는 심지어 26세가 되기 전까지 사이클링을 시작하지도 않았다. 이는 올림픽 메달리스트로서는 거의 전례가 없는 일이다. 그녀는 뒤늦게 운동을 시작해, 13년간 선수 생활을 했다. 모든 것을 트랙 사이클링에 쏟아부은 그녀는 올림픽에 나선 최연장자 기록을 새로 쓰기도 했다.

시작이 왜 그렇게 늦었을까? 우선 그녀는 어려서부터 운동선수로 키워지질 않았다. 미국 켄터키 출신의 전직 패션모델인 닷시는 살면서 가끔 말을 타는 등 운동을 하긴 했지만, 프로 운동선수 생활을 한 적은 한 번도 없었다. 그 어떤 스포츠 팀에서 뛴 적도 없었고, 그 어떤 단체 스포츠를 한 적도 없었다. 대학에 들어간 뒤 딱 한 시즌 동안 조정 동아리에서 활약한 게 그녀가 가진 경험의 전부였다. 닷시는 운동선수가 아니었을 뿐 아니라, 심한 섭식장애와 코카인 중독까지 경험한 사람이었다. 여러 차례 자살 시도까지 했던 그녀가 사이클을 접한 건 20대 중반에서다. 거식증을 비롯한 여러 질환과 중독에서 벗어나기 위해 3년간 집중적인 치료를 받고 난 뒤, 치료사가 몸 컨디션을 되찾기 위해 운동을 하라고 권해 사이클을 택한 것이다. 사이클이 자연 속을 달릴 수 있는 좋은 운동이라고 생각했기 때문이다. 신체를 움직이기 위한 수단에 지나지 않았던 사이클에 천부적인 재능이 있다는 사실을 알게 되기까지 얼마 걸리지 않았다. 그녀는 곧 로드 레이스에서 두각을 드러내는 엘리트 사이클 선수가 되었고, 그러다 트랙 사이클링까지 알게 됐다. 트랙 사이클링은 중앙을 향해 기울어진 타원형 트랙인 벨로드롬에서 펼쳐지는 스포츠로, 트랙 사이클링용 자전거에는 기어나 브레이크가 없다. 시속 80킬로미터 가까운 속도로 내달리는 트랙 사이클링은 순전히 힘과 지구력, 기술 그리고 담력에 의존하는(그리고 3분 내내 전력 질주하는 동안 근육 속에 젖산이 축적되기 때문에 통증을 견디는 힘도 많이 필요한) 스포츠다.

2009년, 닷시는 전미 사이클 챔피언에 오르며 최고의 시즌을 보냈다. 하지만 이때도 자신의 능력을 100퍼센트 보여준 건 아니었다. 경기력을 극대화하는 식단을 택한 건 그 이후의 일이다. 사이클링 경주를 앞두고 한 호텔에 묵고 있던 어느 날, 무심코 텔레비전을 켰다가 끔찍한 동물 학대 장면이 담긴 몰래카메라 방송을 보게 된 그녀는 그 길로 다시는 육식을 하지 않겠다고 맹세했다. 그리고 1년쯤 후 식단에서 동물성 식품과 그 부산물을 전부 빼

버렸다. 그러자 거짓말처럼 관절통과 요통이 사라졌고, 생리전 증후군 증상이 완화됐으며, 정신이 맑아졌다. 훈련 후 회복 속도도 눈에 띌 정도로 빨라졌다. 열 살이나 어린 팀 동료들보다도 회복 속도가 두 배 가까이 빨랐다.

식단이 바뀌자 영양학적 개념에 대한 닷시의 생각도 극적으로 바뀌었다. 채식을 시작하기 전 그녀는 하루에 보충제를 8알이나 복용하고 단백질 음료도 마셨다. 다른 모든 운동선수가 그랬기 때문이다. 그러나 식물성 자연식품만 먹기 시작하면서, 그녀는 단백질 음료(어쩌다 필요할 때는 마셨지만)는 물론 모든 보충제를 끊기 시작했다. 지금 그녀가 복용하고 있는 보충제는 비타민 B12와 비타민 D 그리고 오메가-3 지방산 보충제 정도다. 훈련 후 회복을 위해 가끔 글리코겐 보충 전해질 음료는 마시지만, 그 외의 스포츠 관련 보충제는 전혀 복용하지 않고 있다. 심지어 올림픽 메달이라는 꿈을 좇던 시절에도 그랬다.

닷시는 또 운동선수라고 해서 균형 잡힌 영양소 섭취를 위해 아주 엄격한 식단 계획을 따라야 하는 건 아니라는 걸 잘 보여주는 산증인이기도 하다. 이는 대부분의 운동선수에게 해당되는 일이기도 하지만, 적어도 막 채식을 시작한 운동선수에게 우리가 권하는 것이기도 하다. 채식을 하면 다량영양소를 골고루 섭취하면서도 권장 칼로리 섭취 범위 내에 들 수 있으니 굳이 엄격한 식단 계획을 따르지 않아도 된다. 닷시는 식단에 지나치게 집착하며 사는 게 싫어 이러한 방식을 택했다. 실제 그녀는 끌리는 대로 음식을 먹고 있다. 포만감이 느껴질 때까지 그냥 좋아하는 음식을 먹는 것이다.

평소 다양한 식물성 자연식품을 먹고 있다면, 그 자체로 자신의 몸이 필요로 하는 에너지를 섭취할 수 있다. 그 좋은 예가 바로 닷시다. 그녀는 이런 말을 한 적 있다. "엘리트 운동선수가 된다는 건 건강에 좋은 일이 못돼요. 건강에 좋기는커녕 스스로 자신의 건강을 해치죠. 온종일 건강을 해치고 바로잡고 다시 해치고 바로잡고를 반복하는 겁니다." 그러나 채식으로 식단을 바꾼 뒤, 그리고 보충제의 도움을 최소화한 뒤, 그녀는 훈련 후 회복 시간을 단축할 수 있게 되었다. 이는 닷시가 꼽은 성공 비결 중 하나다. 그녀는 그런 능력을 제한된 시간 내에 강도 높은 훈련을 몇 번이고 반복해서 할 수 있는 능력이란 의미에서 '반복력'이라 불렀다.

닷시는 2012년 올림픽에서 은메달을 목에 건 뒤 사이클링계를 떠나 컴패션 챔프스Compassion Champs와 스위치포굿Switch4Good 등 여러 비영리 단체를 설립했다. 현재는 스위치포굿 사무총장으로, 채식하는 선수들에게 자신들의 경험을 공유하도록 독려하고 있다. 그녀의 목표는 이야기를 들은 이들이 식단에서 동물성 음식을 제외하는 것이다. 닷시의 말이다. "연구 결과에 따르면, 96퍼센트의 미국인들이 말로는 동물 학대에 반대한다고 하면서도, 여전히 동물성 식품과 그 부산물을 먹고 있어요. 그 수가 96퍼센트 가까이 되요. 자신들이 반대한다고 주장하는 동물 학대와 살육을 부추기고 있는 셈입니다." 그녀는 미국인의 고작 몇 퍼센트만 엄격한 채식을 하고 있지만, 단 한 사람이라도 하기만 하면 다른 한 생명을 살릴 수 있다고 강조한다. 각자가 자신의 식단에서 동물성 식품을 빼버린다면 1년에 수십 마리, 10년에 수백 마리, 평생 수천 마리의 동물을 살릴 수 있다는 것이다.

엘리트 프로 철인 3종 경기 선수였던 립 에셀스틴은 현재 55~59세 연령대 남자 200미터 배영 세계 기록 보유자로, 그는 30년 넘게 식물성 자연식품만 먹고 있다. 립은 내과의사인 아버지 콜드웰 B. 에셀스틴 주니어Caldwell B. Esselstyn Jr.가 채식이 어떻게 심장병 예방 및 치료에 도움이 되는지와 관련된 획기적인 연구를 한 1980년대 말에 육식을 중단하고 채식을 시작했다. 그는 데이브 스콧Dave Scott에게서 많은 영감을 받았다. 데이브 스콧은 세계 챔피언에 여섯 차례나 오른 전설적인 철인 3종 경기 선수이자 채식주의자다. 그래도 립에게 결정적인 영향을 준 건 아버지의 연구였다. 립은 동물성 단백질과 가공식품이 몸에 안 좋다는 사실을 알게 되었고, 온 가족과 함께 식물성 자연식품만 먹기로 했다. 그동안 육식을 달고 살았던 립은 채식을 받아들이면서 엄청난 변화를 겪었다.

인생을 바꿀 만큼 큰 변화는 운동선수 생활을 하던 립에게 더없이 중요한 순간에 일어났다. 그에게 스포츠는 삶 그 자체였다. 립은 1956년 올림픽 조정 대표팀의 일원으로 금메달을 목에 건 아버지의 유전자를 이어받아 어린 나이에 수영을 시작했다. 수영을 좋아했고, 남다른 재능까지 있었다. 결국 그는 수영 특기생으로 장학금을 받으며 텍사스대학교에 입학했고, 거기서 올-아메리칸[미국 내에서 스포츠에 특출한 재능을 가진 선수들을 선발해 구성한 대학 팀 또는 그 팀의 선수]으로 선발되기도 했다. 수영 선수로 나름대로 인정받은 셈이다. 하지만 그는 대학 시절 내내 잠재력을 100퍼센트 발휘하고 있다고 느낀 적이 없었다. 졸업 후 프로 철인 3종 경기 선수로 뛰기 시작한 이유도 그 때문이었다. 채식도 그 무렵 시작했다. 일반적인 채식주의자 또는 엄격한 채식주의자로 살면서 놀라운 성공을 거둔 철인 3종 경기 선수들이 있다는 사실도 큰 자극이 됐다.

1987년 립은 시카고에서 생애 첫 프로 철인 3종 경기에 나섰다. 그리고 4,000명의 선수 가운데 9위로 결승선을 통과했다. 그는 당시를 이렇게 회상했다. "상금으로 900달러를 받았고, '해냈구나!' 하는 느낌이 들었어요. 경주가 끝난 뒤 부모님께 전화를 해 내 목표는 세상에서 가장 강한 사람 중 하나가 되는 것이라고 했어요." 마침내 내재된 잠재력을 본 것이다.

그 이후 립은 1.5킬로미터는 수영을 하고 40킬로미터는 사이클링을 하고 10킬로미터는 달리기를 하는 국제 장거리 철인 3종 경기들에 출전하는 위업을 달성하게 된다. 그리고 곧 전 세계 10대 프로 철인 3종 경기 선수 중 한 사람으로, 또 걸출한 수영 선수로 떠오른다. 채식 기반의 식단을 한다고 해서 다른 선수에게 비난을 받은 적은 없다. 그는 그 이유를 이렇게 설명했다. "저는 물 안에서도 다른 선수들보다 빨랐고 사이클링에서도 절대 뒤처지지 않았어요. 함께 훈련한 동료 선수들은 워낙 서로를 존중해서, 식단 문제로 서로를 비난하거나 그런 일은 거의 없었어요."

운동선수가 필요로 하는 에너지를 어떻게 보충해야 하는지에 관한 한, 철인 3종 경기가 당시 시대를 앞서간 스포츠였다는 사실 역시 도움이 됐다. 립에 따르면, 거의 모든 철인 3종 경기 선수들이 고탄수화물에 적절한 단백질을 섭취하는 식단을 따랐다. 지구력을 필요로 하는 운동선수가 가장 선호하는 에너지원이 탄수화물이기 때문이다. 영양소 섭취 계획을 짜는 문제에 대한 립의 견해는 이 책에 등장하는 다른 많은 운동선수들의 의견과 마찬가지로 너무 세세한 문제들에 얽매이지 말라는 것이다. "저는 단백질이나 탄수화물 또는 지방을 몇 그램씩 섭취해야 한다든가 하는 세세한 문제로 신경을 써 본 적이 없어요. 충분한 칼로리를 섭취하고 있고 체중 또한 적절 수준으로 유지하고 있다면, 그게 바로 충분한 단백질을 섭취하고 있다는 뜻이니까요. 저는 단순한 사람이에요. 그때도 그랬고 지금도 그렇지만, 식단을 과학적인 실험처럼 접근하고 싶지 않아요. 기본적으로 제 몸이 제게 충분히 먹었다고 말할 때까지 그냥 먹어요. 빵과 콩 그리고 파스타 같은 음식을 먹으면 쉽게 단백질 섭취 목표를 달성하게 돼요. 그러니까 4,000~5,000칼로리의 음식을 먹어 하루에 쉽게 125그램의 단백질을 섭취하는 거죠. 그게 총 칼로리의 약 15퍼센트 정도 돼요."

립이 채식을 시작한 건 스물두 살 때였다. 그리고 많은 사람들이 경험으로 알고 있듯, 그 나이 때는 식단이 어떻든 자신이 거의 천하무적이라 생각한다. 채식 기반의 식단을 택할 무렵 립이 특별히 에너지가 늘어나는 것도 운동 후 회복 시간이 크게 단축되는 것도 느끼지 못한 이유다. 50대 후반이 된 지금은 다르다. 그는 채식 기반의 식단을 택하면 장점이 많다고 확신한다. "마지막으로 아팠던 때가 언제인지, 마지막으로 독감에 걸렸던 때가 언제인지, 그것도 아니면 마지막으로 감기에 걸렸던 때가 언제인지 기억도 안 나요. 이 모든 게 오랜 세월 식물성 자연식품과 다양한 섬유질을 먹으면서 생겨난 철통 같은 면역 체계 덕이라 생각합니다. 내 몸속에 아주 놀라운 미생물 생태계가 구축되어 있다고 믿어요. 이는 운동선수 입장에서 황금보다 더 가치 있는 일이에요. 물론 한 인간 입장에서 보더라도 그렇고요. 인간은 누구나 하루하루를 보다 높은 삶의 질을 누리며 살고 싶어 하니까요." 그는 지금도 마치 프로 운동선수로 뛰고 있는 것처럼 계속 자기 몸의 한계를 테스트하며 살고 있다. "이제 쉰 일곱인데, 저는 지금도 일주일에 6일을 운동하고 있어요. 기본적으로 20대와 30대 그리고 40대 때 훈련했던 것처럼 운동하고 있죠. 50대니까 이제 운동을 살살해야 한다거나 열심히 운동한 뒤엔 적어도 이틀은 쉬어야 한다거나 그런 생각은 하지 않아요. 지금도 매일 전력투구 중이죠. 채식 기반의 식단은 운동 후 회복 속도도 단축시켜주고 염증도 완화시켜주는 등 기대에 어긋나지 않고 제 역할을 잘 해주고 있어요. 블루베리에 들어 있는 안토시아닌이든 고구마에 들어 있는 베타카로틴이든 토마토에 들어 있는 리코펜이든 아니면 녹색 채소들에 들어 있는 엽록소든, 그것들은 전부 어떤 목적을 갖고 있죠. 그래서 전 일부러 그런 것들을 찾아 먹었어요. 질산염이 가득한 녹색 채소와 같이 경기력에 영향을 미칠 수 있는 최고의 식재료를 일부러 섭취한 거죠. 질산염은 체내에서 산화질소로 변하고, 산화질소는 혈관을 이완 · 확장시키는 작용에 관여해요. 그 결과 모든 산소가 근육에 공급됩니다. 이 모든 게 녹색 채소의 효과예요. 저는 한때 세계 기록을 세웠어요. 그리 오래전 일도 아니죠. 그 당시 저는 베리류와 케일 그리고 비트를 빼고 녹색 채소가 갖고 있는 산화질소의 이점을 최대한 누렸어요."

립은 식물에 웬만한 약 못지않은 치유력이 있다고 굳게 믿고 있다. 그가 필수 영양소 외에 다른 보충제는 복용하지 않는다는 사실에서도 잘 드러난다. 비타민 D도 복용하지 않는데, 텍사스 남부에 살고 있기 때문이다. 텍사스 남부에서 매일 실외 운동을 몇 시간 하면, 비타민 D는 체내에서 충분히 생성된다. 비타민 B12 보충제는 따로 복용하고 있다. 오메가-3 필수 지방산은 아마씨와 치아씨, 햄프씨드, 호두 등을 통해 섭취한다. 그가 지난 20년간 먹어온 아침 식사 레시피는 357페이지에서 확인할 수 있다.

10년 동안 세계 정상급 철인 3종 경기 선수로 활약한 립은 한때 텍사스 주 오스틴에서 소방관으로 일한 걸로도 아주 유명하다. 당시 그는 엔진 2Engine 2로 알려진 소방서의 일원이었는데, 그 소방서는 소방관 전원이 채식하는 것으로 유명했다. 그들은 과도한 동물성 단백질 섭취 탓에 콜레스테롤 수치가 높다는 진단을 받은 뒤 다 같이 채식을 시작하는 끈끈한 동지애를 과시했다. 그 결과 '진정한 남자들은 채식을 한다Real men eat plants'는 슬로건이 나왔고 엔진 2라는 이름을 붙인 식물성 조리식품까지 출시됐다. 그 조리식품은 지금도 미국 전역의 식료품점에서 판매되고 있다. 현재 립은 미국 전역을 돌며 사람들에게 식물이 갖고 있는 강력한 힘과 질병 예방 및 치유 효과를 알리고 있다. 또한 립은 매년 아버지와 함께 플랜트-스톡을 주관하고 있다. 플랜트-스톡은 뉴욕 주 북부에 있는 에셀스틴의 집안 농장에서 열리는 주말 집중교육 행사로, 채식 운동에 앞장서고 있는 많은 록 스타들도 참여한다. 이 행사가 열릴 때면 세계 각지에서 많은 사람들이 몰려와 각자의 건강과 삶을 어떻게 변화시킬 수 있는가 하는 주제에 대한 각종 발표를 듣는다.

메건 두하멜은 올림픽 금메달, 은메달, 동메달을 모두 목에 건 페어 피겨 스케이팅 선수다. 올림픽에서의 영광은 모두 채식을 시작한 이후 일궈낸 업적이다. 거의 10년 전 처음 채식을 시작할 때 그녀는 특별한 기대도 없었고,

그래서 굳이 장기적인 계획 같은 걸 짤 필요도 없었다. 그저 전반적으로 좀 더 건강해졌으면 했던 것이 채식을 하게 된 계기의 전부였다. 그러나 그녀가 겪게 된 변화는 놀라웠다. "2008년에 엄격한 채식주의가 되었는데, 거의 바로 운동 후 회복력이 좋아지는 걸 느낄 수 있었어요. 그 이후 10년간 최정상급 운동선수로 활약하면서 부상 한 번 입지 않았죠. 저는 그 모든 게 상당 부분 식단 덕이라 생각합니다. 채식을 하면서 제대로 제 몸을 돌볼 수 있게 됐거든요."

메건에게 올림픽 무대는 시간문제에 지나지 않았다. "올림픽에 나가게 될 거라고 늘 확신했어요. 여섯 살 때부터 주변 사람들에게 그렇게 될 거라 말했죠. 타고난 승부욕 같은 게 있었거든요. 저는 늘 그 누구보다 열심히 했고, 늘 긍정적인 자세로 모든 도전에 임했어요. 심지어 뼈아픈 결과를 받은 후에도 늘 긍정적인 면을 찾아내 더 빨리 앞으로 나아가려고 했어요." 그녀는 어린 시절부터 유명한 피겨 스케이팅 선수들의 습성과 전략 그리고 마음가짐 등을 그대로 따라 하려 했다. 그 모든 것이 선수 생활을 지탱해 줄 노하우가 될 것이라 여겼기 때문이다. 매건이 부모님과 떨어져 생활한 건 주니어 시즌을 시작하면서부터다. 14세가 되었을 때, 그녀는 집을 떠나 뛰어난 코치 밑에서 배우고 싶다는 말을 꺼냈다. 그리고 21세가 되던 해에 또다시 새 코치를 찾아 몬트리올로 떠났다. 그리고 거기서 훌륭한 코치이자 훗날 남편이 될 남자를 만났다.

올림픽 출전이라는 평생의 꿈은 한때 완전히 깨지는 듯했다. 2010년 올림픽 출전이 무산되면서 스포츠계를 떠나기 직전까지 내몰린 것이다. 2006년 올림픽 대표팀에 대체 선수로 선발된 뒤, 그녀는 세계 8위 · 캐나다 2위에 랭크되면서 2010년 올림픽 출전 자격을 갖추는 데 성공했다. 그러나 올림픽 대표팀에 들어가는 데는 실패했다. "그야말로 눈앞이 캄캄해졌어요. 모든 걸

2010년 올림픽에 맞춰 살았고 다른 계획은 전혀 없었거든요. 삶의 목적 자체가 사라진 듯했고, 운동을 계속해야 하는 건지 다 포기하고 학교로 되돌아가야 하는 건지조차 확신할 수 없었어요." 그때 에릭 래드포드Eric Radford와 함께 페어 피겨 스케이팅을 해보면 어떻겠느냐는 제안이 들어왔다. 그녀는 모든 걸 피겨 스케이팅에 다시 내던질 기회로, 그리고 자신의 건강과 훈련에 집중해 볼 수 있는 기회로 삼았다. 메건은 경기력을 끌어올리고 운동 후 회복력을 높이기 위해 보충제 대신 식물성 자연식품의 힘을 빌렸다. 단백질이 풍부한 귀리를 많이 먹어 에너지를 보충했으며, 따뜻한 오트밀이나 하룻밤 불린 차가운 귀리, 볶은 오트밀 캐서롤[오븐에 넣어 천천히 익혀 만드는 음식], 귀리를 섞은 스무디 등을 운동 전후에 즐겨 먹었다. 이런 식이요법에 더해 그녀는 수분 섭취를 충분히 했고 운동도 열심히 했다.

메건은 새로운 파트너 에릭 래드포드와 함께 3년 연속 페어 피겨 스케이팅 세계 랭킹 1위에 올랐다. 2015년엔 세계 선수권 우승을 했으며, 참가한 모든 국제 대회에서 금메달을 목에 걸었다. 2010년 올림픽에 나서지도 못했던 그녀는 재기에 바로 성공해 2014년 올림픽 은메달을 땄다. 그리고 4년 뒤, 2018년 올림픽에서 캐나다 국가 대표팀의 일원으로 마침내 금메달을 목에 걸었다.

2018년 은퇴한 메건은 세계 정상급 선수로 활약하던 시절 자신에게 필요한 모든 에너지를 준 채식 기반의 식단을 지금까지 이어오고 있다. 생활 방식에까지 미친 긍정적 효과가 워낙 커 직접 웹사이트를 개설했을 정도다. 그녀는 현재 채식주의자가 되려 하는 팔로워들에게 여러 도움을 주고 있다.

메건은 식물에 모든 영양소가 골고루 완벽히 들어 있다는 사실을 증명이라도 하듯, 딸을 임신했을 때도 엄격한 채식 식단을 고수했다. 그녀가 차세대 젊은이들 특히 운동선수들에게 알려주고 싶어 하는 것은 절대 영양 균형을 무시해선 안 된다는 것이다. 그녀의 말이다. "단순히 열심히 뛰는 것만으론 부족해요. 평소 먹고 있는 음식에 더 많은 관심을 가져야 합니다. 경기력과 회복력을 높이기 위해서 어떤 음식을 먹어야 하는지 잘 알아야 합니다."

• • • • •

나는 요오드가 첨가된 소금이나 해초를 섭취하지 않는 엄격한 채식주의자들에게 요오드 보충제를 일주일에 여러 차례 복용할 것을 권한다. 활동량이 많은 엄격한 채식주의자는 1일 아연 권장량의 절반 정도에 해당하는 아연 보충제를 복용하는 게 좋다. 음식을 통해 1일 칼슘 권장량을 섭취하지 못하는 엄격한 채식주의자는 칼슘이 함유된 두부나 칼슘이 강화된 식물성 우유처럼 칼슘이 강화되거나 추가된 제품을 별도로 복용해야 한다.

- 잭 노리스, VeganHealth.org 운영자

나는 브렌던 브레지어와 리치 롤 같은 운동선수들이 얘기하는 이른바 '경쟁 우위'를 점하고 싶었고, 그래서 식물성 자연식품들을 먹기 시작했다. 그 당시 내가 집중했던 일 중 하나는 채식하는 운동선수에게 정확히 어떤 것들이 필요한지를 영양학적 측면에서 알아보는 것이었다. 처음부터 나는 채식 기반의 식단 외에 비타민 B12, 오메가-3, 비타민 D 그리고 종합비타민 보충제를 복용했다. 실패 가능성을 줄이고 싶었기 때문이다. 그 이후 오랫동안 나는 채식 기반의 식단만으로는 최적의 건강 상태를 유지하기 힘들지도 모른다는 불안감 탓에 광범위한 건강 검사를 받았다. 의사도 놀라고 나도 놀랄 만큼 검사 결과는 좋았다. 그 어떤 영양소 결핍 증상도 없었다. 48세인 지금도 나는 에너지와 활력이 넘친다. 선수 시절 관심사를 계속 좇고 싶다. 그걸 가능하게 해주는 것은 바로 채식 기반의 식단이다.

- 매기 카탄, 철인 3종 경기 선수 겸 미국 트랙 앤 필드 코치

나는 스포츠 보충제를 전혀 복용하지 않는다. 그보다 채식을 하고 충분한 수분을 섭취하며 강도 높은 훈련을 할 것을 권한다. 나는 내 몸이 필요로 하는 음식을 먹으려 하는 편이다. 훈련 후엔 파인애플과 햄프씨드를 맘껏 먹는다. 햄프씨드는 회복력과 치유력을 높이는 데 필요한 단백질을 주고, 파인애플에 들어 있는 단백질 분해 효소 브로멜린은 염증 완화에 도움을 준다. 이렇듯 나는 늘 언제 어떤 음식을 먹을 것인가에 관심을 기울인다.

- 매건 두하멜, 피겨 스케이팅 올림픽 금메달리스트

7장

모든 것을 종합하기

지금까지 우리는 채식이 왜 건강에 좋고 경기력을 높이는 데도 좋은지, 우리 몸에 어떤 음식이 이상적인 연료가 되는지, 우리는 또 얼마나 많은 단백질을 필요로 하는지(그리고 필요로 하지 않는지), 어떤 보충제를 왜 복용해야 하는지 등 많은 것들을 다뤄왔다. 자, 이제 그 모든 것들을 종합해 식단을 정확히 어떻게 구성해야 할지 알아볼 차례다.

식단을 잘 구성해 계속 좋은 컨디션을 유지하는 일은 채식하는 운동선수의 성공에 무엇보다 중요하다. 그러려면 다량영양소 섭취 목표는 물론 이상적인 칼로리 섭취 목표를 충족하는 식단을 짜야 한다.

식단을 미리 짜두면 장점이 많다. 우선 몸을 돌보는 데 도움이 된다. 식사와 간식은 즉흥적으로 먹는 것보다 계획적으로 먹는 것이 건강을 유지하는 데 훨씬 좋기 때문이다. 장담컨대, 아무 식단 계획 없이 배고파질 때까지 참았다가 허겁지겁 뭔가 먹을 걸 찾는다면 그 뭔가는 당신에게 이상적이지 않은 음식일 가능성이 높다. 식단 계획이 있을 때의 또 다른 장점은 좋아하는 식재료를 가지고 식사를 준비할 수 있다는 점이다. 평소 맛있다고 느끼는 음식을 미리 생각해 두면, 그리고 그 음식을 집에서 직접 해 먹으면서 정확히 어떤 식으로 조합하는 걸 좋아하는지 알게 되면, 훨씬 만족스러운 한 끼를 즐길 수 있다. 자, 실제 운동선수의 일상 안에 식단이 어떻게 녹아들어 있는지 함께 보자.

어떻게 근육을 키우고 지방을 태우며 훈련 방식을 개선하고 힘을 기를 것인가 하는 문제에 가장 관심이 많은 운동선수는 보디빌더들이다. 선수생활 내내 몸을 키우는 일에 전념해야 하기 때문이다. 보디빌딩 분야에서 최고 수준에 도달한 국제보디빌딩연맹 소속 선수인 나탈리 매튜스Natalie Matthews와 해리엇 데이비스Harriet Davis도 예외는 아니다.

나탈리는 2012년 이후 지금까지 채식 기반의 식단을 이어오고 있다. 그녀는 보디빌딩 전 분야를 통틀어 세계에서 가장 경쟁력 있는 최정상급 선수인 동시에 프로 셰프로도 유명하다. 소셜 미디어상에서는 핏 비건 셰프Fit Vegan Chef라는 애칭으로 통할 정도다. 현재는 아주 탄탄한 몸을 지녔지만, 조국인 푸에르토리코에서 프로 서퍼로 활약할 때까지만 해도 근육이 그리 많지 않았다. 그때도 물론 의심할 여지없이 탄탄한 몸이라 할 수 있었지만, 근육이 발달한 편이라기보다는 날씬한 편에 가까웠다. 보디빌딩 세계에 뛰어들면서 나탈리가 세운 목표는 상체와 하체에 균형 잡힌 근육을 키우는 동시에 체지방을 낮추는 것이었다. 셰프인 만큼 그녀는 근육을 키우기 위해 어떤 음식을 먹어야 하는지 잘 알고 있었다. 하지만 음식량을 얼마나 늘려야 하는지는 배워야 했다. 또한 강도 높은 웨이트트레이닝도 아주 열심히 해야 했다. 나탈리는 식사 시간을 정확히 정하고 각 음식의 탄수화물, 단백질, 지방 그램 수를 측정하며 섭취했다. 그렇게 다량영양소들을 적절한 비율로 섭취해 나갔다. 하루에 섭취하는 총 칼로리도 꼼꼼히 계산했다. 뻔한 얘기처럼 들리겠지만, 이같은 행동 하나하나가 모여 세계 정상급의 선수와 그 나머지 선수의 차이를 만든다. 특히 체지방 비율, 근육량, 체내 수분 보유량 등을 토대로 점수가 매겨지는 보디빌딩은 다른 그 어떤 스포츠보다 영양소를 적절히 섭취하는 것이 중요하다.

나탈리는 근육량을 꾸준히 늘릴 수 있는 훈련 프로그램도 짰다. 칼로리를 초과 섭취하지 않고서는 근육량을 늘릴 수 없는데, 운동을 하지 않으면 칼로리 초과분이 지방으로 저장돼 버리기 때문이다. 식단과 훈련을 병행한 결과, 키 160센티미터인 그녀는 체중 45킬로그램의 프로 서퍼에서 50킬로그램의 보디빌딩 챔피언이 됐다. 몇 년 만에 총 체질량이 10퍼센트나 늘어난 것이다.

사람들은 흔히 모든 성공에는 그럴 만한 이유가 있다고 말한다. 우리가 나탈리의 사례에서 얻을 수 있는 교훈은 목표를 정하고 계획을 짜고 습관을 만들고 그 습관을 꾸준히 유지하는 게 성공의 열쇠라는 것이다. 지금도 그녀는 올림픽 무대에서 기량을 겨루기 위해, 또 세계 최고의 보디빌더가 되기 위해 노력하고 있다. 기본적인 훈련 방식을 그대로 유지하면서 말이다.

해리엇은 동물성 식품을 먹으면서 생겨난 각종 소화 관련 문제를 해결하기 위해 채식 기반의 식단을 택했다. 그녀는 전형적인 미국인의 식단에서 일반적인 채식주의자의 식단으로, 그리고 최종적으로는 엄격한 채식주의자의 식단으로 바꿔 나갔다. 그렇게 그녀는 거의 10년째 채식을 해오고 있다. 식단을 채식 기반으로 바꾼 많은 사람들이 그렇듯, 식습관을 바꾼 뒤 직면한 가장 큰 문제는 '여행 중엔 어떻게 식단을 꾸리나' 하는 것이었다. 해리엇은 한 가지 묘안을 생각해냈다. 미리 음식을 준비해 냉동 보관하기로 한 것이다. 특정한 영양 프로그램을 해나가기 위해 한 번에 며칠 분의 음식을 준비하는 데 익숙했던 그녀는 그렇게 문제를 극복할 수 있었다. 이는 사실 해리엇만이 가지고 있는 노하우는 아니다. 다량영양소가 적절히 함유된 음식을 싸 다니기 위해 어딜 가든 늘 커다란 휴대용 아이스박스를 가지고 다니는 보디빌더들을 어렵지 않게 볼 수 있다. 해리엇은 방문할 지역을 미리 조사하는 것도 게을리하지 않았다. 그렇게 상하기 쉬운 재료들은 숙소 근처의 시장이나 슈퍼마켓 같은 데서 구매했다. 개인적인 준비 하는 동시에 식료품점에서 각종 농산물과 두부, 견과류, 비유제품 음료 그리고 보디빌딩용 식물성 음식을 구입한 것이다. 그녀는 또 채식 식당 검색 앱 해피카우HappyCow를 활용해 숙소 근처에서 외식을 하기도 했다.

해리엇이 이처럼 채식 기반의 식단을 반드시 지키고자 했던 건 비단 보디빌딩에 대한 애정 때문만은 아니었다. 직접 본보기를 보이고자 하는 마음도 컸다. 근육을 키우기 위해 동물성 식품을 먹어야 한다는 잘못된 믿음을 타파하는 일에 아주 관심이 많았기 때문이다. "아마추어에서 프로에 이르기까지 스포츠 각 종목에서 채식하는 차세대 선수들이 활약하는 걸 지켜보는 게 정말 기뻐요. 최근 관심을 끄는 매혹적인 메시지는 채식 기반의 식단이 기본적으로 근육을 키우고 지방을 태우며 힘과 지구력을 기르는 등, 그 어떤 신체 단련 목표에도 부합한다는 것이에요." 이 메시지는 채식을 권하는 의사로서(현재 그녀는 선수로 활동하지 않는 기간에는 의사로 재직 중) 해리엇이 하고 있는 의료 행위의 핵심이기도 하다. 그녀가 의사로 가장 만족감을 느낄 때는 환자들이 채식주의자라는 이유로 그녀를 자신의 주치의로 선택할 때다. 해리엇은 롤 모델로 또 가정의학과 의사로 그들을 도울 수 있다는 데 더없이 큰 기쁨을 느끼고 있다.

크리스틴 바다로스Christine Vardaros는 프로 사이클 선수다. 1996년 산악자전거를 타기 시작한 그녀는 2000년에 프로가 되었고, 2002년에 다시 사이클로크로스 레이싱 선수로 전향했다. 그녀는 사이클로크로스 세계 선수권 대회에 세 차례나 미국 사이클링 국가대표로 참가했다. 지난 20년간 30회 넘게 사이클로크로스 월드컵에 출전했으며, 세계 랭킹 6위까지 오르기도 했다. 채식을 시작한 건 2000년이다. 그녀는 운동선수로 성공하기 위해 채식을 선언한 뒤 6년간 점차 동물성 식품 섭취를 줄이다가 그 후 완전한 채식주의자가 된 케이스다.

프로 운동선수가 된다는 건 결코 크리스틴의 어린 시절 꿈이 아니었다. "제 꿈은 신경외과 의사가 되는 것이었고, 실제 콜롬비아대학교에서 의학을 공부하기도 했어요. 자전거를 '발견하기' 전까지는 운동선수가 되는 건 꿈도 꾸지 않았어요."

처음에 사이클링은 크리스틴이 주말에 북적대는 맨해튼 시를 벗어날 수 있는 수단 정도였다. 그녀는 친구들과 함께 자전거를 타고 맨해튼 시 외곽에 있는 아름다운 숲들을 찾아다녔다. "처음에는 그저 두세 시간 동안 자전거를 타야 했어요. 어쩔 수 없이 말이죠." 그런데 사실은 기억과 다르다. 그녀에게 자전거는 '첫눈에 반한 사랑'과 같았다. 특히 자신의 첫 산악자전거를 본 순간 그랬다. 그 자전거는 어느 날 데이트 상대와 함께 집 앞에 나타났다. "마치 영화 〈터미네이터〉에서처럼 미래에서 온 물건 같았어요. 결국엔 그 데이트 상대와 헤어졌지만, 그 자전거는 버리지 않았어요. 지금까지도 함께하고 있어요." 그 산악자전거를 겨우 세 번 타고서 그녀는 한 스키 리조트에서 열린 전미 산악자전거 선수권 대회에 나섰다. 그리고 그 무렵 산악자전거 타는 데 천부적인 재능을 갖고 있다고 확신했다. 그녀 자신은 물론 주변 모든 사람들도 분명히 느낄 정도였다. 크리스틴의 아버지는 처음에는 딸이 새로운 꿈을 위해 공부를 포기하려 한다는 사실에 충격을 받았지만, 국제적인 대회에서 우승컵을 거머쥐기 시작하자 마침내 받아들였다. "결승선을 제일 먼저 통과해 우승한 그날, 아버지는 팔을 활짝 벌린 채 저를 기다리고 있었어요.

그렇게 사이클 선수라는 제 새로운 인생을 꼭 안아준 거죠."

뉴욕의 부모님 댁 근처에 살던 크리스틴은 할머니가 세상을 떠난 뒤 캘리포니아로 이주해 첫 프로 레이싱 팀에 합류했다. "자전거 한 대와 편도 승차권 한 장 그리고 7달러가 당시 제가 가진 전부였어요. 첫날밤은 노숙을 해야 할지도 모르는 상황이었죠. 그래도 그 당시엔 꿈을 좇는 일이 가장 중요했어요." 이후 다양한 사이클링 기법을 익혀나간 크리스틴은 사이클로크로스 선수들이 유명 인사로 통하는 벨기에에서 최고의 사이클로크로스 선수가 됐다. 사이클로크로스는 주로 봄 또는 겨울에(날씨가 봄 또는 겨울 같은 지역에서는 1년 내내) 치러지는 사이클링 경주로 포장도로, 산길, 들길, 가파른 언덕, 장애물(잽싸게 자전거에서 내려 자전거를 둘러매고 장애물을 통과한 뒤 다시 자전거를 타야 하는) 등 단거리 코스(보통 그 길이가 2.5~3.5킬로미터)들로 이뤄진 경주다. 거기다 기상 상태도 염두에 두어야 한다. 경주 도중 온몸에 진흙을 뒤집어쓰게 되는 스포츠가 바로 사이클로크로스다. 인기는 벨기에에서 유독 높은데, 그곳에서 크리스틴은 사이클로크로스의 대명사로 불린다. 물론 가장 유명한 채식하는 사이클로크로스 선수이기도 하다.

크리스틴은 채식이 선수 생활에 미친 영향을 논할 수 있는 충분한 자격을 갖추고 있는 인물이다. 엘리트 사이클 선수로 활약하던 도중 채식을 시작해 20년 가까이 채식 기반의 식단을 고수하고 있기 때문이다. 채식 기반의 식단을 시작한 뒤 나타난 가장 큰 변화를 물었을 때, 그녀는 훈련 방식을 전혀 바꾸지 않았는데도 바로 다른 선수들을 제치고 각종 경주에서 우승을 하기 시작했다고 답했다. 그녀는 같은 에너지를 쓰는데도 더 빨리 달리게 됐다는 말도 했다. 그 차이는 일반적인 채식주의자에서 엄격한 채식주의자가 되고 난 뒤 더 분명해졌다고도 했다.

자신의 훈련 및 경기력 향상에 필요한 다량영양소 비율을 알아내기 위해,

크리스틴은 사이클링 경주가 없는 시기에 엄격한 채식주의자를 위한 키토제닉 다이어트[지방 섭취를 늘리고 탄수화물과 단백질 섭취를 줄이는 식이요법] 실험을 하기도 했다. 탄수화물이 다량 함유된 식단 대신 지방으로 섭취하는 칼로리가 훨씬 많은 식단을 꾸려본 것이다. "그랬더니 최고 수준을 유지하던 스피드와 힘이 사라지더라고요. 전력 질주 기록도 참담한 수준으로 떨어졌고요. 하지만 지구력은 개선됐어요. 6시간 동안 자전거를 타고도 전혀 피로하지 않았고, 집중력도 눈에 띄게 좋아졌어요. 그래서 지금 저는 활동량이 많은 날에는 탄수화물 섭취를 늘리고 활동량이 적은 날이나 회복 중인 날에는 탄수화물 섭취를 줄이고 있어요." 그녀는 메뉴 선택의 폭이 아주 좁은 상황에서도 원칙을 지키고 있다. "프랑스빵[긴 막대 모양의 흰빵]과 그린빈만 먹으면서 투르 드 프랑스[매년 7월 3주 동안 열리는 장거리 사이클링 경주]를 치른 일은 평생 잊지 못할 거예요. 그 당시에는 버터나 소스를 뿌리지 않은 파스타도 먹을 수 있는 상황이 안 됐어요. 그런데 그렇게 간소하게 먹고도 죽어라 달릴 수가 있더라고요. 팀 동료들보다도 더 빨리요."

크리스틴은 자신에게 가장 적합한 식단을 찾아내기 위해 여러 종류의 채식 식단을 실험하다 새로운 사실을 알게 됐다. 다량영양소 비율과 관련된 각종 실험 끝에 경기력을 높여주는 식단을 찾은 것이다. 바로 탄수화물을 중시하는 식단이다. 그 입장을 그대로 고수 중인 그녀는 20년 전보다 지금이 더 에너지가 넘친다고 말한다. 또한 사이클로크로스라는 고강도 운동을 할 때 집중력도 더 강해졌고 회복력 역시 "마치 마법같이" 느껴질 만큼 좋아졌다고 했다. 연이어 강도 높은 훈련을 할 수 있고, 투르 드 프랑스처럼 수일간 진행되는 경주도 더 수월하게 치를 수 있게 됐다는 것이다. 그녀는 또 아침에 일어날 때 갓 피어난 꽃처럼 생기 있지도 않은 '육식파' 선수들이 시간이 지남에 따라 서서히 시들어갔지만, 채식하는 자신은 그렇지 않았다고 했다.

크리스틴이 채식 기반의 식단을 택하면서 놀라운 성공을 거둔 건 분명하지만, 그렇다고 해서 성공을 향한 여정이 늘 순탄하기만 했던 건 아니다. 언젠가 그녀가 다음 날 있을 경주에 대비해 저녁거리를 사러 슈퍼마켓에 들렀을 때 그녀를 본 한 경쟁 선수가 말했다. "오늘 좀 안 좋아 보이네. 틀림없이 지금 먹고 있는 브로콜리 식단 때문인 것 같은데?" 당연한 말이지만, 1999년 당시만 해도 롤 모델로 삼을 만한 채식하는 운동선수는 존재하지 않았다. 그녀는 경쟁 선수의 말이 어느 정도 맞을지도 모른다고 생각했다. 즉시 엄격한 채식주의자였던 코치에게 전화를 걸어 조언을 구했다. 코치의 답은 이랬다. "크리스틴, 당장 그 생선 코너에서 나와 집에 가서 팬케이크를 좀 만들어 먹고, 30분간 훈련용 자전거를 타 다리를 푼 뒤 잠자리에 들도록 해." 그녀는 코치가 말한 그대로 했다. 그리고 다음 날 톱 10에 들었다. 브로콜리 식단을 깔봤던 경쟁 선수도 따돌리는 데 성공했다. 그때 크리스틴은 그 경쟁 선수를 향해 최대한 활짝 웃어주었다. "사람들 말마따나 모든 증거는 결과에 있어요. 채식 기반의 식단을 하며 잘나가는 걸 보여주면 그 힘을 곧 알게 되는 거죠."

50대가 된 크리스틴에게 기력이 쇠해지는 기미는 전혀 느낄 수 없다. 그녀는 여전히 훈련을 하고 경주에도 출전하고 있다. 그녀는 이렇게 말한다. "치열한 경쟁을 끝내고 지난날들을 되돌아보는데요. 가장 자랑스럽게 생각하는 건 제가 채식하는 운동선수의 롤 모델이 되어 그들의 삶에 긍정적 영향을 미치고, 결과적으로 동물들의 귀한 생명도 구하고 있다는 것입니다." 그녀는 이런 말도 덧붙였다. "여성 사이클 선수든 채식하는 운동선수든 차세대 젊은이들이 계속 채식주의자의 길을 가려 하는 한, 저는 정말 기쁜 마음으로 그들이 나아갈 길을 앞장서서 닦고 싶어요."

맞춤형 식단 짜기

자, 이제 맞춤형 식단을 짜는 데 필요한 모든 방법을 소개하고자 한다. 우리는 이제껏 식단을 두 가지 목표에 따라 구분해왔다. 목표를 근육을 키우는 데 둔 것과 지방을 태우는 데 둔 것 말이다. 이 두 목표의 차이는 근육을 키우기 위해 칼로리 섭취를 늘릴 것인가 아니면 지방을 태우기 위해 칼로리 섭취를 줄일 것인가에 있다. 그리고 두 목표 모두 지방을 과도하게 섭취하지 않으면서 힘을 기르는 데 도움이 될 음식을 먹는다는 공통점이 있다. 두 식단 모두 기본 원칙은 같다.

기본 원칙

네 가지 기본 원칙을 명심하자. 이는 식단 구성의 토대가 되는 것으로, 가장 바람직한 수치들을 충족시키는 식단을 짜는 데, 그리고 영양가는 높고 칼로리는 적절한 식단을 짜는 데 계속 참고해야 할 아주 중요한 원칙이기도 하다.

1일 칼로리 섭취 목표를 계산하자. 식단을 짜기에 앞서 각자에게 가장 바람직한 칼로리가 어느 정도인지 알고 싶을 것이다. 그럼 이렇게 하자. 인터넷에서 해리스-베네딕트Harris-Benedict 칼로리 계산기를 검색해 기초 대사율[생명을 유지하는 데 최소한으로 필요한 1일 에너지양]을 계산하는 것이다. 해리스-베네딕트 칼로리 계산기를 이용하려면 성별, 나이, 키, 몸무게를 입력해야 한다. 그러면 신체 활동은 고려하지 않은, 순전히 '생존'하는 데 필요한 칼로리가 어느 정도 되는지 알 수 있다. 그런 다음 주로 앉아서 생활하는지 조금 활동적인지 적당히 활동적인지 아주 활동적인지 아니면 과도할 정도로 활동적인지를 입력해, 당신이 하루에 정확히 어느 정도의 칼로리를 소모하는지 알아내자. 그다음 단계는 **칼로리 소모량과 실제 칼로리 섭취량을 비교하는 것이다**. 크로노미터Cronometer나 마이피트니스팰MyFitnessPal 같은 앱들을 이용하면, 당신이 먹는 음식의 평균 칼로리를 알 수 있다. 이는 근육 키우기나 지방 태우기 같은 목표를 달성하기 위해 반드시 필요한 과정이다. 어느 정도 칼로리를 섭취해야 하는지는 칼로리 소모를 감안해 결정해야 하기 때문이다. 예를 들어 필요한 칼로리가 2,400칼로리인 사람이 근육을 키우려 노력 중인데 하루에 2,000칼로리만 섭취하고 있다면, 아무리 체육관이나 헬스클럽에서 열심히 운동을 한다 해도 근육량은 늘지 않을 것이다. 마찬가지로 같은 조건의 사람이 지방을 태워 체중을 줄이려 노력 중인데 하루에 2,800칼로리를 섭취하고 있다면, 왜 그 목표를 달성하지 못하는지도 금방 알 수 있을 것이다.

잊지 말아야 할 건, 당신 몸에 필요하다고 결정한 칼로리 섭취량은 어디까지나 추정치일 뿐이라는 사실이다. 그 추정치에는 지방 제외 체중(체중에서 체지방 무게를 뺀 근육과 세포 조직들의 무게)이나 가장 객관적이고 사실에 가까운 당신 자신(체중과 활동 수준 같은 것들은 헛갈리는 경우가 다반사)은 반영되지 않는다. 그래도 괜찮다. 당신이 하루에 음식을 얼마나 먹어야 하는지, 또 어느 정도의 칼로리를 태워야 하는지 대략적인 추정치만 알아도 목표를 달성하는 데 전혀 무리가 없다. 해리스-베네딕트 칼로리 계산기와 칼로리 추적 앱들은 칼로리 소모량 대 칼로리 섭취량을 알아보기 위해 활용 가능한 가장 우수하고 효율적이며 정확한 수단들로 이 정도만 있어도 당신의 습관을 파악하기에는 충분하다. 목표까지 가는 길을 제시하고, 또 빠른 길을 찾을 수 있도록 돕는 역할을 할 수 있다. 운동선수인 우리가 경험한 바에 비춰봐도 그렇다. 이는 우리들의 이런저런 행동 패턴과 루틴을 파악해 근육을 키우고, 지방을 태우게 해 주는 아주 획기적인 접근 방식이었다.

다량영양소에 관심을 갖자. '완벽한' 식단을 짤 때는 다음과 같이 해야 한다는 것을 잊지 말아야 한다.

1. **주로 탄수화물을 섭취**(총 칼로리의 60퍼센트)하도록 한다.
2. **그런 다음 단백질과 지방을 비교적 고르게 섭취**(각각 총 칼로리의 20퍼센트씩)하도록 한다.

이렇게 하는 이유는 우리 몸이 에너지원으로 탄수화물을 선호하기 때문이다. 탄수화물은 글리코겐 형태로 근육과 간에 저장되고 우리의 뇌는 또 글리코겐을 연료 삼아 움직인다. 우리는 정해진 시간에 정해진 양의 단백질(대개 한 끼당 30그램)만 처리 및 흡수할 수 있다. 지방은 칼로리가 너무 높아 효율을 극대화하려면 적당히 섭취해야 한다. 과도하게 섭취된 칼로리를 소모하기 위해 운동해야 하는 게 오히려 비효율적이다.

다량영양소 섭취 비율은 개인에 따라 또 개인이 하고 있는 운동에 따라 달라진다. 지구력을 필요로 하는 마라토너는 탄수화물 섭취를 늘리고 근력을 필요로 하는 보디빌더는 탄수화물 섭취를 줄여야 하듯이 말이다.

이제 이상적인 다량영양소 비율을 알아내는 데 필요한 수치들을 제시할 것이다. 일단은 칼로리 계산기를 옆으로 치우고 어떤 음식을 얼마나 많이 먹을지 직관적으로 결정하기 바란다. '이게 좋은데?'와 같은 단순한 느낌을 따르라는 말이다. 다음은 그 기준이 되는 지침이다.

- 운동 루틴은 바꾸지 말고 2주일을 주기로 한 번은 70퍼센트의 탄수화물을, 또 한 번은 50퍼센트의 탄수화물을 섭취해 본다.
- 최고의 탄수화물:단백질:지방 비율은 지구력을 필요로 하는 운동선수의 경우 대개 60:20:20으로, 그중 일부는 70:15:15의 비율을 보인다. 근력을 필요로 하는 운동선수는 대개 50:25:25의 비율이다.

일반적으로 건강과 장수 그리고 운동선수의 경기력 향상을 위해, 우리는 **칼로리의 상당 부분을 탄수화물이 풍부한 음식으로부터 섭취할 것을 권한다.** 이는 우리가 인터뷰해 온 많은 선수들이 입을 모아 한 말로, 각종 연구 결과들과 전문가들이 지지하는 바이기도 하다. 우리 역시 여러 해 동안 이 접근 방식을 따르고 있다. 특히 복합 탄수화물은 운동성과를 높이는 데 큰 도움이 된다. 탄수화물이 풍부한 음식은 건강에 가장 좋기도 하다. 운동 전후 영양분 보충을 위해, 또 매일매일 필요로 하는 칼로리 섭취를 위해 탄수화물이 풍부한 음식을 권하는 이유다. 우리가 당신을 위해(그리고 또 우리 자신을 위해) 하고자 하는 일은 결국 매일 또는 매주, 아니면 전혀 칼로리를 계산할 필요가 없는 상태가 되게 하는 것이다. 해리스-베네딕트 칼로리 계산기와 칼로리 추적 앱들은 개개인의 실질적인 칼로리 섭취량 대 칼로리 소모량을 알 수 있게 하기 위해 만들어졌다. 대부분의 사람들은 자신의 칼로리 섭취량 대 칼로리 소모량을 잘 모르기 때문이다. 그런 상태에선 바람과 달리 체중이 늘게 되거나 근육이 줄게 되는 경우가 많다.

여러 운동선수들의 이야기를 통해 알 수 있듯 대부분의 운동선수들은 물론 올림픽 메달리스트나 세계 챔피언들도 오랜 기간 반복해온 루틴을 통해 보다 직관적인 식습관을 갖고 있다. **우리의 최종 목표 역시 같다. 가능한 한 직관적이고 스트레스 없는 환경에서 음식을 먹는 것이다.** 그 목표에 도달하기 위해서는, 그리고 식단으로 인생의 변화를 꾀하기 위해서는 무엇보다 먼저 자신의 현재 상태를 제대로 아는 것이 중요하다.

314페이지부터 유명 운동선수들의 일상에 식단이 어떻게 녹아들어 있는지 자세히 소개하겠지만, 그것들을 바로 참고하기 보다 이 단계에 집중하길 바란다. 이상적인 다량영양소 섭취 비율을 정하는 최선의 방법 중 하나는 크로노미터나 마이피트니스팰 같은 칼로리 계산 앱으로 당신이 즐겨 먹는 음식들의 칼로리를 파악해 보는 것이다. 그 앱들로 당신은 다량영양소와 미량영양소를 파악하면서 소모하는 칼로리도 알 수 있다. 게다가 매일 섭취하는 비타민과 미네랄의 비율은 물론 다른 유용한 수치 등도 확인할 수 있다. 앱을 굳이 오래 사용할 필요는 없다. 대개 일주일 정도 칼로리 추적을 해보면 자신이 섭취하는 다량영양소에 대해 알게 된다. 그렇지만 한동안은 채식이라는 새로운 식단을 택하는 사람에게 아주 요긴하게 쓰인다. 사실 대부분의 사람은 자신이 무얼 먹고 있는지 잘 모르기 때문이다. 쓸데없는 추측을 멈추고 믿을만한 칼로리 계산 앱을 사용해 자신이 먹는 음식이 실제 어떤지를 알아보자. 이것이야말로 당신이 원하는 변화를 이끌어낼 더없이 좋은 접근 방식이다.

근력을 필요로 하는 운동선수의 식단 예

- 50퍼센트의 탄수화물
- 25퍼센트의 단백질
- 25퍼센트의 지방
  - 큰 고구마 1개
  - 찐 브로콜리 1/2컵
  - 구운 두부 1/2컵
  - 캐슈 치즈 소스 2테이블스푼

지구력을 필요로 하는 운동선수의 식단 예

- 70퍼센트의 탄수화물
- 10퍼센트의 단백질
- 20퍼센트의 지방
  - 큰 고구마 1개

- 찐 브로콜리 1컵
- 구운 두부 1/4컵
- 캐슈 치즈 소스 1테이블스푼

수치에 너무 구애받지 말고 위 두 식단 간에 눈에 띄는 차이점이 뭔지 보자. 근력을 필요로 하는 운동선수의 경우 근육을 키우기 위해 칼로리를 많이 섭취하는 게 목표다. 따라서 브로콜리(탄수화물)는 비교적 덜 먹고 두부와 캐슈 치즈 소스(단백질과 지방)는 좀 더 많이 먹는다. 거기다 많은 탄수화물을 섭취한다. 반면에 지구력을 필요로 하는 운동선수의 경우 체중을 줄이고 체중 대비 힘을 극대화하는 게 목표다. 따라서 브로콜리는 좀 더 먹고 두부와 캐슈 치즈는 조금 덜 먹는다. 큰 차이는 아니지만, 시간이 지나면 이런 차이들이 칼로리 부족 또는 과잉 상태로 이어진다. 우리가 제시한 두 식단은 군살 없는 몸매를 유지하기 위해서라면 그리 빈약하지 않다. 아니, 오히려 푸짐한 식단이다. 이는 다음에 다룰 주제인 칼로리 밀도가 낮은 음식들을 더 부각시켜주기도 한다.

칼로리 밀도를 고려하자. 식단에 오를 음식의 다량영양소 구성에도 신경을 써야 하지만, 그 음식들의 칼로리 밀도에도 신경을 써야 한다. 이는 적절한 칼로리 섭취량을 웃돌거나 밑도는 걸 방지하는 동시에 식사 후 만족감을 느낄 수 있게 하기 위한 보장책이나 다름없다. 잊지 말자. 어떤 음식은 메인 메뉴로 좋고 어떤 음식은 사이드 메뉴로 좋으며 또 어떤 음식은 양념(조미식품)으로 좋다.

유연해지자. 일명 'IIFYM'(If It Fits Your Macros. 당신에게 적합한 다량영양소들이라면)이라 불리는 유연한 식단을 짜는 것이다. 얼마나 칼로리를 섭취해야 할지 정하고 완벽한 식단을 짜보는 경험이 쌓이다 보면, 각각의 음식 칼로리와 탄수화물 그램 수 등을 계산하지 않고도 보다 직관적으로 식단을 짤 수 있다.

그렇게 되기 위한 첫 단계는 채식 기반의 식단이 갖고 있는 힘을 믿는 것이다. 다양한 식물성 자연식품을 먹으면 자연스레 군살이 빠지고 체지방이 증가하는 것을 막을 수 있다는 사실을 진심으로 받아들여야 한다. 그럼 목표 중 절반은 이미 달성한 것이나 다름없다. (여기서 식물성 자연식품이란 말에 주목해야 한다. 채식을 하면서 가공식품을 먹는다면 같은 결과를 볼 수 없다.) 그런 다음 식단에 꾸준히 적절한 다량영양소를 포함시켜야 한다. 다시 말하지만, 어느 정도 노하우가 쌓이면 칼로리 계산기는 필요 없다. 식탁 위에 놓인 음식을 보고 몇 가지 체크만 하자. 음식의 절반 내지 그 이상이 탄수화물 음식인가? 단백질 음식도 어느 정도 있고 지방 음식도 조금 있는가? 그렇다면 당신은 올바른 방향으로 가고 있는 것이다. 그리고 음식을 먹은 뒤 기분은 어떤지 또 그 결과는 어떤지 체크해 보자. 그게 가장 믿을 만한 확인 방법이다.

물론 보다 치밀한 접근을 통해 보다 나은 결과를 볼 수 있다고 느끼는 사람도 있을 것이다. 그 또한 괜찮은 방법이다. 목표를 달성하기 위해 그런 치밀함을 필요로 하는 운동선수도 있다. 그러나 수치에 집착하지 않고 싶다면 우리의 조언대로 하는 게 좋다. 너무 경직되지 않았으면 한다. 결국 우리가 바라는 것은 채식하는 운동선수에게 음식이란 적이 아닌 내 편이라는 사실을 당신이 진심으로 깨닫는 것이다.

식물성 음식 분류 일람표

메인 메뉴	사이드 메뉴	조미 식품
콩류	**녹색 채소**	**허브**
렌틸콩	케일	바질
쪼개서 말린 완두콩	시금치	타임
핀토콩	콜라드 그린	딜
병아리콩	겨자잎	오레가노
리마콩	로메인 상추	로즈메리
검정콩	근대	파슬리
흰강낭콩	루콜라	민트
덩굴강낭콩	버터 양상추	커민
대두	비트 그린	고수
팥	청경채	카더멈

곡물류	십자화과 채소	향신료
쌀	브로콜리	강황
퀴노아	콜리플라워	계피
밀	양배추	후추
보리	방울양배추	생강
귀리	무	페퍼민트
수수	순무	육두구
호밀	루타바가 순무	펜넬
불구르	물냉이	정향
메밀	브로콜리 라베	파프리카
테프	마카	카옌 고추

녹말 채소	비녹말 채소	씨앗류
감자	당근	참깨
고구마	아스파라거스	아마씨
도토리호박	가지	해바라기씨
땅콩호박	피망	호박씨
토란	오이	겨자씨
얌	그린빈	치아씨
파스닙	버섯	양귀비씨
옥수수	주키니	햄프씨드
플랜테인	양파	잣
호박	오크라	수수

고단백질	수분 함량이 높은 과일	견과류
두부	수박	캐슈
템페	딸기	아몬드
세이탄	오렌지	호두
땅콩버터	캔털루프 멜론	헤이즐넛
아몬드버터	자몽	땅콩*
캐슈버터	산딸기	피스타치오
단백질 푸딩	파인애플	피칸
단백질 스무디	복숭아	브라질너트
식물성 육포	블랙베리	코코넛
콩 칠리 또는 수프	블루베리	마카다미아

*땅콩은 엄밀히 따지면 콩류에 속한다

밀도 높은 과일	소스 외
아보카도	살사
바나나	드레싱
잭프루트	후무스
빵나무 열매	과카몰레
패션프루트	케첩
포도	겨자
배	렐리시
망고	타히니
구아바	처트니
용과	잼

*렐리시는 영미 지역의 양념, 타히니는 중동 지역의 소스, 처트니는 인도의 소스다.

일반적인 레시피	일반적인 스낵류	일반적인 음료
채식주의자용 맥 앤 치즈	아마씨 크래커	아몬드 우유
시금치 퀴노아 파스타	애플 소스	귀리 우유
BBQ 템페 볼	무화과 바	라이스 우유
스파게티 호박	트레일 믹스	두유
렌틸콩 카레 스튜	그래놀라	차
라틴 볼	건조 과일	코코넛 워터
채식주의자용 케소	단백질 푸딩	탄산수
지중해식 볼	스낵 바	막 짜낸 주스
통밀 피자	떡	콤부차
채식주의자용 라자냐	비유제품 요구르트	프로바이오틱 음료

근육을 키우는 데 좋은 식단

근육을 키우는 것을 목표로 하고 있다면, 다음과 같은 접근을 하길 권한다.

더 많은 칼로리 섭취 + 저항력/근력 훈련
= 시간이 흐르면서 근육량 증가

이때 '더 많은' 칼로리라고 하여 단순히 많은 칼로리를 섭취하라는 말은 아니다. 질 좋은 음식으로 더 많은 칼로리를 섭취해야 한다. 예를 들어 아이스크림과 가공식품을 먹는 경우와 감자, 곡물류, 콩류같이 칼로리 밀도가 낮은 식물성 음식을 먹는 경우 근육량이 늘어나는 것에는 차이가 있다. 지방이 늘어나는 것과 군살 없는 근육이 늘어나는 차이이다.

식단과 관련해 권하고 싶은 절대 원칙은 주로 탄수화물을 섭취하고 그런 다음 단백질과 건강에 좋은 지방을 고루 섭취할 수 있는 음식으로 식단을 짜라는 것이다. 이때 명심해야 할 것은 필요로 하는 칼로리 섭취량을 토대로 1회 음식량을 잘 조절해야 한다는 점이다. 가능하면 하루에 식사를 5~6회 정도 하는 게 좋다. 그렇게 해야 칼로리를 더 잘 나눠 섭취할 수 있기 때문이다.

눈치챘는지 모르겠지만, 우리는 식단을 짜면서 양념이나 향신료 같은 조미 식품은 따로 언급하지 않았다. 칼로리를 더 섭취하고 싶으면 칼로리 밀도가 높은 조미 식품(후무스, 과카몰레, 견과류 위주의 샐러드 드레싱 등)을 추가하고 칼로리를 덜 섭취하고 싶으면 칼로리 밀도가 낮은 조미 식품(겨자, 식초, 핫소스, 간장 등)을 추가하면 된다.

근육을 키우는 데 좋은 식단 예

아침		
메인 메뉴 2	사이드 메뉴 2	조미 식품 1
간식 1		
-	사이드 메뉴 2~3	-
점심		
메인 메뉴 2	사이드 메뉴 2	조미 식품 1
간식 2		
-	사이드 메뉴 1~2	-
저녁		
메인 메뉴 2	사이드 메뉴 2	조미 식품 2
간식 3/ 디저트		
-	사이드 메뉴 1	조미 식품 1
하루 합계		
메인 메뉴 6	사이드 메뉴 10~12	조미 식품 5

이 식단을 토대로 근육을 키우는 데 필요한 식단 샘플을 짜 보면 다음과 같다. 단, 각자가 필요로 하는 칼로리 섭취량을 토대로 1회 식사량을 조절해야 한다.

아침	군고구마 큰 것 1개 (메인 메뉴) 오트밀 한 그릇 (메인 메뉴)	블루베리 1/2컵 (사이드 메뉴) 딸기 1/2컵 (사이드 메뉴)	호두 한 줌 (조미 식품)
간식	-	바나나 1개(사이드 메뉴) 포도 한 줌(사이드 메뉴) 복숭아 1개(사이드 메뉴)	-
점심	으깬 콜리플라워 감자 한 그릇(메인 메뉴) 채식 버거(메인 메뉴)	로메인 상추 (사이드 메뉴) 오이(사이드 메뉴)	사이드 샐러드 (선택 사항)
간식	-	얇게 썬 당근 한 줌 (사이드 메뉴) 얇게 썬 피망 한 줌 (사이드 메뉴)	-
저녁	카레 한 그릇(메인 메뉴) 현미 한 그릇(메인 메뉴)	잘게 썬 주키니 한 줌 (사이드 메뉴) 얇게 썬 양파 한 줌 (사이드 메뉴)	후추(조미 식품) 캐슈 가루(조미 식품) 사이드 샐러드 (선택 사항)*
간식/디저트	-	파인애플 1/2컵 (사이드 메뉴)	코코넛 플레이크 (조미 식품)

*사이드 샐러드는 칼로리는 낮지만 녹색 채소를 넣으면 영양가가 높아지기 때문에 어떤 식사에 추가해 먹어도 좋다. 특히 점심이나 저녁, 또는 둘 모두에 추가해 먹도록 하자.

지방을 태우는 데 좋은 식단

지방을 태우는 것을 목표로 하고 있다면, 바로 앞서 살펴본 근육을 늘리는 경우와 반대되는 다음과 같은 접근을 하길 권한다.

더 적은 칼로리 + 더 많은 운동
= 체중 감소

다량영양소를 골고루 섭취하는 문제에 관한 한 우리가 권하고 싶은 원칙은 한결같다. 주로 탄수화물을 섭취하고 그다음에 단백질과 건강에 좋은 지방을 섭취해야 한다. 아래 식단 표에서 확인할 수 있겠지만, 이번 식단에서는 앞서 소개한 식단에 비해 음식을 덜 먹게 될 뿐 아니라, 음식을 먹는 횟수도 조금 준다. 저녁 식사 후 먹던 간식과 디저트는 아예 뺐다. 반면 사이드 메뉴는 더 늘려서, 칼로리 섭취는 줄지만 영양가는 높게 구성했다. 괜한 걱정 할 것 없다. 이 식단을 따라 영양가는 높지만 칼로리는 낮은 음식을 많이 먹다보면, 공복감이나 활력이 떨어지는 듯한 느낌은 받지 않을 것이다.

지방을 태우는 데 좋은 식단 예

아침		
메인 메뉴 1	사이드 메뉴 2	조미 식품 1
간식 1		
-	사이드 메뉴 1	-
점심		
메인 메뉴 2	사이드 샐러드 (선택 사항)	조미 식품 1

간식 2 -	사이드 메뉴 1	조미 식품 1
저녁 메인 메뉴 2	사이드 샐러드 (선택 사항) 사이드 메뉴 2	조미 식품 2
하루 합계 메인 메뉴 5	사이드 메뉴 8	조미 식품 5

이 식단을 토대로 지방을 태우는 데 좋은 식단 샘플을 짜보면 다음과 같다. 다시 한번 강조한다. 당신이 필요로 하는 칼로리 섭취량을 토대로 1회 음식량을 잘 조절해야 한다.

아침 그린 스무디(메인 메뉴)	산딸기 한 줌 (사이드 메뉴) 바나나(사이드 메뉴)	아마씨 가루 (조미 식품)
간식 -	깍둑썰기한 수박 한 그릇 (사이드 메뉴)	-
점심 구운 감자 1개(메인 메뉴) 렌틸콩 1/2컵(메인 메뉴)	그린빈 1/2컵(사이드 메뉴) 사이드 샐러드(선택 사항)	타히니(조미 식품)
간식 -	얇게 썬 오이 1개 (사이드 메뉴)	후무스 한 덩이 (조미 식품)

저녁

현미 한 그릇(메인 메뉴)	브로콜리 1컵(사이드 메뉴)	잣 가루(조미 식품)
깍둑 썰어 구운 두부 1/2컵(메인 메뉴)	얇게 썬 가지 1/2컵 (사이드 메뉴)	처트니(조미 식품)
	사이드 샐러드(선택 사항)	

준비하기 쉬운 식사 세 가지

이해를 돕기 위해 더 많은 식단 샘플을 제시하려 한다. 채식하는 몇몇 엘리트 운동선수의 식단도 살펴볼 예정이다. 그 과정을 통해 필요한 다량영양소를 고루 섭취하면서도 영양가 높은 음식을 맘껏 먹는 게 생각보다 어려운 일이 아니라는 걸 알게 되길 바란다.

우리도 알고 있다. 잘 먹는 법을 아는 것과 실제로 그렇게 먹는 건 완전히 별개의 일이다. 그래서 준비하기 쉬운 식사 세 가지를 준비했다. 소개하는 레시피와 현명한 식료품 쇼핑법을 잘 활용하면, 배고플 때 먹을 만한 음식을 손쉽게 손에 넣을 수 있게 될 것이다.

1. 스무디 또는 오트밀

스무디를 만들어 먹으면 다량영양소가 풍부한 다음과 같은 식재료 일부 또는 전부를 간편하게 먹을 수 있다.

- 베리류를 비롯한 다른 과일들
- 아마씨를 비롯한 다른 견과류

- 녹색 채소
- 녹색 채소나 찻잎 또는 말차 분말
- 강황(신선한 강황 뿌리를 약 0.5센티미터씩 잘라서)
- 콩류(상상이 잘 가지 않을 수 있지만, 실제 스무디에 많이 넣어 먹는다. 흰콩과 순두부는 강한 콩 맛을 내지 않으면서 스무디에 풍부한 크림을 더해준다.)

2. 샐러드

먼저 큰 볼에 녹색 채소와 콩류를 넣은 뒤 채소를 추가하고 섞는다. 그 위에 시저 드레싱(380페이지 참조)이나 오이 아보카도 드레싱(424페이지 참조) 같이 크림이 풍부하고 건강에 좋은 지방성 드레싱을 뿌린다. 샐러드에는 다음과 같은 식재료를 넣을 수 있다.

- 녹색 채소
- 콜리플라워를 비롯한 채소
- 양파(적양파, 흰양파, 식초에 절인 양파, 파 등)
- 콩류
- 견과류와 씨앗류
- 강황
- 과일
- 통곡물 또는 유사 통곡물(보다 만족스러운 샐러드를 만들고 싶다면 현미, 파로 또는 퀴노아를 토핑으로 얹어 보자.)

3. 곡물류, 녹색 채소 그리고 콩류

이보다 더 간단한 방법은 없다. 곡물류, 녹색 채소, 콩류라는 세 가지 식재료를 중심으로 식단을 짜면 다량영양소를 고루 섭취하는 동시에 최적의 영양소 밀도도 실현할 수 있다. 아주 다양한 음식을 만들어 먹을 수도 있다. 그 몇 가지 예를 들면 다음과 같다.

볶음 요리
곡물류: 현미, 쌀국수 또는 퀴노아
녹색 채소: 청경채 또는 브로콜리
콩류: 두부, 템페, 검정콩 또는 아주키콩

타코
곡물류: 옥수수 또는 통곡물 토르티야
녹색 채소: 상추 또는 양배추
콩류: 으깬 템페 또는 검정콩

파스타
곡물류: 통밀, 현미 또는 퀴노아 파스타
녹색 채소: 루콜라, 바질(특히 페스토) 또는 찐 케일
콩류: 파바콩 또는 흰강낭콩

스무디
곡물류: 귀리
녹색 채소: 어린 시금치 또는 케일
콩류: 순두부 또는 흰콩

포장 식품이 좋을 때도 있다

모두가 알고 있지만 잘 언급하지 않는 문제를 다룰 때가 됐다. 바로 포장 식품이다. 가공되지 않은 식물성 자연식품이 가장 풍부한 영양가를 제공해주는 건 사실이지만, 그런 식품은 준비하는 데 시간과 노력이 필요하다는 것 또한 사실이다. 우리는 냉장고를 곡물류, 콩류, 두부, 찌거나 구운 채소, 얇게 썬 과일, 많은 양의 오트밀 등으로 가득 채워놓고 일주일에 한두 번 아주 푸짐한 식사를 준비하는 걸 좋아하지만, 상황에 따라야 할 때도 많다. 예를 들어 바쁘다거나 여행 중이라면, 또는 바쁜 데다 여행까지 하는 중이라면, 보다 효율적인 방법을 선택해야 한다. 또는 하루에 3,000칼로리를 섭취하는 게 목표일 경우, 많은 양의 식재료를 구입하고 식단을 짜고, 스케쥴링을 한 뒤 또 상황에 맞춰 조정하는 등의 일에 많은 시간을 할애해야 한다. 바로 그럴 때 선택할 수 있는 대안 중 하나가 식물성 포장 식품을 구입하는 것이다.

사실 가장 엄격한 채식을 하는 운동선수조차도 가끔은 가공된 식물성 포장 식품을 구입해 먹는다. 자연식품만 먹는 채식하는 운동선수도 물론 있지만(그리고 그게 완전히 가능한 일이기도 하지만), 대부분의 채식하는 운동선수에게 스낵바나 미리 조리된 식품은 구세주나 다름없다. 다행히 갈수록 많은 기업들이 질 좋은 포장 식품을 내놓고 있다. 그 식품들은 건강은 물론, 품질 측면에서도 걱정할 필요가 없다. 단, 여기서 꼭 짚고 넘어가야 할 게 있다. 그런 포장 식품 중에서 좋은 식품을 찾아낼 수 있는 안목이 있어야 한다는 것이다. 또 그런 포장 식품이 당신의 식단을 완전히 장악하는 일은 없게 해야 한다.

다음은 가공된 식물성 포장 식품에 포함되어서는 안 되는 것들이다.

식료품 쇼핑하기

7장을 마무리하기 전에 몇 가지 샘플 식료품 쇼핑 목록을 소개하려 한다. 이 목록을 보며 채식 기반의 식단을 하는 운동선수만큼이나 식료품 쇼핑에 일가견이 생긴 듯한 자신감을 갖게 되길 바란다. 우리 저자들과 유명 운동선수들이 소개하는 다음 식료품 쇼핑 목록을 참고하면 식단을 짜는 데 많은 시간을 들이지 않고도 쉽게 각종 과일과 견과류를 넣은 오트밀이나 채소 스무디를 만들어 먹을 수 있게 될 것이다. 식료품 쇼핑 목록을 보고 곡물류와 녹색 채소, 콩류 위주의 식사를 준비해 보자. 허기질 때 가공식품이나 포장 식품 또는 패스트푸드의 유혹을 떨쳐버릴 수 있도록 자연식품으로 맛있는 간식도 만들어 보자.

로버트 치키의 식료품 쇼핑 목록

로버트의 원칙은 간단명료하다. 그의 친구 셰프 에이제이[Chef AJ]의 말처럼 "집 안에 있어야 먹게 된다"는 것이다. 로버트가 말하는 건강에 좋으면서 영양가도 높은 식단을 짜기 위한 선결 조건 중 하나는 '건강에 좋은 음식을 늘 주변(주방이나 식료품 저장실, 찬장, 선반 위)에 두기'다. 그래야 집에서 잠시 쉴 때 감자튀김이나 살사, 초콜릿 바 등을 먹고 싶다는 유혹에 넘어가지 않을 수 있다.

로버트의 경우 이른바 '3원칙'이란 걸 갖고 있다. 식료품 쇼핑 카테고리마다 세 가지 식품을 포함시켜, 다양한 종류의 신선 농산물, 냉동 농산물, 통조림, 벌크 식품[필요한 만큼만 소량 구입할 수 있는 식품]은 물론 주식, 계절 식품, 심지어는 좋아하는 간식(당연히 운동선수도 후식과 간식 등을 즐긴다)까지 마련해두는 것이다. 이런 접근을 하면 좋아하는 식료품을 배제하지 않으면서도 건강에 좋은 식단을 꾸릴 수 있다. 단, 이때 간식은 설탕이 조금 추가되거나 칼로리 밀도가 그리 높지 않은 것이 건강에 비교적 덜 해롭다.

아래 쇼핑 목록은 1~2주의 보존 기간을 염두에 둔 것이다. 물론 건조된 벌크 식품 같은 음식은 신선한 베리류보다는 보존 기간이 훨씬 길다. 로버트는 저장된 식료품이 줄어들기 시작하면 그때그때 보충해 넣는다. 집 안에 늘 많은 식료품을 확보해 놓기 위해 굳이 같은 양을 쇼핑하려 들진 않는다. 그리고 어떤 식료품이 세일 중인지 또는 다음 주에 어떤 식사를 할 건지에 따라, 다른 과일을 구입하는 등 일부 식료품을 다른 식료품으로 바꾸는 경우도 많다.

로버트의 '3원칙' 식료품 쇼핑 목록

3종류의 계절 과일(베리류, 체리류, 오렌지)

3종류의 비계절 과일(바나나, 사과, 오렌지)

3종류의 녹색 채소(로메인 상추, 브로콜리, 케일)

3종류의 다른 채소(감자, 고구마, 당근)

3종류의 곡물류(쌀, 귀리, 퀴노아)

3종류의 곡물 위주의 식품(파스타, 빵, 크래커)

3종류의 콩류(렌틸콩, 핀토콩, 가르반조콩)

3종류의 통조림 콩류(덩굴강낭콩, 검정콩, 삶아서 튀긴 핀토콩)

3종류의 견과류(아몬드, 캐슈, 호두)

3종류의 씨앗류(햄프씨드, 아마씨, 치아씨)

3종류의 냉동 식품(베리류, 채소류, 식물성 앙뜨레[코스 요리 중 중심이 되는 주 요리])

3종류의 포장 식품(유기농 감자튀김, 대체육, 스낵 바)

3종류의 조미 식품(살사, 과카몰레, 후무스)

3종류의 통조림 또는 병에 든 조미 식품(피클, 올리브, 아티초크 하트)
3종류의 간식(초콜릿 바, 비유제품 아이스크림, 씹어 먹는 과일 사탕)
3종류의 주요 식품(두부, 아보카도, 채식주의자용 밀프랩)
3종류의 음료(아몬드 우유, 탄산수, 제로 칼로리 천연 소다)

로버트는 이 쇼핑 목록에 있는 식료품들을 가지고 자신이 아주 좋아하는 여러 가지 음식을 만들 수 있다. 부리토 볼, 감자와 콩, 그리고 케일이 들어가는 든든한 수프, 올리브와 녹색 채소가 들어가는 파스타, 과일과 견과류가 들어가는 오트밀, 두부와 채소 볶음, 채식 버거, 계절 과일 샐러드, 콩과 올리브, 그리고 아티초크가 들어가는 그린 샐러드, 채식 피자 또는 채식 라자냐, 두부 스크램블 등 그 요리는 수십 또는 수백 가지에 달한다.

'3원칙'의 핵심은 다양한 식료품으로 다양한 음식을 만들 수 있다는 것이다. 그렇게 되면 매일 같은 음식을 먹지 않아도 되고, 특정 음식에 질릴 일도 없다. 예를 들어 베리류가 당기지 않으면 갖고 있는 다른 과일을 먹으면 된다. 최근 들어 너무 많은 감자를 먹었다면, 그 대신 브로콜리나 방울양배추, 피망 등을 먹으면 될 것이다. 쌀과 콩, 채소에 질리면 퀴노아에 렌틸콩, 허브, 향신료 등을 곁들여 먹을 수도 있다. 무얼 만들어 먹어야 좋을지 판단이 잘 안 서는 경우도 괜찮다. 그냥 채식주의자용 앙뜨레를 데워 먹거나 채식주의자용 포장 식품 또는 채식주의자용 초밥을 즐기면 된다. 가장 중요한 건 맛있는 음식을 맘껏 먹고, 또 좋아하는 음식을 골라 먹는 것이다. 앞서 소개한 로버트의 샘플 쇼핑 목록은 자연식품을 먹는 것에 주안점을 두었지만 실은 그가 좋아하는 음식도 두루 포함되어 있다. 이것이 채식 기반의 식단이 모험이 따르긴 하지만 아주 현실적이고 실용적인 이유다. 채식 기반의 식단에는 박탈이니 희생이니 하는 건 없다. 무한한 가능성의 세계가 있을 뿐이다.

로버트의 샘플 쇼핑 목록이 그 좋은 예다. 물론 어디까지나 샘플이기 때문에 생략된 것이 많다. 너트버터나 케첩, 겨자, 템페, 세이탄, 스포츠용 보충제, 벌크 곡물류와 콩류, 비유제품 치즈와 요구르트 외에 다른 많은 식품으로 대체해도 무방하다.

로버트는 열 일곱 가지 카테고리의 식료품을 3종류씩, 총 쉰 한 가지 구입한 셈이다. 우리는 식료품점에 갈 때 대개 쇼핑 카트 하나 가득 또는 그 이상 쇼핑을 하면서, 계획했던 것보다 더 많은 시간을 보낸다. 로버트의 경우는 다르다. 식료품은 꽤 오래 동나지 않으며 다음번에 쇼핑할 때는 줄어든 식료품을 채우는 정도의 쇼핑만 한다. 게다가 로버트의 경우 두 식구, 그러니까 자신과 아내가 먹을 식료품만 구입하면 된다. 그 외에 채식하는 어린 강아지들이 먹을 간식거리도 사는데, 강아지들이 좋아하는 간식거리는 두부다. 정말이다.

맷 프레이저의 식료품 쇼핑 목록

이번에는 채식 기반의 식단을 하는 운동선수들이 먹는 일반적인 음식이 전부 포함된 기본적인 채식 식료품 목록을 소개하고자 한다. 채식 기반의 식단을 해본 적 없다 해도 걱정할 것 없다. 평소 잘 구입하지 않는 녹색 채소도 많고 그 외에 다른 식료품도 있겠지만 전혀 문제없다. 여기서 언급되는 식료품 중 일부는 빼도 괜찮으니, 우선 새로운 식료품 몇 가지씩만 구입해 보길 권한다. 몇 가지 식료품은 아무리 자주 식료품점에 간다 해도 절대 사지 않는 식료품일 수도 있지만, 한번 시도해 보자.

- 과일: 사과, 오렌지, 바나나, 파인애플, 신선한 베리류, 다양한 냉동 베리류(스무디용), 레몬, 라임, 토마토, 아보카도, 대추야자
- 신선한 채소: 로메인 상추, 시금치, 브로콜리, 케일, 샐러리, 오이, 피망,

포블라노 고추, 양파, 당근, 마늘, 바질, 파슬리, 고수

- 녹말 채소: 감자, 고구마
- 통조림 또는 말린 과일과 채소: 토마토, 건포도
- 콩류: 렌틸콩, 병아리콩, 검정콩(기왕이면 말린 것. 가끔은 BPA가 없는 통조림형 사용)
- 밀 외의 곡물류: 현미, 퀴노아(엄밀히 따지자면 곡물류가 아니지만), 그래놀라, 절단된 귀리
- 밀 제품: 통밀빵, 파스타, 피타, 베이글, 랩 샌드위치, 아침 식사용 저당 시리얼
- 견과류와 씨앗류: 아몬드, 캐슈, 호두, 아마씨, 치아씨
- 스프레드와 페이스트: 후무스, 너트버터, 타히니
- 오일: 올리브오일, 참기름
- 식초: 사과식초, 발사믹 식초, 레드와인 식초
- 단백질 파우더: 단백질 파우더를 구입할 때는 중금속 수치가 낮은 것(보체 단백질처럼)을 구입하도록 하자.
- 식물성 우유: (내가 가장 좋아하는 건)아몬드 우유
- 차와 커피
- 콩 제품: 두부, 템페, 간장
- 간식(제한적으로): 토르티야 칩, 살사, 팝콘 커넬
- 기타 등등: 메이플 시럽, 다크 초콜릿, 채식주의자용 버터
- 보완: 보충제(채식 기반의 식단에서 찾기 힘든 영양소들의 보충용. www.lovecomplement. com 참조)

소냐 루니의 식료품 쇼핑 목록

식료품 저장실에 늘 여러 형태의 통곡물과 몇 종류의 통조림 콩을 가득 채워 넣는 편이다. 냉장고에는 늘 다양한 견과류와 씨앗류가 가득하다. 당연히 내 식료품 쇼핑 목록엔 늘 다양한 식료품이 빼곡히 적힌다. 그렇다고 그것들을 매주 사러 가지는 않는다.

만일의 경우에 대비해 냉동고엔 늘 적어도 빵 하나와 템페 한 덩어리는 준비돼 있다. 냉동고에도 늘 최소한 한 종류의 녹색 채소가 있다. 주말농장 등을 이용해 가능한 한 많은 과일과 채소를 기르지만, 겨울에는 식료품점에서 농산물을 구입한다. 각종 음식에 견과류와 씨앗류를 넣어 먹는 편이고, 그것들을 이용해 각종 소스를 만들기도 한다. 집에 다양한 향신료도 구비해 놓고 있다. 특히 강황, 커민, 바질, 칠리 파우더, 훈제 파프리카 가루, 오레가노 등을 자주 이용한다. 이런 식료품을 가지고 부리토, 간식거리, 파스타 등은 쉽게 만들 수 있다.

과일과 채소

- 루콜라
- 다양한 녹색 채소
- 방울토마토
- 양파
- 파
- 고구마
- 올리브
- 버섯(특히 표고버섯)
- 신선한 베리류
- 사과, 복숭아, 기타 다른 계절 과일
- 마늘
- 브로콜리
- 빨간 피망
- 아보카도

곡물과 빵

- 발아된 스펠트
- 통곡물 파로
- 흑미
- 절단된 귀리
- 실버 힐즈 베어커리Silver Hills Bakery 사의 발아 통곡물 빵
- 메리즈 곤 크래커Mary's Gone Crackers 사의 씨앗 크래커

나는 가능한 한 발아된 곡물을 많이 먹으려 한다. 발아된 곡물이 영양소 밀도가 훨씬 높기 때문이다. 또한 즉석조리식 곡물 대신 통곡물을 먹는데, 통곡물은 껍질이 손실되지 않아 섬유질이 보다 풍부하기 때문이다.

단백질

훈제 두부	렌틸콩
일반 두부	빻은 아마씨
템페	호두
순두부(소스용)	캐슈
검정콩	아몬드
병아리콩	껍질을 벗긴 햄프씨드

찬 음식

두유	채식 치즈(간식용)
아몬드 우유	

기타

땅콩버터 또는 아몬드버터	허브 차
커피	

바네사 에스피노자의 식료품 쇼핑 목록

나는 가능한 한 신선한 식료품을 먹는 걸 좋아해서 일주일에 두 번은 식료품점을 찾는다. 내 냉장고에는 거의 늘 신선한 채소와 두부 그리고 템페가 들어 있다. 음식은 시중에 나와 있는 레시피대로 만들어 먹기보다는 기호에 맞춰 변형해 먹으려 하는 편이다. 시중 레시피대로 만들면 대개 더 많은 재료가 들어가 원치 않는 높은 칼로리가 나오고 오일, 소금, 설탕 등도 잔뜩 들어가게 된다. 채소 요리를 할 때는 오일을 사용하지 않는다. 그냥 익히거나 굽거나 채소 육수에 넣고 찐다. 그렇게만 해도 매주 수백 칼로리는 덜 섭취할 수 있다.

두부와 각종 채소만 가지고도 얼마든지 많은 음식을 만들 수 있다. 실제로 일주일에 몇 번씩 만들어 먹고 있다. 질리지 않는다. 매번 향신료를 바꾸기 때문에 만들 때마다 다른 맛을 즐길 수 있다. 오늘 살사를 추가했으면 내일은 BBQ 소스를 넣는 식이다.

나는 집 안에 늘 신선한 과일이나 냉동 과일을 확보해둔다. 과일은 대개 아침 식사 후나 점심 식사 전에 간식으로 먹는다. 과일은 아주 만족스러운 간식거리다. 퀴노아, 수수, 카무트, 스펠트 등은 아침 식사로 즐겨 먹는다. 곡물에 테이블스푼 하나 정도의 땅콩버터, 바나나, 치아씨, 햄프씨드, 계피를 추가하면 아주 든든하고 만족스러운 아침 식사가 된다. 먹고 나면 오전 내내 에너지가 넘친다.

활동량이 많은 편이라서 점심과 간식거리를 늘 싸 가지고 다닌다. 대신 식단은 아주 단순하게 유지하려 한다. 신선한 과일, 각종 채소, 견과류, 씨앗류, 단백질 바, 단백질 셰이크가 전부다. 그리고 늘 냉장고 안에 오일이나 소금을 치지 않은 생 견과류를 잔뜩 넣어 둔다. 언제든 쉽고 빠르게 먹을 수 있게 하기 위해서다. 저녁 식사는 매주 달라지지만, 일주일에 몇 번 준비하는 음식은 정해져 있다. 저녁 주요 메뉴는 각종 채소와 두부, 템페, 콩, 그리고 콩 파스타다. 고기가 안 들어가는 채식주의자용 버거와 대체육을 즐겨 먹기도 한다. 매일 먹는 건 아니고, 일주일에 몇 번 먹는 식이다.

주로 구입하는 식료품은 다음과 같다.

채소

양배추	콜리플라워	시금치
호박	청경채	케일
포블라노 고추	양파	아보카도
주키니	마늘	고구마
피망		

과일

바나나	야생 블루베리	망고
수박	딸기	사과
파인애플	산딸기	

곡물

퀴노아	테프	아마란스
수수	포니오	야생 벼
스펠트	카무트	귀리

단백질

두부	세이탄
템페	잭푸르트
조직 식물 단백질	렌틸콩 파스타
콩류	채식주의자용 버거와 대체육

견과류와 씨앗류

호두	캐슈	해바라기씨
땅콩	브라질너트	치아씨
아몬드	호박씨	햄프씨드
피칸		

차와 커피

포 시그마틱 커피	히비스커스 티	모링가 티
말차 녹차	루이보스 티	

식물성 우유

두유	아몬드 우유	귀리 우유

기타

채소 죽
땅콩버터
영양 효모
단백질 파우더
BBQ 소스
살사
스리라차 소스
향신료(플래이버 갓Flavor God과 피스트 모드Feast Mode사의 양념, 마늘과 양파 파우더, 마늘과 양파 소금, 커민, 훈제 파프리카 가루, 마조람, 딜)

줄리아 머레이의 식료품 쇼핑 목록

채식을 할 때 가장 중요한 것은 음식의 맛, 소스, 향신료 그리고 식감이다. 그래서 나는 늘 중요한 조미 식품을 집안에 확보해 놓는다. 다음과 같은 조미 식품을 두어 가지 섞어 쓰거나 소스에 추가하면, 약간의 노력만으로도 아주 맛있는 음식을 만들 수 있다.

브래그Bragg 사의 리퀴드 아미노 양념이나 타마리 간장 (또는 코코넛 아미노 양념)
영양 효모
메이플 시럽
발사믹 식초
사과식초
스리라차
미소 된장
타히니
피클 주스

다음은 식료품점에서 참고하면 좋을 사항 몇 가지다.

- 다양성이 열쇠다. 건강한 장내 세균을 갖고 싶다면 다양성이라는 키워드를 잊지 말아야 한다. 이제껏 먹어본 적 없는 여러 가지 채소와 곡물, 그리고 콩을 구입해 보자. 건강에 좋은 장내 세균의 숫자가 늘어날 것이

다. 건강에 좋은 장내 세균을 만들기 위한 제1의 선결 조건이 바로 당신이 먹는 식물의 다양성이다. 해결책은 간단하다. 식료품점에 가거나 온라인 쇼핑을 할 때 새로운 식료품을 골라 보자.

- 냉동 과일과 채소를 사자. 가장 잘 익은 상태에서 얼리기 때문에 영양가가 신선한 농산물 못지않을 뿐 아니라 훨씬 더 높은 경우도 많다. 게다가 값도 더 싸다. 스무디에 과일과 채소를 가득 넣을 수 있게 냉동고를 채워놓자.
- 농산물 코너 담당자와 친하게 지내 식료품을 합리적인 가격으로 구매하자. 식료품점의 창고 안에는 대개 결함이 있는 과일과 채소가 있기 마련이다. 혹 창고 안에 더 이상 판매할 수 없는 과일과 채소가 없는지 직원에게 물어보면, 대개 그런 농산물은 절반 가격에 팔거나 무료로 주기도 한다. 그런 과일과 채소는 집에 가져가 얼려두었다가 나중에 사용하면 좋다.
- 가능하면 필요한 만큼 낱개로 구입하도록 하고, 식료품점에 갈 때 집에서 아예 과일과 채소를 담아올 용기나 가방을 가져가도록 하자.
- 가능하면 인근 지역에서 구입하도록 하자. 혹 주변에 포장 배송을 해주는 농산물 시장이나 농장이 있는가? 그런 곳이 주문하기 제격이다. 차 끌고 오가는 시간도 절약할 수 있고, 영양가 높은 신선한 유기농 농산물을 구입할 수 있는 가능성도 높다.

맞춤형 식단 찾기

이 장에서 소개한 식단은 채식 기반의 식단을 시작하는 데 도움이 되지만, 물론 채식하는 방법의 전부는 아니다. 각자에게 맞는 맞춤형 식단을 비롯한 다른 여러 식단도 알아보도록 하자. '육식하지 않는 운동선수(nomeatathlete.com/book-bonus)'를 참조해도 좋다.

● ● ● ● ●

그간 사람들에게 칼로리 계산기 같은 걸 이용해 식단을 짜보길 권해본 적이 없다. 내가 생각하기에 그보다 더 중요한 것이 있다. 비타민, 미네랄, 섬유질, 파이토뉴트리언트, 폴리페놀 등 영양소 밀도가 높은 채식 기반의 식단이 운동선수에게 좋다는 사실을 사람들이 인식하는 것이다.

- 콜드웰 B. 에셀스틴 주니어, 의학박사 겸 『심장병을 예방하고 치료하라』의 저자

경기력을 극대화하고 몸을 건강하게 하고 잠재력을 십분 발휘하기 위해서는 기술 발전이나 과학의 획기적 진전에 의존할 게 아니라 생활 방식의 변화, 특히 채식 기반의 식단으로의 변화를 통해 몸과 신체 기능을 강화해야 한다. 건강한 몸을 만들기 위한 통합적 접근이 꼭 필요한 것이다.

경기력을 높이고 전반적인 건강 상태를 좋게 하기 위해서는, 적절한 다량 영양소 섭취 및 생체 역학에 신경 쓰는 것도 중요하지만, 폴리페놀과 테르펜, 알칼로이드, 스테롤 같은 성분들이 함유된 식물성 자연식품을 더 많이 먹어 효소 반응을 조절하고 산화 스트레스를 줄여 분자 반응과 생화학 반응을 최적화하는 것도 아주 중요하다.

- 유스티나 샌더스, 의학박사 겸 공중위생 연구원 그리고 국제적인 연사

8장

더 빨리 회복하고
더 많이 훈련하기

채식 기반의 식단을 하는 운동선수들은 더 효과적으로 더 많이 훈련할 수 있게 된다. 지방을 더 완전히 태우고 에너지를 더 오래 더 효율적으로 사용하기 때문이다. 이외에 가장 큰 이점 중 하나는 회복 능력이다. 그들은 운동 후 더 빠르고 더 완전한 회복을 한다. 연이은 훈련과 운동에도 근육 통증이나 근육 피로가 덜하고, 그로 인해 회복 시간이 짧아지면서 더 많은 훈련과 운동을 할 수 있게 되는 것이다. 이는 여러 의미를 갖는다. 부상 없이 훈련과 운동을 더 많이 할 수 있다는 것은 곧 선수 생명의 연장을 의미한다. 수입이 늘고 추가적인 기회를 얻게 된다는 뜻이기도 하다. 이 모든 것이 정신 및 육체 건강에 좋다는 건 두말할 것 없다.

이 모든 이야기가 사실인 이유는 놀랄 만큼 간단하다. 모든 채식 기반의 음식이 항염증 효과를 갖고 있는 데다 비타민, 미네랄, 항산화 물질, 파이토케미컬[식물성 화학물질], 섬유질, 수분까지 풍부하기 때문이다. 이는 우리 몸이 격한 신체 활동 후 회복하는 데 도움을 주는 물질들이다.

취미로 운동을 하는 사람이든 프로 운동선수든 식단에 식물성 음식을 더 많이 포함시킬 경우 그만큼 이익을 보게 된다. 의심이 든다면 현재 채식하고 있는 엘리트 운동선수에게 물어봐도 좋다. 그들은 채식 덕에 고강도 훈련에서 오는 스트레스에서 빨리 벗어나고, 크고 작은 부상을 예방하며, 운동 후 빠른 속도로 회복하고, 대부분의 엘리트 운동선수가 수시로 겪는 통증도 덜 느낀다고 답할 것이다.

운동선수도 휴식을 취한다

엘리트 운동선수들이 엘리트 운동선수가 된 데에는 다 그만한 이유가 있다. 그들은 훈련과 영양 섭취, 그리고 목표 설정에만 신경 쓰는 게 아니라 세세한 부분에까지 주의를 기울인다. 휴식 시간에 자기 몸을 돌보는 것도 중요하게 여긴다.

전 올림픽 트랙 사이클 선수 닷시 바우시는 하루에 페달을 6시간이나 돌리는 다리 근육을 풀어 주기 위해 휴식을 취하고 마음 챙김 명상을 한다. 스포츠 마사지와 다른 전신운동, 얼음찜질, 근력 운동 등도 병행한다. 여자 프로 보디빌더 제히나 말릭은 강도 높은 근력 운동 후 규칙적으로 사우나를 해 근육이 긴장을 풀고 편히 쉴 수 있게 한다. 사우나는 딥 스트레칭[엉덩이, 햄스트링, 등 윗부분을 둘러싼 주요 근육을 풀어주는 스트레칭]에 더없이 좋은 환경으로, 근섬유가 확장되고 늘어나 혈액 순환이 잘 되게 한다. 사우나는 수분 공급도 더 원활하게 하는 효과가 있다. 200미터 세계 기록을 보유한 수영 선수 립 에셀스틴은 매주 하루는 훈련을 전면 중단한 채 휴식을 취한다. 그는 또 매일 저녁 긴장을 풀고 느긋하게 쉰다. 국제보디빌딩연맹 소속 프로 비키니 선수인 나탈리 매튜스는 대회가 있을 때면 몇 달간 주 7일 맹훈련을 하지만, 일단 대회가 끝나고 나면 몸이 회복되어 항상성을 되찾을 수 있게 한 주 내내 휴식을 취한다. 채식하는 세계 챔피언 운동선수들과 올림픽 출전 운동선수들은 '쉰다'는 게 절대 부끄러운 일이 아니라고 말한다. 오히려 위대한 운동선수가 되기 위한 거시적 접근 방식의 하나로 휴식을 굉장히 중요하게 여긴다.

세계 기록 보유자로 기네스북에 이름을 올린 울트라러너 피오나 오크스는 여섯 살 무렵 채식을 택해, 어린 나이에 이미 영국의 유명 동물 보호 운동가 중 한 사람이 되었다. 그녀가 엄격한 채식주의자가 되기로 한 것은 동물에 대한 연민 때문만이 아니었다. 훗날 그녀가 입증해 보인 것과 같이, 경기력을 끌어올리기 위한 결정이기도 했다. 피오나는 수십 년간 엘리트 운동선수로 활약하며 세계 기록을 네 번이나 갈아치웠다. 각 대륙과 북극에서 열린 마라톤 경주에서 가장 빠른 기록을 낸 여자 울트라마라톤 선수로 현재 기네스북에 이름이 올라 있기도 하다. 50대가 된 피오나는 아직도 극한 기후나 여건 속에 열리는 마라톤 대회에 참가하기 위해 일주일에 100마일[약 160킬로미터], 그러니까 하루에 평균 14마일[약 23킬로미터]을 달리는 훈련을 하고 있다. 그 훈련을 해내는 데 필요한 에너지는 주로 자연식품으로 이루어진 채식 기반의 식단에서 얻는다. 그렇게 채식 기반의 식단은 꾸준히 테스트되고 있다. 그녀는 목표를 달성하기 위해 최소한 하루에 한 차례 훈련을 한다. 가끔은 하루에 두세 차례 할 때도 있다.

피오나의 활동은 끝이 없다. 그녀는 일주일에 100마일[약 160킬로미터] 달리기 훈련을 하면서, 자신이 세운 동물 보호소에 있는 600여 마리의 동물을 돌본다. 틈틈이 자원 소방대원으로 활동하기도 한다. 이 모든 걸 하기 위해, 그녀는 지난 20여 년간 하루를 매일 새벽 3시 30분에 시작했다. 채식 기반 식단 덕에 회복력이 빨라져 그렇게 할 수 있었다. 마라톤 훈련의 핵심은 꾸준함이다. 매일 꾸준히 훈련해야 하고, 그 훈련을 하기위해 부상을 극도로 조심한다. 피오나도 그랬다. 50대가 될 때까지 빠짐없이 훈련했고, 훈련하면서 부상을 입지 않았다. 그녀는 이 역시 채식 기반의 식단 덕이라 했다.

물론 피오나에게 달리기가 늘 쉬운 일은 아니었다. 10대 시절 그녀는 세계 정상급 울트라러너가 된다는 건 꿈도 꿀 수 없을 만한 큰 일을 겪었다. 여러 차례 수술을 받으면서 오른쪽 다리의 슬개골이 다 사라져버린 것이다. 의사들은 정상적으로 걷는 것도 어려울 거라면서 달리기를 하는 건 불가능한 일이라고 했다. "그들이 틀렸다는 걸 증명하는 건 엄청나게 힘든 도전이었지만, 전 결국 증명해 보였어요. 그리고 지금까지도 계속 증명해 보이고 있죠. 저는 늘 제 모든 걸 쏟아부었고, 정말 많은 훈련을 했어요. 투지를 불태웠고, '내 사전에 실패는 없다'는 자기암시를 해 왔어요." 피오나가 계속 앞으로 나아갈 수 있었던 건 개인의 성공을 위해서만이 아니었다. 그녀에겐 뚜렷한 목적이 있었다. 피오나는 각종 상과 칭찬을 받으면서 더욱더 채식에 대해 그리고 그것이 동물 복지에 미치는 선한 영향에 대해 널리 알려 나갔다. "더 잘 달릴수록, 그리고 더 많은 성과를 이룰수록, 저는 채식 홍보 대사로서 더 큰 성공과 신뢰를 얻게 됐어요. 제가 이런 일을 하는 이유는 단 하나, 동물을 사랑하기 때문이에요. 그 동물이 해를 입지 않길 바라요. 그 어떤 동물도 누군가의 경기력을 끌어올리기 위해 희생되어선 안 된다는 걸 모두가 아는 게 이 모든 일의 출발점이라고 생각해요."

세계적인 운동선수로 또 동물 보호 운동가로 알려진 피오나에겐 그간 드라마틱한 변화들이 많았다. 그녀의 삶을 그린 다큐멘터리 〈선을 위한 달리기Running for Good〉까지 만들어졌을 정도다. 〈선을 위한 달리기〉는 〈카우-스피라시Cow-spiracy〉와 〈몸을 죽이는 자본의 밥상What the Health〉을 공동 제작해 상을 받은 키건 쿤Keegan Kuhn이 메가폰을 잡았고, 채식하는 울트라러너 리치 롤이 내레이션을, 그리고 아카데미상 후보로 올랐던 배우 제임스 크롬웰James Cromwell이 제작을 맡았다. 그러나 변화하지 않고 그대로 있는 것들도 있다. 피오나의 신체 능력이다. 그녀는 달리기를 시작했을 때와 같은 체중, 같은 근육량을 지금껏 유지해 오고 있다. 또 지나버린 세월과 관계없이, 같은 수준의 기록을 내고 있다. 최근 영국에서 열린 10킬로미터 하프 마라톤과 런던 마라톤 엘리트 스타트Elite Start에 참가하기도 한 그녀는 이렇게 말했다. "저는 수십 년간 육체적으로 힘든, 말하자면 극한의 삶을 살아왔지만 엄격한 채식 식단 덕에 여전히 아주 건강한 몸 상태를 유지하고 있어요."

브렌던 브레지어는 식단으로 몸을 가꾸어 꾸준한 훈련을 해오고 있는 또 다른 육상 선수다. 그는 울트라마라톤 챔피언이자 프로 철인 3종 경기 선수로, 스포츠계 채식주의 운동의 선구자 중 한 사람으로 손꼽힌다. 1990년 그는 모든 엘리트 육상 선수들이 기본적으로 동일한 방식으로 훈련하고 대략 동일한 속도로 달린다면 그들 간에 우열을 가르는 건 결국 훈련 및 운동 후의 회복력일 수도 있다는 걸 깨달은 뒤 바로 채식을 시작했다. 회복 시간을 단축하고 훈련을 더 할 수 있다면, 그리고 더 많은 훈련량과 더 빠른 속도에 보다 잘 적응할 수 있다면, 더 나은 성과를 올리고 더 큰 성공을 거둘 수 있으리라는 게 그가 세운 가설이었다. 브렌던은 가설을 직접 테스트하기로 했다. 그 결과는 우리가 아는 대로다. 그는 세계에서 가장 혹독하고 경쟁이 치열한 경주들에 출전해 큰 성공을 거뒀다. 그리고 40대 중반인 지금까지도 최상의 몸 상태를 유지하고 있다.

경기력을 끌어올리고 회복력을 강화하기 위한 식단을 짜면서 브렌던은 '생물학적 부채 상태' 즉, 에너지를 보충한다고 커피나 정제 설탕 같은 물질에 손을 대 오히려 에너지가 고갈되는 상태에서 벗어나는 것에 우선 순위를 두었다. 이는 자극을 통해 칼로리를 취하느냐 아니면 영양 섭취를 통해 칼로리를 취하느냐의 차이라 할 수 있다. 전자는 아주 잠시 피로감을 더는 데 도움이 될 뿐이다. 반면 미량영양소가 풍부한 음식을 먹으면 다른 자극 자체가 필요하지 않다. 브렌던의 말이다. "사실 건강에 좋은 영양소를 섭취한다는 건 피로와 그에 따른 자극 욕구에 선제공격을 가하는 거나 다름없어요. 영양가 높은 식물성 음식을 토대로 식단을 짜면, 생물학적 부채 상태에 빠지게 될 이유가 전혀 없는 거죠."

브렌던은 또 몸속의 염증과 산성을 제거해 주는 알칼리성 음식을 우선적으로 섭취했다. 많은 양의 채소(특히 녹색 채소), 과일, 퀴노아 같은 유사 곡물, 아보카도처럼 건강에 좋은 지방, 현미와 렌틸콩, 감자, 호박 같은 주식이 될만한 식품들, 영양가 높은 견과류와 씨앗류 등을 우선시한 것이다. 이는 영양학적으로 높은 '투자 수익'을 올리는 방법으로, 브렌던의 말에 따르면 채식하는 운동선수로 성공을 거두는 방법이기도 하다. 그는 별다른 수입 없이 말 그대로 헛간 같은 집에서 사는 등 출발이 아주 초라했다. 그러나 철인 3종 경기라는 스포츠에 대한 열정과 의욕이 남달랐고, 성공하기 위해 정말 열심히 채식 기반의 식단을 지켜나갔다. 그렇게 시간이 흘러 2019년의 어느 날, 브렌던은 하와이 코나에서 열린 철인 3종 경기 세계 선수권 대회 결승선 근처에서 경주를 마치고 들어오는 선수들을 따뜻하게 맞았다. 그가 공동 설립한 브랜드 베가Vega가 대회 타이틀 스폰서를 맡은 것이다. 세계 최고의 지구력 경주로 여겨지는 철인 3종 경기 세계 선수권 대회는 후원자이기도 한 브렌던을 중심으로 돌아가고 있다. 온라인상으로 대회를 지켜보는 이는 매년 수억 명에 달한다.

브렌던은 지금도 여전히 일주일에 6일씩 훈련하고 있다. 여전히 많은 양의 녹색 채소와 곡물, 콩, 채소, 과일 등 알칼리성 자연식품을 즐긴다. 그는 또 채식 관련 여러 벤처 기업들을 설립해왔다. 그 기업들은 혁신적이었고,

경쟁에서도 앞서 나갔다. 바쁜 와중에도 브렌던은 훈련을 거르지 않는다. 훈련은 이제 그에게 삶의 한 부분과 다름없다. 그는 훈련할 때가 훈련하지 않을 때보다 더 편하다고 말한다. "저는 너무 오랜 세월 훈련을 해와서 아예 훈련이 몸에 뱄어요."

달리기와 연관이 꽤 깊은 우리 두 저자 모두 자신 있게 말하지만, 우리가 처음 채식을 시작할 때 브렌던만큼 우리에게 큰 영향을 준 사람은 없었다. 그가 남긴 모든 것은 스포츠계 채식주의 운동 역사상 가장 주목할 만한 유산 중 하나로 남을 것이다. 그런 브렌던을 여러 해 동안 롤 모델로 또 친구로 여겨온 것은 우리에게 크나큰 영광이기도 하다.

캐틀린 쿠크[Katlin Kukk]는 로드 사이클링, 사이클로크로스 그리고 BMX 레이싱[도로를 벗어난 곳을 달리는 사이클링 경주] 에스토니아 챔피언이다. 열아홉이라는 어린 나이에 사이클 선수로 큰 성공을 거둔 그녀는 훈련 및 운동 후 근육 회복력을 높이기 위해 채식 기반의 식단을 택한 것으로도 유명하다. 무릎 염증으로 고생하던 그녀는 채식을 하면 관절 통증이 완화되어 보다 편히 사이클링을 할 수 있다는 걸 알게 됐다. 그리고 실제 채식을 시작하자마자 거의 바로 통증이 덜해졌고, 곧 선수 경력은 날개를 달았다.

많은 사람들과 마찬가지로, 캐틀린 역시 점진적으로 채식 기반의 식단으로 옮겨갔다. 먼저 육류를 서서히 줄여갔고, 그다음에 유제품을 안 먹기 시작했다. "제겐 그 모든 변화가 전혀 어려운 일이 아니었어요. 동물성 식품이 우리 몸에 얼마나 해로운지, 또 그런 식품을 소비하는 게 동물에게 얼마나 큰 고통을 주는지 깨닫게 되자 채식을 하지 않을 수가 없었거든요. 솔직히 말해 제게 육류는 더 이상 음식으로 보이지도 않아요." 완전히 채식 기반의 식단으로 옮겨간 뒤, 그녀는 과도기 상황에서 먹었던 렌틸콩, 병아리콩, 샐러드용 채소 같은 식물성 음식들 외에 아보카도, 고구마, 구운 비트, 주키니,

치아씨, 후무스 같은 음식으로 식단을 채우기 시작했다. 캐틀린의 식단은 상상 이상의 큰 에너지를 주었다. 23세 이하만 참가하는 주요 사이클링 경주에서 연이어 우승컵을 안게 되자 스스로도 놀라지 않을 수 없었다. 이는 채식이 그녀의 사이클링 경력에 엄청난 도움이 된다는 걸 확인시켜준 계기이기도 했다.

많은 유럽인들이 그렇듯, 캐틀린이 처음 사랑한 스포츠는 축구였다. 실제 그녀는 3년간 축구를 했다. 그러던 어느 날, 자전거 가게를 운영하고 있던 아버지와 오빠가 자전거 경주에 참가한다고 하자 엉겁결에 함께 하고 싶다고 했다. 아버지는 자전거를 하나 골라 주었고, 어떻게 자전거 경주를 하는지 그 방법도 일러주었다. 그리고 그 다음 날, 그녀는 난생처음 폐쇄된 코스를 여러 차례 도는 형태의 사이클링 경주인 크리테리윰을 경험했다. 아버지가 알려준 레이싱 기법과 전략을 최대한 활용한 캐틀린은 놀랍게도 같은 연령대 참가자들 가운데 3위로 결승선을 통과했다. 그날이었다. 캐틀린은 "자전거에 꽂혔다".

젊은 운동선수들 사이에서 캐틀린은 롤 모델이 되었다. 특히 십 대의 경우 집중력이 떨어지는 경우가 많은데 그걸 극복하고 뛰어난 운동선수가 됐다는 점에서 그랬다. "십 대 시절엔 이 정도의 성과를 내지 못하는 선수들이 많아요. 16세에서 18세 무렵에는 누구든 하고 싶은 게 많고, 그래서 대부분은 운동선수가 되지 않잖아요. 운동선수가 되면 한 가지 특정한 일에 집중해야 하는데, 대개 그럴 시간이 없어요. 그 나이 때는 파티에도 가고 싶고, 친구들과 어울리고도 싶고, 관심이 가는 재밌는 일들이 많으니까 특정 분야에서 성과를 올리는 일에 집중하기 힘들죠. 저는 친구 관계는 물론 모든 파티도 포기해야 했고 가족들과 함께 많은 시간을 보내는 것도 포기해야 했어요. 사이클링은 정말 많은 시간을 투자해야 하는 스포츠거든요. 하지만 대신 세계 각지에서 새로운 친구들을 사귀었고 기억에 남을만한 멋진 순간들을 만들었어요. 많은 모험도 즐겼고요.” 캐틀린은 어린 운동선수들이나 큰 포부를 가진 운동선수들이 자신의 성공에서 영감을 받아 채식을 시도해 보길 희망한다. “저는 제 자신이 우리 세대 또는 차세대 운동선수들과 일반인 모두에게 채식 기반의 생활 방식이 얼마나 몸에 좋은지를 보여줄 수 있길 바라요. 채식 기반의 식단을 제대로 지키기만 하면, 경기력을 높이는 데 더없이 큰 도움이 돼요. 장담해요. 식물성 자연식품을 먹어 잘못될 일은 결단코 없을 겁니다.”

테니스 선수 샤론 피치먼Sharon Fichman은 2013년에 발뒤꿈치와 다리를 잇는 아킬레스건에 만성 건염이 생겼다. 그녀는 억지로 버텼지만 계속 문제가 되어 제대로 경기를 할 수 없는 지경에 이르렀다. 결국 2016년, 그녀는 여섯 살 때부터 몸담아온 테니스계를 떠나기로 마음먹었다. 아킬레스건 문제가 심각해지고 탈진 상태까지 겹쳐, 하루속히 건강을 되찾고 싶었던 것이다.

트레이너 마크 마딜슨Marc Madilson의 권고에 따라 샤론은 채식 기반의 식단을 시작했다. 그녀가 애초에 기대한 건 그저 좀 더 건강해지고 체중을 좀 줄이는 정도였다. 그마저도 처음엔 채식만으로 충분한 에너지를 섭취하지 못할까 걱정이 앞서 바로 채식을 시작하지 못했다. “저는 트레이너와 코치, 영양사 등에게 영양 관련 교육을 받아 이미 머릿속으로는 채식 기반의 식단에 대해 어느 정도 알고 있었어요. 그래도 막연한 두려움이 있었는데 서서히 그리고 제대로 하기 시작하자 몸이 한결 나아지는 게 느껴졌어요. 사람들 말마따나 엄청나게 많은 단백질을 섭취할 필요가 없다는 사실도 알게 됐어요. 음식을 먹고 난 뒤에도 몸이 가볍게 느껴졌죠. 이제 음식을 먹어도 더 이상 몸이 무거워 낮잠을 잔다든가 하지 않아요.”

몇 개월도 안 지나 샤론의 통증은 완전히 사라졌다. 그리고 4년 전 아킬레스건 부상을 입은 뒤 처음으로 편안히 장거리 달리기를 할 수 있게 되었다. 근육과 관절 부근에 생겼던 염증도 극적으로 완화됐다. 혈액 검사 결과도 양호했다. "몸에 점점 더 많은 변화들이 생겨나면서, 대체 왜 이런 변화들이 일어나는지 그 이유가 점점 더 궁금해졌어요. 그리고 알게 됐죠. 육류 섭취로 콜레스테롤 수치가 높아지면서 염증이 심해지고, 그 결과 통증이 생겨나고 경기력과 회복력이 떨어지게 될 수 있다는 것을요. 채식 기반의 식단을 하면 염증이 완화된다는 걸 보여주는 연구들도 봤어요. 그리고 채식으로 인해 근육 피로가 줄어들고 경기력이 좋아지고 회복 속도도 빨라진다는 것을 깨닫게 됐어요. 모든 건 채식 기반의 식습관으로 인해 몸에 항산화 물질이 늘어나면서 활성산소가 중화되기 때문이라는 것까지요. 저는 최대 산소 섭취량, 즉 강도 높은 운동 중에 사용 가능한 최대 산소량도 늘어났어요. 그 덕에 지구력도 더 좋아졌습니다."

샤론은 그 어느 때보다 몸 상태가 좋았다. 약혼자이자 피겨 스케이팅 올림픽 은메달리스트인 딜런 모스코비치Dylan Moscovitch가 2년 반을 쉰 그녀에게 테니스계로 복귀할 것을 제안하자, 곧바로 받아들였다. 단순히 받아들인 정도가 아니다. 그녀는 캐나다 대표로 2020년 도쿄 올림픽에 출전하기 위한 훈련에 돌입했다.

2020년에 열리기로 한 올림픽은 연기됐지만, 샤론은 멈추지 않고 훈련을 계속했다. 그리고 테니스계로 돌아온 지 10개월 만인 2019년 7월, 그녀는 복식 종목에서 다시 세계 톱 100에 진입했다. 2020년 3월에는 WTA 투어에서 세계 47위라는 역대 최고의 순위까지 올라갔다. 2020년 9월에는 US 오픈에 출전하기도 했다.

샤론의 성공은 코트 위에 그치지 않았다. 약혼자에게도 영향을 미쳐, 딜런을 채식주의자로 만드는 데 성공했다. 현재 두 사람은 채식하는 운동선수이자 채식 홍보 대사라는 사실에 자부심을 가지고 활동하고 있다. 샤론은 실험 삼아 동물성 음식을 멀리해 보라고 권한 트레이너 마크 마덜슨에게 고마워하고 있다. "마크는 상대에게 영감을 주는 사람이에요. 가장 나은 버전의 제 자신을 만들어 준 진정한 코치죠. 저는 그와 함께 많은 시간을 보내면서 많은 동기 부여를 받았어요. 결국 그의 도움으로 완전한 채식주의자가 되었고, 그 덕에 가장 좋아하는 일을 다시 할 수 있게 됐어요. 물론 이런저런 어려움도 있었지만요. 채식주의자의 생활 방식을 지켜 나가는 가장 쉬운 방법은 평소 좋아하는 음식을 먹는 것이라는 걸 이제 잘 알아요. 게다가 채식을 하면 건강해지고 경기력도 높일 수 있는 등 장점이 많죠. 그리고 무엇보다 동물을 해치지 않고도 건강하고 풍요로운 삶을 살 수 있어 정말 행복해요."

근육통과 염증 이해하기

운동선수로 꾸준한 훈련을 통해 새로운 이정표를 세우려 노력 중이든, 아니면 단순히 새로운 식이요법을 시작하려 노력 중이든, 근육통이 있느냐 없느냐는 성패에 큰 영향을 미친다. 만약 운동 후에 통증이라 느껴질 만큼 근육이 쑤신다면, 운동을 즐길 수 없게 될 뿐 아니라 훈련 계획을 철저히 지키고자 하는 의지마저 꺾일 수 있다. 이는 많은 사람들이 매년 새해가 밝을 때마다 겪는 일이기도 하다. 평소 운동이라곤 전혀 하지 않던 사람들이 멋진 몸을 갖겠다는 목표에 한 발 더 다가가겠다며 헬스클럽을 찾지만, 하루 이틀 정도 근력 운동이나 러닝머신 타기 등 강도 높은 운동을 하고 나면 온몸이 쑤셔 며칠간 헬스클럽에 나가질 못하게 된다. 그런 식으로 초기의 열정은 식고 새해 목표를 지키겠다는 다짐 또한 사라지게 되는 것이다. 큰 경기를 앞두고 훈련 중인 운동선수의 경우, 이런 일을 겪게 될 가능성이 훨씬 높다. 회복하는 데 필요한 시간이 길어질수록 훈련하는 데 쓸 수 있는 시간은 짧아지기 때문이다.

건강한 몸만들기라는 목표를 달성할 수 있느냐 없느냐는 운동 후에 얼마나 효율적으로 회복할 수 있느냐와 밀접한 관련이 있다고 해도 과언이 아니다. 통증 때문에 운동을 꾸준히 할 수 없고, 운동을 지속할 수 없어 발전할 수 없고, 발전이 없어 즐거움이나 성취감을 맛볼 수 없다면, 뭔가 다른 걸 추구해야 한다. 채식 기반의 식단을 통해 근육통을 줄이거나 근육통을 예방하는 게 더없이 중요한 이유다.

근육통이란 무엇인가?

근육통은 운동 중 근육에 가해지는 스트레스 때문에 나타나는 부작용이다. 근육통은 신체 활동 직후에 나타나기도 하지만 신체 활동 이후 몇 시간 또는 12~24시간 만에 나타나는 경우가 더 많은데, 후자를 지연성 근육통이라 부른다. 대부분의 근육통은 근육에 가해지는 평소의 스트레스가 이전과는 다른 스트레스로 변하는 과정에서 생겨난다. 설령 경험이 아주 많고 일주일 내내 운동을 하는 사람이라 해도, 아니 심지어 프로 운동선수라고 해도, 평소와는 다른 움직임으로 근육에 다른 스트레스가 가해질 경우 심한 근육통이 생길 수 있다. 예를 들어 엘리트 마라톤 선수에게 갑자기 바벨 프레스나 스쿼트 또는 데드리프트 같은 파워리프팅 운동을 죽을힘을 다해 해보라고 한다면, 그 마라톤 선수는 아마 그다음 날 제대로 걷지도 못할 것이다. 반대로 역도 선수에게 마라톤 선수처럼 빠른 속도로 장거리 달리기를 해보라고 한다면, 그 역시 결과는 비슷할 것이다. 심한 근육통과 피로감 때문에 회복하는 데만 며칠이 걸릴지 모른다.

근육통은 일종의 염증으로 분류할 수 있다. 3장에서 언급한 바 있지만, 염증이라고 다 나쁜 건 아니다. 상처나 감염에 대한 면역 체계의 반응으로 꼭 필요한 것이 염증이기 때문이다. 염증이 생기면 백혈구에서 나오는 화학물질이 혈액 속으로 방출되면서 세포 조직에 영향을 주고, 그 결과 외부 물질로부터 몸을 지키고 회복을 촉진시킨다. 운동 후 근육이 파열됐을 때 나타나는 게 바로 이 회복 촉진 과정이다. 그러나 지속적인 외부 공격으로 면역 체계가 장기간 비상경계 상태에 들어가면서 생기는 만성적인 염증과 달리, 근육통은 급성 염증이나 일시적인 염증 또는 국부적인 염증에 속한다. 만성적인 염증의 경우 백혈구가 건강한 세포 조직과 기관을 공격하는 경우가 많아, 심장병이나 당뇨, 암, 관절염, 크론병 같은 만성 질환으로 이어지게 된다. 그리고 기억하겠지만, 이 모든 게 동물성 음식을 많이 먹을 때 흔히 생기는 부작용이다.

근육통 형태의 급성 염증은 정상적인 반응으로, 아무리 조심한다고 해도 생기는 경우가 많다. 이때 우리가 할 수 있는 일은 염증을 몰아내는 식단으로 스스로를 무장하는 것이다. 그러면 격한 운동 이후에도 근육통이 잘 생기지 않고, 근육통이 생긴다 해도 보다 효과적으로 회복할 수 있다.

회복 속도 단축하기

운동 후 염증이 생기는 걸 줄이고 회복 속도를 단축하기 위해서는 항염증 음식을 먹고, 염증을 유발하는 음식을 멀리해야 한다. 하버드대학교에서 발표한 **피해야 할 염증 유발 음식**들은 다음과 같다.[1]

- 버거와 스테이크 같은 붉은 고기
- 핫도그와 소시지 같은 가공육
- 마가린, 라드, 쇼트닝[식용 가공 유지]
- 흰빵과 페이스트리 같은 정제 탄수화물
- 감자튀김 같은 튀긴 음식
- 탄산음료와 설탕이 들어간 음료

버드대학교에서 발표한 **항염증 식단에 포함되는 음식**들은 다음과 같다. 왠지 낯익지 않은가? 그러길 바란다. 이는 영양가가 풍부한 채식 기반의 식단에 꼭 들어가는 음식들이다.

- 토마토
- 올리브오일
- 시금치, 케일, 콜라드 같은 녹색 채소
- 아몬드, 호두 같은 견과류
- 딸기, 블루베리, 체리, 오렌지 같은 과일

연구 결과에 따르면, 식물성 자연식품은 대개 운동 후 염증 완화 및 회복력 증진에 도움이 된다. 특히 강력한 효과를 내는 식물성 자연식품도 있다. 그런 식품을 언제 어떻게 식단에 포함시켜야 하는지는 '근육을 키우는 데 좋은 식단'(212페이지)을 참고하면 알 수 있다.

녹색잎 채소

녹색잎 채소는 총영양밀도지수가 아주 높을 뿐 아니라 회복력 향상에도 아주 좋다. 비타민 A와 C, E, B, K는 물론 섬유질, 철분, 마그네슘, 칼륨, 칼슘도 풍부해서 케일, 시금치, 콜라드 잎, 근대 등과 같이 먹으면 운동 후 항염증 효과가 클 뿐 아니라 회복력 증진에도 좋다. 녹색잎 채소는 스무디에 넣어 먹거나 그대로 샐러드에 넣어 먹으면 그만이다. 살짝 튀겨도 맛있다. 에너지가 올라갈 것이다. 앞서 6장에서도 언급했지만, 철분 흡수를 돕고 싶다면 감귤류를 곁들이자.

짙은 색 과일

대부분의 베리류와 타트체리 같은 짙은 색 과일에는 아주 많은 양의 항산화 물질은 물론 비타민, 미네랄, 섬유질, 수분이 함유되어 있다. 그러면서도 1파운드 당 300칼로리 정도의 칼로리만 들어 있어, 운동 후 염증 완화에 더없이 좋다. 시리얼이나 오트밀 위에 통째로 올려 먹어도 좋고, 훨씬 빠른 흡수 및 소화를 위해 스무디에 섞어 먹어도 좋다. 단, 과일 주스는 예외다. 당분 과다 섭취를 피하려면 멀리하는 게 낫다. 말린 과일은 단백질 당 칼로리 밀도가 신선한 과일과 다소 차이가 있다는 사실도 알아 두자.

타트체리 주스 다시 보기

우리는 보충제를 복용하면 경기력이나 회복력이 눈에 띄게 좋아질 수 있다는 주장에 대해선 회의적이지만, 타트체리 주스의 경우는 조금 다르다. 정말 그럴 수도 있다는 증거들이 있어 소개한다. 한 연구 결과에 따르면, 장거리 달리기 경주 전후에 타트체리 주스(특히 프랑스 몽모랑시 산 타트체리로 만든 주스)를 마신 운동선수들은 다른 음료를 마신 운동선수들에 비해 근육통에 덜 시달리고 회복력 또한 더 좋았다.[2] 또 다른 연구에서도, 몽모랑시 산 타트체리 농축 주스를 하루에 두 번씩 7일간 마신 남자 사이클 선수 16명이 다른 음료를 마신 사이클 선수들에 비해 3일간의 모의 사이클링 경주 후 염증과 산화 스트레스에 시달리는 경우가 적었다.[3] 또한 연구 결과 몽모랑시 산 타트체리에 들어 있는 천연 화합물들은 운동 후 근육통 완화는 물론 염증 및 근육 손상, 산화 스트레스 해결 면에서도 도움이 되는 것으로 나타났다.[4] 역사상 가장 위대한 울트라마라톤 선수 중 한 명으로 손꼽히는 스콧 주렉은 이부프로펜(장거리 달리기 선수들 사이에서 워낙 흔히 쓰여 "비타민 I"로 불리기도 함) 같은 소염진통제 대신 타트체리 주스를 마실 정도다. 주렉의 말이다. "아주 힘든 경주를 치른 뒤 100퍼센트 천연 타트체리 주스를 마시면 득보다 실이 많은 불필요한 화학물질들을 섭취하지 않고도 회복 속도가 더 빠릅니다."

사람들은 대개 '운동 후' 몸이 회복하게 하려면 무얼 먹어야 하는지 생각한다. 그러나 타트체리 주스의 경우, 우리가 권하고 싶은 건 '회복 전' 음료로 마시라는 것이다. 큰 경주나 힘든 운동을 앞두고 며칠간 타트체리 주스를 마시면, 경주나 운동 중에 또 그 이후에 몸 상태가 더 좋아질 수 있다.

견과류

예로부터 견과류는 단백질과 지방산 함량이 높은데다 그 특유의 영양 덕에 건강에 좋을 뿐 아니라 경기력을 높이고 염증을 완화하는 데도 도움이 된다고 알려져왔다. 2016년 〈미국 임상영양 저널American Journal of Clinical Nutrition〉에 실린 한 논문에 따르면, 견과류에 들어있는 지질 성분이 심혈관 질환 및 2형 당뇨 발병률을 낮춘다. 실제 연구에 참여한 수천 명에게 견과류를 자주 먹게 했더니 염증 관련 생체지표가 더 좋아지기도 했다.[5]

고구마

고구마는 운동 중에 연소된 탄수화물을 보충하고 운동 후에 항염증 효과를 낸다. 또한 비타민 A와 C는 물론 항염증 특성을 가진 항산화 물질도 풍부히 들어 있어, 비만과 2형 당뇨병, 심장병 그리고 암을 퇴치하는 데도 도움이 된다. 고구마는 또 체중 감량에도 좋다. 고구마 속에는 저항 녹말, 즉 잘 소화되거나 흡수되지 않아 소화 기관으로 가는 길목에서 세탁 솔 역할을 하는 섬유질 충전재가 들어 있기 때문이다. 또한 고구마에는 마그네슘과 칼륨도 들어 있어 혈압 조절에도 도움이 된다. 게다가 쓰임새가 워낙 다양해, 식사의 메인 메뉴, 사이드 메뉴 가릴 것 없이 두루 활용할 수 있다. 특유의 단맛 덕에 디저트로 제격이다. 칼로리와 영양가가 모두 높은 몇 안 되는 식재료 중 하나인 고구마는 운동선수에게 더없이 좋다.

강황

향신료인 강황은 강력한 항염증 및 항산화 특성을 갖고 있다. 몸에 활력을 주는 쿠쿠미노이드curcuminoid라는 화합물도 풍부하게 들어 있다. 또한 강황을 먹으면 뇌 기능 및 뇌 건강 증진에 도움이 되며 심장병 발병 위험성도 낮아진다. 먹는 법은 간단하다. 가루로 빻은 강황을 한두 티스푼 퍼 라테 또는 스무디에 넣어 마시거나 카레, 수프, 소스 등에 넣고 잘 저어 먹으면 된다. 180페이지에서도 설명했지만, 강황에 후추를 섞어 먹으면 항염증 효과가 더 좋아진다.

많은 사람이 운동 후에 무언가 먹는 걸 좋아한다. 운동하느라 애쓴 자신에 대한 보상도 되고, 영양분 섭취를 제대로 하는 느낌도 들기 때문이다. 그러나 운동 후에 무얼 먹어야 하는지에 대해서는 잘못 알고 있거나 확신을 가지고 있지 않은 경우가 많다. 그간 우리는 운동 후에 생기는 염증을 완화시키려면 어떤 음식들을 먹어야 하는지에 대해 살펴봤다. 운동 후에 언제 어떻게 영양분을 보충해야 하는지에 대한 지침 몇 가지를 더 소개한다.

회복력을 높이기 위한 운동 후 영양 보충 원칙

운동 후 영양 보충을 중시하느냐 그러지 않느냐에 따라 목표를 달성할 수도 있고 그러지 못할 수도 있다. 운동 후 영양 보충을 해야 하는 상황마다 미묘한 차이가 있기 때문이다. 다음 원칙을 지키면, 근육 회복 및 성장 그리고 영양 보충에 더 나은 결과들을 볼 수 있을 것이다.

운동 후 무엇을 먹을 것인가?

운동 후 영양 보충과 관련해선 다음 두 가지가 가장 중요하다.

1. 타이밍
2. 비율

운동 후 근육들은 회복에 필요한 연료를 받아들일 준비 태세를 갖춘다. 영양 섭취에 타이밍이 중요한 이유다. 가능하면 음식은 운동 후 한 시간 이내에 먹는 게 좋다. 그래야 운동 중에 손실된 영양소를 보충하고 회복 시간을 당겨 보다 좋은 퍼포먼스를 낼 수 있다.

만일 운동 후 바로 자동차로 이동을 해야 한다거나 샤워를 해야 한다거나 해서 제대로 된 식사를 할 시간이 없다면, 우선 간단히 간식이나 스무디를 먹어 두는 게 좋다. 단백질 바와 단백질 파우더는 간단히 먹기 쉬울 뿐만 아니라 운동 후 회복 촉진 효과도 있어 간식으로 인기다. 제대로 된 식사를 하기 전 몸에 좋은 영양소를 섭취하는 데 아주 좋은 또 다른 요깃거리는 과일이다. 역시 먹기 편하고 영양소도 풍부하다. 이때 무엇을 먹느냐 보다 중요한 건 시간이다. 평소 차 안이나 가방 안에 늘 간식을 넣어 두고 운동 후 쉽고 빠르게 먹을 수 있게 해야 한다.

탄수화물 대 단백질의 비율은 5 대 1이 가장 적절하다. 탄수화물이 풍부한 음식은 운동을 하면서 연소되는 에너지, 전해질, 수분 그리고 기타 다른 영양소들을 보충해주고, 단백질이 풍부한 음식은 근육 회복에 도움을 준다. 아주 강도 높은 운동이나 경주를 한 뒤에는 체중 1파운드 당 0.75그램 정도의 탄수화물과 그 5분의 1정도의 단백질을 섭취하길 권한다. 약간의 지방을 섭취하는 것도 도움이 된다. 그 양은 단백질의 절반 정도가 좋다.

종합하기

일반적으로 운동 후 필요한 영양소는 제대로 된 식사를 통해 보충해야 한다. 아침에 장거리 달리기를 한 뒤 든든하게 점심을 먹는다든가, 오후에 헬스클럽에서 열심히 운동을 한 뒤 푸짐한 저녁을 먹는 것이다. 여기 좋은 소식이 하나 있다. 채식 기반의 음식은 대개 탄수화물 대 단백질 비율이 5 대 1에 가까워서 식단 짜기가 아주 쉽다는 것이다. 부리토 볼, 샐러드, 랩 샌드위치, 파스타, 곡물 볼 등이 그 예다. 주로 식물성 자연식품으로 만들어져 탄수화물이 풍부할 뿐 아니라 양질의 단백질과 지방도 들어 있다.

경기력과 회복력을 높이는 공식

지금까지 우리는 많은 정보를 제공해왔다. 그러나 운동 후 영양 보충 문제를 이 책을 통해 처음 접했다면, 경기력과 회복력을 높이는 일이 여전히 막연하게 느껴질 수 있다. 그래서 따라 하기 쉽게 세 단계로 요약했다. 그 핵심은 3-4-5 공식이다. 다른 건 다 잊어도 좋다. 다음 공식만은 꼭 기억해두자.

- 운동 전: 탄수화물 대 단백질 비율을 3 대 1에 맞춘다.
- 운동 중: 탄수화물 대 단백질 비율을 4 대 1에 맞춘다.
- 운동 후: 탄수화물 대 단백질 비율을 5 대 1에 맞춘다(4 대 1도 괜찮다).

영양소를 일일이 다 측정해 가면서까지 정확히 이 비율을 맞출 필요는 없다. 대부분의 운동선수가 영양 보충 문제에 대한 어떤 결정을 내려야 할 때 이 3-4-5 공식을 지침으로 삼는다는 것 정도만 염두에 두자. 운동 전후와 운동 중 정확히 무엇을 먹어야 하는가는 당신의 몸 상태가 어떤지 또 당신의 몸이 무엇을 필요로 하는지에 따라 달라진다. 오랜 시간 이런저런 실험을 하다 보면 자연스럽게 알게 될 것이다.

영양 보충의 실질적인 예를 보고 싶다면, 10장 채식하는 운동선수의 하루를 살짝 보고 와도 좋다.

운동 후 회복력 높이는 방법

회복력을 높이는 데 가장 중요한 것은 식물성 자연식품을 먹는 것이지만, 고려해야 할 사항은 그뿐만이 아니다. 특히 훈련 강도를 한 단계 더 높이고 싶을 때는 그에 따라 어떻게 에너지를 보충할 것인지도 생각해 봐야 한다. 다음에 나오는 방법들을 잘 활용하면, 채식을 하면서 운동 후 회복력을 높일 수 있다.

수분 공급하기

70퍼센트 이상 물로 이루어져 있는 우리 몸이 제대로 기능하기 위해서는 적절한 수분 공급이 필수다. 수분 공급이야말로 높은 수준의 건강을 유지하는 데 반드시 필요한 요소로, 수분만 잘 공급해도 근육통이 사라질 수 있다. 수분이 부족해지면 근육에 염증이 생겨 각종 문제가 발생할 수 있다. 물에 의해 공급되는 물질인 전해질이 부족해질 가능성도 있다.

운동 후 회복력을 높이는 가장 간단한 방법은 매일 적정량의 물을 마시는 것이다. 하루에 12컵 정도 마시기를 권한다. 조금 큰 컵이든 작은 컵이든 컵 크기는 신경 쓰지 않아도 좋다. 그저 하루에 12컵 정도의 물을 마시고 과일과 채소를 곁들이면 활기찬 삶을 유지하는 데 필요한 물은 충분히 공급될 것이다.

명심해야 할 것은 자연 상태의 많은 과일과 채소에 들어 있는 수분이 상당하다는 점이다. 과일과 채소 속 수분까지 일일이 1일 총 수분 섭취량에 넣어 계산하고 싶진 않을 테니 이것 하나만 기억하자. 과일과 채소를 먹으면 필요한 수분은 충분히 보충된다는 사실이다. 또 하나 명심해야 할 것이 있다. 날씨가 덥거나 습하면 그리고 천연 배뇨 촉진제나 다름없는 카페인을 섭취하고 있거나 배뇨를 촉진시키는 약 또는 보충제를 복용하고 있다면, 땀이나 소변을 통해 잃게 되는 수분을 보충하기 위해 더 많은 양의 물을 마셔야 한다.

워밍업, 스트레칭 그리고 정리 운동

사람들은 대개 운동 강도가 높아서 그다음 날 근육통이 생기고 몸이 뻐근해지는 거라고 생각하지만, 실은 워밍업이나 스트레칭 또는 정리 운동을 하지 않았거나 그 세 가지를 다 하지 않았기 때문인 경우가 많다. 흔히 간과되기 쉬운 이 세 가지는 운동 후 회복에 반드시 필요한 활동으로, 영양학적 측면에도 도움이 된다. 워밍업, 스트레칭 그리고 정리 운동을 하지 않을 경우, 십중팔구는 어느 정도 근육통이 생긴다. 몸을 풀지도 않은 상태에서 바로 단거리 전력 질주를 하면, 그다음 날 앓아누울 각오를 해야 한다. 스쿼트 같이 힘든 동작이 수반되는 웨이트트레이닝을 하는 경우도 마찬가지다. 워밍업이나 스트레칭을 하지 않고 바로 고강도 운동을 하면, 아무리 많은 항염증 음식을 먹고 보충제를 복용해도 몸이 성할 수 없다.

근육통은 현대 사회에 아주 흔하다. 그렇다고 해서 근육통을 과소평가하지는 말아야 한다. 근육통으로 인해 활기를 잃게 되고 결국 질병에 이르게 될 가능성이 높기 때문이다. 다행히 운동 후 영양 보충 계획을 세우는 등 근육 회복 및 근육통 예방에 조금만 신경 쓰면 근육통은 막을 수 있다. 이 모든 건 시간만 좀 투자하면 되는 일이다.

워밍업

본격적인 운동에 들어가기에 앞서 워밍업을 하면, 우리 몸은 응당 받게 될 스트레스에 대비할 수 있게 된다. 워밍업을 하면 체온이 오르고 근육으로 향하는 혈류가 늘어나면서 심혈관계가 관여하고, 그 결과 부상 위험이 줄어들게 된다.

일반적으로 '워밍업을 한다'는 말은 조깅에 앞서 걷기를 하고 달리기에 앞서 조깅을 하는 등 속도를 낮추거나 강도를 줄인 운동을 한다는 의미다. 아니면 바벨을 들고 스쿼트를 하기에 앞서 맨몸으로 스쿼트를 하는 것처럼 웨이트트레이닝을 하기에 앞서 맨몸 운동을 한다는 의미일 수도 있다. 어떤 방식을 택하든 5분에서 10분 정도 워밍업을 한 뒤 보다 강도 높은 운동을 하길 권한다. 보다 좋은 건 워밍업을 하고 나서 몇 분 정도 스트레칭도 하는 것이다. 워밍업을 한 뒤 스트레칭까지 하는 게 특히 좋다. 혈액이 근육으로 향해 근육이 보다 유연해질 뿐만 아니라 늘어날 준비도 되기 때문이다. 차갑고 경직된 근육을 갑자기 늘리려 하면 바로 부상을 입게 될 가능성이 높다.

스트레칭

스트레칭은 회복 및 운동 프로그램에 필수가 되어야 한다. 운동 전 스트레칭을 하는 습관이 있느냐 없느냐에 따라 운동 후 근육통이 생기느냐 생기지 않느냐가 결정될 수도 있다. 한 가지 예를 보자. 10분간 줄넘기를 하는데 모든 충격이 발가락들로만 가고 두 종아리는 그 모든 동작에 무방비 상태로 노출된다면 그리고 그 이후에도 두 종아리를 스트레칭해 주지 않는다면 어떻게 될까? 십중팔구 오랜 근육통에 시달리게 되고, 그로 인해 이후 2~3일간은 제대로 걷지도 못하게 될 것이다. 특히 체육관에서 다리 운동을 할 때 그런 경우를 자주 본다. 많은 역도 선수들이 무거운 바벨을 든 채 스쿼트나 힙 슬레드 또는 레그 프레스를 한다. 워밍업 후 스트레칭도 하지 않고 런지 동작을 수행하기도 한다. 그러고는 어째서 심한 지연성 근육통이 생겨 여러 날 동안 다시 다리 운동을 할 수 없게 되는지 의아해 한다. 심하면 단순히 의자에 앉거나 자동차 시트에 앉는 동작조차 하기 힘들어지게 되는데, 모든 건 그들이 운동할 때 미리 짬을 내 스트레칭을 하지 않아 염증이 악화됐기 때문이다. 스트레칭을 하지 않아 이런 결과에 이르는 건 역도 선수뿐만이 아니다. 육상 선수, 하이킹 선수, 사이클 선수는 물론 거의 모든 운동선수에게 해당된다. 운동 프로그램에 운동 전후와 운동 중 스트레칭을 포함시키지 않으면 큰 문제가 야기될 수 있다. 바꿔 말하면, 역동적인 스트레칭을 포함시킬 경우 근육통은 거의 완전히 예방할 수 있다.

스트레칭에는 종류가 많다. 정적인 스트레칭(15초에서 60초 동안 움직이지 않고 하는 스트레칭. 발가락을 만지는 동작 등)도 있고, 동적인 스트레칭(팔다리를 다양한 방식으로 움직이면서 하는 기능적인 스트레칭), 탄성 스트레칭(탄력을 이용한 스트레칭)도 있으며, 고유감각신경근육촉진 스트레칭(물리 치료사나 트레이너 도움을 받아 근육을 한계점까지 늘리는 스트레칭) 등도 있다. 우리가 추천하는 스트레칭은 동적인 스트레칭이다. 각종 연구에 따르면, 부드러운 동작을 스트레칭에 접목하는 것이 유연성을 높이고 근육 긴장을 개선하며 부상을 방지하는 데 가장 효과적인 방법이다. 여기에 우리는 워밍업 중에, 그리고 운동 중에 그리고 또 정리 운동 중에 주기적으로 동적인 스트레칭을 추가할 것을 권한다. 그 외에 가슴 근육 및 삼두근을 풀어주기 위해 두 팔을 빙빙 돌리는 간단한 크로스바디 스트레칭 또는 오버헤드 스트레칭을 하거나, 벤치 프레스 세트 사이에 근육 스트레칭을 하거나, 스쿼트나 레그 프레스 중에 사타구니 근육, 둔근, 대퇴사두근, 햄스트링 등을 풀어주는 맨몸 스쿼트를 하는 방법도 있다.

정적인 스트레칭을 할 계획이라면, 운동을 마친 뒤에 하는 것이 좋다. 근육이 따뜻해지고 보다 유연해졌을 때 실행에 옮겨야 한다. 특히 웨이트트레이닝을 하면서 스트레칭을 전혀 하지 않으면 무조건 근육통이 생기니 주의

하자. 결국 심한 지연성 근육통 때문에 계획했던 운동조차 하지 못하게 되는 경우가 많다.

어느 정도 스트레칭을 해야 근육통이 예방되는지 알아보기 위해 실험을 해보고 싶다면, 한 가지 방법을 추천한다. 하루 날을 잡아 스트레칭을 하지 말고 평소와 같은 강도의 운동을 하고, 그 다음날 어느 정도 근육통이 생기는지 살펴보는 것이다. 그런 다음 회복이 되면 다시 같은 강도의 운동을 하되, 이번에는 운동하기에 앞서 먼저 워밍업과 스트레칭(다음에 곧 소개할 방법으로)을 해보자. 장담컨대 아마 후자의 경우가 더 만족스러울 것이다.

스트레칭을 하자

이 기본적인 워밍업과 스트레칭을 하는 데는 채 10분도 안 걸린다. 효과는 그 이상이다. 단련시키고자 하는 근육이 풀어지고, 운동 후 근육통이 생길 가능성 또한 줄어들게 된다.

먼저 5분에서 10분 정도 조깅, 엎드려 팔 굽혀 펴기, 크런치, 팔 벌려 제자리 뛰기 같은 유산소 운동으로 워밍업을 하자. 그다음 간단한 스트레칭을 통해 우리 몸에서 가장 큰 근육인 대퇴사두근, 햄스트링, 둔근, 종아리 근육, 가슴 근육, 등 근육, 그리고 팔 앞뒤 근육 등을 풀어 보다 유연한 상태에서 본격적인 운동을 할 수 있게 하자.

한눈에 볼 수 있게 정리하면 다음과 같다.

- 발가락을 만지는 동작으로 햄스트링 스트레칭을 한다.
- 한쪽 다리로 선 채 발을 끌어당겨 대퇴사두근 스트레칭을 한다.
- 발가락을 계단 또는 벽에 올리거나, 엎드려 팔 굽혀 펴기 자세에서 발뒤꿈치를 바닥에 눌러 종아리 스트레칭을 한다.
- 플랭크 자세[몸을 곧게 편 채 팔과 다리만으로 바닥을 짚고 버티는 자세]에서 업워드 독 자세[얼굴을 쳐든

채 개처럼 앉는 자세]로 바꾸면서 복근 스트레칭을 하고, 다시 비둘기 자세[모이주머니를 쭉 내미는 비둘기를 연상시키는 자세]로 바꿔 둔근 스트레칭을 한 뒤, 몸을 살짝 비트는 등의 스트레칭을 한다.

- 선 자세에서 가슴을 가로질러 팔을 풀어주는 어깨와 팔 스트레칭을 하고, 팔을 머리 위로 올려 스트레칭을 한 뒤, 팔꿈치 쪽으로 끌어내리면서 삼두박근 스트레칭을 한다.

이는 보다 다양한 동작을 하게끔 고안된 것이다. 각 동작을 몇 초씩 지속하면서 동적인 스트레칭이 자연스럽게 그리고 쉽게 다음 동적인 스트레칭으로 이어지게 하자. 몸을 계속 움직일 수 있게 가끔 제자리 조깅도 하고 팔 돌리기도 하면 좋다. 또한 이 스트레칭 동작들은 운동 중에 반복해도 좋다. 중간중간 쉬는 시간에도 계속 몸이 풀린 상태를 유지하게 해 준다. 어떤 근육 부위를 단련할 건지에 따라 그에 맞는 스트레칭 동작을 더해도 괜찮다. 각 스트레칭 동작을 몇 초씩만 해도 근육통 예방 효과가 있다.

정리 운동

워밍업과 마찬가지로, 정리 운동 역시 운동할 때 꼭 필요한 과정인데 이 과정을 과소평가하는 사람이 많다. 그저 형식적으로 서둘러 끝내려 하는 것이다. 대개는 운동을 끝내며 '어떤 음식을 먹을까' 하는데 생각이 팔려 있거나, 각종 소셜 미디어 관련 알림을 확인하느라 바쁘다. 바로 그럴 때 슬그머니 근육통이 생길 수 있다. 조금만 신경 쓰면 근육통을 막을 수 있다는 뜻이기도 하다. 예를 들어 단거리 전력 질주를 하거나, 바벨이나 덤벨 들어올리기 같은 격한 운동을 한 뒤 바로 장시간 가만히 앉아 있지 말고 정리 운동을 해주는 것이다. 그러면 심장박동수가 정상으로 돌아오고 호흡이 안정되며 근육도 서서히 풀리게 된다. 헬스클럽이나 체육관에서 운동을 한 뒤 바로 자동차에 올라 집까지 장거리 운전을 한다거나 가만히 앉아 저녁 식사를 하고 내내 소파에 드러누워 있지 말고 꼭 정리 운동을 하라는 뜻이다.

강도 높은 유산소 운동을 한 뒤 잠시 산책을 하면서 팔을 빙빙 돌리거나 가벼운 스트레칭을 해 보자. 혈액 순환이 잘 될 것이다. 무거운 걸 들어 올리는 웨이트리프팅 운동을 한 뒤에는 20초에서 25초 정도 반복해서 가벼운 기구를 들어 올리며 정리 운동을 하는 게 좋다. 그러면 근육이 스트레칭되면서 별 저항 없이 다양한 움직임을 할 수 있게 된다. 물론 혈액 순환도 더 잘 된다. 지역 문화센터나 체육관 같은 데서 농구를 하고 난 뒤라면, 잠시 가벼운 조깅으로 정리 운동을 할 수도 있고, 시간과 공간이 허락할 경우 농구공을 골대에 던져 넣거나 튀어나온 농구공을 뒤쫓으며 정리 운동을 할 수도 있다. 어떤 정리 운동을 선택하든 해야 할 일은 기본적으로 같다. 워밍업과 반대로, 5분 내지 10분 동안 근육에 휴식 시간을 주는 활동을 하면 된다.

휴식

스포츠 세계에서 '휴식을 취한다'는 건 비난받을 일이 아니다. 휴식이 곧 열심히 뛰지 않는 것이라는 비난을 받던 시절도 있었고, 지금도 운동선수 중 일부는 목표를 이루려면 밤낮없이 죽어라 뛰어야 한다고 생각하지만, 적절한 휴식은 부상 예방을 위해서뿐만 아니라 경기력을 끌어올리기 위해서도 꼭 필요하다. 우리 몸의 근육이 원상태로 회복되고 더 강해지는 것 역시 휴식을 통해서다. 캘리포니아 주에서 뉴욕 주까지 무려 64킬로미터가 넘는 거리를 75일간 계속 달린(그것도 채식 기반의 식단으로 에너지를 보충하면서) 로비 발렌거Robbie Balenger처럼, 몸을 극한 상황까지 밀어붙인 뒤 그것에 적응할 수도 있다. 그러나 여기엔 하나의 전제가 있다. 바로 휴식이다. 로비는 하루에 마라톤에 하프 마라톤까지 뛴 뒤 충분한 휴식을 취했고, 그래서 그 다음 날 다시 장거리 달리기를 할 수 있었다. 그런 과정을 수개월간 지속할 수 있었던 힘이 바로 휴식이다. 로비는 훈련 계획에 아예 휴식을 집어넣어 그 엄청난 미션을 성공할 수 있었다. 즉 그는 매일 극한 상황에서 성과를 내야 한다는 스트레스에 시달리면서도, 에너지를 제대로 보충하고 자신의 근육과 장기들이 제대로 회복되려면 언제 휴식을 취해야 하는지를 잘 알고 있었던 것이다.

우리는 휴식이란 말을 '몸이 신체적인 스트레스를 받지 않는 상태'로 정의한다. 여기서 '몸'이란 몸 전체를 뜻할 수도 있고(예를 들어 운동을 한 그날 또는 다음 날 하루 휴식), 특정 근육을 뜻할 수도 있으며(상체 훈련을 하면서 두 다리에는 하루 휴식), 몸의 특정 체계(유산소 운동을 하면서 심혈관계에는 휴식)를 뜻할 수도 있다. 기본적으로 휴식은 하는 운동 및 훈련 수준과 관련이 있다. 예를 들어 보디빌더의 경우 가슴 근육을 위주로 운동하면서 등쪽에는 휴식을 주고, 울트라러너의 경우 하루 내내 또는 며칠간 지구력 강화 훈련을 하면서 두 발에는 약간의 휴식을 주는 식이다.

많은 운동선수가 낮잠을 즐기기도 한다. 일반인들보다 훨씬 많은 운동을 하기 때문에 낮잠으로 에너지를 보충하고 경기력 향상을 꾀하는 것이다. 프로나 엘리트 운동선수의 경우, 가장 흔한 휴식 형태는 아예 휴일을 갖는 것이다. 하루 종일 휴식을 취해 온몸이 육체적 피로에서 회복될 수 있게 하는 것이 일반적이다.

수면도 중요하다. 수면은 건강을 유지하는 데 꼭 필요한 기본 토대이기 때문이다. 하지만 밤에 취하는 수면은 휴식에 포함되지 않는다는 사실을 유념해야 한다. 그렇다고 해도 수면은 여전히 회복에 절대적으로 필요한 요소다. 하루 종일 움직인 우리 몸이 회복되고 활력을 찾는 건 바로 깊은 휴식을 취하는 수면 시간 중이기 때문이다.

그럼 우리는 얼마나 많은 휴식을 취해야 할까? 그 답은 하루에 얼마나 많은 운동을 하는지, 어느 정도의 강도로 운동을 하는지 그리고 하루 종일 그 외에 다른 어떤 활동을 하는지(예를 들어 하루 종일 책상에 앉아 있는 시간과 걷거나 뛰는 시간 비율이 어떻게 되는지) 등에 따라 달라진다.

회복과 재도약에 도움이 될만한 휴식에는 다음과 같은 법칙들이 있다.

- 운동하는 날을 일주일에 6일 이내로 제한하자. 특히 운동 외에도 활발한 일상생활을 하고 있는 중이라면 적어도 일주일에 하루는 몸에 휴식을 주어야 한다.
- 단련하는 근육군을 바꾸자. 역도 같은 웨이트리프팅 운동을 하고 있다면, 매일 같은 근육군을 단련하지 말도록 하자. 그럴 경우 근육과 관절, 그리고 인대에 너무 큰 부담을 줄 수 있다. 믿기 힘들겠지만, 많은 프로 보디빌더들도 특정 근육군을 일주일에 한 번씩만 단련한다. 그 근육군에 최소 일주일의 회복 시간을 준다는 뜻이다. 여자 복싱 선수 겸 역도 선수 바네사 에스피노자의 경우, 하루는 가슴 근육을 단련하고, 다음에는 등 근육을, 그다음에는 다리 근육과 복근, 어깨 근육, 팔 근육 순으로 단련한다. 그리고 각 근육군마다 나름대로의 주안점을 두되, 단련한 근육군에 거의 일주일간 휴식을 준 뒤 다시 그 근육군을 단련한다.
- 밤에 충분한 휴식을 취하자. 대부분의 사람들은 하룻밤에 최소한 7시간에서 9시간은 수면을 취해야 한다. 그래야 몸이 제대로 쉴 수 있고, 운동 후에 제대로 회복할 수 있다. 중요한 체계들(면역계, 신경계, 심혈관계 등) 역시 최적의 상태로 기능할 수 있다. 거의 일주일 내내 활동적으로 움직이는 운동선수의 경우엔 특히 최대한 오랜 시간 수면을 취하길 권한다. 수면은 경기력을 향상시키는 데는 물론, 전반적인 건강 상태를 유지하는 데도 무척 중요하다. 숙면을 취할 수 있게 하는 구체적인 방

법으론 밤늦게 카페인이 함유된 음료 마시지 않기, 잠자리에 들기 한두 시간 전엔 밝은 빛(스마트폰, 컴퓨터 또는 텔레비전 등의 빛)에 노출되지 않기 등이 있다. 잠자리에 들고 일어나는 시간을 일정하게 하는 것도 중요하다. 꾸준히 지키다 보면 몸은 보다 나은 수면 리듬에 적응하게 된다.

- 낮잠을 자자. 진심이다. 보디빌더와 철인 3종 경기 선수, 그리고 프로 농구 선수 등 많은 운동선수들은 훈련 계획에 아예 낮잠 시간까지 포함시킨다. 시의적절한 시간에 잠시 자는 낮잠은 몸에 휴식 시간을 주면서 마치 카페인처럼 에너지를 재충전하는 데 도움을 준다. 낮잠을 잘 경우, 가급적 오후 3시 이전에 자도록 하고 30분 이내만 눈을 붙이는 게 좋다. 그래야 밤에 수면을 취하는 데 방해되지 않는다.
- 근육통 예방 및 완화를 위해 다른 일반적인 방법들도 활용하자. 다음에 소개하는 방법들은 혈액 순환과 회복을 촉진시켜 주고 중추신경계를 진정시켜 주며(염증을 제어함으로써) 근육 및 세포조직을 유연하게 만들어 준다. 근육통 예방 및 완화를 위해 가장 널리 쓰이는 방법들은 다음과 같다.
  - 마사지 요법
  - 냉각 요법 또는 얼음 요법
  - 온열 요법
  - 지압 요법
  - 요가 및 스트레칭
  - 근육 크림, 젤 및 통증 완화 패치
  - 장시간 앉아 있지 않기
  - 자세에 대한 관심 갖기

- 긍정적인 태도

전설적인 울트라러너, 사이클 선수, 미식축구 선수, 역도 선수, 보디빌더, 농구 선수 등등 그 어떤 운동선수에 대해 얘기를 하든 분명한 것은 하나다. 지금 우리가 새로운 시대를 맞이하고 있다는 것, 그리고 채식 기반의 식단이 그 모든 것의 원동력이라는 것이다. 채식 기반의 식단을 하면 경기력이 나아지고 에너지가 증대되며 근육통이 최소화되고 몸이 더 건강해지며 사망 위험이 줄고 가장 흔한 퇴행성 질환에 걸릴 위험도 감소하게 된다. 단순히 필드 위나 코트 위에서 경기력만 나아지는 게 아니라 삶의 질도 서서히 좋아진다.

운동 전후 영양 섭취 늘리기

운동 전과 운동 중 그리고 운동 후 식단을 정하고 싶은 이들을 위해 우리가 가장 좋아하는 식단과 먹는 방법에 대한 팁을 정리했다. 웹사이트 '육식하지 않는 운동선수(nomeatathlete.com/book-bonus)'를 방문해 운동 효과를 극대화하는 노하우를 다운로드해 보자.

• • • • •

나는 엄청나게 힘든 운동 후에도 아주 짧은 시간에 회복할 수 있다. 그렇다고 해서 피로감을 전혀 느끼지 않는다는 얘기는 아니다. 그저 매일매일 같은 퍼센티지의 노력을 쏟을 수 있다는 이야기다.

- 데이비드 베르버그, 단거리 달리기 부문 올림픽 금메달리스트

채식을 시작하면서 생겨난 가장 큰 변화 중 하나는 회복력이 좋아졌다는 것이다. 지금 나는 격한 운동 후에도 몸이 더 강하고 더 빨라졌다고 느낀다.

- 레베카 소니, 수영 세계 신기록 보유자

채식을 시작하면서 생겨난 가장 큰 차이는 회복력이다. 격한 운동을 하고 난 뒤 회복 속도가 훨씬 빨라졌고 스태미나도 훨씬 좋아졌다. 나는 두 차례의 전방십자인대 수술(2017년, 2019년) 후에 아주 빠른 속도로 회복했다. 수술 후 단 한 달 만에 정상적인 훈련을 시작했고, 석 달 만에 다시 경기에 출전했다.

- 비비안 콩, 엘리트 펜싱 선수

내게 일어난 가장 눈에 띄는 변화는 염증이 줄어들었다는 것이다. 격한 훈련으로 염증이 생긴다 해도 이전만큼 오래가지 않는다. 과거에는 지연성 근육통이 생기면 훈련을 그만두고 휴식을 취해도 6~7일은 갔지만, 이제는 3~4일 만에 정상이 되어 훈련을 재개할 수 있다.

- 제임스 뉴버리, 호주에서 가장 강한 남자(4회)

채식을 시작하면서 사실 처음엔 그 어떤 변화도 기대하지 않았다. 그저 다양한 채식 기반의 음식으로부터 동일한 영양소를 섭취하는 것뿐이라 생각했다. 그런데 채식주의자가 된 지 2년이 넘은 지금, 내 몸의 회복력은 그 어느 때보다 좋아졌다. 격한 운동? 문제없다. 경쟁? 문제없다. 잠시 회복 시간을 가지면 다시 100퍼센트로 뛸 준비가 된다. 프로 스포츠 세계에서 이는 정말 큰 차이를 만들 수 있는 대단한 이점이다.

- 안드레 보이타, 1,500미터 육상 선수

당신은 이제 가장 나은 버전의 당신 자신이 되는 데 필요한 여러 방법들을 알게 됐다. 어떤 음식을 먹어야 하고 어떤 음식을 피해야 하는지, 운동하는 데 필요한 에너지를 보충하려면 식단은 어떻게 짜고 어떤 보충제를 복용해야 하는지, 그리고 회복력을 높이려면 어떻게 해야 하는지까지 모두 다 말이다. 또한 채식하는 세계 최정상급 운동선수들로부터 지침이 될만한 증언들도 들었다. 그럼 다음 질문을 던질 차례다. 엘리트 운동선수에게 전력을 쏟아붓게 하는 원동력은 무엇일까? 어떻게 하면 당신도 그런 원동력을 가질 수 있을까? 어떻게 해야 당신이라는 차 내부에 질 좋고 깨끗한 연료를 넣어 전속력으로 달리게 할 수 있을까? 이 책에 있는 조언을 읽기만 해서는 아무 일도 일어나지 않는다. 조언을 받아들이고 뭔가를 해야 한다. 결국 모든 건 마음먹기에 달려있다.

운동선수에게 있어 목표와 동기부여 그리고 집중력은 각종 영양소와 훈련 못지않게 경기력을 높이는 데 중요하다. 물론 채식주의자의 마음가짐 같은 건 따로 없다. 하지만 채식 기반의 식단을 따르면서 보다 큰 성공을 거두기 위해 새로 마음을 다잡는 건 얼마든지 가능하다. 우리가 이 장 제목으로 내건 '내재된 운동선수 자질 십분 발휘하기'가 바로 그것이다. 요컨대 각자가 지니고 있는 잠재력을 찾아 내면 깊은 곳에서 타오르고 있는 불씨와 연결하고, 스스로 자랑스러워할 만한 결과를 만들어 내는 일이다. 앞으로 몇 가지 원칙을 제시할 예정이다. 엘리트 운동선수들을 최고의 위치에 이르게 만들어 준 원칙들을 사연과 함께 만나 보자.

코린 서튼Korin Sutton은 채식을 통해 탄탄한 몸을 만드는 법을 잘 알고 있는 대표적인 선수다. 여러 보디빌딩 연맹에 속해 있는 프로 보디빌더인 그는 열아홉 차례나 챔피언 자리에 오른 베테랑이자 채식하는 수백 명의 보디빌더를 지도해 온 코치이기도 하다. 코린이 큰 성공을 거둔 비결은 믿기지 않을 만큼 간단하다. 계획을 세웠고, 그 계획대로 했다. 그뿐이다. '제아무리 좋은 계획도 일관성과 책임감을 가지고 실천하지 않는다면, 또 110퍼센트 쏟아붓지 않는다면 아무 쓸모 없다.' 이는 8년간의 군 복무 기간(미국 해병으로 4년, 해군 예비군으로 4년) 동안 코린의 마음속에 깊이 새겨진 교훈이다. "제 사전에 포기란 없어요. 군에선 포기라는 걸 할 수 없거든요. 절대 그럴 수 없죠. 전 포기를 모릅니다. 계속 나아가든가 아니면 죽든가 둘 중 하나죠. 그게 다예요. 어떤 임무가 너무 힘들다거나 벅차다고 해서 포기할 순 없어요. 그 임무를 완수할 때까지 그저 계속 나아가는 거죠." 채식주의자의 생활 방식과 운동, 그리고 남을 돕는 일에 최선을 다할 수 있게 한 원동력은 그가 세운 목표였다. 확고한 목표야말로 모든 퍼즐 조각을 맞춰주는 열쇠와 같았다.

코린은 대학 시절에 그 목표를 세웠다. 동물 보호 운동에 앞장서고 있던 한 유명 연사의 프레젠테이션이 계기였다. 연사는 대규모 동물 사육 과정에서 행해지는 각종 잔혹 행위를 고발했고, 코린은 마음이 편치 않았다. 그렇게 식료품 쇼핑을 할 때면 자신이 어떤 동물성 식품을 먹고 있는지 또 어떤 업체에 힘을 실어 주고 있는지를 꼼꼼히 살펴보기 시작했다. 채식 기반의 식단엔 뒤늦게 마음이 열렸다. 유명 연사가 입에 침이 마르게 채식을 극찬했지만, 코린은 동물성 단백질을 섭취하지 않고도 근육을 키울 수 있다는 말은 믿을 수 없었다. 하지만 온갖 잔학 행위가 자행되는 공장식 축산 관행을 더 이상 못 본 척할 수 없었던 그는 테스트 삼아 채식을 해보기로 했다. 그렇게 생선을 제외한 모든 동물성 단백질을 끊었다. 결과는 예상하는 대로다. 피부 트러블이 사라졌고, 에너지와 스태미나는 물론 성욕까지 더 강해졌다. 그는 생각했다. '해산물까지 먹는 채식을 해도 이 정도인데, 엄격한 채식을 하면 대체 어떻게 될까?' 아니나 다를까, 100% 채식을 하자 군살이 빠지고 근육이 훨씬 더 발달했다. 코린은 그 어느 때보다 에너지가 넘쳤다. "모든 결과에 정말 놀랐어요. 채식은 정말 동물을 위하는 가치 있는 일일뿐 아니라 지속 가능한 일이기도 해요."

채식에 대한 확신이 보디빌더인 코린을 더 빛나게도 하지만, 또 어떤 측면에선 그런 확신 때문에 현재 위치까지 오르는 데 더 많은 어려움을 겪어야 했다. 스테로이드 사용이 만연해 있는 데다 일부 유명 대회에선 약물 검사도 이뤄지지 않는 보디빌딩 세계에서 코린은 자연식품만 먹고 약물은 전혀 사용하지 않는 보디빌더로 활동 중이기 때문이다. 스테로이드를 사용하는 보디빌더의 수명이 극도도 짧아지는 것을 아는 만큼(30~40대에 세상을 떠나는 경우가 많음) 코린은 스테로이드를 사용해 제 몸을 망가뜨리고 싶지 않았다. 그에 따르면, 채식하는 운동선수는 정말 죽어라 훈련을 해야 하고 참을성도 많아야 한다. 불법 약물을 사용하는 사람만큼 근육이 빨리, 그리고 잘 발달되지 않기 때문이다. 물론 불법 약물을 복용하지 않는 선수들끼리만 경쟁하는 보디빌딩 연맹도 있고, 코린은 그런 연맹이 주최하는 대회에서 많은 상을 받기도 했다. 그러나 그가 받은 가장 큰 상들은 약물 검사를 하지 않는 보다 규모가 큰 연맹들에서 받은 것들이다. 그 과정에서 코린은 보디빌더에게 스테로이드가 꼭 필요한 게 아니라는 걸 입증해 보였고, 또 주류 보디빌딩계에 채식주의를 널리 알리는 홍보대사의 역할을 하기도 했다. 물론 모든 게 첫 도전에서 바로 이뤄진 건 아니다. 약물 검사를 하지 않는 연맹 소속 프로 보디빌더로 처음 몇 번 도전했을 때 그는 별 두각을 드러내지 못했다. 그러나 실패에 좌절하지 않았다. 코린은 스테로이드를 사용하는 다른 보디빌더들과 어깨를 나란히 하기 위해 훈련 강도를 몇 단계 높였다. 그 결과, 멋진 몸을 만들어냈고 대회에서 최고의 기량을 뽐냈다. 많은 사람들은 코린에게 주목했다. 그럴수록 코린은 자신이 가장 중요시하는 문제에 대한 대중의 인식을 높이는 일에 더 매진했다.

올라 월시Orla Walsh는 아일랜드 출신의 트랙 사이클 선수다. 그녀는 2020년 8월에 열린 아일랜드 사이클링 전국 선수권 대회에서 금메달 두 개를 목에 걸었고, 그 과정에서 아일랜드 최고 기록도 세운 인물이다. 어떤 종목이든 기록을 경신하는 선수의 경우, 대개 여섯 살 무렵부터 운동을 시작한다. 올라는 달랐다. 그녀는 스물여섯 살이던 2015년까지도 자전거를 타본 적 없었다. 아일랜드 트랙 사이클링 역사상 가장 독특한 이력을 갖고 있는 그녀는 어린 시절부터 일반적인 운동선수들과 달랐다. 어려서 운동을 하지 않았을 뿐 아니라 성인이 되어서도 그 흔한 헬스클럽 회원권조차 가져 본 적 없었다. 그녀의 말에 따르면, 20대 시절의 상당 시간을, 아니 사실 거의 전부를 건강한 음식을 먹고 운동을 하기는커녕 진탕 먹고 마시며 보냈다. 허구한 날 술을 마셨고 담배까지 피웠다. 많은 젊은이들이 그렇듯 그녀 역시 사람들과의 교제에 많은 시간을 보냈는데, 교제라는 게 대개 먹고 마시는 일이었다. 그러던 어느 날 자전거를 타고 출퇴근하게 되면서 사이클링과 사랑에 빠진다. 처음엔 재미로 나중에는 스포츠로 사이클링을 점점 더 사랑하게 된 그녀는 거의 술도 끊어가며 프로 사이클 선수가 되기 위해 매진했다.

올라가 세계 정상급 운동선수가 된 건 순식간이었다. 그 과정 역시 인상적이다. 불과 몇 년 전까지만 해도 그녀는 타원형 트랙 주변에 비탈지게 지어진 벨로드롬에서 기어나 브레이크 없는 자전거를 타고 달리는 사이클 경기인 트랙 사이클링의 기초를 배우고 있었다. 그녀는 실내 스피드 사이클링의 매력에 빠지고 보다 건강한 생활 방식에 관심을 갖게 되면서 자신의 식단에도 의문을 품게 되었다. 채식 기반의 식단을 택하기로 한 자신의 결정과 관련해 그녀는 이렇게 말했다. "저는 채식을 시작하기 전 약 1년간 윤리적인 이유 때문에 채식을 하고는 싶었지만, 채식을 하면서 엘리트 운동선수로 뛰는 건 불가능할 거란 두려움이 있었어요. 당시 저는 운동선수로 활동 중이었고 그래서 굳이 불필요한 모험을 하고 싶진 않았어요. 그런데 채식을 시작하고, 때마침 스포츠아일랜드협회Sports Ireland Institute가 유제품 협회의 후원을 받게 되면서 식단과 관련해 이런저런 충돌이 일어났어요. 그러다 어느 날 채식하는 한 영양사와 상담을 하게 됐는데, 그때 비로소 알 수 있었어요. 제가 올바른 선택을 했다는 것을요."

올라가 느낀 두려움은 채식을 시작하는 사람들이 흔히 느끼는 감정이다. 치열한 경쟁 속에 살아가는 운동선수였던 우리 두 사람 역시 채식을 시작할 때 그런 두려움을 느꼈다. 그러나 채식하는 많은 운동선수가 그랬듯, 올라 역시 채식이 얼마나 장점이 많은지를 직접 경험하며 확신을 얻었다. 올라가 성취한 것들이 이를 입증한다. 그녀는 각종 기록을 세웠고 많은 메달을 수상했다. 채식을 하며 전반적인 건강도 많이 좋아졌다. "처음 채식을 시작하면서 가장 좋았던 건 몸에 최대한 좋은 에너지원들을 공급하고 있다는 느낌을 받았다는 거예요. 경기력 측면에서 도움받고 있다고 느꼈고, 혈액 검사 결과 또한 채식을 시작한 게 정말 잘한 선택이라는 걸 보여 주었어요. 나쁜 콜레스테롤 수치가 채식을 시작하기 전에 비해 30퍼센트 넘게 줄어든 거 있죠? 또한 에너지도 더 충만했고 회복 속도도 더 빨라졌어요. 채식 기반의 음식 덕에 몸속이 전체적으로 더 깨끗해지고 있다는 느낌도 받았고요. 육류와 유제품을 많이 먹을 때 흔히 느끼던 그 역하고 무기력한 기분도 사라졌어요. 그렇지만, 채식하는 게 무엇보다 좋은 이유는 가장 윤리적이면서도 환경친화적인 접근 방식을 취하고 있다는 느낌이 든다는 거예요. 그런 느낌은 식단에서 시작해, 제 일상으로까지 확대됐어요. 지금 저는 가능한 한 가장 환경친화적이고 그 무엇도 해치지 않는 선택을 하려 애쓰고 있어요."

가끔 채식 기반의 식단이 경기력에 미치는 영향이 과소평가되는 경우가 있다. 심지어는 동물성 단백질을 멀리할 경우 부작용이 있을 수 있다는 이야기도 있다. 이렇듯 채식으로 경기력이 떨어질 수 있다는 의구심이 존재한다 해도 동물을 해치지 않는 삶을 살고 싶다는 보다 강력한 의지가 있다면 채식을 하면 된다. 일반적으로 운동선수가 '가슴이 시키는 대로 동물에게 고통을 주지 않는 식단과 생활 방식을 택하겠다'는 것은 곧 '경기력이 떨어질 수도 있다는 걸 받아들이겠다'는 의미일 때가 많다. 그런데 좋은 소식이 있다. 채식을 하면 윤리적으로 옳다고 믿는 삶을 사는 동시에 가장 뛰어난 경기력을 낼 수도 있다는 것이다. 그 산증인이 바로 올라다.

올라의 인생은 식단을 바꾼 뒤 180도 달라졌다. 운동과는 담쌓고 패스트푸드를 즐기며 약물을 남용하던 여성에서 채식 기반의 식단을 하는 사이클링 챔피언이 된 것이다. 한때 제멋대로 살던 올라는 이제 멋진 삶을 살고 있다. 놀라운 변신에 걸맞게 혈액 검사 결과도 좋고 몸도 탄탄하다. 운동선수로서도 놀라운 성과들을 냈다. 행동과 마음가짐을 바꿔 진정한 자아실현에 성공한 그녀는 그야말로 꿈같은 하루하루를 보내고 있다.

올라의 말이다. "사람들은 육류를 먹지 않고서는 강한 운동선수가 될 수 없다고 믿는 거 같아요. 실은 전혀 그렇지 않다는 사실에 저도 놀랐어요. 지난 한 해 동안 저는 정적 수축 테스트에서 최대 근력이 20퍼센트 넘게 늘었어요. 트랙 스프린터로 전국 기록을 두 번 깼고, 전국 선수권 대회 우승도 두 번 했어요. 상당한 힘과 속도를 필요로 하는 일인데 해낸 거죠. 채식을 하기 시작한 뒤로 에너지와 회복력 모두 나아졌어요. 특히 회복력이 좋아지면서 면역 체계 또한 눈에 띄게 좋아졌죠. 게다가 예전에는 툭하면 어딘가 아프고 그랬는데 지난해에는 단 한 번도 아픈 적이 없었어요."

올라가 채식하는 운동선수로 성공을 거둔 건 사람들의 관심을 끌 수밖에 없는 일이었다. 특히 소셜 미디어 시대에 그녀는 일약 스타로 떠올랐다. 그녀를 따르는 수십만 명의 팔로워들은 올림픽 출전 등 목표를 위해 늘 노력하는 올라를 향해 응원과 격려를 아끼지 않고 있다. 그녀가 2020년 사이클링 전국 선수권 대회에 출전해 아일랜드 트랙 사이클링 역사에 한 획을 그었을 때, 대회 개최 측은 공식 보고서에 이틀에 걸친 선수권 대회를 정리하며 다음과 같은 글을 남겼다. "대회 첫날 – 여자 스프린트 대회에서 올라 월시는 훈련 기간 중 여러 개의 국내 신기록을 세우며 스포트라이트를 받았다. 이날의 날씨는 신기록을 세우기에 좋지 않았지만, 그녀가 금메달을 목에 걸었을 때 놀란 사람은 아무도 없었다", "대회 둘째 날 – 올라 월시는 여자 500미터 타임 트라이얼에서 힘차게 트랙을 돌아 일찍이 승부를 결정지었으며, 이전 기록보다 1초 빠른 36.22초로 새로운 국내 기록을 세웠다. 오늘 올라 월시는 세계 정상급 실력을 선보였고, 타의 추종을 불허하는 경기를 펼쳤다."

이쯤이면 올라가 세계적인 수준의 운동선수가 되기 위해 채식을 하며 구체적으로 어떤 걸 먹었는지 궁금할 것이다. 우리 두 사람 역시 그랬다. 그래서 대체 무얼 먹느냐고 물어봤다. "저는 하루에 식사를 네 번 해요. 소화시키는 데 충분한 시간을 갖고요. 또 훈련 기간 중에 적절히 에너지를 보충하기 위해 아예 식사 중심으로 훈련 일정을 짜요. 보통 아침은 견과류, 씨앗류, 과일을 토핑으로 얹은 오트밀에 단백질 셰이크를 추가해서 훈련이 시작되기 한 시간 반 전쯤에 먹어요. 훈련은 대개 두 시간쯤 하고 그 직후에 점심을 먹는데, 그때는 주로 템페와 콩 그리고 쌀 부리토를 먹고 샐러드를 곁들여요. 그런 다음 오후에 몇 시간 트랙에서 훈련을 해요. 그때는 대개 아무것도 먹지 않아요. 훈련을 아주 짧게, 하지만 강도는 높게 하기 때문이에요. 가끔은 천연당이 풍부하게 들어간 스무디 같은 걸 먹기도 하지만 훈련 중 속이 거북하지 않을 정도로 가볍게 먹어요. 그런 다음 저녁을 먹는데 주메뉴는 구운 감자와 세이탄 그리고 많은 채소예요. 마지막 식사는 대개 아주 늦게, 그러니까 밤 10시경에 먹는데 주로 보다 많은 오트밀에 과일, 견과류, 씨앗류를 곁들여요. 저는 이 늦은 식사를 '밤에 먹는 아침'이라 부르고 있어요." 그녀는 단백질 섭취에 대한 고민도 해결했다며 이렇게 말했다. "저는 늘 거의 모든 식사에 식물성 고단백을 포함시키려 해요. 자연식품이나 보충제로 말이죠. 아침에는 주로 귀리에 견과류, 씨앗류, 과일을 곁들여 먹고, 호주 기업 뉴제스트Nuzest에서 나온 유기농 완두콩 단백질 셰이크에 두유나 귀리 우유를 타 먹기도 해요. 낮에는 유기농 템페로 식물성 단백질을 섭취하는데, 보통 15분에서 20분 정도 구운 뒤 아시아식 BBQ 소스를 뿌려 먹어요. 물론 감자처럼 혈당을 서서히 올리는 미가공 탄수화물도 많이 섭취하고, 지방도 좀 섭취해요."

올라는 현재 30대 초반으로 사이클링 팀 내에서 가장 연장자 축에 속한다. 하지만 나이는 숫자에 불과하다고 확신한다. 그녀의 목표는 여전히 가장 뛰어난 채식하는 운동선수가 되는 것이다. 우리는 올라가 앞으로도 메달을 더 따고 이런저런 기록을 더 세울 것으로 기대한다. 어쩌면 올림픽에 출전하는 영광을 누릴지도 모른다.

안드레 보이타Andreas Vojta는 800미터에서부터 1만 미터에 이르는 다양한 육상 경기에서 두각을 드러내고 있는 오스트리아 출신의 육상 선수다. 그는 36개의 오스트리아 국내 타이틀을 손에 넣었으며, 2020년 여름에는 1만 미터 경주에서 세계 신기록을 세우기도 했다. 안드레는 윤리적인 이유와 환경적인 이유 때문에 채식주의자가 됐지만, 이유가 어찌 됐든 그 덕에 운동선수로 많은 성과를 올렸다. 식습관을 바꾼 지 몇 년 만에 육상 선수로 전성기를 누리게 된 것이다. '진정한 성공'을 거두기 시작한 시점은 식습관을 바꾼데 이어 올림픽에 출전하겠다는 투지까지 불사른 때다. 그는 이렇게 설명한다. "저는 학창 시절 늘 촉망받는 육상 선수였지만, 재능 있는 취미생활을 즐기는 것과 운동선수로 성과를 올리는 건 완전히 다른 일이에요." 일단 대부분의 스포츠의 경우, 특히 시작 단계에서는 많은 돈을 벌지 못한다(주요 메이저 종목의 경우는 예외). 운동선수를 직업으로 삼는다는 게 아주 힘든 일로 여겨지는 이유다. 초기 몇 년간 치러야 하는 희생 또한 만만치 않다. 안드레는 하고 있던 의대 공부를 접었다. 2008년 텔레비전으로 올림픽 경기를 본 뒤 올림픽에 출전하고 싶다는 감정에 휩싸였고 곧 진지하게 꿈을 꿨다. 오스트리아 국내 타이틀을 따고, 그다음 올림픽에 출전해 세계 정상에 서겠다는 것이었다. 그럴 만한 가치가 있는 꿈인지, 과연 실현 가능한 꿈인지 모든 게 불확실한 상황에서 쉽지 않은 결정이었다. 그러나 안드레는 꿈을 밀고 나갔다. 뭔가 희망적인 결과를 보기까지 최소한 몇 년이 걸릴 거라고 짐작했고, 그만큼 열심히 그리고 꾸준히 온갖 노력을 기울였다. 그는 대부분의 사람들이 목표를 이루기 위해 그와 같은 과정을 거친다고 생각한다고 했다. "지금 10년 넘게 프로 생활을 하고 있는데요. 여전히 뭔가를 배우고 향상시키려 노력해요."

프로 정신 외에 안드레가 갖고 있는 또 다른 경쟁력은 마음가짐이다. 그는 자신이 가진 모든 걸 트랙 위에 쏟아부었다는 확신이 들지 않는 한, 또한 자신이 가진 모든 걸 경기력을 높이는 데 쏟아부었다는 확신이 들지 않는 한 결코 만족하지 않는다. "제가 가장 두려워하는 건 늘 같아요. 제 자신에게 실망할까 봐 두려워요. 다른 사람들의 말에는 신경 쓰지 않아요. 늘 최선을 다하고 싶고, 그래서 모든 걸 쏟아붓지 못했다는 걸 알게 될 때만큼 불만족스러운 때가 없어요. 모든 걸 쏟아부었다면, 설령 결과가 만족스럽지 못하다 해도 상관없어요. 그렇지만 뭔가 좋은 기회를 잡지 못해 후회하고 싶진 않아요. 심지어 최선을 다한 뒤에도 저는 늘 자신에 관한 한 가장 신랄한 비판자가 될 거예요. 늘 뭔가 개선의 여지가 있다고 생각해요. 저는 정체되는 걸 두려워하는 건지도 몰라요. 얼마나 나이를 먹든 얼마나 성공했든 얼마나 부유하든 또 얼마나 유명하든 늘 개선의 여지는 있는 법이라고 생각하거든요."

안드레는 올림픽에 출전하기까지 굳은 결의와 꾸준함, 스스로에 대한 확고한 믿음, 자기 개선에 대한 헌신적 노력, 그 외에 인내와 시간도 필요하다는 걸 잘 안다. 사실 스포츠계 채식주의 운동에 대해서도 비슷한 생각을 갖고 있다. 굳은 결의와 꾸준함 그리고 채식주의에 대한 확고한 믿음이 필요하다는 것이다. 그는 말했다. "인간의 발전에는 시간이 필요한데, 그건 채식주의의 경우도 마찬가지예요. 스포츠계 채식주의 운동은 아직 그 규모는 작지만 급속도로 확산 중이에요. 지난 몇 년간은 주로 경기력을 높이기 위한 새로운 대안으로 발전했어요. 영양 보충에 대한 새로운 방법론으로 말이죠. 점점 더 많은 사람들이 윤리 · 환경 · 건강 측면에서 채식주의의 이점을 깨닫고 있어요. 앞으로 점점 더 많은 사람들이 채식주의를 택하게 될 거예요. 채식은 지금 많은 사람들의 관심을 끌고 있고, 그래서 제가 채식에 관심을 갖게 만든다거나 그들이 변화하는데 조금이나마 도움을 줄 수 있다는 게 멋진 일이라고 생각해요. 정말 기분 좋은 일이죠. 그렇지만 그게 대단한 일은 아니에요. 제 자신과 다른 모든 사람을 위해 할 수 있는 최소한의 일이라고 생각해요."

올림픽 출전에 대한 안드레의 결의는 코로나19 팬데믹으로 인해 2020년 올림픽이 연기되고 한층 더 굳어졌다. 늘 그렇듯 그는 상황의 긍정적인 면을 보았고, 연기로 인해 생긴 1년이라는 시간을 좋은 기회로 여겼다.

"시간에 쫓길 필요도 없고 주말마다 달릴 필요도 없고 각종 기준에 맞출 필요도 없어져서 기분이 좋았어요. 스스로에 대해 그리고 제 약점에 대해 집중할 수 있는 시간도 가질 수 있었죠. 그러면서 국내 대회 타이틀 뿐만 아니라 3,000미터와 5,000미터 그리고 1만 미터 달리기에서 개인 기록도 세웠어요. 당시 그 기록들은 세계 최정상급 기록들이었고요. 코로나19 때문에 경쟁이 치열하지 않았다는 걸 알지만, 어쨌든 그 덕에 저는 힘을 내 계속 뛸 수 있었고 2021년에 훨씬 더 강해질 수 있었어요."

세계 챔피언이 주는 조언

산악자전거 세계 챔피언인 소냐 루니는 하루아침에 정상을 정복할 수 없다고 말한다. 매일 반복하는 노력만으로도 정상에 설 수 없다고 단언한다. 성공은 상당 부분은 강인한 정신력에 달려있기 때문이다. 그녀는 그야말로 고군분투하면서 조금씩 순위를 올렸고 결국 본인 종목에서 손꼽히는 선수 중 한 명이 되었다. 소냐의 이야기를 들어보자.

가장 강력한 목소리는 우리 안에서 나는 목소리다. 엘리트 운동선수에 이르는 길은 결코 순탄치 않다. 오르막이 있으면 내리막이 있으며, 자기 회의와 실패를 맛봐야 하는 순간도 많다. 성공이든 실패든 다 받아들여야 한다. 성공하면 축하하고 실패하면 그대로 인정하고 뭔가를 배워야 한다. 하지만 성공과 실패를 오가는 일이 당신이나 당신의 경력을 결정짓지는 않는다. 중요한 건 하루하루 살아가는 것, 그리고 과정을 위한 끝없는 헌신이다. 늘 편한 상태에 머물고 쉬운 일만 해서는 스스로가 어떤 사람인지 알기 힘들다. 우리는 어려운 일을 겪으며 자기 자신에 대해 배울 수 있다. 모든 변화는 그 결과로 따라오는 것이다.

자기 인식을 하자. 자기 인식과 마음 챙김은 삶에 꼭 필요하다. 스스로와 대화할 수 있다면, 그러니까 내면의 이야기에 귀 기울일 수 있다면, 무언가 놀라운 일이 벌어질 기회의 문을 활짝 열어젖히는 것과 다름없다. 세상에 대한 인식과 내가 할 수 있는 바가 분명해지기 때문이다. 사람들은 내가 어떻게 늘 긍정적일 수 있는지, 또 어떻게 힘든 상황 속에서도 포기하지 않을 수 있었는지 묻곤 한다. 나도 처음엔 확신이 없었다. 그 때문에 내면의 이야기에 집중하면서 내가 하고 있는 방식에 일대 변화를 주게 되었다. 그런 과정을 통해 내가 어떻게 더 잘해낼 수 있는지, 또 어떻게 다른 사람들이 더 잘해낼 수 있게 도울 수 있는지 배우게 되었다.

내 과거와 관련한 흥미로운 사실 가운데 하나는 가족들이 내가 프로 사이클 선수가 될 수 있을 거라 믿지 않았다는 것이다. 그들은 내게 사이클링이 그저 취미에 지나지 않는다고 생각했고, 꿈을 좇기 위해 다른 모든 걸 포기해가며 노력하는 나를 이해하지 못했다. 전기 공학 석사 학위를 취득하면 순탄한 삶이 보장될 텐데 굳이 계속 힘든 길을 가려 한다고 나를 나무라기도 했다. 그럴 때마다 산악자전거는 내 내면을 들여다보게 해주었다. 사하라사막이나 히말라야산맥에 홀로 남겨져 있으면, 내면을 들여다보지 않을 수 없다. 자신이 누구인지, 자신에게 기대하는 것은 무엇인지, 어떻게 좌절감을 떨치고 일어날 것인지를 스스로 깨우쳐야 한다.

내게 산악자전거 경주는 긍정적인 심리, 마음 챙김 그리고 강한 정신력을 가르쳐준 '마스터 클래스'와 같다. 세계 정상급 운동선수가 되는 과정 역시 내게 하나의 교훈을 주었다. 우리 주변에는 뭐가 됐든 늘 '그건 불가능한 일이며 바보 같은 일이고 그럴 가치도 없는 일'이라고 말하는 사람들이(심지어는 가장 가까운 가족들도) 있다. 당신의 한계를 규정짓는 이들의 말을 귀담아들을 필요 없다. 늘 스스로를 믿고, 또 믿어주는 사람들과 함께해야 한다.

실패와 완벽주의를 극복하자. 엘리트 운동선수는 대부분의 다른 운동선수보다 더 많은 실패를 맛보게 된다. 그만큼 매일매일 운동에 자신의 모든 것을 바치기 때문이다. 모든 걸 바치다 보면, 또는 꿈을 좇다 보면, 또는 힘겨운 일을 해나가다 보면, 스스로를 시험해야 하는 상황, 그 때문에 잘못될 수도 있는 상황에 놓이게 된다. 그게 세상 이치다. 그때 일이 잘못되면 어떻게 해야 할까? 포기해야 할까? 그 자체를 당신이 결코 목표에 도달할 수 없다는 증거로 봐야 할까? 정말이지 나 역시 그간 포기하고 싶은 날들이 많았다. 더 이상 사람들 앞에 나서고 싶지 않은 날도 허다했다. 그런데 포기하고 싶다는 감정을 계속 극복하다 보면 힘이 생긴다. 그 힘은 근육과 같다. 쓰러질 때마다 계속 다시 일어서다 보면 자신감도 생기고 자기신뢰도 쌓인다. 엘리트 운동선수는 실패해도 매일 다시 일어서기 때문에 대부분의 다른 운동선수보다 더 많은 실패를 하게 된다. 당신 역시 많이 실패하고, 또 극복해야 한다. 실패는 당신이 뛰어나지 못하다는 증거가 아니라, 계속 노력하고 있다는 증거다. 실패는 뭔가 새로운 걸 배울 기회이지, 당신이 충분히 뛰어나지 못하다는 증거가 아닌 것이다. 실패하면 물론 그 순간에는 기분이 좋지 않다. 그럴 땐 그 기분을 그대로 느끼는 것이 중요하다. 만일 실패를 뭔가 개선하고 배우는 기회로 볼 수 있다면(그리고 노력으로 더 나아질 수 있다면), 그 실패는 당신의 가장 든든한 우군 중 하나가 되어줄 것이다. 실패는 길을 가로막는 걸림돌이 아니라 계속 앞으로 나아가게 해주는 디딤돌이다.

도움을 청하자. 그 누구도 모든 걸 혼자서 할 수는 없다. 손을 들어 올리고 도움을 구하자. 물론 도움을 청하려면 먼저 자신에게 약점이 있다는 사실을 인정해야 한다. 누군가에게 또는 소셜 미디어에 당신이 뭔가를 어찌해야 좋을지 모르겠다는 걸 실토하는 건 두려운 일이다. 모든 사람은 가면 증후군[자신이 이뤄낸 업적을 스스로 받아들이지 못하는 심리적 현상]을 갖고 있으며, 그래서 늘 속으로 '사람들이 내가 실은 그들이 생각하는 것만큼 잘하지 못한다는 걸 알게 될 거야'와 같은 생각을 한다. 그렇지만 다른 사람들에게 도움을 청해 뭔가를 배우면서 더 강해진다는 것을 잊지 말아야 한다. 자기 자신에게 솔직해지는 건 아주 겸손해지는 일이기도 하다. 또한 도움을 청하면 당신이 더 나은 사람이 되는 데 분명 도움이 된다. 반면 도움이나 코칭 등을 청하지 않으면 더 약해지게 되며 실제 자기 모습을 더 두려워하게 된다. 물론 자존심 상하는 힘든 일이긴 하지만 나는 뭔가 도움이 필요할 땐 기꺼이 사람들에게 도움을 청한다. 모든 것을 알 수도 없고 알 필요도 없다. 난 그 사실을 보여주고 싶다. 또 사람들이 스스로를 돌아볼 수 있도록 돕길 원한다. 다른 사람을 돕는 것이 사회에 큰 힘이 된다고 믿는다.

2019년 3월, 채식하는 울트라러너 로비 발렌거는 일생일대의 여정에 올랐다. 남부 캘리포니아 해변에서 출발해 미국 대륙을 가로질러 뉴욕까지 달려가는 75일간의 대장정에 오른 것이다. 그 과정에 원동력이 되어준 것은 채식 기반의 식단과 굳은 의지였다.

채식하는 울트라러너인 리치 롤과 지역 미디어, 가족 그리고 친구들이 동행한 가운데 로비는 채식 기반의 식단만으로 3,000마일[약 4,800킬로미터] 트레킹에 필요한 에너지를 충분히 얻을 수 있다는 사실을 입증해 보이는 미션에 착수했다. 그가 하루에 달려야 하는 거리는 평균 40마일[약 64킬로미터]이 넘었다. 산술적으로 두 달 반 동안 매일같이 마라톤을 완주하고 추가로 하프 마라톤 정도의 거리를 더 달려야 했다. 채식 아이스크림 제조업체 나다무![NadaMoo!]의 재정 지원하에 성사된 여정은 그렇게 출발을 알렸다.

로비의 뒤를 채식 기반의 식단을 제공해 줄 밴 한 대, 조그만 레저용 캠핑카 한 대 그리고 길 안내를 해주고 음식 및 쉴 장소를 제공해 주는 등 각종 지원을 해줄 행사 진행 요원들이 따랐다. 그들 중에는 매일 로비를 위해 채식 기반의 식단을 짜줄 영양사도 한 명 있었다. 로비는 인스타그램에 매일 사진과 함께 자신의 경험을 기록했다. 그 덕에 대중들은 그의 여정을 그대로 볼 수 있었다. 시간이 지나면서 로비의 수염이 자라는 것은 물론, 두 달 반 동안 매일 울트라마라톤을 하면서 느끼는 그의 모든 감정까지 지켜봤다. 대중들은 온갖 좌절 속에서도 힘을 내 앞으로 나아가는 그에게 위로와 격려를 아끼지 않았다. 4일째 되는 날, 로비는 벌써 두 다리가 후들거리는 것 같다며 절망감을 털어놓았다. 그때 한 친구가 두 시간 반 동안 제법 먼 거리를 함께 달려주어 기력을 되찾았다. 그로부터 며칠 후 그는 아름다운 모하비사막과 으스스 한 인근 유령 도시들을 달린 기이한 경험을 인스타그램에 적어 올렸다.

2주 정도가 지나자 그는 몇 가지 새로운 깨달음을 얻었다. "정말이지 상상도 하지 못했어요. 행사 진행 요원들에게 이렇게까지 많은 도움을 받게 될 줄은요. 잠자는 게 이렇게 힘든 일이라는 것도요. 예전 같았으면 극복할 엄두도 못 냈을 새로운 육체적 고통을 극복하는 법도 배웠어요. 그리고 하루에 채식으로 7,500칼로리나 섭취하는 게 이렇게 쉬운 일인지도 미처 몰랐어요." 그는 어려움도 털어놨다. "하루에 51마일[약 82킬로미터] 달리기를 끝내갈 무렵 그야말로 눈앞이 캄캄해지는 듯한 현상을 경험했어요. 이른바 '고통의 동굴'을 경험한 건데…… 정신이 약간 혼미해지면서 머릿속은 온통 '만일 ~하면 어쩌지?'하는 생각들로 가득 찼어요. 당장이라도 쓰러질 것 같은 기분이었죠. 그리곤 완전히 다른 의식의 세계로 들어갔어요." 물론 그 반대의 경험을 한 날도 있었다. "어제는 완벽한 날이었어요. 31마일[약 50킬로미터]만 달린 날인 데다 하루 종일 통증도 전혀 없었거든요." 로비는 평소 같으면 당연하다고 여겼을 사소한 일들이 자신의 정신력에 엄청난 영향을 끼친다는 사실도 깨달았다. 하루는 행사 진행 요원들과 채식주의자용 피자를 구하기 위해 차를 몰고 애리조나 주 플래그스태프까지 30마일[약 48킬로미터]을 달렸는데, 초현실적이었고("자동차를 몰고 고속도로를 워낙 빠른 속도로 이동해서") 지나치게 자극적으로("그래서 다음에 시내에 나가 음식을 구입할 때는 포장만 해야 할 것 같음") 느껴졌다. 그런 다음 컨디션 회복을 위해 애리조나 주 북부의 한 호텔에서 이틀 밤을 묵었고, 목욕을 하고 침대 위에서 따뜻한 밤을 보내며 그는 실제로 활력을 되찾을 수 있었다. 미국을 횡단하는 험난한 트레킹 여정 초기에 몸을 제대로 씻을 수 있다는 건 그야말로 큰 축복과 같았다.

로비에겐 육체적으로나 정신적으로 힘든 날의 연속이었다. 그는 계속해서 매일 엄청난 거리를 달려 온몸이 쑤시고 아팠으며 여기저기 물집이 생겼고 정신적 피로감도 극에 달했다. 당시에 그는 이렇게 적었다. "가끔 강한 감정 폭발도 있었고 걷잡을 수 없을 만큼 많은 눈물도 났어요. 그러나 제가 직면한 감정 중 가장 강한 감정은 두려움이었어요. 또한 나조차 몰랐던 미지의 감정 속으로 들어가다 보면, 극단적인 육체적 · 정신적 피로감 때문에 예민함, 불안감, 행복감, 평정심 모든 게 한껏 고조되더라고요." 그러나 로비는 계속 달렸다. 친구들이 아무 예고도 없이 나타나 함께 달려주었고, 약혼녀 셸리[Shelley]가 틈나는 대로 함께 달려주었으며, 어머니가 자전거를 타고 같이 달려주고 스파게티까지 만들어 주었다. 로비는 그런 유대감 덕에 눈이 내리고 폭풍우가 몰아치고 강한 역풍이 불 때도 계속 달릴 수 있었다. 고도와 기후가 바뀔 때도 달릴 수 있었고, 심한 정신적 피로감 속에서도 달릴 수 있었다. 채식 기반의 식단 또한 계속 달릴 수 있게 에너지를 주었다. 그는 식단에 무한한 고마움을 느꼈다. "몸이 필요로 하는 칼로리를 섭취할 수 있게 해주면서 동시에 에너지를 보충해 주고 염증까지 퇴치해 준 채식 기반의 식단이 아니었다면, 저는 아마 이렇게 달리지 못했을 거예요. 동물은 모든 걸 인지하고 느끼며 또 관찰합니다. 특히 1마일[약 1.6킬로미터] 당 10~15분의 속도로 자신 곁을 지나치는 수염 난 키 큰 남자는 놓칠 리가 없죠." 그리고 이 모든 것들이 합쳐져 큰 자긍심으로 이어졌다며 로비는 말을 이었다. "달리면서 제 자신에 대한 자신감이 커졌어요. 살아온 그 어느 때보다 더요."

하루하루 시간이 지나며 미시시피강을 건너고 미주리 주를 지나 일리노이 주로 들어가면서, 로비는 여정이 순조롭게 진행되고 있다는 것을 보여주는 각종 이정표들을 지나쳤다. 그 과정에서 그는 한 번에 한 걸음씩, 한 번에 5마일[약 8킬로미터]씩 그리고 또 하루에, 한 주일에, 한 달에 일정 거리 만큼씩 나아가는 법을 배웠다. 그리고 문제가 생기면, 행사 진행 요원들과 함께 해결책을 찾았다. 그들이 모든 난관을 극복할 수 있었던 건 다 함께 75일간 미국을 횡단한다는 보다 큰 목표를 향해 나아갔기 때문이다. 모두 다 함께 조금씩 조금씩 앞으로 나아가면 됐던 것이다.

약속된 기한이 채 10일도 안 남았을 때 로비는 정말 끝이 가까워지고 있다고 느끼기 시작했다. 물론 그렇다고 해서 정말 그 끝에 도달하는 게 쉬운 일은 아니었다. "마지막 주말의 가장 큰 문제는 언덕과 뜨거운 열기였어요. 4일 전까지만 해도 뉴욕으로 향하는 여정의 마지막 부분은 쉬울 거라 생각했는데 말이죠. 그런데 막상 그때가 되니, 결국 끝까지 고군분투를 하게 되리라는 게 분명해졌어요. 날이 갈수록 산세는 점점 더 험해졌고 경사 또한 점점 더 가팔라졌어요. 처음엔 애팔래치아산맥을 지나고 있다고 생각했는데, 어젯밤이 되어서야 실은 그게 앨러게니산맥이라는 걸 알게 됐죠. 아직 애팔래치아산맥에 도달도 못한 상태인 겁니다. 애팔래치아산맥은 정말 끔찍해요. 로키산맥만큼 위협적이진 않다고 생각할지 모르겠지만, 실은 로키산맥보다 훨씬 더 힘든 산맥이에요. 그야말로 용서가 없죠. 오르고 또 올라야 하고, 내려가고 또 내려가야 해요. 경사가 워낙 가팔라 오를 때보다 오히려 내려가는 게 더 힘들게 느껴질 정도죠. 온몸이 다 쑤시고 너무 지쳐 포기하고 싶다는 생각까지 들어요. 출발할 때보다는 지금이 더 끝까지 참고 버틸 수 있다는 자신감이 있지만, 그렇다고 해서 덜 힘들고 덜 고통스러운 건 결코 아니에요."

그리곤 마침내 모든 게 끝났다. 75일째 되는 날 센트럴 파크에서 그의 인스타그램에 마지막 글이 올라왔다. 글은 캘리포니아 해안을 출발하던 날 만큼이나 간단했다. "여러분, 끝났어요. 75일. 정확히 3,175마일[약 5,110킬로미터]. 15개 주. 많은 양의 채식 음식 섭취. 만감이 교차." 그 다음날엔 머리를 깎고 수염을 민 사진을 올리며 그는 이렇게 적었다. "지난 75일간의 여정을 천천히 되돌아보고 있는데요. 그러면서 제가 어떻게 변화됐는지를 이해하게 됐어요. 미국 대륙을 횡단하는 이 미션을 성공할 수 있게 한 요소는 정말 많아요. 우선 여러 해에 걸친 훈련, 명확히 확정된 루트, 나다무!와 스위치포굿 같은 후원 업체 그리고 훌륭한 행사 진행 요원들을 꼽을 수 있습니다. 그러나 특히 두드러지고, 절대 무시할 수도 없는 한 요소가 있어요. 바로 식단입니다. 동물성 식품(육류, 생선, 유제품, 꿀, 달걀 등)을 배제한 채식 기반의 식단 덕에 하루에 8,000칼로리나 섭취하면서도 먹은 음식을 소화시키지 못해 몸이 무겁다거나 속이 거북하다거나 하는 그 어떤 불편함도 느끼지 않았거든요. 또한 동물성 단백질을 섭취하지 않아 관절들에 염증도 잘 생기지 않았어요. 관절이 혹사는 당했지만요. 어쨌든 잘 아프지도 않고 부상을 당해도 오래가지 않았어요. 오히려 몸이 가볍게 느껴지며 생기가 돌았죠. 계속해서 매일 45마일[약 72킬로미터]을 달려 피곤했지만 근육통도 거의 경험하지 않았어요. 제가 먹는 모든 음식에 기본적으로 과일과 채소가 들어가는데요. 그 덕에 세포 재생 및 줄어든 산화 스트레스 해소에 필요한 영양소(항산화 물질, 플라보노이드 등)도 고루 섭취할 수 있었어요. 흔히 음식이 약이라고 하는데 이렇게 특수한 상황에선 약 정도가 아니라 모든 것이더라고요. 제가 먹은 모든 것들이 건강 전반에 해를 끼치는 게 아니라 필요한 영양소 공급을 도왔어요. 긍정적인 역할을 한 겁니다."

우리는 로비에게 대체 왜 그 힘든 여정을 시작하게 됐냐고 물었다. 그의 답은 그가 어떤 사람인지 잘 보여준다. 로비는 마치 실존하는 슈퍼히어로처럼 답했다. "기념비적인 일이었거든요. 저로선 그보다 더 큰일은 생각해낼 수가 없었어요. 채식을 하면서 대륙 횡단을 해내면 '힘을 키우기 위해 육류를 먹어야 한다는 주장'을 잠재울 수 있을 거 같았거든요. 결국 채식 기반의 식단으로 무얼 해낼 수 있는지를 보여주려고 이 일을 한 거예요. 실패한다면 채식 기반의 생활 방식을 제가 희망하는 바와는 정반대로 알리는 꼴이 되는데 그럴 수는 없었죠. 게다가 이 모든 고통은 스스로 자초한 거예요. 그리고 매일 너무도 많은 사람들이 훨씬 더 힘든 일들을 견디고 있고요. 어떻게 포기하겠어요? 달리기는 제게 주어진 특권이에요. 포기한다는 건 정말 힘든 역경을 참고 견뎌내고 있는 모든 사람들에 대한 모욕이 될 거라고 생각했어요."

어떻게 그 놀라운 일을 해낼 수 있었는가에 대한 그의 답에는 달리면서 얻은 깨달음이 담겨 있다. 하루하루 달성 가능한 목표를 설정했던 것이 유효했다. 요컨대 큰 목표를 보다 작은 목표로 나눈 '점진적 목표 설정'이다. "LA부터 뉴욕까지 3,175마일[약 5,110킬로미터]을 내내 5마일[약 8킬로미터]씩 끊어 달렸어요." 즉 그는 5마일마다 행사 진행 요원을 봤고, 그래서 늘 목표는 그다음 5마일을 달리는 것이었다. "위대한 일은 하루아침에 이뤄지는 게 아니에요. 큰 목표를 달성한다는 건 결국 계속 작은 목표들을 달성한다는 것이고, 그렇게 해서 보다 큰 뭔가를 달성하는 것입니다."

역사적인 트레킹을 마친 지 1년이 지난 지금 로비는 다시 탁 트인 길을 달리려 하고 있다. 처음부터 다시 시작할 요량이다. 그리고 뭔가 큰 도전을 해볼 생각 중인 사람에게 그는 이런 말을 해주고 싶어 했다. "뭔가 대담한 일을 할 기회가 생기면 그 일을 하세요. 현재를 받아들이고 당신이 성취하는 모든 것에서 현재를 느꼈으면 좋겠습니다."

달려서 미국을 횡단하며 로비는 보통 하루에 약 8,000칼로리를 섭취했다. 또한 에너지를 얻고 염분을 보충하기 위해 하루 종일 스크래치 랩스[Skratch Labs]

사의 대표적인 수분 보충 음료인 스포츠 하이드레이션 드링크 믹스Sport Hydration Drink Mix를 마셨다 당시 그의 샘플 식단을 소개한다.

아침 식사 - 땅콩버터와 치아씨, 메이플 시럽을 섞은 오트밀에 커피
쉬는 시간 1 - 코코넛 우유, 땅콩버터, 녹색 채소, 당근, 바나나, 치아씨, 파워 음료 소이렌트Soylent를 섞은 스무디 1
쉬는 시간 2 - 귀리 스낵 보보스 바Bobo's Bar
쉬는 시간 3 - 스무디 2
쉬는 시간 4 - 과일, 초콜릿, 너트버터
쉬는 시간 5 - 스무디 3
쉬는 시간 6 - 소금 넣고 찐 감자
쉬는 시간 7 - 스무디 4
쉬는 시간 8 - 에너지 젤(보통은 카페인이 함유된)
저녁 식사 - 코코넛 오일로 요리한 아웃도어 허비보어Outdoor Herbivore의 캠핑용 식사 곱빼기

목표가 현실이 될 때

무언가를 성취하기 위해 큰 장애물을 극복한 위대한 채식하는 운동선수에겐 한 가지 공통점이 있다. 의미와 행복을 추구했다는 점이다. 강한 정신력을 토대로 놀라운 변신에 성공한 채식하는 운동선수 몇몇을 만나보자.

산악자전거 선수 소냐 루니는 채식 기반의 식단을 한 뒤 세계 각지에서 우승컵을 들어올렸다. 2013년 이후 식물성 자연식품을 먹어온 그녀는 목표에 대한 집중력과 투지 그리고 강한 정신력을 갖춘 진정한 챔피언으로 거듭났다. 그렇게 폴란드, 스리랑카, 아르헨티나, 네팔에 이르는 세계 각지에서 승리를 누렸다. 채식을 하기 시작할 때 그녀의 목표는 시상대에 오르는 그 자체였다. 그런데 결과는 시상대 맨 위였다. "식단을 바꾼 뒤 제가 성취한 것 중 가장 주목할 만한 건 24시간 산악자전거 경주에서 세계 챔피언이 됐다는 거예요. 그러니까 화장실을 가거나 밤에 자전거 라이트 배터리를 교체할 때 외엔 24시간 내내 쉬지 않고 달렸단 얘기죠. 그것도 가장 빨리요. 필요한 에너지는 채식 기반의 음식에서 얻었어요. 제 몸이 그렇게 오랜 시간 힘껏 움직일 수 있었던 건 다 채식 덕이었죠. 최고의 건강 상태도 유지할 수 있었어요."

경기력이 올라가고 회복력이 더 좋아지면서 1년 내내 건강을 유지할 수 있었던 게 소냐가 성공할 수 있었던 비결이었다. 채식 기반의 식단이 그 모든 것에 힘을 보탠 것은 두말할 것 없다. 그러나 그녀가 산악자전거계를 지배할 수 있었던 근본적인 이유는 따로 있다. 바로 강한 정신력이다. 그녀 스스로는 이를 '투지'라 일컫는다. "저는 모든 여건이 좋지 않은 사하라사막과 히말라야산맥 같은 곳에서 치러진 세상에서 가장 힘든 산악자전거 경주들에 출전해 왔어요. 그런 경주를 치르다 보면 늘 계획에도 없던 일이 벌어지죠. 그 다음날 아침에 일어나고 싶지 않을 때도 있고, 모든 걸 포기하고 싶어질 때도 있어요. 어떤 경주에서 우승했다는 게 포기하고 싶었던 순간이 없었다는 말은 아니에요. 오히려 몇 번이고 계속 그런 생각을 극복했다는 뜻일 거예요. 바로 그럴 때 투지가 생겨요. 그리고 투지가 생기면 매일 '안 하고 싶은데'라며 변명할 때보다 더 강해지죠. 머릿속에서 부정적인 생각이 떠올라 경기력을 떨어뜨릴 온갖 감정을 만들어 내기 시작할 때, 그 모든 걸 통제하려면 이른바 '마음 챙김'이 필요해요. 산악자전거 경주를 통해 저는 경주가 있는 날, 그리고 또 매일 어떻게 마음 챙김을 해야 하는지를 배웠어요."

소냐는 마음가짐을 어떻게 갖느냐에 따라 경쟁이 시작되기도 전에 승부가 결정 날 수도 있다고 했다. 반대로 모든 게 끝났다고 생각되는 순간, 힘을 내 다시 일어설 수 있다고도 했다. 우리는 너 나 할 것 없이 가끔 그런 순간에 부딪힌다. 부상을 입거나 장애물을 만날 때, 또는 실패로 좌절하고 모든 걸 포기해 버리고 싶을 때 말이다. 소냐는 상황이 여의치 않을 때 그냥 포기하는 것 외에 다른 방법이 있다는 것을 상기시켜준다. 그리고 그 모든 건 우리 자신에게 믿을 수 없을 만큼 강한 정신력이 있다는 사실을 깨닫는 데서 시작한다고 강조한다. 또 경쟁이 치열한 스포츠 세계에서 목표를 잡을 때 필요한 건 단순히 당신과 당신이 만들어 내는 결과뿐만이 아니라는 것도 되새겨준다. 그녀는 이렇게 말한다. "목표라는 건 단순히 다른 사람을 이기는 게 아니에요. 사실 뛰어난 사람과 경쟁하다 보면 당신 자신이 더 나아질 뿐 아니라 결과 또한 훨씬 더 의미 있게 되죠." 또한 소냐는 모든 걸 어떻게 시작할 것인지와 관련해 이런 조언을 하고 있다. "가끔은 일단 발 벗고 나서는 게 앞으로 나아가는 데 중요한 원동력이 돼요. 과감히 나서지 않고 매일 이런저런 핑계로 포기해 버리면 자기 자신에 대한 믿음과 투지가 사라지죠. 단 5분이라도 운동에 전념해 보세요. 그러면 당신이 지금 정말 피곤하고 지쳐 휴식이 필요한 건지 아니면 이런저런 핑계를 극복하기 위해 노력 중인지 알 수 있게 될 거예요."

소냐는 자신이 세계 챔피언이 될 수 있었던 이유를 정신력에서 찾는다. 그가 사람들에게 들려주고 싶은 이야기도 다름 아닌 정신력에 관한 것이다. "강한 정신력을 갖고 있느냐 그렇지 않으냐는 '주변에서 일어나는 일을 스스로에게 어떻게 설명하느냐'에 달려 있어요. 마틴 셀리그먼Martin Seligman 박사는 이를 '설명 스타일Explanatory Style'이라 부릅니다. 간단한 예를 들어볼게요. 100마일[약 160킬로미터] 산악자전거 경주가 열리는 날 아침에 창문을 열어보니 비가 내리고 있고 추워요. 그럴 때 이렇게 혼잣말할 수 있을 거예요. '아, 오늘 괴롭겠네! 비 오는 날 자전거 타는 건 질색인데. 추운 것도 싫고.' 아니면 이렇게 말할 수도 있어요. '멋진 모험이 되겠는데? 재밌는 하루가 되겠어! 더 강해질 것만 같아. 젖은 길을 더 잘 달려볼 수 있는 좋은 기회야. 얼굴에 진흙이 막 튀고 정말 끝내주겠어.' 후자처럼 스스로에게 말하는 법을 배우면 그걸 인생 전반에 적용할 수 있어요."

이는 단순한 가정이 아니다. 소냐가 선수 생활을 하면서 내내 접해온 상황이다. 그녀는 특히 히말라야산맥에서 피 말리는 경주를 할 때 정신력과 긍정적인 마음가짐의 힘을 빌렸다. 그녀는 이렇게 회상한다. "돌이켜 보면 선수 생활을 하면서 정말 힘들었던 순간들이 가장 좋은 가르침을 주기도 했어요. 저는 10일간 히말라야산맥을 가로지르는 산악자전거 경주인 야크 어택Yak Attack을 완주한 최초의 여성이 되고 싶었어요. 끈으로 자전거를 등에 묶은 채 어둠과 눈보라를 뚫고 세상에서 가장 등골이 오싹한 산길 중 하나를 넘어야 하는 경주죠. 그중에서도 '쏘롱 라 패스Thorong La Pass'라는 산길은 해발 5,416미터 높이에 있는데, 10일간의 경주 중 9일째 되는 날 지나야 해요. 그리고 레이스 맨 앞에서 산을 오르는 데 성공했어요. 그런데 하산하는 길에 유압식 브레이크가 고장 난 걸 알게 됐지 뭐예요. 다른 선수들은 자전거를 타고 바로 옆을 지나 내려가는 상황에서 저는 그날 경주를 마칠 때까지 무려 8시간 동안 자전거를 끌고 걸어야 했어요. 그 경주를 위해 수개월간 준비했고, 실제 그 경주에 나간 건 그 시점에서 제가 행한 가장 용기 있는 행동 중 하나였어요. 그런데 안나푸르나 순환로엔 자전거 가게도 없고 도움 청할 곳도 없었죠. 실패가 눈에 빤히 보여서 실제 포기하려고 했어요. 그 순간 성공에 대한 개념을 바꾸기로 했죠. 그때 제게 성공이란 다시 발 벗고 나서는 용기를 갖는 것이었어요. 최선을 다하는 것 그 자체였죠. 성공은 변화시킬 수 없는 현실을 받아들이는 것이에요. 계속 나아갈 용기를 내는 것이고요. 그리고 한 가지 재밌는 사실을 알려줄게요. 저는 탈락한 선수에게 브레이크를 빌려서 우승을 차지했어요! 그리고 그 다음 해 또 우승을 했습니다."

조시 라조니[Josh LaJaunie]가 채식하는 운동선수로 챔피언에 오른 이야기 역시 놀라움을 안겨준다. 100마일[약 160킬로미터](42.195킬로미터를 달리는 정식 마라톤을 연속 네 번 하는 것과 맞먹는 거리) 달리기도 하고 여러 울트라마라톤 경주에서 우승을 한 육상 선수가 한때 체중이 180킬로그램에 달했다고 하면 어떨까? 아마 믿지 못하겠다는 사람도 있을 것이다. 많은 사람들이 그렇게 하듯 체중은 뺄 수 있다. 그러나 단순히 체중을 빼는 것과 체중을 90킬로그램 넘게 뺀 뒤 엘리트 마라톤 선수가 되어 다른 뛰어난 마라톤 선수보다 더 빨리 달린다는 건 완전히 다른 범주의 일이다.

미국 루이지애나 주 습지대에서 자란 조시는 사냥과 낚시를 즐겼다. 튀긴 음식을 많이 먹고 맥주도 마셨다. 그의 말마따나 '멋진 삶'을 산 것이다. 뉴올리언스 세인츠의 광팬이었던 그는 프로 미식축구 선수가 되는 게 꿈이었다. 키 190센티미터에 체중 145킬로그램. 건장한 체격을 자랑한 그는 몬티첼로에 있는 아칸소대학교 미식축구팀에 장학생으로 들어갔다. 그러나 첫 학기 때 척추 디스크에 문제가 생겨 선수 생활을 접어야 했다.

조시는 다시 고향 습지대로 돌아와 허구한 날 파티에 가고 술을 마셨다. 검보[닭이나 해산물에 오크라 등을 넣어 걸쭉하게 만든 수프], 잠발라야[고기, 해산물 등에 쌀을 넣고 볶다 해산물과 육수를 붓고 끓여 만드는 요리], 가재, 토끼, 다람쥐, 사슴 고기 등을 먹으면서 체중은 45킬로그램 정도 더 불었다. 살이 걷잡을 수 없이 쪄가는 상황에서 한 친구가 '함께 운동을 하자'는 제안을 해 왔다. 그렇게 조시는 헬스클럽에 다니기 시작했다.

처음에는 주로 미식축구 선수 시절에 하던 강화 훈련을 했다. 그러다 달리기가 지방을 태우는 데 좋다는 말을 듣고는 달리기를 해야겠다는 생각을 했다. 자신도 모르는 새에 그때 이미 울트라마라톤 선수가 되는 길로 접어들고 있었던 것이다. 자연스럽게 스태미나와 자신감을 쌓아간 그는 2011년, 생전 처음 10킬로미터 달리기 경주에 참가했다. 체중이 145킬로그램 가까이 나간 그가 완주하는 데는 거의 두 시간이 걸렸지만, 어쨌든 완주에 성공했다. 뉴올리언스 세인츠가 슈퍼볼에서 우승을 한 2010년, 세상에 불가능한 일이 없다는 믿음을 갖게 된 조시가 이듬해 일궈낸 쾌거였다.

그 직후 조시는 아내의 영향으로 사순절 기간 식단에서 가공식품을 전부 뺐다. 그 40일간 그는 또 스콧 주렉이 쓴 책『먹고 달려라Eat and Run』를 읽었는데, 세상에서 가장 위대한 울트라러너 중 한 사람인 스콧의 업적이 전부 채식만으로 에너지를 얻으며 이루어진 것이란 사실에 충격을 받았다. 튀긴 생선과 익힌 고기를 먹고 자란 그에게 채식을 한다는 건 엄청난 변화였지만 그렇게 하지 않을 이유가 없었다. 가뜩이나 병적으로 살이 찐 데다 장거리 달리기에 큰 관심을 갖게 된 그에게 동물성 식품을 식단에서 빼버리는 일은 그리 어렵지 않았다.

조시는 채식 기반의 식단을 시작하고 1년 뒤 경주에 나섰다. 그때 체중은

130킬로그램까지 빠진 상태였다. 10킬로미터 달리기 기록은 거의 한 시간이나 빨라졌다. 2년 후인 2014년에는 체중이 90킬로그램이 채 안 됐다. 그는 난생처음 마라톤 풀코스를 달렸으며, 그 이후 1년 반 동안 마라톤 풀코스를 네 번이나 더 완주했다. 2016년엔 베어 베이트 울트라 50마일[약 80킬로미터] 경주에서 우승을 차지했다. 뿐만 아니다. 게임랜즈 울트라 50킬로미터 경주에선 2위를 기록했으며, 와일드캣 울트라스 100마일[약 160킬로미터] 경주에선 3위에 올랐다. 그는 심지어 3시간 24분 마라톤 경주에도 출전했으며, 마침내 10킬로미터를 40분 안에 뛸 수 있게 됐다.

평범한 비만 남성에서 울트라마라톤 챔피언으로 변신한 감동적이고 믿기 힘든 이야기로 조시는 매거진 〈러너스 월드〉의 커버를 장식했다. TV 토크쇼 〈투데이 쇼Today Show〉와 〈굿 모닝 아메리카Good Morning America〉에 출현하기도 했다. 웹사이트로는 채식주의자가 된 자신의 인생 스토리를 사람들에게 알렸다. 그리고 훗날 『식 투 핏Sick to Fit』란 책을 출간하기도 했다.

오늘날 조시는 자신이 완전히 새로운 사람이 된 것 같은 느낌을 받는다고 했다. 특히 감정적 변화는 극적이다. 조시는 과거 스스로에 대한 부정적 감정에서 벗어나 오늘날 자신의 모습과 미래 자신이 원하는 모습을 긍정하고 있다. 육체적인 체중 부담만 벗어던진 게 아니라 감정적 · 정신적 부담 또한 벗어던진 것이다. 조시는 보다 건강한 삶을 살고 있다. 채식 기반의 생활 방식 덕에 울트라마라톤 선수, 그것도 울트라마라톤 챔피언이 될 수 있었다고 믿는 그는 고향에서 아내를 비롯한 가족들과 더 좋은 시간을 더 오래 보내려 하고 있다. 조시는 겸손하면서도 절제된 태도를 유지하고 있기도 하다. 갑자기 유명 잡지에 표지 인물로 소개되고 미국에서 가장 인기 있는 TV 토크 쇼들에 출연하게 되면 자칫 거만해지기 쉬운데, 그는 그렇지 않다. 울트라마라톤 선수 리치 롤이 운영하는 〈리치 롤 팟캐스트〉에 여러 차례 출연한 그는 팟캐스트 에피소드 404에서 이런 말을 했다. “제겐 사실 그리 특별한 점이 없어요. 여러분도 채식을 시작하고 두 발로 걷거나 뛰는 운동을 해보세요. 밖으로 나가 햇빛을 받으며 몸을 사용해 보세요. 누구에게나 그 결과는 같을 거예요.” 인접한 아칸소 주의 대학에서 한 학기를 보낸 것 외에 한 번도 고향 루이지애나 주를 떠난 적이 없던 조시는 미국의 수도에서, 그리고 뉴욕시 같은 주요 도시에서, 또 자신의 이야기를 듣고 싶다며 초대하는 여러 장소에서 강연을 하기 위해 자주 여행길에 오르고 있다.

우리는 2017년에 강연 중이던 그를 애리조나 주에서 만난 적 있다. 그때나 지금이나 그의 업적에 많은 영감을 받고 있다. 개인의 성공을 위해서가 아니라 다른 사람에게 도움을 주고 싶다는 확고한 신념에 따라 움직이는 그의 삶에서도 많은 영감을 받고 있다.

루이지애나 주 소도시 출신인 조시는 현재 다른 사람들에게 채식의 힘을 알리는 데, 또 건강을 되찾고 체중을 줄이며 삶의 질을 높일 수 있도록 돕는 데 전념하고 있다. 그는 그간 부모 형제들, 할아버지, 아내 그리고 장모를 비롯한 가족들을 채식 기반의 식단으로 이끌었다. 달리기 등 보다 적극적인 활동을 하도록 해, 도합 450킬로그램이 넘는 체중을 감량할 수 있게 하기도 했다. 고향 친구들 역시 그를 본받아 채식을 시작했는데, 그중엔 45킬로그램 이상을 뺀 경우도 있다. 조시는 고향에서 상당한 유명 인사가 됐다. 하지만 정작 그 자신은 대수롭지 않게 여기고 있다. 심지어 모든 공을 자신에게 영향을 준 많은 사람들에게 돌리고 있다. 리치 롤과의 인터뷰에서 그가 한 말이다. “어쩌다 보니 이리 된 거죠. 저는 그냥 흐름을 따르는 거예요. 그걸로 만족합니다.”

채식을 시작한 뒤 몸에 일어난 가장 큰 변화가 뭐였냐는 질문에 조시는 이렇게 말했다. “모두들 회복력이 좋아졌다는 얘기를 하는데요. 그건 당연한 거고요. 언제 몸이 무거웠나 싶게 몸이 가볍게 느껴지는데, 그게 정말 큰 차이예요. 몸이 더 가벼워지고 에너지도 더 넘치죠. 사실 체중을 45킬로그램 뺐을 때도 원시인 스타일의 저탄수화물 식단을 따르고 있었는데, 에너지 보충 문제로 상당히 고생하고 있었거든요. 그런데 채식을 시작하고 나선, 심지어 체중을 더 빼기도 전에 에너지가 막 넘쳐 나는 걸 느꼈어요. 경기력 또한 비약적으로 좋아졌고요." 그는 식단을 채식 기반으로 완전히 바꾼 뒤 생애 첫 울트라마라톤에 도전하고 싶다는 생각이 들 정도로 지구력이 좋아졌다는 말도 했다. 운동 후 예전처럼 몸 여기저기가 쑤시지도 않고, 회복력 또한 워낙 좋아져 50마일[약 80킬로미터] 경주는 물론, 심지어는 100마일[약 160킬로미터] 경주까지 당연히 해야 할 일처럼 느껴질 정도였다. 그를 둘러싼 세계는 그렇게 바뀌었다.

조시의 식단에서 각종 고기와 맥주 등은 더 이상 찾아보기 힘들다. 가재도 잊었다. 그 대신 빨간 콩과 버섯을 넣고 만드는 두부 스크램블, 토마토소스와 양파를 넣고 맛을 낸 통밀 파스타, 그리고 쌀과 콩들이 그 자리를 대신하고 있다. 딜, 마늘 파우더, 소금, 피망, 레몬즙으로 랜치 드레싱 맛을 낸 두부 사워크림를 곁들인 템페 버섯 랩 등도 추가됐다. 그는 앉은 자리에서 템페 버섯 쌈을 6개에서 8개 정도 먹는다. 32킬로미터 달리기 훈련을 하려면 많은 에너지가 필요하기 때문이다. 조시가 복용하는 보충제는 비타민 B12가 전부다. 운동 전후와 운동 중에 필요한 나머지 영양소는 전부 음식에서 취한다. 장거리 달리기를 하면서 전해질 보충 및 수분 보충용 스포츠음료를 마시기도 했지만 이제는 아니다. 음식과 물을 운동이나 회복용 에너지로 활용한다.

현재 키 190센티미터에 체중 86킬로그램의 체격을 가진 조시는 단백질 섭취를 걱정하지 않는다. 모든 식물에 단백질이 함유되어 있다는 사실을 알고 난 뒤 특히 그렇다. 그는 각종 대회에 출전하기 위해 또는 자신의 체중 감량 및 운동선수로서의 성공 스토리를 들려줄 TV 프로나 강연회에 참석하기 위해 과거 그 어느 때보다 많은 여행을 하고 있다. 여행 중 공항에서 채식주의자용 식품을 찾는 게 그리 쉬운 일은 아니지만 그래도 늘 해결책이 있다는 걸 잘 안다. 예를 들어 초밥집 같은 데를 찾으면, 풋콩이나 아보카도 롤, 채소 초밥 그리고 다른 채식주의자용 음식을 사 먹을 수 있다. 자동차를 몰고 이동 중이라면, 잠시 식료품점에 들러 사과와 감자 같은 음식들을 구입해 맘껏 먹을 수도 있다. 모텔 또는 호텔 방에서 요리해 먹거나 전자레인지에 데워먹을 수도 있다.

우리가 조시의 스토리에서 제일 좋아하는 대목은 바로 그의 미약한 시작과 고향 사람들의 건강과 행복에 도움을 주고 싶다는 그의 진심 어린 바람이다. 유명 매거진 커버를 장식하고 〈리치 롤 팟캐스트〉에 세 차례 초대되고 여러 TV 토크 쇼에 출연하며 유명세를 얻은 것도 사실이다. 그러나 그런 일들도 긍정적이고 밝은 습지대 출신의 소년 조시 라조니를 변화시키진 못했다. 그는 여전히 자랑스레 자신의 고향을 루이지애나 주 습지대라고 말하고, 그곳에서 가족 및 친구들과 좋은 시간을 보내는 등 예나 지금이나 달라진 게 없는 생활을 하고 있다. 뉴올리언스 세인츠의 경기가 있는 날이면 약간 다른 음식을 튀겨 먹는 정도다.

전 프로 종합격투기 선수 제임스 윌크스는 어린 시절을 잉글랜드에서 보내며 장차 파이터가 되는 꿈을 꿨다. 액션배우 이소룡Bruce Lee에게서 많은 영향을 받은 그는 무술을 연마하기 시작했고, 이소룡식 절권도는 물론 태권도와 브라질 주짓수까지 배웠다. 그의 데뷔는 화려했다. 얼티밋 파이터 시즌 9The Ultimate Fighter Season 9에서 우승하며 종합격투기계에 얼굴을 알렸다. 하루아침에 얼티밋 파이팅 선수권 대회(UFC)에서 주목받는 프로 종합격투기 선수가 된 그는 10승 4패의 기록을 보인 뒤 2012년에 돌연 은퇴 선언을 했다. 심각한 목 부상 탓이었다. 의사들은 격투기를 계속할 경우 전신마비가 올 가능성이 아주 높다는 경고를 했고, 제임스는 링을 떠나기로 했다.

윌크스의 사례는 '목표는 높게 잡을수록 좋다'는 것을 보여주는 좋은 예로 통한다. 프로 파이터가 되겠다는 것 자체가 엄청나게 힘든 일이기 때문이다. 하지만 그가 강력한 의지를 가지고 세상을 향해 과감한 첫걸음을 내디딘 건 은퇴 후의 일이었다.

윌크스는 훗날 헤비급 종합격투기 챔피언이 된 파브리치오 베르둠Fabricio Werdum과 함께 훈련을 하던 중 양쪽 무릎 힘줄이 찢어지는 큰 부상을 입었다. 그는 부상을 핑계로 가만히 있고 싶지 않았다. 대신 무술 교관 자격으로 군인들과 법 집행 요원들, 그리고 운동선수들에게 무술을 가르치고 싶어 했다. 윌크스는 체계적으로 접근했다. 먼저, 영양학적 접근 방식이 자신의 운동 후 회복에 어떤 도움이 되는지 알아보기 시작했다. 로마 검투사들이 택한 채식 기반의 식단을 자세히 소개한 논문을 발견한 건 바로 그 무렵이다. 그는 건강하고 강한 몸을 만들기 위해 굳이 동물성 단백질을 섭취하지 않아도 될 뿐 아니라, 식물로부터 영양소를 섭취하는 게 오히려 장점이 많다는 걸 알게 됐다. 이를 계기로 그는 채식이 운동선수에게 미치는 영향을 본격적으로 파고들기 시작했다. 그리고 그 과정에서 알게 된 모든 것을 2018년에 나온 다큐멘터리 〈더 게임 체인저스〉에 담았다. 윌크스는 엄격한 채식주의자가 되었고, 이후 지구력과 힘이 믿을 수 없을 만큼 좋아지는 경험을 했다. 게다가 〈더 게임 체인저스〉가 전 세계에 출시되어 극찬을 받으면서 그야말로 하룻밤 새에 가장 영향력 있는 채식하는 운동선수 중 한 명이 되었다. 2018년 초연 당시, 〈더 게임 체인저스〉는 20개 이상의 나라에서 상영됐고 몇 주도 안 돼 아이튠즈 사상 가장 조회수가 많은 다큐멘터리 자리를 꿰찼다. 영향력은 대단했다. 조회수 기록은 계속 경신 중이고, 전 세계적으로 수백만 명의 채식하는 운동선수를 양산하기도 했다. 2020년 말에는 넷플릭스의 전 세계적인 성공과 시청자 수가 압도적으로 많은 중국에서의 높은 시청률에 힘입어 역사상 가장 많은 사람이 시청한 다큐멘터리일 거라는 주장까지 나왔다.

윌크스가 몇 해 전 크레이그리스트[미국의 온라인 벼룩시장]에서 구입한 중고 카메라를 들고 채식하는 운동선수들을 찾아가 녹화한 채식 관련 인터뷰는 센세이셔널한 반응을 불러일으켰다. 단백질과 음식 그리고 영양소에 대한 사람들의 시각에 지대한 영향을 미치게 된 것이다. 다큐멘터리를 완성하기까지는 많은 인내와 끈기 그리고 정신력이 필요했다. 여러 해 동안 촬영을 해야 했고 적절한 제작진도 끌어모아야 했다. 그래도 일등공신은 단연 윌크스다. 그는 채식을 통해 몸에 에너지를 더 잘 보충하고 훈련 후 회복력을 높이는 법을 아는 은퇴한 운동선수이자 영화 제작자였다. 역사에 남을 다큐멘터리를 만들기 위해서는 격투기 선수라는 그의 배경 또한 필요했던 게 사실이다.

윌크스는 세계에서 가장 위대한 채식하는 운동선수들과 인터뷰를 했고 또 가장 권위 있는 의료 전문가들로부터 채식이 왜 그렇게 운동선수에게 좋은지에 대해 많은 얘기를 들었으며, 그 이후 계속 채식이 운동선수에게 필요한 에너지를 충분히 공급해 준다는 확신을 갖고 훈련을 해오고 있다. 〈더 게임 체인저스〉가 출시된 뒤에는 전 세계를 돌아다녔다. 〈더 조 로건 익스피어리언스〉 같이 인기 있는 팟캐스트들은 물론 피어스 모건Piers Morgan이 공동 진행하는 〈굿 모닝 브리튼〉 같은 TV 토크 쇼들에도 수시로 출연했다. 그는 가는 곳마다 인기를 끌었지만, 코로나19 팬데믹이 발생하면서 여행은 물론 각종 미디어 출연도 끊겼다. 그러나 그의 다큐멘터리 〈더 게임 체인저스〉와 채식하는 운동선수 입장에서 전하는 그의 메시지들은 전 세계 많은 사람들 사이에서 공감을 불러일으키는 등 여전히 관심을 끌고 있다. 현재 윌크스는 다시 운동을 하고 있다. 무술 교관으로 네이비 실[미 해군의 엘리트 특수부대]과 미국 연방보안관실 요원들에게 무술을 가르치고 있기도 하다. 여전히 채식 기반의 식단을 즐기고 가족들과 더 많은 시간을 보낸다.

스크린 안과 밖에서, 윌크스의 성공 스토리는 늘 열정을 좇고 꿈을 추구하며 그 꿈들이 이루어질 때까지 계속 나아가야 한다는 걸 상기시켜준다. 사실 경기력을 높이기 위한 노력들 중 가장 힘든 부분은 멘탈, 즉 마음을 다스리는 일이다. 누구든 적어도 한동안은 식단을 고수할 수 있고, 또 누구든 적어도 한동안은 운동 프로그램을 지킬 수 있다. 중요한 건 그 '한동안'을 얼마나 지속하는 가이다.

영양 프로그램이나 운동 프로그램에 전념하는 기간에 영향을 주는 요인은 무엇일까? 바로 당신에게 달려 있다. 당신이 목표를 얼마나 명확히 설정하는지, 또 왜 그런 목표를 설정하려 하는지가 중요하다. 스스로 그 답을 찾고 싶다면, 다음과 같은 질문들에 답할 수 있어야 한다.

1. 어떤 목표를 달성하고 싶은가?
2. 그 목표가 당신에게 왜 중요한가?
3. 그 목표가 당신의 삶을 어떻게 바꾸게 될 것인가?
4. 언제 실행에 옮기기 시작할 것인가?

자, 그럼 이제 하나씩 짚어나가 보자.

먼저 목표다. 목표는 분명하고 간단해야 한다. 최종적으로 무엇을 꿈꾸는가? 만일 시간이나 돈 또는 다른 장애물이 문제가 되지 않는다면, 당신은 무엇을 이루고 싶은가? 그걸 파악하는 것이 원하는 걸 손에 넣기 위한 첫 단계다. 정확히 어디로 가고 싶어 하는지를 알아야, 거기에 도달하기 위한 계획을 짤 수 있다.

많은 종류의 목표들이 있지만 간단히 괜찮은 목표, 안 괜찮은 목표, 멋진 목표로 나눌 수 있다. 호기심을 자극하긴 하나 특별한 동기 부여가 되지 않는 목표는 괜찮은 목표다. 반면 진정 원하는 것과 반대되는 방향으로 나아가게 만드는 목표는 안 괜찮은 목표고, 너무 멋지고 놀라워(실제 이루어진다면 와우! 하며 놀랄 만큼) 그걸 달성하기까지 계속 흥분하게 만드는 목표는 멋진 목표다. 당신은 십중팔구 역효과를 낳을 비생산적인 목표(예를 들어 어떻게든 몸을 키우기 위해 칼로리가 아주 높은 비유제품 아이스크림을 최대한 많이 먹는다든가 하는 식의)는 피하고 싶겠지만, 그렇다고 해서 겨우 체중 몇 킬로그램을 줄이거나 늘리는 것과 같은 '괜찮다'고 생각되지만 삶에 별다른 변화도 못 주고 성취감도 크지 않은 목표는 그리 끌리지 않을 것이다. 그보다는 좀 더 앞으로 나아가고 좀 더 치열하게 생각하고 좀 더 깊이 파고들어 당신의 삶에 진정한 변화를 줄 그런 목표를 찾아야 한다.

결국 정말 멋진 목표에는 당신이 달성하려 애쓰는 뚜렷한 목적이 있어야 한다. 그리고 그 목표가 당신에게 왜 중요한지, 또 그 목표를 달성할 경우 당신의 삶이 어떻게 달라질 것인지를 알아야 한다. 그렇게 뚜렷한 목적을 찾고 싶다면, 두 눈을 감고 당신의 삶에서 무엇이 당신을 가장 미소 짓게 만드는지를 생각해 보자. 우리는 지금 마음 깊은 데서 우러나오는 기쁨에 대해 이야기하고 있는 것이다. 영원히 끝나지 않았으면 하는 순간에 느끼는 감정 말이다. 마음속으로 그런 순간을 떠올리며, 어떤 목표를 달성하면 그런 기쁨을 느끼게 될지를 상상해 보자. 그러면서 또 당신이 높이 평가하며 또 배우고 싶은 다른 운동선수의 특징도 찾아 보자. 그들의 재능, 기술, 힘, 자신감, 공감 능력, 리더십, 직업의식, 열정 등을 최대한 많이 떠올려 보자. 당신이 그 운동선수만큼 높은 곳에 오른 느낌을 가지려면 어떤 걸 성취해야 할까? 또 당신이 다른 사람들로부터 그런 반응을 이끌어 내게 된다면 어떤 느낌일까?

목표가 가지는 의미 찾기

이제 당신은 목표를 가지고 있고 어떻게 해야 하는지도 안다. 그런데 잠깐, 목표를 향해 나아가기에 앞서 그 목표가 당신에게 왜 그토록 중요한지부터 명확히 해야 한다. 이제껏 해온 것처럼 우리는 채식하는 운동선수라는 멋진 목표를 달성한 사람들의 인생을 소개하고, 우리가 알고 있는 영양 관련 정보와 운동 이야기를 들려주면서 당신에게 동기부여를 할 수도 있다. 그러나 스스로 출발선에 설 나름대로의 이유를 찾아내지 못한다면 목표를 정하는 것 자체가 어렵다. 자, 자문해 보자. '나는 왜 이 책을 집어 들었나?', '대체 이 책에서 무얼 얻고자 했나?' 짐작건대 당신은 단순히 어떤 채소를 먹어야 체중을 줄일 수 있는지 또는 근력 운동 후 에너지를 재충전하려면 어떻게 해야 하는지를 알기 위해 이 책을 집어 들진 않았을 것이다. 분명 뭔가 좀 더 큰 목표가 있을 것이다. 식물성 단백질에 대해 알고 싶었다면 구글 검색만 해봐도 됐을 테니 말이다. 이 책을 집어 든 것은 '살아 있다'는 느낌을 더 강하게 느끼고 싶고 더 큰 에너지와 활력을 얻길 희망하며, 궁극적으로는 채식 기반의 식단을 택해 더 많은 것을 성취하고 더 큰 행복감과 자부심을 느끼고 싶어서일 거라 생각한다.

당신 자신에게 물어보자. '내 목표는 왜 내게 중요한가?', '그 목표가 내 삶을 어떻게 바꿀 것인가?' 그 답은 고상할 수도 있고 이상적일 수도 있고 간단명료할 수도 있다. 솔직하게 답해 보자. 옳다고 느껴지는 쪽을 택하면 된다.

나만의 이유

나는 1990년에, 그러니까 겨우 아홉 살 나이에 해산물까지 먹는 부분 채식주의자가 되었다. 내가 아는 사람 중에 육류를 먹지 않는 사람은 없었지만, 워낙 동물을 좋아해 내린 선택이었다. 내 즐거움을 위해 동물을 죽게 하고 싶지 않았던 것이다. 물고기도 생각을 하고 감정이 있다는 걸 알게 되면서, 물고기 먹는 것도 중단했다. 그러다 달걀 업계와 유제품 업계에서 벌어지는 잔혹 행위를 알게 되면서 완전한 채식주의자가 되었다. 동물성 식품을 먹는 게 환경에 미치는 악영향 때문에 그렇게 하기로 한 거지만, 사실 그리 힘든 결정은 아니었다. 나는 다른 동물도 우리 인간처럼 복잡한 사회생활을 하고, 깊은 감정을 갖고 있다는 걸 잘 알고 있다. 그런 만큼 동물이 고통받게 하고 싶지 않다. 채식 기반의 식단은 건강과 몸에 아주 좋다. 채식을 하면 늘 양질의 영양소 섭취에 집중할 수 있고, 필요할 때 필요한 영양소를 섭취해 경기력을 높일 수도 있다.

- 소피 멀린스, 100킬로미터 울트라마라톤 영국 챔피언

나는 세 살에 자연식물식을 시작했고, 여섯 살에 완전한 채식주의자가 되었다. 별다른 이유는 없었다. 동물을 사랑했고 그래서 동물을 해치고 싶지 않았다. 그런데 운동선수의 관점에서 보든 비운동선수의 관점에서 보든, 그 결정이 살면서 내린 가장 현명한 결정이었다. 수십 년간 채식주의자로 살아오면서 누린 많은 이점 중 몇 가지만 꼽자면 다음과 같다. 우선 선수 생활을 더 오래 할 수 있게 되었다. 나는 여전히 국가대표로 5킬로미터 로드 레이스부터 울트라마라톤에 이르기까지 다양한 종목에 나서고 있다. 채식을 한 이후 회복력도 좋아졌고 부상도 잘 안 입게 됐다. 정신적인 측면에서 동기부여도 잘 됐다.

- 피오나 오크스, 마라톤 기네스 세계 기록 보유자

나는 윤리적인 이유와 환경적인 이유 때문에 엄격한 채식주의자가 되었다. 소셜 미디어를 통해 동물성 식품 업계에 대한 많은 정보를 얻게 되면서, 더 이상 내 스스로 그 모든 일들을 정당화할 수 없었다. 그 상황에서 경기력이나 건강 관련 문제는 사실 그리

중요하지 않았다. 나는 그저 더 나은 사람이 되고 싶었고, 내 윤리관에 어긋나지 않는 행동을 하고 싶었다. 채식주의자로의 변화는 내 기대치와 완전히 맞아떨어졌다. 내가 내린 모든 결정 중 단연 최고의 결정이다.

- 안드레 보이타, 1,500미터 육상 선수

나는 사실 어느 정도는 우연히 채식주의자가 된 케이스다. 하루는 여자친구와 함께 점심을 먹고 있었는데, 그녀가 내 쪽을 쳐다보며 말했다. "우리 채식해 볼까? 모든 사람이 채식을 한다면, 지금보다 네 배 이상의 세계 인구를 먹여 살릴 수 있고, 환경도 지킬 수 있을 거야." 그 말에 나는 이렇게 맞장구쳤다. "오, 괜찮은 거 같아. 그래 그렇게 하자! 그런데, 채식 어떻게 하는거야?" 1990년 뉴욕 맨해튼에서 있었던 일이다. 그녀의 설명을 듣고 나는 스파게티와 미트볼이 담긴 접시를 내려다보았다. 그리곤 침울한 얼굴로 미트볼을 하나하나 빼냈다. 당시 난 심각한 고민 없이 채식주의자가 되기로 했다. 하지만 10년 후인 2000년엔 달랐다. 그야말로 심사숙고한 끝에 엄격한 채식주의자가 되기로 했다. 당시 막 프로 사이클링 선수가 된 나는 경쟁에서 이길 마법 같은 해결책을 찾고 있었다. 이것저것 철저히 조사해 보니 모든 증거가 하나를 가리켰다. 바로 채식 기반의 식단이다. 엄격한 채식주의자가 되고 난 뒤 나는 바로 하위권에서 상위권으로 올라섰다. 심지어 국제 대회에서 우승을 거두었으며, 세계 선수권 대회에서 톱 10에 들어가기도 했다. 그리고 비로소 내 선택이 도덕적 측면에서도 옳다는 것을 알게 됐다. 그 이후 나는 줄곧 엄격한 채식주의자로 살아왔다. 감히 단언하건대 나는 내 결정으로 인해 그 어떤 생명에게도 고통을 주지 않고 있다.

- 크리스틴 바다로스, 프로 사이클 선수

마이클 조던의 한 마디

아이스하키 전설인 웨인 그레츠키Wayne Gretzky는 다음과 같은 말을 한 적 있다. "때리지 않은 샷은 100퍼센트 실패한 샷이다." 시도하지 않고서는 절대 성공할 수 없다는 의미다. 여러 차례, 여러 다른 표현으로 들어온 말이지만, 새로운 목표를 향한 첫걸음은 언제나 가장 힘든 법이다. 물론 때로는 목표를 세우고 그 목표에 전념하는 일 자체가 가장 힘들 수도 있지만 말이다.

새로운 도전과 목표에는 늘 다음과 같은 불확실성이 따른다. '내 목표가 너무 높은 게 아닐까?', '실패하면 다른 사람들이 어떻게 생각할까?', '중도 포기하게 되면 스스로를 어떻게 생각하게 될까?', '기대에 못 미치는 성취를 하게 되면 어떡할까?', '정말 실패한다면 어떻게 될까?' 농구 황제 마이클 조던Michael Jordan은 이를 멋진 말로 요약했다. "나는 그간 살아오면서 계속 실패를 거듭해왔다. 그리고 그게 내가 성공한 이유다."

시작할 시간

그렇다. 이제 시작하는 일만 남았다. 당신은 계획을 했고, 꿈을 꾸었고, 책을 읽었고, 메모를 했고, 식료품을 구입했고, 준비를 했고, 영감을 주는 영상도 보았다. 그리고 어떻게 해야 할지 감까지 잡았다. 그간 할 수 있는 건 다 한 셈이다. 이제 모든 준비를 마쳤으니 앞으로 나아가기만 하면 된다.

책임감과 집중력을 가지고 나아가는 데 가장 큰 도움이 되어줄 수단은 일정표다. 먼저 목표를 달성하려면 현실적으로 어느 정도의 시간이 필요한지 계산해 보자. 이때 일정이 너무 빠듯해 목표 달성이 불가능해진다거나(새해의 결심들이 대개 그런 식이다. 예를 들어 체중을 10킬로그램 정도 줄이려면 한 달은 넘게 잡아야 한다) 아니면 너무 느긋해 관심이나 추진력이 떨어지지 않게(5킬로미터 달리기 훈련을 하는 데 1년씩이나 필요하진 않다) 해야 한다. 목표를 달성하는 데 적절한 시간이 어느 정도인지 알고 싶다면, 온라인에서 검색을 해보거나 비슷한 목표를 갖고 있는 친구에게 물어보는 게 도움이 될 수 있다.

다음엔 이렇게 해보자. 목표에 맞는 루틴을 만들어보는 것이다. 일정 기간 동안, 예를 들어 일주일에 체육관이나 헬스클럽에서 몇 시간을 보낸다든가 하는 원칙을 세울 수도 있다. 아니면 일찍 일어나 운동을 한다거나 어떤 식단을 꾸준히 먹는 것처럼 기본적인 생활 습관을 바꿔 볼 수도 있다. 비현실적인 큰 목표보다는 작은 목표를 세워 꾸준히 지키는 게 훨씬 더 효과적이고 만족도도 높다. 그게 습관을 만드는 데 더 도움이 되고, 목표를 달성하는 데도 더 좋다. 작은 목표를 넘어 점점 더 큰 목표를 향해 나아갈 수 있기 때문이다.

주변 사람들에게 도움을 받는 것도 좋다. 목표를 꼭 모든 사람들에게 공개할 필요는 없지만, 몇몇 가까운 사람들과 도움을 줄 수 있는 친구들에게는 말하는 것이 좋다. 당신이 무얼 달성할 계획인지를 일러두면 책임감(아주 강력한 동기부여가 된다)이 생길 뿐만 아니라 응원해 줄 사람들까지 확보하게 된다.

물론 그들은 어려운 시기에 기댈 수 있고 상황이 여의치 않을 때 마음을 털어놓을 수 있으며 조언이 필요할 때 뭔가를 배울 수 있는 사람들이어야 한다. 주변에 긍정적인 사람들이 있으면 큰 힘이 된다. 그들의 힘을 절대 과소평가하지 말자.

힘들어도 행복한 마음으로

목표에 도달하려 노력할 때 행복한 마음으로 하지 않는다면 머지않아 지쳐 쓰러지게 된다. 체중 감량이 아주 좋은 예다. 체중계의 숫자가 조금씩 줄어들 수는 있다. 그러나 그게 지독하게 칼로리를 제한해 얻은 결과라거나 좋아하는 음식을 멀리하며 고통스러운 유산소 운동을 해 얻은 결과라면, 그건 진정 추구할 가치가 있는 목표는 못된다. 행복과는 아주 거리가 먼 것이기 때문이다. 적어도 우리 눈에는 성공적인 방법으로 보이지 않는다. 하루빨리 해결해야 할 중대한 건강 문제가 있는 게 아니라면, 아니 심지어 그런 상황에서도 보다 성취감을 주는 체중 감량 방법이 있을 수 있다. 그러니 잊지 말자. 목표를 향해 가는 과정에서 장애물을 만나고 좌절에 빠진다 해도 미소를 잃어선 안 된다.

우리는 성공과 행복이 서로 맞닿는 바로 그 순간을 축하해야 한다고 생각한다. 축하해야 할 일은 여러 형태로 나타날 수 있다. 마음에 드는 채식 음식을 찾았거나, 그 음식을 식단에 포함했다거나 하는 사소한 일일 수도 있다. 수시로 당신이 얼마나 멀리 왔는지 그리고 또 얼마나 더 건강한 몸을 만들었는지를 상기하는 것 또한 하나의 방법이다. 삶에 행복을 가져다주는 모든 것에 감사할 수 있기 때문이다. 사소하다 해도 당신이 해온 노력의 결실을 맛보는 순간 역시 축하받아 마땅하다. 슛에 성공했다거나, 무거운 걸 들어 올리는 게 보다 쉽게 느껴졌다거나, 더 먼 거리를 달려도 그리 힘든 것 같지 않다거나 하는 순간들 말이다. 원하는 무언가를 추구하는 과정에서 끊임없이 즐거움을 찾으려 애쓴다면 분명 행복해질 것이다. 목표를 향해 힘겨운 발걸음을 옮길 때 이 점을 잊지 말자.

채식주의 운동에 뛰어들기에 앞서 해주고 싶은 말이 있다. 우리는 당신을 믿는다는 사실이다. 남들과 다른 생활 방식을 고수한다는 게 얼마나 힘든 일인지, 또 그런 생활 방식을 제대로 받아들이지 못하는 세상에서 두각을 드러낸다는 게 얼마나 힘든 일인지 우리는 누구보다 잘 알고 있다. 동시에 마음이 시키는 대로 따를 때 주어지는 보상들이 미지의 세상에서 만나는 두려움을 압도한다는 것도 잘 알고 있다.

늘 당신이 왜 이 어려운 여정에 나섰는지를 상기하도록 하자. 채식 기반의 식단과 영양 섭취 계획, 운동 프로그램, 건강한 몸만들기 목표를 실행해 나가다가 포기하고 싶거나 멈추고 싶거나 패배를 인정하고 싶어질 때, 초심으로 되돌아가 마음을 다잡고 계속 나아가도록 하자. 목표에 도달하는 가장 빠른 길은 그냥 앞으로 나아가는 것이다. 가다 보면 구불구불한 길도 나오고 장애물이나 움푹 팬 곳도 나오고 되돌아 나오거나 빙 둘러 가야 하는 길도 나오겠지만, 길만 제대로 따라가면 결국 원하는 곳에 도달하게 된다. 채식을 한다는 건 가장 건강해지고 가장 튼튼한 몸을 갖고 가장 행복해진다는 뜻이다. 그러니 발 벗고 나서서 모든 걸 변화시키자. 한 번에 한 입씩, 한 번에 한 걸음씩 그리고 한 번에 한 번씩 웃으면서.

가장 나은 내가 되기 위한 목표 정하기

이는 로버트 치키의 목표 설정 방법이다. 참고로 맷 프레이저는 이 방법을 10년 넘게 지켜오고 있다. 그리고 그 덕에 우리 저자들은 한 팀이 됐고, 결국 이 책이 탄생했다. 모든 것을 크고 넓게 생각하면서 목표를 설정하도록 하자. 그것이 우리가 성취한 것들(그리고 지금도 성취하려 계획 중인 것들) 가운데 상당 부분을 뒷받침해 준 비밀 병기다. 우리의 비밀 병기가 당신이 꿈을 이루는 데도 도움이 되었으면 한다. 보너스로 우리가 수년째 사용 중인 '목표 설정 워크숍'도 제공한다. 웹사이트 '육식하지 않는 운동선수

(nomeatathlete.com/book-bonus)'에서 다운로드해 당장 멋진 미래를 만들어나가 보자.

• • • • •

마음 챙김 명상과 목표 설정은 피겨 스케이팅을 비롯한 모든 스포츠 종목에서 더없이 중요하다. 스포츠는 90퍼센트가 정신력 싸움이다. 나는 많은 시간을 트레이너와 함께 정신력을 가다듬는데 썼다. 또한 많은 스포츠 심리 관련 책을 읽었고 또 스포츠 심리 관련 팟캐스트들을 들었다.

- 메건 두하멜, 피겨 스케이팅 올림픽 금메달리스트

정신 집중과 목표 설정은 축구 프리스타일이란 종목에서 대단히 중요하다. 프리스타일러는 훈련 중이든 경쟁 중이든, 고도의 정신 집중과 올바른 목표 설정을 해야 하기 때문이다. 어떤 기술에 성공하는 것과 실패하는 건 그야말로 종이 한 장 차이여서 경쟁 중엔 많은 부담을 느낄 수밖에 없다. 매 순간 다른 생각은 다 걷어내고 경기에만 집중해야 한다. 또 정신이 경기를 지배해야 한다.

- 스테판 그레이, 축구 프리스타일러 겸 기네스 세계 기록 보유자(2회)

나는 힘을 키우는 과정에서 육체적으로 더 강해진다는 건 곧 정신적으로도 더 강해진다는 의미임을 확실히 느꼈다. 그 차이는 엄청났다. 내 감정을 더 잘 통제할 수 있게 됐을 뿐 아니라, 과거에는 스스로 자격이 없다고 느껴져 지나쳤을 상황에서도 나 자신, 그리고 다른 사람들을 위해 당당히 일어설 수 있게 되었다. 채식주의자가 되고 난 뒤에 똑같은 일이 일어났다. 감정을 더 잘 통제할 수 있게 되었다. 채식에 관한 내 입장과 믿음을 갖고 살게 되면서 정신력 또한 더 강해졌다. 스스로에게도 더 진실돼졌다. 가장 중요한 부분은 바로 정신적인 측면이다. 더 강해지기 위해선 현재의 자신을 믿어야 하며 당신이 해낼 수 있다는 것도 믿어야 한다. 지금 내가 아쉬운 건 단 하나, 좀 더 일찍 채식주의자가 되지 못한 것뿐이다.

- 훌다 B. 웨이지, 아이슬란드 역도 기록 보유자

일기를 쓰는 건 내 하루 일과에서 큰 부분을 차지한다. 나는 늘 굳은 목적과 의지를 가지고 하루를 시작하며, 어떻게든 매일 성장할 수 있는 길을 걸으려 한다.

- 더스틴 와튼, 미국 배구 국가대표

뭔가를 더 깊이 파고들어야 하고 또 뭔가를 선택해야 할 때, 인간의 몸을 가지고 할 수 있는 게 믿을 수 없을 만큼 많다고 생각한다.

- 산다 힐, 울트라트라이애슬론 세계 챔피언

10장

채식하는 운동선수의 하루

그동안 운동선수가 훈련 중 에너지를 보충하는데 필요한 모든 기본적인 사항을 살펴봤다. 식물성 식품과 그 식품의 활용법은 물론이고, 가장 높은 수준의 훈련을 받을 수 있는 몸 상태를 준비하는 방법에 대해서도 알아봤다. 이제 운동선수들이 대체 이 모든 것을 어떤 식으로 종합해 활용하고 있는지 보려 한다. 이 장에서는 운동선수들에게 펜을 넘길 예정이다. 그들이 어떻게 운동 스케줄을 짜고, 하루 종일 어떤 음식을 먹으며, 운동 후 어떤 방법으로 회복하는지 보도록 하자. 채식 기반의 식단을 테스트 중인 그들의 생각도 엿볼 수 있을 것이다.

로버트 치키, 보디빌더

아침

아침 일과: 개들과 함께 뒤뜰로 나가 따뜻한 햇볕을 쬐고 신선한 바람을 맞으며 하루를 연다. 그리고 과일과 함께 물 또는 히비스커스 티를 마시며 이메일을 확인한다. 집에 개가 있으면 루틴을 만드는 데 도움이 된다. 매일 산책을 시켜야 하기 때문이다. 추운 겨울철에도 개들을 데리고 밖에 나가는 걸로 하루를 시작하지만 밖에는 잠시 동안만 있는다. 그 후엔 집에 돌아와 아침 식사를 한 뒤 이메일을 확인한다.

아침 식사: 오트밀 또는 하룻밤 불린 귀리. 때론 부리토나 제철 베리류, 체리 또는 얇게 썬 핵과 과일[복숭아, 망고, 살구 등 씨가 있는 과실]. 가끔은 아침 식사용 시리얼이나 베이글 또는 머핀 같은 걸 먹기도 하지만, 주로 귀리나 과일을 먹는다.

간식: 바나나 같은 과일, 사과 소스, 베리류 또는 스낵바.

오후

점심 식사: 현미, 핀토콩, 아보카도, 상추, 토마토, 살사 등을 넣은 부리토 볼. 부리토 볼은 내가 가장 자주 먹는 식사일 것이다. 현미나 콩이 많으면, 다른 토핑을 얹어 먹기도 한다. 그 토핑에는 올리브와 피망, 다양한 종류의 콩, 살사 등이 있다.

간식: 베리류, 바나나, 얇게 썬 사과, 오렌지 같은 과일 또는 스낵바.

운동 1: 30분에서 60분간 개들과 산책하기. 아침에 뒤뜰에서 개들과 함께 시간을 보내는 것 외에 하는 별도의 산책이다. 가끔은 체육관에 가기 직전에도 한다. 개들과 하는 산책은 웨이트트레이닝 전에 하는 워밍업의 일부나 마찬가지다.

<u>**저녁**</u>

운동 전 간식: 바나나 두 개와 물.

운동 2: 한 시간 동안 웨이트트레이닝을 하는데, 웨이트트레이닝을 할 때는 두 군데의 근육 운동에 집중한다. 주로 이두박근과 삼두박근, 등과 어깨, 하체와 복근 식으로 묶어 운동하는 편이다. 단련시키려는 근육들과 주어진 운동 시간에 따라 20~30세트 정도의 웨이트트레이닝을 한다. 주로 한 번에 4~5세트를 목표로 하며, 한 세트당 8~10회로 끝낸다. 약간의 워밍업이나 정리 운동을 하는 경우도 많은데, 워밍업과 정리 운동을 할 때는 스텝밀 머신[계단 운동 기구], 일립티컬 트레이너[팔과 다리를 동시에 움직이는 기구], 고정형 자전거, 폼 롤러 같은 운동 기구들을 이용한다. 가끔은 한증막이나 사우나에서 스트레칭을 하기도 한다.

운동 후 간식: 즉각적인 에너지 보충을 위해 먼저 과일을 먹고 저녁 식사를 한다. 저녁에 운동을 하기 때문이다. 가끔은 저녁 식사 전에 간식 삼아 베리류나 오렌지 또는 귤을 먹기도 한다.

저녁 식사: 팟타이 또는 태국식 볶음밥. 태국 음식과 멕시코 음식을 좋아한다. 수프나 파스타, 채식 버거, 부리토 등 흔히 먹는 다른 저녁거리가 없을 경우 가장 즐겨 먹는 음식이기도 하다. 태국 음식은 신선한 롤빵, 태국 샐러드, 볶음밥, 카레, 팟타이 등의 형태로 매월 내 식단에 포함돼 있다.

디저트: 특히 여름엔 하루가 끝날 무렵 막대 아이스크림을 즐겨 먹는다. 때론 비유제품 아이스크림이나 초콜릿 같은 걸 먹기도 한다. 하지만 가장 좋아하는 디저트는 과일이다. 잠자리에 들기 전에 먹는 천도복숭아나 오렌지를 특히 좋아한다.

회복 일과: 수십 년간 선수 생활을 하면서 얻은 부상이 있다. 늘 등 아래쪽에 통증이 느껴진다. 그래서 저녁 운동 후엔 등 아래쪽을 따뜻하게 덥히기 위해 종종 더운물로 샤워를 한다. 열렬한 농구 팬이기도 해서, 밤늦게까지 집필 작업을 하지 않을 때는 저녁 식사를 한 뒤 텔레비전으로 농구 경기를 보며 스트레스와 긴장을 푼다.

맷 프레이저, 마라톤 겸 울트라마라톤 선수

아침

아침 일과: 잠에서 깬 뒤 한 시간 내에 커피를 한 잔 마신다. 근육을 키우거나 체중을 늘리려 하는 중이 아닌 한 오전 11시 정도까지는 대개 아무것도 먹지 않는다. 가끔은 40분간 요가와 명상을 한다. 늘 그런 건 아니다.

아침 식사: 얼린 베리류, 체리, 망고, 바나나, 호두, 아마씨 등을 넣은 스무디 24온스[약 720밀리리터].

오후

점심 식사: 병아리콩 한 컵을 넣은 푸짐한 샐러드. 나는 보통 샐러드를 만들 때 상추도 넣고 어린 케일같이 씁쌀한 채소나 십자화과 채소도 넣는다. 거기에 붉은 양배추, 당근, 샐러리를 추가한 뒤 캐슈 랜치 드레싱, 타히니 마늘 드레싱 또는 올리브와 식초를 곁들여 먹는다. 전날 저녁 식사 때 먹고 남은 음식이 있으면 대개 샐러드 대신 그 음식을 먹고, 샐러드는 그날 저녁 식사 때 먹는다.

간식: 바나나나 오렌지, 트레일 믹스, 양배추나 브로콜리를 넣은 후무스.

운동 전 간식: 대추야자 1개나 2개 또는 8온스[약 240밀리리터]의 물을 탄 과일주스 8온스[약 240밀리리터] 또는 쌀로 만든 떡 1개.

운동: 특별히 뭔가를 위해 훈련을 하고 있는 건 아니지만 전반적으로 건강한 몸을 유지하거나 만들고 싶을 경우, 운동 A와 운동 B를 번갈아 한다.

- 운동 A: 4분간 언덕 오르기를 2~3회 반복하되, 매번 5분씩 쉬고 5분씩 워밍업과 정리 운동을 한다.
- 운동 B: 1분간 전력 질주를 6~8회 반복하되, 매번 2분씩 쉬고 5분씩 워밍업과 정리 운동을 한다.

운동 A나 운동 B를 마친 날에는 30분간 걷거나 가벼운 달리기를 한다.

근력 운동을 하거나 심장 강화 운동을 좀 더 하고 싶을 경우에는 20분간 케틀벨 운동을 하는데, 그때는 케틀벨을 한 손으로 잡고 흔들기 100회(한 번에 10회씩)에 터키시 겟업[한 손으로 바닥을 짚고 다른 한 손으로 케틀벨을 높이 들어 올리는 운동] 10회를 한다.

운동 후 간식: 운동 직후에 쌀로 만든 떡과 체리 주스 약 230그램을 먹는다. 그런 다음 한두 시간 후에 보다 푸짐한 식사를 한다.

저녁

저녁 식사: 대개 곡물류 한 가지, 녹색 채소 한 가지 그리고 콩 한 가지를 조합해 만든다. 케일이 들어간 병아리콩 파스타 스튜, 양배추가 들어간 BBQ 템페 타코, 청경채와 현미를 넣은 두부볶음, 붉은 소스와 병아리콩, 브로콜리를 넣은 파스타 등 다양한 조합이 나온다.

디저트: 저녁 식사 후에는 맥주나 와인 한 잔 외에 아무것도 먹지 않는다. 잠자리에 들기 전에는 보충제를 복용한다.

회복 일과: 잠자리에 들 무렵에는 음식과 술을 멀리한다. 잠자리에선 휴대폰

이나 TV 화면을 보지 않고, 암막 커튼을 쳐 숙면을 취한다. 격렬한 운동을 한 후에는 적극적으로 회복 운동을 하는 편이다. 대개 그런 경우 20여 분간 TV를 보며 폼 굴리기와 유연성 운동을 한다.

코린 서튼, 보디빌더

아침

아침 식사: 채식주의자용 오믈렛(레시피는 366페이지 참조).

아침 일과: 일주일에 한두 차례씩 요가.

오후

점심 식사: 클린 머신Clean Machine 사의 클린 그린 단백질과 완두콩 단백질을 넣고 만든 단백질 셰이크.

간식: 망고, 딸기, 아보카도, 대추 그리고 땅콩버터.

운동 전 간식 및 보충제: 커피, 클린 머신 사의 클린 BCAA, 셀 블록 80, 아히플라워 오일 또는 마카 파우더, L-아르기닌, L-시트룰린, 미국 인삼, L-트립토판, 트리뷸러스.

운동: 일주일에 다섯 차례 고강도 인터벌 트레이닝과 근비대 트레이닝을 실시하되 가슴 운동, 삼두박근 운동, 다리 운동, 밀거나 당기기 운동 등을 하루씩 번갈아 가면서 한다.

운동 후 간식: 두부, 피망, 케일, 버섯, 양파, 마늘, 강황, 블랙 솔트, 액상 아미노산 등을 넣고 만든 두부 스크램블.

저녁

저녁 식사: 밀 글루텐, 채소, 영양 효모를 넣고 만든 수프와 채소로 만든 맑은 국.

디저트: 얼린 딸기, 아몬드 우유, 스테비아로 만든 딸기 아이스크림과 채식주의자용 크림치즈. 매일은 아니고 어쩌다 한 번씩 먹는다.

회복 일과: 일주일에 2번 요가, 매일 15~30분 명상, 일주일에 4~5번 10분간 스트레칭, 그리고 일주일에 3~4번 10~30분간 걷기.

제임스 윌크스, 종합격투기 챔피언

아침

아침 식사 그리고 운동 전 간식: 하룻밤 불린 귀리.

운동: 웨이트트레이닝, 무술, 수영 또는 반복해서 단거리 전력 질주.

운동 후 간식: 녹색 채소로 만든 스무디 또는 집에서 만든 단백질 바.

오후

점심 식사: 채소들을 넣고 만든 통밀 피타[둥글고 납작한 중동식 빵]와 후무스 또는 지난 밤 저녁 식사 때 남은 음식.

저녁

저녁 식사: 채소들을 넣은 렌틸콩 파스타, 렌틸콩 코티지 파이[다진 쇠고기와 으깬 감자를 주재료로 만드는 영국식 미트 파이] 또는 채소 라자냐.

회복 일과: 폼 롤러나 라크로스 볼을 이용한 근막 이완 운동.

닷시 바우시, 트랙 사이클 올림픽 은메달리스트

아침

아침 식사: 으깬 아보카도와 칠리 플레이크를 넣고 소금과 레몬즙을 뿌려 만든 일곱 가지 곡물 새싹 토스트.

오후

점심 식사: 잘게 썬 케일, 유제품이 들어가지 않은 크림 드레싱(예를 들면 애니스 가디스 드레싱Annie's Goddess Dressing), 자연 상태 그대로의 완두콩 또는 볶은 완두콩 한 움큼, 채 썬 당근, 다진 양파 등이 들어간 푸짐한 샐러드.

간식: 당근, 지카마, 샐러리, 오이, 버섯, 피망 등과 같은 생 채소와 후무스 또는 타히니, 그리고 바닷소금을 뿌린 풋콩.

운동 전 간식: 귀리 우유, 얼음, 많은 블루베리와 산딸기, 바나나 1개, 아몬드 버터 1테이블스푼, 카카오 닙스, 치아씨 등을 넣고 만든 내 '비장의' 스무디 절반과 물.

운동: 특별한 순서 없이 그날그날 기분에 따라 다음 중 하나를 한다. 차고를 개조한 나만의 체육관에서 바벨 들어 올리기, 스피닝, 핫 요가[40도 이상으로 가열된 방에서 하는 요가], 개들을 데리고 빠르게 걷기, 남편과 함께 강도 높은 산악자전거 타기.

운동 후 간식: 내 비장의 스무디 나머지 절반.

저녁

저녁 식사: 브로콜리, 피망, 양파, 당근 등과 같은 채소에 병아리콩과 두부를 넣어서 만든 카레 또는 시중에서 산 카레 소스(*추천 브랜드 - 마야 카이

말[Maya Kaimal])를 넣고 마지막에 시금치를 올린 템페. 카레나 템페는 흑미 또는 현미로 지은 밥에 얹어서 먹는다.

디저트: 다크초콜릿과 함께 피노누아 와인 한 잔.

캐틀린 쿠크, 에스토니아 사이클 챔피언

아침

아침 식사: 당밀, 견과류, 과일을 넣은 생 메밀 또는 단백질 스무디.

운동 전 간식: 바나나와 대추.

운동: 지구력 사이클링 3시간 또는 체육관이나 헬스클럽에서 3시간 운동 또는 전력 질주 또는 사이클링 기술 향상을 위한 운동.

운동 후 간식: 단백질 스무디.

오후

점심 식사: 채소(생것 또는 삶은 것)와 후무스, 다양한 향신료를 넣은 여러 콩류.

간식: 얼린 또는 신선한 과일, 베리류 또는 대추.

저녁

저녁 식사: 채식주의자용 수프(*추천 - 똠 카 까이[태국과 라오스의 국물 음식]와 비트 수프).

디저트: 디저트는 잘 안 먹지만, 먹고 싶을 때는 아보카도와 대추 또는 '나이스 크림[바나나로 만드는 채식주의자용 아이스크림]'을 가지고 초콜릿 푸딩을 만들어 먹

는다.

회복 일과: 마사지, 스트레칭, 요가, 수영, 사우나, 낮잠 자기, 신선한 공기 마시며 걷기.

존 조셉, 철인 3종 경기 선수

아침

아침 일과: 일어나자마자 물을 마시고 E3라이브[E3Live] 사의 남조류 보충제를 복용한다.

아침 식사: 달리기를 하는 날에는 유기농 과일, 베리류, 햄프씨드, 너트 버터가 들어가는 아사이 볼[하와이의 영양 간식]을 먹는다. 자전거를 타는 날에는 오트밀에 베리류와 견과류를 먹는다.

운동 1: 달리기 한 시간.

운동 후 간식: 알칼리성을 높이기 위해 유기농 채소가 들어간 유기농 식물성 단백질 파우더를 먹고, 회복력을 높이기 위해 유기농 베리류를 추가한다. 필수 지방산을 보충하기 위해 오메가 3-6-9 보충제와 유기농 철분 보충제도 복용한다.

간식: 코코넛 크림과 햄프씨드가 들어간 생 치아씨 푸딩 또는 영양 효모가 들어간 아보카도 토스트와 유기농 생식 스낵바 또는 아보카도나 과일이 들어간 생식 샐러드.

오후

점심 식사: 현미, 녹색 채소, 아보카도, BBQ 템페, 영양 효모, 코코넛 아미노

산, 젖은 아몬드 등이 들어가는 단백질 파워 볼.

운동 전 간식: 바나나 두 개, 너트 버터 한 통 그리고 유기농 로푸드 바 한두 개.

운동 2: 3~4시간 자전거를 타면서 스포츠용 에너지 젤리와 물로 에너지 보충.

운동 후 간식: 정리 운동을 한 뒤 명상으로 심장박동을 누그러뜨린 뒤 샤워를 한다. 저녁 식사는 자전거 타기를 끝내고 한 시간 이내에 한다.

저녁

저녁 식사: 유기농 쌀과 유기농 빨간 렌틸콩에 향신료와 채소를 잔뜩 섞어 한 그릇. 또는 부리토와 유기농 채소 피자, BBQ 두부, 집에서 만든 옥수수빵과 찐 브로콜리가 들어간 렌틸콩 칠리.

디저트: 아보카도, 코코넛, 카카오가 들어간 유기농 생 무스.

회복 일과: 근막 이완 운동, 통증 유발점 요법, 스트레칭, 폼 롤러 굴리기 그리고 리바운더[소형 트램펄린] 위에서 점프를 해 림프액 흐름을 원활하게 하기. 회복을 위해 온수 목욕, 찬물 샤워, 엡솜 솔트, 적외선 사우나, 압박 부츠 등을 이용하기도 한다. 여러 시간 훈련한 뒤에는 회복을 위해 트레이너들의 도움을 받을 때도 있다.

다씨 개처, 카약 세계 기록 보유자

아침

워밍업: 매일 아침 제일 먼저 윗몸 일으키기, 팔 굽혀 펴기, 턱걸이를 하려고 노력한다. 몸을 만들기 위한 운동이라기보다는 유지하기 위한 운동에 가

깝다. 턱걸이는 10회, 윗몸 일으키기는 200회 정도 하며(매일 조금씩 달리한다), 팔 굽혀 펴기는 보통 20회씩 세 차례 반복한다. 경험상 이런 운동들은 일어나자마자 바로 하지 않으면 나중엔 하지 않게 된다.

아침 식사: 바나나, 베리류, 햄프씨드 우유가 들어간 그래놀라.

운동 전 간식: 아침 식사(과일과 햄프씨드 우유가 들어간 그래놀라) 또는 스낵 바.

운동: 나는 특별한 소속 없이 활동하는 선수다 보니 늘 할 일이 너무 많은 듯하지만, 그래도 어떻게든 매일 나가서 운동하는 게 중요하다고 생각한다. 주로 하는 건 카약 타기다. 클래스 V 카약 타기는 아주 괜찮은 운동이다. 험한 강에서 카약을 타면 굳이 강도 높은 훈련 목표를 따로 세울 필요가 없다. 보다 쉬운 강에서 카약을 타는 경우엔 조금 다르다. 카약 타기 기술을 늘리고 힘을 키우기 위해 하루 종일 많은 소용돌이를 찾아다녀야 한다. 평일에는 대개 카약 타기 훈련을 한두 시간만 하지만, 종일 시간 여유가 있을 때는 6시간에서 8시간 정도 훈련을 한다. 카약 타기를 못 할 때는 산악자전거를 타거나 트레일 러닝을 한다.

운동 후 간식: 힘든 운동을 하고 난 뒤엔 늘 너무 배가 고픈데, 그럴 때는 콩이나 쌀을 실컷 먹는다. 요리할 시간이 없을 때는 보통 클리프 빌더 사의 크런치 땅콩버터 단백질 바나 견과류 또는 말린 과일 한 줌을 먹는다.

오후

점심 식사: 채식주의자용 버거. 대체육이 점점 인기를 얻어 패스트푸드 체인점들에 널리 보급되는 건 좋지만, 그래도 나는 여전히 곡물과 콩으로 만드는 채식주의자용 버거가 더 좋다.

간식: 말린 무화과, 해바라기씨, 사과.

저녁

저녁 식사: 살짝 튀긴 두부, 브래그Bragg 사의 액상 아미노산, 으깬 빨간 고추 플레이크, 핀토콩, 현미, 아보카도, 토마토, 양파, 피망, 파란 옥수수 토르티야 칩 등이 들어간 부리토 볼.

회복 일과: 고백건대 회복 운동을 잘 안 하는 편이다. 매일 운동 후 스트레칭을 하는 습관을 들이려 애쓰지만, 현재까지는 그렇게 하지 못하고 있다.

데이비드 로더, 철인 3종 경기 선수

아침

운동 1: 가볍게 10킬로미터 달리기나 수영을 한다. 때에 따라선 안정성 운동도 한다.

아침 식사: 하룻밤 불린 귀리에 새싹 시리얼과 신선한 과일을 맘껏 먹는다.

운동 2: 격한 운동을 하는 날에는 속도를 높였다 줄였다 하면서 2~4시간 정도 자전거를 탄다.

오후

점심 식사: 퀴노아처럼 소화가 잘 되는 탄수화물 음식 또는 쌀과 튀긴 채소.

회복을 위한 낮잠: 20~40분.

간식: 더블 에스프레소에 바나나 빵처럼 약간 단 음식.

운동 3: 달리기. 장거리 달리기(35킬로미터까지) 또는 빨리 달리기 또는 인터벌 달리기.

운동 후 간식: 으깬 얼음, 물, 약간의 아몬드 우유, 채식주의자용 단백질 파우

더가 들어간 셰이크.

저녁

저녁 식사: 많은 콩을 넣고 뒤섞은 구운 채소. 거기에 각종 씨앗류를 토핑으로 얹은 푸짐한 샐러드와 두부.

간식: 한 줌의 견과류와 약간의 다크초콜릿(80퍼센트).

디저트: 정말 힘든 운동을 한 날에는 소파에 기대 쉬면서 채식주의자용 벤 앤 제리Ben and Jerry 아이스크림을 먹는다.

회복 일과: 한 시간 동안 물리 치료와 스트레칭. 추운 날에는 30~45분 정도 사우나를 즐긴다.

크리스틴 바다로스, 사이클 선수

아침

아침 식사: 잘게 썬 그래니 스미스 사과[호주에서 개발된 사과 품종]와 바나나, 귀리 1/4컵에서 2컵(훈련 강도에 따라), 아마씨 1테이블스푼, 치아씨 1테이블스푼, 미지근한 물.

간식: 제철 과일.

운동 전 간식: 땅콩버터 앤 젤리 샌드위치 또는 한 스푼의 코코넛오일이 들어간 오트밀.

운동: 2시간에서 6시간 정도 자전거 타기.

운동 중 간식: 햄머 에너지 바Hammer energy bar 또는 젤리 또는 음료, 말린 무화과와 망고.

운동 후 간식: 땅콩버터 앤 젤리 샌드위치 또는 오트밀.

오후

점심 식사: 후무스가 들어간 채소나 렌틸콩 수프를 먹는다. 옥수수떡에 아보카도를 얹어 먹기도 한다.

저녁

저녁 식사: 볶은 채소 또는 흑미가 들어간 카레.

디저트: '나이스 크림'에 얼린 바나나 2개, 한 움큼의 얼린 체리, 레몬즙 1테이블스푼. 이것들을 잘 섞은 다음 으깬 호두와 다크초콜릿 칩을 추가한다.

회복 일과: 바닥에 누워 두 다리를 벽에 기댄다. 그대로 10~20분간 있는다.

줄리아 머레이, 전 스키 선수 겸 채식 영양사

아침

운동 전 간식: 물과 동충하초, 노루궁뎅이 버섯, 구름버섯 같은 약용 버섯.

운동: 5분간의 요가, 10분간의 서킷 트레이닝, 30~45분간의 달리기.

운동 후 간식: 하룻밤 불린 귀리(귀리, 메밀, 건포도, 계피, 햄프씨드, 치아씨, 빻은 아마씨, 귀리 우유), 코코넛 요구르트 소량, 베리류, 바나나. 그 외엔 보충제로 보충.

<u>**오후**</u>

점심 식사: 대개 아침 식사를 늦게 해 점심 식사 때가 돼도 배가 안 꺼진다. 먹는다면 약간의 후무스와 채소 또는 사과와 대추.

간식: 그린 스무디(녹색 채소 가득, 얼린 바나나 1~2개, 베리류 한 컵, 강황과 생강 뿌리, 후추 조금, 약용 버섯 섞은 것, 단백질 파우더).

운동 전 간식: 스무디.

운동: 산악자전거 1~2시간 타기, 달리기, 패들 보딩(겨울에는 스키 투어링 등)을 상황에 따라 조금씩 다르게 한다.

운동 후 간식: 귀리와 대추로 만든 스낵 바이츠[한 입 거리 간식] 또는 남은 스무디.

<u>**저녁**</u>

저녁 식사: 푸짐한 샐러드(로메인 상추, 시금치, 토마토, 아보카도, 그린 어니언, 해바라기씨 그리고 피클 드레싱). 때에 따라 조금씩 달라지기도 한다. 대개 메뉴는 현미 파스타 또는 채소와 템페가 들어간 퀴노아 국수, 미소 된장-타니히 드레싱을 친 두부와 구운 채소, 구운 감자, 채소 카레 또는 채식주의자용 버거.

디저트: 채식주의자용 쿠키, 다크초콜릿, 바나나 아이스크림, 사과 하나 또는 얼린 포도 조금.

회복 일과: 스트레칭.

제히나 말릭, 국제보디빌딩연맹 보디빌더

아침

아침 식사: 크런치 땅콩버터 1.5테이블스푼을 넣은 으깬 귀리.

오후

점심 식사: 가딘Gardein 사의 채식주의자용 치킨 커틀릿과 현미.

간식: 과일 볼과 캐슈.

저녁

운동 전 간식: 캐슈 한 움큼.

운동: 웨이트트레이닝 한 시간, 15~20분씩 4세트. 하체 운동하는 날은 1시간 30분 정도.

운동 후 간식: 캐슈 한 움큼 먹고 저녁 식사.

저녁 식사: 로메인 상추, 루콜라, 파슬리, 양파, 서로 다른 색깔의 피망, 오이, 시금치가 들어가는 푸짐한 병아리콩 샐러드.

디저트: 대개는 아무것도 안 먹지만, 먹는다면 콘에 담겨 나오는 채식주의자용 벤 앤 제리 아이스크림을 먹는다.

회복 일과: 사우나를 하면서 또는 온수 욕조 안에서 스트레칭.

바네사 에스피노자, 복싱 챔피언 겸 역도 선수

아침

아침 식사: 땅콩버터, 바나나, 치아씨, 햄프씨드, 계피가 들어간 퀴노아.

간식: 땅콩버터 앤 젤리 샌드위치, 과일 또는 과일 스무디.

운동 전 간식: 버섯 커피 한 잔 또는 운동 전에 복용하는 TRU 음료형 보충제.

운동 1: 1시간 30분간 근력 운동을 하되, 하루하루 특정 부위의 근력 강화에 집중한다. 운동 강도는 적절하게 조정한다. 어떤 날에는 1~5회 반복 운동을 하고 어떤 날에는 10~20회, 또 어떤 날에는 25회 이상 반복 운동을 한다. 운동 기간 중에는 BCAA[아미노산의 일종]를 복용한다.

운동 후 간식(점심 식사): 단백질 셰이크.

간식: 구운 완두콩.

저녁

저녁 식사: 두부 또는 템페와 구운 채소 또는 찐 채소를 먹고, 야생 쌀에 코코넛 아미노산을 곁들여서 먹는다.

디저트: 집에서 만든 단백질 브라우니 또는 단백질 쿠키.

운동 2: 여러 형태의 전력 질주. 예를 들어 100미터 전력 질주 10회, 50미터 전력 질주 10회, 20미터 전력 질주 10회, 10미터 전력 질주 10회 또는 헤비 백[체육관 천장에 매달아 놓고 주먹으로 치는 커다란 백] 치기.

운동 후 간식: 단백질 음료.

회복 일과: 얼음찜질 또는 스트레칭.

로비 발렌거, 울트라마라톤 선수

아침

운동 전 간식: 물. 대개 늦게 저녁 식사를 하는 편으로, 한 시간 반 정도 달리기를 할 때는 제일 먼저 물을 챙긴다.

운동: 10~20마일[16~32킬로미터] 달리기.

운동 중 간식: 크래프티드 에너지Crafted Energy 사의 자연식품 바.

운동 후 간식: 과일과 베리류, 귀리가 들어가는 뮤즐리 또는 캐슈 밀크. 그리고 많은 물을 마신다.

오후

점심 식사: 살짝 볶은 채소가 들어간 검정콩-감자 부리토를 신선한 녹색 채소로 싸고, 그 위에 핫 소스를 뿌려서 먹는다. 발렌티나Valentina 사의 핫 소스가 최고다.

간식: 간식을 그리 좋아하지 않지만 캐슈와 아몬드, 피칸 같은 견과류는 종종 먹는다.

저녁

저녁 식사: 강한 불에 살짝 구운 두부가 들어가는 아시아식 면 요리를 아주 좋아한다. 쌀과 콩을 신선한 채소나 채소 요리와 함께 먹는 것도 좋아한다.

디저트: 나다무! 사의 채식주의자용 아이스크림.

닉 스콰이어스, 국제 역도 챔피언

아침

아침 식사: 바나나와 블랙커피를 곁들인 팬케이크와 비욘트 미트 사의 대체육 소시지.

오후

점심 식사: 곡물과 찐 브로콜리 또는 강한 불에 살짝 구운 방울양배추가 들어간 두부 또는 밀 글루텐.

간식: 단백질 쿠키 또는 단백질 바(*추천 - 멍크 팩[Munk Pack] 또는 클리프 빌더 단백질 바), 오이와 후무스.

운동 전 간식: 단백질 바 또는 단백질 쿠키.

운동: 리프팅 운동 2~3시간. 주로 스쿼트, 벤치 또는 데드리프트 위주로 하고, 그다음에 보조 기구들을 이용한다.

저녁

운동 후 간식(저녁 식사): 버거 타임! 원래는 비욘트 미트 사의 햄버거를 좋아하지만, 현재는 트레이더 조[Trader Joe's]의 터키리스 단백질 패티에 푹 빠져 있다. 버거를 먹지 않을 때는 채식주의자용 미트볼이 들어간 파스타와 시금치 샐러드를 먹는다.

디저트: 디저트를 잘 안 먹는 편이지만, 특히 몸을 키워야 하는 시기에는 채식주의자용 벤 앤 제리 아이스크림 1~2파인트를 먹는다.

회복 일과: 온욕, 슬슬 자전거 타기.

소피 멀린스, 영국 100킬로미터 울트라마라톤 챔피언

아침

아침 식사: 귀리, 치아씨, 강황, 블루베리, 집에서 만든 귀리 우유 또는 아몬드 우유.

운동 전 간식: 사과와 조그만 쿠키 2개(식물성 우유 펄프와 과일, 그리고 생강으로 만든다).

운동 1: 5킬로미터 달리기로 간단하게 워밍업한 후 12킬로미터 달리기(1분 동안 빨리 달리기 12회, 4분 동안 집중해서 달리기 1회, 그리고 난 뒤 편하게 정리 운동).

오후

운동 후 간식(점심 식사): 현미, 콩류, 파, 땅콩 호박, 브로콜리, 당근, 간장.

간식: 자두나 천도복숭아 같은 과일.

운동 2: 회복을 위한 5~10킬로 달리기. 20분간 맨몸 운동과 폼 롤러 굴리기.

저녁

저녁 식사: 렌틸콩, 리크[서양 대파], 파스닙, 당근, 브로콜리, 집에서 만든 후무스, 아보카도, 잣.

간식: 배가 고프면 팝콘 또는 집에서 만든 식물성 우유에 그래놀라를 타 먹는다.

회복 일과: 폼 롤러 굴리기.

립 에셀스틴,
전 철인 3종 경기 선수 겸 수영 세계 기록 보유자

아침

운동 1: 아침 수영 한 시간. 아침에 운동하고 나면 하루 종일 기분이 좋은데, 운동을 못 하는 날은 그저 그렇다. 다소 무기력할 때고 있고, 정신이 맑은 것 같지도 않고, 가벼운 몸으로 하루를 보낼 수 있을 것 같지도 않다.

운동 후 간식(아침 식사): 립의 빅 볼(레시피는 357페이지 참조)

오후

점심 식사: 양파, 마늘, 파, 허브, 강황 등을 아보카도 반 개, 루콜라, 시금치와 함께 보리쌀 위에 얹는 빨간 렌틸콩 달[인도의 스튜]

운동 2: 한 시간 동안 산악자전거 타기.

저녁

운동 3: 팔 굽혀 펴기, 턱걸이, 플랭크, 윗몸 일으키기 같은 맨몸 운동.

운동 후 간식(저녁 식사): 현미, 검정콩, 피망, 얇게 썬 토마토, 물밤, 옥수수, 살사, 망고, 저염분 타마리 간장, 아보카도 등이 들어가는 푸짐한 쌀과 콩 요리.

회복 일과: 편안하게 가족과 함께 시간 보내기.

소냐 루니, 산악자전거 세계 챔피언

아침

아침 식사: 햄프씨드, 잘게 간 아마씨, 메이플 시럽, 베리류가 들어간 절단된 귀리 요리.

운동 전 간식: 아몬드버터 또는 땅콩버터를 바른 통곡물 빵 두 조각.

운동: 대개 평일엔 산악자전거를 2~3시간 탄다. 시간이 허락되면(현재는 아이를 키우고 있어서 그때그때 상황이 다르다) 주말에는 더 오래 탄다.

오후

운동 후 간식(점심 식사): 회복용 음료를 마시는 대신 식사를 하는데, 주로 통곡물과 각종 채소, 콩류를 먹는다. 아니면 그전 날 저녁에 먹고 남은 음식을 먹는다.

간식: 주로 사과와 오렌지를 즐겨 먹으며, 가끔은 아보카도 토스트를 먹거나 간단한 식사를 하기도 한다.

저녁

저녁 식사: 부리토, 부리토 볼, 퀴노아. 브로콜리 랩 샌드위치, 각종 채소와 집에서 만든 캐슈 중심의 소스, 콩류가 들어가는 파스타.

디저트: 집에서 직접 만든 초콜릿 바 또는 초콜릿 쿠키들.

회복 일과: 회복을 위해서 주로 압축 부츠를 신는다. 가벼운 요가나 폼 롤러 굴리기, 심호흡, 이미지트레이닝 등을 하기도 한다. 솔직히 회복을 위해 더 많은 시간을 써야 하지만, 엄마이자 프로 운동선수, 거기에 사업까지 하려니 짬을 내기 너무 어렵다.

브렌던 브레지어, 울트라마라톤 선수

아침

운동 1: 30분간 달리기.

아침 식사: 아몬드 우유에 바나나-생강-배 시리얼을 타서 먹는다.

간식: 에너지 바.

오후

점심 식사: 양념 맛이 강한 퀴노아 피자.

간식: 스무디.

운동 전 간식: 채식주의자용 운동 전 에너지 음료.

운동 2: 웨이트트레이닝 한 시간 또는 사이클링 한 시간.

운동 후 간식: 채식주의자용 회복 음료.

저녁

저녁 식사: 토마토 바질 드레싱을 친 오이 페스토 샐러드.

디저트: 바삭한 계피 플랜테인 칩.

회복 일과: 폼 롤러 굴리기, 냉수욕, 스트레칭.

나탈리 매튜스, 국제보디빌딩연맹 비키니 선수

아침

아침 식사: 하룻밤 불린 귀리 또는 과일이 들어간 그래놀라.

보충제: 근력과 운동 성과를 높이기 위해 채식주의자용 종합비타민(비타민 B12, D3 그리고 오메가산 등)과 크레아틴 모노하이드레이트를 복용한다.

운동 전 간식: 커피를 마시거나 아니면 커피와 1테이블스푼의 단백질 파우더, 완두콩 밀크로 만드는 단백질 프라푸치노를 마신다.

운동 1: 웨이트트레이닝을 60~90분 정도 하되, 주로 등과 어깨 등 한두 군데 근육 단련에 집중한다.

운동 후 간식: 풋콩 또는 이집트 콩 또는 채식주의자용 단백질 바.

오후

점심 식사: 구운 두부, 녹색 채소, 감자 해시, 사워크라우트[양배추를 싱겁게 절여서 발효시킨 독일식 김치], 토마토, 새싹, 풋콩 시금치 후무스(레시피는 428페이지 참조) 등으로 차린 푸짐한 식사.

간식: 버섯 칩(*추천 브랜드 - 스나클린스Snaklins).

운동 전 간식: 과일. 필요하다면 카페인이 함유된 에너지 음료를 마시기도 한다.

운동 2: 유산소 운동(예를 들어 30~60분간 러닝머신 이용, 서핑, 신체 기능 운동 또는 신선한 바람을 쐬면서 야외 하이킹).

저녁

저녁 식사: 슬로피 비건 칠리(레시피는 400페이지 참조) 한 그릇에 채식주의

자용 고단백 케소[스페인과 라틴 아메리카의 치즈] 소량과 아보카도, 작은 옥수수 토르티야 두 개를 얹어 먹거나 아니면 집에서 만든 밀 글루텐을 먹는다. 밀 글루텐에는 브로콜리와 케소가 들어간다.

디저트: 블루베리와 다크초콜릿 한 조각.

회복 일과: 운동 후 회복을 위해서는 생강 및 강황 복합제를, 수면 및 근육 회복을 위해서는 마그네슘 보충제를 복용한다.

로라 클라인, 철인 2종 경기 세계 챔피언

<u>**아침**</u>

운동 전 간식: 바나나와 많은 물.

운동 1: 트랙에서 약 16킬로미터 인터벌 달리기를 하기에 앞서, 15분간 둔근을 풀기 위한 운동을 한다.

운동 후 간식: 유니베드Unived 사의 엘리트 리커버리 음료. 폼 롤러를 이용해 정리 운동할 때 이 음료를 즐겨 마신다.

아침 식사: 따뜻한 계절에는 뮤즐리를 먹고 추운 계절에는 오트밀을 먹는다. 납작 귀리에 코코넛 슈레드, 말린 과일 또는 신선한 과일, 견과류 또는 너트버터, 치아씨, 아마씨 또는 햄프씨드같이 영양가가 풍부한 온갖 종류의 토핑을 얹어 먹는다. 음료로는 식물성 우유나 온수를 마신다. 아침 운동 후 재충전에 필요한 모든 게 함유된 아주 푸짐한 식사로, 이런 식의 아침 식사를 좋아하는 건 뮤즐리나 오트밀 그리고 여기서 소개한 재료들은 여행 중에도 얼마든지 구할 수 있기 때문이다.

오후

점심 식사: 점심에는 주로 녹색 채소와 곡물류를 먹는다. 로메인, 시금치 또는 케일을 푸짐하게 쌓은 뒤 거기에 퀴노아와 쌀 같은 곡물이나 또는 파로[외피만 벗겨 주로 샐러드와 곁들여 먹는 통곡물]를 추가한다. 그 위에 토마토, 브로콜리, 오이 또는 비트 등 가지고 있는 채소들을 얹는다. 템페를 아주 좋아해서 대개 살짝 튀긴 템페 조각을 추가하지만, 콩류를 이용하는 경우도 많다. 그러고 나서 아보카도 반 개(건강에 좋은 지방도 필요하므로)를 먹는다. 그 위엔 집에서 만든 타히니 드레싱이나 건강에 좋은 비네그레트[식초에 갖가지 허브를 넣어 만든 샐러드용 드레싱] 소스를 뿌린다.

운동 전 간식: 늦은 오후에는 오후 운동에 필요한 에너지를 공급하기 위해 사과 한 개를 썰어 너트버터를 찍어 먹는다.

운동 2: 체육관이나 헬스클럽에서 60분간 인터벌을 두며 자전거를 탄다. 그 후에 다시 60분간 근력 운동 및 기동성을 높이는 운동을 한다.

운동 후 간식: 가벼운 운동을 한 후라면 과일 한 조각을 먹고 회복용 음료를 마신다. 과일은 계절에 따라 다른데, 주로 키위나 수박을 먹는다. 운동 2를 강도 높게 했거나 오래 한 경우에는 스무디를 만들어 먹는다. 즐겨 먹는 스무디 만드는 재료는 다음과 같다. 비트 주스 1/4컵, 체리 주스 1/2컵, 사과식초 한 방울, 햄프씨드 1/2테이블스푼, 초콜릿 단백질 파우더 1테이블스푼, 녹색 채소, 얼린 바나나 1개, 얼린 블루베리 1/2컵.

저녁

저녁 식사: 일단 샤워를 하고 회복 운동까지 마치면 간단한 저녁 식사를 할 시간이 된다. 코코넛, 퀴노아, 고구마 카레같이 푸짐하고 따뜻한 음식을 즐겨 먹는다.

디저트: 그렇다. 한참 훈련 중일 땐 때때로 달달한 음식을 즐긴다. 여름에는 코코넛 밀크와 대추를 이용해 직접 아이스크림을 만들어서 그 위에 신선한 과일을 얹어 먹는다. 늘 재료를 갖춰 놓고 만들어 먹는 또 다른 디저트는 '건강에 좋은 퍼지 바'(레시피는 415페이지 참조)다.

회복 일과: 운동 1을 끝낸 뒤 보통 폼 롤러 굴리기와 둔근 운동을 한다. 근육을 풀기 위해서다. 운동 2를 끝낸 뒤에는 굴리는 운동 기구들을 이용해 30분 정도 더 뭉친 근육을 풀어 준다. 그런 다음 15~30분간 압축 부츠를 신는다.

야시네 디보운, 울트라마라톤 세계 기록 보유자

아침

운동 전 간식: 커피, 바나나.

운동 1: 다양한 런지 동작, 팔 굽혀 펴기, 다양한 스쿼트 동작, 코어 운동, 버피 운동 등 45분간 신체 기능 강화 운동들을 한다.

운동 후 간식: 그래놀라, 바나나, 코코넛 우유 요구르트, 베리류.

보충제 복용: 비타민 B12와 D3, EPA 및 DHA 지방산, 칼슘, 마그네슘 음료 같은 보충제를 복용한다. 간혹 종합 비타민이나 이뮤코어[Immu-Core, 보충제 제품명]도 먹는다. 격한 훈련을 할 때에는 종종 아미노산 보충제과 오메가산 보충제를 복용하며, 강도 높은 운동 전엔 비트엘리트[BeetElite, 보충제 제품명]를 복용하기도 한다.

오후

점심 식사: 유기농 템페, 양파, 브로콜리, 표고버섯, 주키니, 올리브오일, 근대가 들어간 쌀과 콩 요리에 프랭크즈 레드핫Frank's RedHot 소스를 쳐서 먹는다.

운동 2: 오후에 한두 시간 정도 달리기를 한 뒤, 크로스트레이닝[몇 가지 운동을 섞어서 하는 것] 또는 기동성 운동을 한다.

운동 후 간식: 그래놀라, 바나나, 코코넛 우유 요구르트, 베리류.

간식: 콘칩과 염 소스Yumm! Sauce, 자몽, 브루 닥터Brwe Dr.에서 나오는 서큘러토리 블렌드 티Circulatory Blend Tea를 많이 마시기도 한다. 여름에는 그 티를 끓여 냉장고에 넣어 두고 아이스티처럼 마신다. 그 티에 바닐라 스테비아를 타기도 한다. 바닐라 스테비아는 매우면서도 달다.

저녁

저녁 식사: 구운 마늘 마리나라 소스와 피망, 양파, 버섯, 브로콜리 같은 채소들을 넣은 현미 파스타. 영양 효모도 뿌려서 먹는다.

메건 두하멜, 피겨 스케이팅 올림픽 금메달리스트

*참고: 메건은 2018년 올림픽에서 금메달을 수상한 뒤 은퇴해 가정을 꾸렸다.
다음은 세계 정상급 엘리트 운동선수로 활약한 그녀가 10년 동안 지킨 루틴이다.

아침

아침 식사 전: 일어나자마자 개들을 산책시키고 잠시 요가를 했다. 등 근육을 풀기 위해 필요한 일로, 안 하면 하루 종일 몸이 찌뿌드드했다.

운동 전 간식: 하룻밤 불린 귀리와 블루베리.

운동 1: 페어 스케이팅 파트너인 에릭 래드포드와 함께 얼음판 위에서 두 시간 동안 운동을 했다. 주로 기술적인 요소와 안무, 그리고 기본적인 스케이팅 기술을 연마했다.

운동 후 간식: 아침 운동을 2시간에 걸쳐서 하는데, 그중 휴식은 15분 취했다. 그때 주로 녹색 채소로 만든 스무디를 먹었다. 즐겨 먹은 스무디 재료는 시금치, 바나나, 망고, 치아씨 그리고 오메가 지방산 오일 등이었다.

오후

점심 식사: 크래커와 후무스, 트레일 믹스. 그리고 집에서 만든 머핀 또는 바.

운동 2: 운동은 요일별로 달랐다. 월요일과 수요일에는 한 시간 동안 근력 운동과 체력 운동 그리고 컨디션을 조절하는 운동을 했다. 화요일에는 한 시간 동안 필라테스를, 목요일에는 한 시간 동안 근육 신장 운동을, 그리고 금요일에는 30분간 유산소 운동을 했다.

운동 후 간식: 파인애플과 햄프씨드.

저녁

저녁 식사: 즐겨 먹은 저녁 식사 메뉴는 시금치와 두부 리코타 치즈를 넣은 라자냐와 고구마와 렌틸콩을 넣은 셰퍼드 파이[으깬 감자 안에 다진 고기를 넣어 만든 파이], 그리고 퀴노아 카슬레[일종의 콩 스튜]였다.

회복 일과: 오후에는 마사지, 접골 요법, 침술을 이용하거나 개인 스포츠 치료사로부터 물리치료를 받았다. 저녁에는 엡솜 솔트를 풀어 온욕을 했다.

메리 슈나이더, 마라톤 선수

아침

아침 식사: 귀리 우유 크림을 탄 커피 한 잔. 그리고 귀리, 바나나 1개, 너트버터 1테이블스푼, 햄프씨드 1테이블스푼, 블루베리 1/4컵을 넣고 만든 오트밀.

운동 전 간식: 바로 위에서 말한 아침 식사.

운동: 한두 시간 동안 달리기.

운동 후 간식: 회복을 위한 '궁극의 그린 스무디(레시피는 352페이지 참조)'.

오후

점심 식사: 푸짐한 샐러드, 볼 또는 수프. 볼의 경우 퀴노아, 수수, 쌀, 감자같이 탄수화물이 풍부한 음식을 기본으로 먹고, 그 외에 녹색 채소와 다른 채소들을 섞은 뒤 소스를 뿌려 먹는다.

저녁

저녁 식사: 템페 볼로냐스 소스를 뿌린 국수 호박[익히면 속살이 가락국수처럼 결대로 풀어지는 호박의 일종] 파스타(레시피는 398페이지 참조). 가끔은 글루텐이 들어가지 않은 파스타를 먹기도 한다. 즐겨 먹는 또 다른 저녁 식사 메뉴는 부리토 볼로 쌀과 콩, 살짝 튀긴 채소에 아보카도와 살사 소스 등을 넣어 만든다. 고구마를 잔뜩 넣어 만들기도 한다.

디저트: 대개는 먹지 않는다. 가끔 다크초콜릿을 먹긴 하지만, 단것을 그리 좋아하지 않아 몇 개월간이고 디저트를 먹지 않는 경우가 많다.

회복 일과: 주로 나만의 '궁극의 그린 스무디'를 먹는데, 이 스무디에는 바나

나, 여러 베리류, 시금치 또는 케일, 햄프씨드, 아마씨, 치아씨 등이 들어간다. 단백질 파우더는 전혀 쓰지 않는다.

안드레 보이타, 올림픽 육상 선수

<u>아침</u>

운동 1: 일어나자마자 가볍게 달리기를 하려 한다. 배가 아주 고픈 게 아니라면, 아침 식사 전에 운동을 하는 경우가 많다. 잠에서 깬 직후에 운동을 하면 활력이 넘칠 뿐 아니라, 운동 후 맛있는 아침 식사를 하면서 기분 좋게 하루를 시작할 수 있다. 운동 시간은 매일 다르다. 몇 시에 일어나는가, 그리고 얼마나 많은 수면이 필요한가에 따라 달라진다. 보통은 오전 7시 반부터 11시까지다. 몸이 준비가 되면 자연스레 눈이 떠지기 때문에, 따로 알람을 맞춰 두지 않는다. 아침에 달리기와 관련 없는 중요한 일을 처리하는데, 아침에 정신 집중이 더 잘 되기 때문이다.

운동 후 간식: 바나나 1개와 사과 1개 또는 땅콩버터를 바른 빵 한 조각 등을 간단하게 즐긴다.

아침 식사: 기본적으로 매일 아침 같은 아침 식사를 하고 있다. 주메뉴는 하룻밤 두유에 담가둔 100그램의 귀리, 그리고 10그램의 곱게 간 아마씨다. 그 외에 베리류, 코코아 닙스 그리고 계피를 먹는다. 이는 내가 아침마다 고대하는 맛있는 아침 식사 메뉴다.

운동 2(옵션 A): 매주 두 가지 정도의 근력 운동을 하는데, 주로 간단한 아침 달리기 후에 한다. 근력 운동을 하지 않는 날에는 스피드 훈련을 하거나 빨리 달리기를 한다.

간식: 이때 역시 땅콩버터나 잼을 바른 빵, 시리얼 등 간단히 먹을 수 있는 음식을 먹는다. 건강에는 그리 좋지 않지만, 빨리 그리고 쉽게 칼로리와 탄수화물을 섭취할 수 있다. 배가 좀 고플 때 먹기엔 이만한 게 없다.

오후

워밍업: 강도 높은 운동이 예정돼 있을 때는 아침에 주로 가벼운 워밍업을 한다. 워밍업은 30분 정도 성큼성큼 걷기 또는 기동성 훈련으로, 주로 오후에 하는 강도 높은 달리기를 하기 위한 준비 운동이다.

운동 2(옵션 B): 강도 높은 운동을 앞두고 있을 경우 그 운동(보통 오후 4시경에 시작)을 하기 3~4시간 전에 식사를 하려 한다. 점심 식사 후에는 조금 몸을 풀거나 아니면 잠시 낮잠을 자 기력을 회복하는데, 그러면 곧 있을 운동에 좀 더 집중할 수 있다. 그런 다음 나갈 준비를 한다. 운동 시작 한 시간 전쯤에 집을 나서 대중교통을 이용해 트랙에 도달한다.

운동 후 간식: 운동 후 가능한 한 빨리 영양소를 섭취하려 한다. 트랙에서 집에 가는 길에 간단한 음식이나 초콜릿 셰이크를 먹는다.

점심 식사: 매번 비슷한 음식을 먹지 않는다. 그때그때 구하기 쉬운 음식을 먹는 편이다. 그러나 늘 함께 먹으려 하는 음식들에 대한 나름대로의 기준이 있다. 주로 곡물류와 콩류, 채소 그리고 약간의 견과류와 씨앗류를 먹는 것이다. 곡물류를 먹으면 탄수화물을 보충할 수 있는데, 단백질이 풍부한 콩류와 함께 먹을 경우 아미노산도 보충할 수 있다. 채소에는 중요한 여러 미량영양소들이 함유되어 있다. 견과류에는 불포화 지방과 단백질이 풍부하게 들어 있다.

저녁

저녁 식사: 점심 식사와 아주 흡사하다. 바로 앞서 말한 점심 식사 메뉴들을 잘 섞어 먹는다. 음식은 좀 많이 준비하는데, 조금 남겨 두었다가 저녁에 데워 먹기 위해서다. 이는 오후에 강도 높은 운동을 할 때 아주 편리하다. 가능한 빨리 저녁 식사를 해야 회복도 빨라지기 때문이다.

디저트: 솔직히 난 디저트 먹는 걸 아주 좋아한다. 그래서 가능한 한 자주 새로운 디저트를 먹으려 애쓴다. 그 디저트가 집에서 만든 음식이든 가게에서 산 초콜릿 바든 상관없다. 늘 식사를 하고 나면 달달한 음식이 당긴다. 저녁에 달달한 시리얼을 디저트로 먹기도 할 정도다. 프로 운동선수들은 디저트를 먹으면 안 된다고 생각하는 사람들이 많지만, 나는 디저트도 적당히 먹으면 괜찮다고 생각한다. 식단에서 달달한 디저트를 완전히 배제하기 위해선 앞으로 정신적으로 많은 노력이 필요할 것 같다.

회복 일과: 강도 높은 운동을 한 뒤 집에 돌아오면 가능한 한 빨리 회복 모드로 들어가려 한다. 푹 쉬고 푹 잔다는 의미다. 또 한 편으로는 머릿속에 그날 한 운동을 떠올리면서 운동할 때 느낌이 어땠는지, 무엇이 좋았는지 또 다음엔 어떻게 하는 게 더 좋을지 등을 정리한다.

11장

레시피

지금까지 채식이 얼마나 몸에 좋고, 얼마나 경기력을 높이는 데 큰 도움을 주는지 살펴봤다. 이제는 채식 기반의 음식이 믿을 수 없을 만큼 맛있기도 하다는 사실을 알아볼 차례다. 실제 식단에 쓸 수 있는 채식 기반의 음식은 셀 수 없이 많다. 또 그 음식은 셀 수 없이 많은 허브, 향신료, 조미 식품들과 함께 무궁무진하게 확장될 수 있다. 운동하는 데 필요한 에너지를 얻기 위해 채식을 하든, 친구 또는 가족과 함께 건강한 식사를 하기 위해 채식을 하든 상관없다. 채식 기반의 음식에는 몸과 마음 모두에 활력을 주는 특별한 힘이 있다는 사실을 곧 알게 될 것이다.

이 장에는 우리가 좋아하는 음식의 레시피는 물론 이 책에서 계속 소개해온 운동선수들이 좋아하는 음식의 레시피도 담겨있다. 우리를 비롯한 많은 운동선수들이 아주 즐겨 먹는 음식들로, 에너지를 충만케 해주는 음식, 영양분이 풍부한 음식, 칼로리가 높은 음식 등 그 종류가 다양하다. 새로운 채식 식단을 짤 때 참고할 만한 레시피가 많으니, 가장 맛있어 보이는 레시피를 선택해 직접 만들어 먹어 봐도 좋겠다. 또 여기 소개하는 레시피는 취향에 맞춰 변형해도 좋다. 모든 레시피에 들어가는 재료는, 특히 과일과 채소는 계절에 따라 마음껏 바꿔 사용하기 바란다. 자, 이제 시작해 보자. 각 레시피를 통해 영감을 얻고 식욕을 돋우자.

아침 식사

궁극의 그린 스무디

마라톤 선수 메리 슈나이더의 레시피
출처 『그린 바디 요리책Green Body Cookbook』, 메리 슈나이더 저

아주 격한 운동을 하고 난 뒤 회복을 위해, 그리고 염증이 생기는 걸 최대한 막기 위해 즐겨 먹는 스무디다. 비타민과 미네랄, 항산화 물질이 풍부한 녹색 채소와 과일을 적절히 섞어 만드는 스무디만큼 몸속 염증을 줄이는 데 효과가 있는 음식은 없다. 몸속 글리코겐을 스무디 안에 들어 있는 과일로 대체하면 몸은 더 빠른 속도로 회복된다. 이 스무디 안에 들어가는 재료에는 각각 특정한 영양소가 함유돼 있다. 한데 섞이면 궁극의 음료가 된다. 디저트처럼 맛있다. 절대 질릴 일 없다.

2인분

얼린 바나나 3개
얼린 블루베리 1컵
얼린 딸기 1컵
줄기를 제거한 커다란 케일 잎 1장
시금치 크게 한 줌
물 또는 식물성 우유 2컵
햄프씨드 1테이블스푼
아마씨 1테이블스푼
곱게 간 생강 1/2티스푼
곱게 간 강황 1/4티스푼
막 간 후추 약간

모든 재료를 고출력 믹서기에 넣고 1분간 또는 완전히 혼합될 때까지 섞는다.

1인분당 총 영양소

칼로리: 387 지방: 7.7그램 단백질: 7.5그램
섬유질: 13.3그램 탄수화물: 80.7그램

고열량 과일 스무디

보디빌더 로버트 치키의 레시피

아침 식사로 더없이 좋은 아주 푸짐한 스무디로, 특히 운동 전과 운동 후 만들어 먹으면 좋다. 과일과 녹색 채소에 함유된 고에너지 복합 탄수화물이 섞인 스무디는 운동에 필요한 에너지를 제공해 줄 뿐 아니라, 항산화 물질이 풍부해 운동 후 염증을 줄이는 데도 도움이 된다. 이 스무디는 아주 괜찮은 간식거리이기도 하다. 특히 낮에 뭔가 간단히 먹을 수 있는 음식이 당길 때 좋다. 레시피보다 훨씬 더 많은 과일과 녹색 채소를 넣어도 괜찮다. 가장 영양가 풍부한 스무디를 만드는 게 이 레시피의 목적이다.

1인분

코코넛 워터 1컵
바나나 1개
얼린 블루베리 1컵
얼린 망고 1컵
얼린 산딸기 1컵
시금치 같은 녹색 채소 1컵
케일 1컵
얼음 1/2컵

모든 재료를 고출력 믹서기에 넣고 물 한 컵을 더 부은 뒤 잘 혼합될 때까지 섞는다. 보다 짙은 크림색 스무디를 만들고 싶으면 바나나 1개 또는 얼음을 좀 더 넣는다. 농도를 옅게 하고 싶을 때는 원하는 농도가 나올 때까지 물을 붓는다.

1인분당 총 영양소

칼로리: 564 지방: 5.2그램 단백질: 8.5그램
섬유질: 25.2그램 탄수화물: 137.7그램

치아씨 블루베리 메이플 푸딩

울트라마라톤 선수 브렌던 브레지어의 레시피
출처 『에너지를 높여주는 요리책Thrive Energy Cookbook』, 브렌던 브레지어 저

에너지를 높여주는 푸딩으로 소화도 잘 된다. 항산화 물질이 풍부하게 들어 있어, 아침에 입맛을 돋워주는 데도 좋다. 운동 후에 먹는 아침 식사로도 그만이다. 얼린 블루베리를 사용해도 좋지만, 신선한 블루베리를 쓰는 게 더 좋다.

2인분

무가당 아몬드 우유 1컵
메이플 시럽 1테이블스푼
라테 스파이스 믹스 1/2티스푼
치아씨 1/4컵
블루베리 1컵
얇게 썬 아몬드 작은 한 줌

❶ 아몬드 우유, 메이플 시럽, 라테 스파이스 믹스 그리고 치아씨를 중간 크

기의 볼이나 병에 넣고 섞는다.

❷ 섞은 상태로 15분 정도 두고, 한 번 또는 두 번 저어준다.

❸ 신선한 블루베리를 고명으로 얹어 먹는다. 뚜껑 있는 용기에 담아 냉장고 안에 넣어 두고 먹어도 좋다. 2일 정도 보관 가능하다.

1인분당 총 영양소

칼로리: 206 지방: 9.4그램 단백질: 5.4그램
섬유질: 9.8그램 탄수화물: 28.2그램

파로 찹쌀 볼

복싱 선수 겸 역도 선수 바네사 에스피노자의 레시피

외피만 벗겨 주로 샐러드와 곁들여 먹는 통곡물인 파로를 아주 좋아한다. 파로에는 항산화 물질뿐 아니라 단백질과 섬유질도 풍부하게 들어 있다. 견과류 맛도 살짝 나기 때문에 달달한 음식과도 잘 어울린다. 쌀로 만든 푸딩 같은 이 음식은 아침 식사와 간식으로는 물론 디저트로도 즐길 수 있다.

1인분

막 조리한 파로 1컵
무가당 아몬드 우유 1컵
건포도 1테이블스푼
곱게 간 계피 1티스푼

포장지에 있는 레시피에 따라 파로를 조리한 뒤 바로 아몬드 우유와 건포도, 그리고 계피를 넣는다. 하룻밤 식힌 뒤 먹는 게 가장 맛있다.

1인분당 총 영양소

칼로리: 250
지방: 3그램
단백질: 7그램
섬유질: 7그램
탄수화물: 52그램

자꾸 손이 가는 프렌치토스트

철인 3종 경기 선수 존 조셉의 레시피

아침에 나는 프렌치토스트 냄새를 정말 좋아한다. 계피 향도 너무 좋다. 이 음식에는 달걀이나 동맥 혈관을 막는 우유 또는 버터가 전혀 들어가지 않는다. 100퍼센트 식물성이며 맛도 기가 막히다. 반죽을 할 때 순두부를 넣기 때문에 단백질도 좀 함유되어 있다. 마음껏 먹어도 좋다. 운동을 할 때 야수라도 된 양 에너지가 넘치게 될 것이다.

* TIP: 아주 두툼하면서도 단단한 빵을 사용하는 게 좋다. 안 그러면 연결 부위가 벌어질 수 있다. 빵은 약 2센티미터 두께로 써는 걸 추천한다. 더 끝내주는 아침 식사를 만들려면, 이 프렌치토스트에 필드 로스트Field Roast 사의 대체육 소시지, 코코넛 요구르트, 과일을 곁들이자.

2인분

순두부 1과 1/2컵
전지방 코코넛 우유 1/2컵
아몬드 우유 1/2컵
수수 가루 1테이블스푼
곱게 간 아마씨 1테이블스푼
옥수숫가루 1/4컵
메이플 시럽 1테이블스푼
영양 효모 1테이블스푼
바닐라 추출물 1티스푼
계피 1티스푼
육두구 1/4티스푼

히말라야 소금 약간
얇게 썬 빵 8조각
요리용 코코넛오일 약간
식물성 버터(선택 사항)
신선한 베리류(선택 사항)
코코넛 요구르트(선택 사항)
대체육 소시지(선택 사항)

❶ 빵과 코코넛오일을 제외한 모든 재료를 고출력 믹서기에 넣고 돌린다. 덩어리진 것이 없이 골고루 혼합될 때까지 섞는다.
❷ 팬을 중약불로 가열하며 1티스푼 정도의 코코넛오일을 넣는다. 얇게 썬 빵을 ❶의 반죽에 적신 뒤 팬에 올린다. 겉이 노릇노릇해질 때까지 굽는다. 뒤집어서 다시 굽는다.
❸ 식물성 버터와 메이플 시럽, 신선한 베리류, 코코넛 요구르트, 소시지 등과 함께 먹는다.

1인분당 총 영양소(선택 사항은 제외)
칼로리: 737.5 지방: 23.4그램 단백질: 33.1그램
섬유질: 12.3그램 탄수화물: 97.1그램

립의 빅 볼

수영 선수 립 에셀스틴의 레시피
출처 『엔진 2 요리책The Engine 2 Cookbook』, 립 에셀스틴 저

지난 20년 넘게 아침 식사로 먹어온 메뉴다. 어떤 과일이 제철인지 그리고 수중에 있는 우유 대체품이 무엇인지에 따라 재료가 달라지기 때문에 맛이 완전히 똑같은 경우는 거의 없으며 그래서 질릴 일도 없다. 양은 식욕에

따라 정하면 된다. 집에 식물성 우유가 없으면 물을 사용해도 괜찮다. 이때 복숭아, 체리, 망고, 블루베리, 포도 등 과일을 넣으면 더 맛있다. 과일은 얼린 것도 괜찮다.

2인분

납작 귀리 1/4컵
그레이프-너츠[Grape-Nuts] 시리얼 또는 에제키엘[Ezekiel] 시리얼 1/4컵
바이트사이즈 슈레디드[Bitesize Shredded] 밀 시리얼 1/4컵
엉클 샘[Uncle Sam] 시리얼 1/4컵
곱게 간 아마씨 1테이블스푼
건포도 2테이블스푼
호두 반 줌
얇게 썬 바나나 1개
얇게 썬 키위 1개
자몽 1개
식물성 우유 3/4컵

❶ 중간 크기의 볼 안에 자몽과 우유를 제외한 모든 재료를 넣는다.
❷ 자몽을 반으로 자른 뒤 속을 파낸다. 그 속을 꼭 짜서 즙을 낸다. 자몽즙과 우유를 볼에 붓는다.

1인분당 총 영양소

칼로리: 711	지방: 15그램	단백질: 18.2그램
섬유질: 22.9그램	탄수화물: 142.1그램	

메밀 팬케이크

크로스핏 선수 제임스 뉴버리의 레시피

이 요리에는 유제품과 정제 설탕뿐 아니라 곡물류도 들어가지 않는다. 메밀이 익히 알려진 이미지 그 이상으로 단백질이 풍부한 곡물이기 때문이다.

팬케이크 약 8개

메밀가루 1컵
식물성 우유 1컵
베이킹파우더 1티스푼
사과식초 1티스푼
바닐라 추출물 1/2티스푼
곱게 간 계피 1/4티스푼
요리용 코코넛오일 약간

❶ 커다란 볼에 메밀가루, 우유, 베이킹파우더, 사과식초, 바닐라 추출물, 계피를 넣고 반죽이 부드러워질 때까지 휘젓는다.

❷ 프라이팬을 중불로 가열해 충분히 달궈지면 코코넛오일 1테이블스푼과 반죽 1/4컵을 떠 넣는다. 겉이 노릇노릇해질 때까지 약 2분간 굽는다. 반죽을 뒤집어 다시 같은 과정을 되풀이한다. 남은 반죽도 마찬가지로 조리한다.

1인분당 총 영양소(팬케이크 2개)

칼로리: 122.5　지방: 2.7그램　단백질: 4.15그램
섬유질: 3.1그램　탄수화물: 22.1그램

챔피언 오트밀

산악자전거 선수 소냐 루니의 레시피

매일 아침 먹는 요리로, 이렇게 해 먹으면 점심 식사 때까지 에너지가 유지된다. 항산화 물질을 더 섭취하고 싶으면 여기에 베리류를 추가하면 된다. 내 경우는 이럴 때 말린 구기자를 넣는다. 호두를 추가하면 오메가-3 지방산을 더 섭취할 수 있다.

2인분

절단된 귀리 1컵(*추천 브랜드 – 밥스 레드 밀Bob's Red Mill)
곱게 간 아마씨 1/4컵
블루베리 1컵
햄프씨드 2테이블스푼
메이플 시럽 2테이블스푼

❶ 작은 냄비에 귀리를 넣고 물을 3컵 붓는다.
❷ 냄비를 중불에서 10분간 끓인다. 물이 졸아들 때까지 가끔씩 저어준다. 완성되면 그 위에 아마씨, 블루베리, 햄프씨드, 메이플 시럽을 얹어 먹는다.

1인분당 총 영양소

칼로리: 601　지방: 21그램　단백질: 18.8그램
섬유질: 20.4그램　탄수화물: 89.1그램

하룻밤 불린 귀리

종합격투기 선수 제임스 윌크스의 레시피

아침에 너무 바빠 새로 아침 식사를 준비할 시간이 없을 때 활용하면 좋은 레시피다. 전날 밤에 미리 준비하면 된다. 다양한 과일과 너트버터 그리고 식물성 우유를 곁들이면 더욱 맛있다.

1인분

으깬 바나나 1개
두유 1컵
납작 귀리 1/2컵
곱게 간 아마씨 1테이블스푼
햄프씨드 2테이블스푼
땅콩버터 1테이블스푼
다양한 얼린 베리류 1컵

재료를 잘 섞은 뒤 냉장고에 넣어 하룻밤 놔둔다. 다음날 아침에 맛있게 먹는다.

1인분당 총 영양소

칼로리: 639　지방: 26.7그램　단백질: 26.8그램
섬유질: 16.3그램　탄수화물: 82.8그램

고단백 그래놀라

비키니 보디빌더 겸 피트니스 모델 나탈리 매튜스의 레시피

오일이 들어가지 않는 이 고단백 그래놀라의 비장의 재료는 식물성 조직 단백질이다. 그 덕에 식감도 좋고 맛도 달콤하다. 이를 잘 활용하면 흔히 먹는 스무디 볼, 비유제품 요구르트, 과일 볼 같은 식감을 살릴 수 있고 단백질 함량도 더 높일 수 있다.

8과 1/2컵 분량

쌀 또는 카무트 시리얼 2컵
식물성 조직 단백질 1과 1/2컵
으깬 귀리 1컵
호두 1/2컵
곱게 간 계피 1/2테이블스푼
바닷소금 1/2티스푼
으깬 바나나 2개
베이킹 스테비아 또는 감미료 1/2 티스푼
메이플 시럽 1/4컵

❶ 오븐을 섭씨 175도 정도로 예열한다. 오븐 팬에 종이 포일을 깐 뒤 잠시 옆으로 치워둔다.
❷ 커다란 믹싱볼에 쌀 또는 카무트 시리얼, 식물성 조직 단백질, 귀리, 호두, 계피, 소금을 넣고 잘 섞일 때까지 젓는다. 뒤집개를 이용해 으깬 바나나, 스테비아, 메이플 시럽을 살살 섞는다. 모든 재료들이 잘 섞이게 한다.
❸ 구이용 판 위에 그래놀라를 골고루 편다. 그래놀라가 담긴 구이용 판을 오븐 중앙에 놓고 노릇노릇해질 때까지 35분 정도 굽는다. 10분마다 뒤적여 준다.
❹ 다 구워진 그래놀라를 완전히 식힌다. 그러면 그래놀라의 식감이 좋아진다.

1인분당 총 영양소

칼로리: 205 지방: 5그램 단백질: 12그램
섬유질: 8그램 탄수화물: 28그램

카무트 땅콩버터 볼

복싱 선수 겸 역도 선수 바네사 에스피노자의 레시피

아침에 역기 들기 같은 운동을 하고 난 뒤 주로 이 카무트 볼을 먹는다. 이 음식에는 단백질, 섬유질, 몸에 좋은 복합 탄수화물 같은 영양소들이 아주 풍부하게 들어 있기 때문이다. 특히 치아씨는 아주 강력한 항산화 효과가 있고, 섬유질도 많은 데다 오메가-3 지방산도 풍부하다. 햄프씨드에는 섬유질과 오메가-3 지방산, 마그네슘, 아연, 철분 등이 함유되어 있다. 계피는 음식 맛을 더해줄 뿐 아니라 염증 퇴치 및 혈당 조절 효과도 뛰어나다.

1인분

요리된 카무트 플레이크 1/2컵
얇게 썬 바나나 1개
땅콩버터 1테이블스푼
치아씨 1테이블스푼
햄프씨드 1테이블스푼
곱게 간 계피 1티스푼

포장지에 있는 레시피대로 만든 카무트를 볼에 담고, 그 위에 얇게 썬 바나나와 땅콩버터를 올린다. 그런 다음 치아씨와 햄프씨드 그리고 계피를 뿌린다.

1인분당 총 영양소

칼로리: 384
지방: 17그램
단백질: 20그램
섬유질: 18그램
탄수화물: 59그램

로버트 치키의 보디빌딩 트레일 믹스

보디빌더 로버트 치키의 레시피

20년 전, 그러니까 스물한 살 시절 나는 아주 열렬한 채식주의자 겸 보디빌더였다. 당시 난 직접 만든 채식 트레일 믹스를 먹으며 몸을 단련하고 근육을 키웠다. 그렇게 농장 출신의 비쩍 마른 청년에서 보디빌딩 챔피언이 됐다. 트레일 믹스엔 견과류와 씨앗류 그리고 과일을 골고루 섞었다. 시중에 파는 흔한 에너지 바나 단백질 바처럼 첨가당이나 다른 첨가제를 넣지 않은 것이다. 그 덕에 영양가 높은 아침 식사와 간식을 먹을 수 있었다. 당시 난 지역 협동조합이나 식료품점들을 찾아다니며 다양한 음식 재료를 구입해, 영양소를 골고루 섭취할 수 있는 음식을 직접 만들어 먹었다.

근육을 키우고 있다면, 스무디 같은 음식이 취향에 안 맞는다면, 이 트레일 믹스야말로 매일 높은 칼로리를 섭취할 수 있는 더없이 좋은 음식이 될 것이다. 신선한 과일과 식물성 우유를 넣어 시리얼로도 먹을 수 있다.

4인분

채식주의자용 그래놀라 1컵
아몬드 1/2컵
호두 1/2컵
건포도 1/2컵
말린 무화과 1/2컵
해바라기씨 1/4컵

호박씨 1/4컵
과일(선택 사항)
식물성 우유(선택 사항)

커다란 볼에 그래놀라, 아몬드, 호두, 건포도, 무화과, 해바라기씨, 호박씨를 넣고 섞는다. 잘 섞여지면 밀폐 가능한 지퍼백 또는 용기에 옮겨 담는다. 그대로 먹거나 볼에 넣고 과일이나 우유와 섞어 먹는다.

1인분당 총 영양소(선택 사항은 제외)
칼로리: 515　지방: 32.4그램　단백질: 13.9그램
섬유질: 8.8그램　탄수화물: 51.1그램

두부 스크램블

비키니 보디빌더 겸 피트니스 모델 나탈리 매튜스의 레시피

두부 스크램블은 아마 현존하는 가장 대표적인 채식주의자용 아침 식사 메뉴일 것이다. 집에서 만들어 먹든 채식 전문 식당에서 사 먹든, 모든 채식주의자에게 두부 스크램블은 브런치와 같다. 피망과 양파, 향신료에서 나는 냄새 그리고 지글지글거리는 두부 소리만큼 주말에 사람 마음을 편하게 해주는 것도 또 없다. 살사를 얹은 뒤 토스트나 토르티야, 그리고 좋아하는 음료와 함께 먹는 걸 추천한다. 아주 멋진 주말이 될 것이다.

2인분
단단한 두부 1모
잘게 썬 빨간 피망 1개
잘게 썬 오렌지색 피망 1개

잘게 썬 양파 1/4컵
생 시금치 1컵
영양 효모 2테이블스푼
아도보[필리핀식 찜 또는 조림 요리] 양념 2티스푼
순한 살사 소스 1테이블스푼(선택 사항)
토스트 또는 토르티야(선택 사항)
빵에 바를 너트 버터(선택 사항)

❶ 들러붙지 않는 팬을 중불로 가열한다. 두부를 으깨서 넣고 5분간 조리한다. 이때 들러붙지 않게 한 번씩 뒤적여 준다.
❷ 피망, 양파, 시금치, 영양 효모, 아도보 양념을 넣고 계속 뒤적여 준다. 시금치가 살짝 익어 암녹색으로 변할 때까지 1~2분간 익힌다. 기호에 따라 위에 살사 소스를 뿌린 뒤 토스트나 토르티야와 함께 먹는다.

1인분당 총 영양소(선택 사항은 제외)

칼로리: 266 지방: 12.9그램 단백질: 28.9그램
섬유질: 6.3그램 탄수화물: 16그램

채식주의자용 오믈렛

보디빌더 코린 서튼의 레시피

육류를 먹었던 시절의 나는 달걀도 참 많이 먹었다. 오믈렛은 즐겨 먹던 아침 식사 메뉴 중 하나였다. 채식을 시작한 뒤 오믈렛을 멀리했고 두 번 다시 쳐다보지 않으려 했다. 그리고 두부 스크램블 같은 걸로 대체하려 해 봤으나…… 오믈렛의 맛과 식감은 결코 따라갈 수 없었다. 사실 그건 지금도 그렇다. 그래서 대신 나는 채식 오믈렛을 만들어 먹고 있다. 모두 각자만의 채

식 오믈렛을 만들어 먹을 수 있다. 다들 나만큼이나 즐겨 먹었으면 하는 바람이다.

1인분

올리브오일 스프레이(한 번 뿌리는 데 1초씩)
잘게 썬 피망 1/3컵
잘게 썬 컬리 케일 1/2컵
잘게 썬 흰 양파 1/4컵
잘게 썬 표고버섯 1/2컵
다진 마늘 2쪽
식물성 소시지 1개
채식주의자용 달걀1/2컵에 1테이블스푼(*추천 브랜드 – 저스트 에그JUST Egg)
훈제된 채식주의자용 고다 치즈 1조각(*추천 브랜드 – 팔로우 유어 하트Follow Your Heart)

❶ 무쇠 팬을 중불로 가열하면서 올리브오일 스프레이를 뿌린다. 팬에 피망, 케일, 양파, 버섯 그리고 마늘을 넣고 피망이 부드러워질 때까지 7분 정도 볶는다. 소시지를 추가하고 모든 재료들이 익을 때까지 2분 더 볶는다.
❷ 다른 팬을 중불로 가열하면서 올리브오일 스프레이를 뿌린다. 거기에 저스트 에그를 넣고 표면이 노릇노릇해질 때까지 1분간 볶는다. 다 익은 저스트 에그 한가운데에 고다 치즈와 볶은 채소, 소시지를 넣는다.
❸ 앞서 준비해 둔 속 재료를 넣고 오믈렛을 반으로 접는다. 오믈렛을 살짝 식힌 뒤 맛있게 먹는다.

1인분당 총 영양소

칼로리: 523	지방: 31그램	단백질: 38.6그램
섬유질: 5.2그램	탄수화물: 22그램	

점심 식사

병아리콩 샐러드 샌드위치

산악자전거 선수 소냐 루니의 레시피

자전거를 타고 난 뒤 점심 식사 또는 간식으로 이 샌드위치를 즐겨 먹는다. 아삭한 식감이 내가 이 샌드위치를 좋아하는 이유 중 하나다. 병아리콩 샐러드는 냉장고에 보관해도 괜찮기 때문에 미리 만들어 두어도 좋다. 난 가능한 한 여러 차례 먹을 수 있을 정도의 콩을 평소에 마련해 두는 편이다. 콩은 건강에 아주 좋기 때문이다. 특히 장내 세균에 더없이 좋은 식재료다. 이 샌드위치는 따라 만들기 무척 쉽다. 특히 시간이 빠듯한 사람이 해 먹기 편한 음식이다.

샌드위치 1개

병아리콩 1캔(약 440그램)
잘게 썬 샐러리 줄기 3개
잘게 썬 빨간 피망 1/2컵
잘게 썬 신선한 딜 1/2컵
깍둑썰기를 한 적양파 1/3컵
으깬 아보카도 1/4개
디종 겨자 3테이블스푼
다진 마늘 2쪽 분량
레몬 1/2개의 즙
신선한 딜 2티스푼 또는 말린 딜 1/2티스푼
화이트와인 식초 1티스푼
바닷소금과 막 간 후추 약간
녹색 채소(선택 사항)
통곡물 빵(선택 사항)

❶ 중간 크기의 볼에 병아리콩을 넣고 포크로 으깬다.

❷ 나머지 재료를 넣고 섞으면서 소금과 후추로 간을 한다. 샐러드처럼 먹어도 좋고, 녹색 채소를 곁들여 통곡물 토스트 형태로 먹어도 좋다.

1인분당 총 영양소(두 조각의 통곡물 빵 포함)

칼로리: 553 지방: 13그램 단백질: 27.1그램
섬유질: 23그램 탄수화물: 86.6그램

채식하는 보디빌더를 위한 부리토 볼

보디빌더 로버트 치키의 레시피

보디빌딩과 근육 회복에 좋은 음식 중 하나로 탄수화물과 단백질, 지방, 그리고 섬유질이 골고루 들어 있다. 한 주에 여러 차례 먹을 수 있도록 현미, 핀토콩, 검정콩은 충분히 준비해 놓는 게 좋다. 상추, 토마토, 아보카도 등을 고명으로 사용하는 것도 추천한다. 매번 독특한 맛과 식감을 가진 부리토 볼을 즐길 수 있을 것이다. 점심 식사와 저녁 식사는 물론 운동 후에 먹는 음식으로도 그만이다.

1인분

익힌 현미 1컵
익힌 핀토콩 1/2컵
익힌 검정콩 1/2컵
얇게 썬 아보카도 1개
얇게 썬 토마토 1개
다진 로메인 상추 한 줌
얇게 썬 할라페뇨 고추 1개(열을 덜 가하거나 전혀 가하지 않으면 씨를 빼고)

얇게 썬 페페론치노 1개(생략 가능)

잘 익힌 현미와 콩을 고루 섞은 뒤 그 위에 원하는 다른 재료들을 얹는다.

1인분당 총 영양소

칼로리: 735　지방: 25그램　단백질: 23.5그램
섬유질: 30그램　탄수화물: 112그램

피오나의 만찬

마라톤 선수 피오나 오크스의 레시피

이 수프는 만들기도 쉽고 포만감도 주는 훌륭한 음식이다. 장거리 달리기를 하거나 개들을 데리고 나갔다 들어온 뒤 편하게 먹을 수 있는데, 소화도 잘 된다. 나는 현지에서 구할 수 있는 제철 농산물을 아주 좋아하는 사람으로, 그때그때 상황에 맞춰 레시피를 조금씩 수정하는 편이다. 내 입맛은 떨어질 줄 모른다. 계절이나 날씨에 구애받는 법이 없다. 1년 내내, 그것도 아주 잘 먹는 사람이다.

1인분

올리브오일 1티스푼
다진 양파 1개
렌틸콩 1컵
깍둑썰기한 감자, 당근, 샐러리 같은 뿌리채소류 1컵
완두콩 1컵
채소 육수 2컵
곱게 간 강황 1티스푼

바닷소금과 후추 약간
바질 또는 고수 같은 허브나 향신료(선택 사항)

❶ 중간 크기의 냄비에 올리브오일을 넣은 뒤 중불로 가열한다. 양파를 추가하고 부드러워질 때까지 5분 정도 더 가열한다. 그런 다음 렌틸콩, 뿌리채소, 완두콩, 채소 육수를 넣고 채소가 부드러워질 때까지 20분 정도 끓인다.
❷ 믹서기에 옮겨 담고 완전히 섞일 때까지 돌린다. 그렇게 만들어진 수프를 냄비에 다시 부은 뒤, 부글부글 끓이면서 소금과 후추로 간을 한다. 불을 끄고 원하는 고명을 얹어 맛있게 먹는다.

1인분당 총 영양소

칼로리: 618　지방: 6.7그램　단백질: 31.6그램
섬유질: 28.3그램　탄수화물: 113.2그램

웨스턴 BBQ 굿볼

사이클 선수 닷시 바우시의 레시피
*셰프 제이슨 우로벨의 허락을 받아 활용

원래 육류와 감자를 좋아하는 사람들을 위한 푸짐한 음식인데, 100퍼센트 채식 버전으로 바꿔보았다. 실제 바비큐가 들어가는 건 아니라서 먹고 난 뒤 몸이 무거운 느낌은 들지 않는다. 또한 바비큐 양념을 한 템페와 구운 감자, 유제품이 들어가지 않은 코울슬로를 곁들인 구운 콩은 단백질이 풍부하다. 어른, 아이 가리지 않고 좋아할 만한 음식으로 입맛이 아주 까다로운 사람들 사이에서도 큰 인기를 얻으리라 생각한다.

2인분

구운 감자 재료:
깍둑썰기한 감자 2개
저염 채소 육수 1/4컵 또는 올리브오일이나 포도씨오일 2테이블스푼
말린 로즈메리 2티스푼 또는 신선한 로즈메리 1테이블스푼
바닷소금 1티스푼
막 간 후추 1꼬집

코울슬로 재료:
코울슬로 믹스 1팩(약 255그램)
메이플 시럽 2티스푼
사과식초 1테이블스푼
레몬즙 2티스푼
비유제품 마요네즈 1/4컵(*추천 브랜드 – 팔로우 유어 하트, 써어 켄싱턴Sir Kensington's, 스라이브 마켓Thrive Market)
바닷소금 1꼬집
막 간 후추 1꼬집
캐러웨이 또는 펜넬씨 2티스푼

BBQ 템페 재료:
아보카도 또는 코코넛오일 2티스푼
훈제 템페 베이컨 조각 1팩(*추천 브랜드 – 라이트라이프Lightlife)

BBQ 구운 콩 재료:
채식주의자용 구운 콩 2.5컵(*추천 브랜드 – 에이미스 키친Amy's Kitchen, 푸드 퍼시픽Foods Pacific, 부시 빈Bush''s Bean)

❶ 구운 감자 만들기: 오븐을 섭씨 약 220도로 예열한다. 중간 크기의 베이킹 용기나 로스팅 팬에 감자를 넣고 육수 또는 오일, 로즈메리, 소금, 후추와 섞는다. 감자에 골고루 묻게 잘 버무린다. 감자가 노릇노릇해지고 겉이 바삭해질 때까지 45분간 굽는다.

❷ 코울슬로 만들기: 감자가 구워지는 동안 중간 크기의 볼에 코울슬로 믹스를 붓는다. 메이플 시럽, 사과식초, 레몬즙, 비유제품 마요네즈, 소금, 후추는 작은 믹싱 볼에 넣고 섞는다. 코울슬로 믹스에 드레싱을 붓고 캐러웨이 또는 펜넬씨를 추가한 뒤 버무린다.
❸ BBQ 템페 만들기: 팬에 오일을 두르고 중약불로 가열하면서 템페 베이컨 조각을 추가한다. 겉이 바삭해질 때까지 3~4분간 양쪽을 다 익힌다.
❹ 모든 재료 조합하기: 중간 크기의 볼에 구운 감자를 깔고 구운 콩을 듬뿍 올린다. 그런 다음 코울슬로 적당량과 BBQ 템페 2~3조각을 곁들여 먹는다.

1인분당 총 영양소

칼로리: 364　지방: 11.1그램　단백질: 18.8그램
섬유질: 13.3그램　탄수화물: 50.3그램

미네스트로네 수프

피겨 스케이팅 선수 메건 두하멜의 레시피

요즘에는 창의적이면서도 건강에 좋은 점심 식사를 준비하는 게 점점 더 어려워지고 있다. 일도 해야 하고 아이와 놀이 시간도 가져야 하고 탁아소도 방문해야 하고 운동도 해야 하고 우는 아이도 달래야 하는 등 잠시도 쉴 틈이 없기 때문이다. 이 미네스트로네 수프는 미리 만들어 놓을 수 있어 좋다. 냉장고나 냉동고에 넣어 보관해 두었다가 점심 식사로 먹으면 그만이다. 저녁 식사 시간에 신선하게 만들어 먹고 싶으면, 채소를 미리 준비해 두고 식사 시간 전에 나머지 요리를 하면 된다. 약간 수고롭지만 괜찮다. 오히려 왜 이제야 이런 음식을 알게 됐나 싶을 정도다. 장담컨대 이 음식은 우리 집 메

인 메뉴가 될 것이다. 각자 좋아하는 빵 또는 그릴에 구운 채식주의자용 치즈 샌드위치와 함께 먹길 권한다.

4인분

마가린 1테이블스푼(*추천 브랜드 – 베셀[Becel])
올리브오일 2테이블스푼
잘게 썬 양파 1개
깍둑썰기한 당근 1컵
깍둑썰기한 샐러리 1컵
잘게 썬 주키니 2개
깍둑썰기한 작은 토마토(물기를 빼지 않은) 1캔(약 410그램)
강낭콩 1캔(약 440그램)
토마토소스 1캔(약 410그램)
채소 육수 5컵
말린 바질 1테이블스푼
말린 파슬리 2티스푼
말린 오레가노 1티스푼
바닷소금 1티스푼
막 간 후추 1/2티스푼
시금치 잎 2줌
작은 조개 모양 파스타 1과 1/2컵(*추천 브랜드 – 고고 퀴노아[GoGo Quinoa])
빵 또는 샌드위치(선택 사항)

❶ 커다란 냄비를 중불로 가열하면서 마가린을 녹인다. 이때 올리브오일도 둘러준다. 마가린이 녹으면 양파와 당근, 샐러리, 주키니를 넣고 10분간 가열한다. 모든 재료가 부드러워질 때까지 종종 저어준다.
❷ 토마토, 콩, 토마토소스, 육수, 향신료 등을 넣고 저어준다. 불 세기를 낮추고 15분간 더 끓인다.
❸ 시금치와 파스타를 넣고 파스타 면의 안쪽에서 약간의 단단함이 느껴지는 정도까지 10~15분간 익힌다. 따뜻한 상태로 먹으면 좋다. 실내 온도까

지 식힌 뒤 냉장고에 넣어두면 약 일주일, 냉동고에 넣어두면 약 한 달까지 보관할 수 있다.

1인분당 총 영양소

칼로리: 423	지방: 12.3그램	단백질: 16.8그램
섬유질: 13.6그램	탄수화물: 66.3그램	

채식주의자용 타코 볼

보디빌더 코린 서튼의 레시피

단백질, 탄수화물, 지방 등 다량영양소가 풍부한 이 타코 볼은 일주일 중 어느 날이든 운동 후에 먹는 음식으로 아주 제격이다. 1년 중 어느 때든 점심 식사 메뉴로 더없이 좋기도 하다. 선택을 후회할 일은 절대 없을 것이다. 내가 특히 이 음식을 좋아하는 이유는 여섯 가지 다른 채소가 들어가는 데다 마늘, 양파, 버섯, 녹색 채소 같은 슈퍼푸드 덕에 영양가가 아주 풍부하기 때문이다. 대개 난 두 끼를 한 번에 준비해 두었다가 강도 높은 운동 후에 먹고, 조금 남겼다가 저녁이나 그다음 날에 또 먹는다. 고기나 치즈 식감도 나기 때문에 채식주의자가 아닌 사람들이 먹기에도 좋다.

2인분

올리브오일 스프레이(한 번 뿌리는 데 1초씩)
잘게 썬 표고버섯 1컵
잘게 썬 피망 1컵
잘게 썬 마늘 2쪽 분량
잘게 썬 양파 2/3컵
라이트라이프Lightlife 사의 스마트 그라운드 크럼블즈 1팩

카옌 고추 조금(선택 사항)
잘게 썬 로메인 상추 4컵
잘게 썬 방울토마토 12개
토푸티[Tofutti] 사의 사워크림 2테이블스푼
채식주의자용 치즈 1/4컵(*추천 브랜드 – 데이야[Daiya])

❶ 큰 팬을 중불로 가열하면서 올리브오일 스프레이를 뿌린다. 달궈진 팬에 버섯, 피망, 마늘, 양파를 넣고 전부 부드러워질 때까지 약 7분간 익힌 뒤 잠시 옆으로 치워둔다.
❷ 들러붙지 않는 팬을 중불에 가열하면서 스마트 그라운드 크럼블즈를 노릇노릇해질 때까지 익힌다. 좀 더 맵게 먹고 싶을 때는 카옌 고추를 추가한다.
❸ 로메인 상추를 깔아주고 그 위에 스마트 그라운드 크럼블즈, 살짝 볶은 채소, 토마토, 사워크림, 치즈를 올려 먹는다.

1인분당 총 영양소

칼로리: 368　지방: 10.7그램　단백질: 36.7그램
섬유질: 16.7그램　탄수화물: 31.3그램

파스타 샐러드

보디빌더 로버트 치키의 레시피

이 파스타 샐러드는 여름에 즐겨먹는 음식 중 하나지만, 사실 어느 때 먹어도 좋다. 무엇보다 좋은 것은 신선하다는 점이다. 실온에 두고 먹어도 되고, 차가운 상태 그대로 먹어도 된다. 파스타 샐러드에는 토마토와 시금치 같은 채소가 잔뜩 들어간다. 그 외에 검은 올리브와 아티초크 등 내가 좋아

하는 토핑들도 올린다. 빨간 렌틸콩만 써서 빨간 렌틸콩 파스타를 해도 좋은데, 빨간 렌틸콩 파스타는 탄수화물과 단백질이 풍부하고 식감도 아주 좋다. 포만감도 느껴진다. 나는 여름 오후 운동을 마치고 파스타 샐러드를 두세 그릇 정도 먹는다. 채식을 처음 접하는 사람들과 함께 먹어도 아주 좋을 것이다. 음식 재료들이 채식주의자든 일반인이든 누구나 좋아할 만한 것들이기 때문이다. 글루텐은 들어가지 않으며 맛은 기가 막히게 좋다.

6인분

빨간 렌틸콩 파스타 1팩(약 230그램)
잘게 썬 시금치 2컵
두세 조각으로 자른 스위트 체리 또는 방울토마토 1파인트
깍둑썰기한 아티초크 1캔(약 400그램)
깍둑썰기한 피망 1/2개
얇게 썬 검은 올리브 1캔(약 170그램)
병아리콩 1캔(약 430그램)
이탈리아 드레싱 1/3~1/2컵
막 간 후추 약간

❶ 큰 냄비에 물을 넣고 가열한다. 포장지에 있는 레시피대로 렌틸콩 파스타를 익힌다. 파스타가 익어가는 동안 나머지 재료를 준비한다.
❷ 물기를 짜낸 파스타를 찬물로 헹군 뒤 큰 믹싱 볼에 옮겨 담는다. 각종 채소와 콩을 추가한다.
❸ 골고루 드레싱을 부은 뒤 살살 쳐올리면서 섞는다. 후추를 뿌려 맛을 더한다. 먹고 남은 파스타는 냉장고에 넣어둔다. 일주일까지 보관 가능하다.

1인분당 총 영양소

칼로리: 346	지방: 8.5그램	단백질: 17.5그램
섬유질: 13.8그램	탄수화물: 54그램	

라틴 굿볼

사이클 선수 닷시 바우시의 레시피
*셰프 제이슨 우로벨의 허락을 받아 활용

음식을 통해 몸에 활력을 불어넣고 싶다면 라틴 스타일의 굿볼이 제격이다. 영양가가 아주 풍부해 하루 종일 활력이 넘치게 된다. 할라페뇨와 고추를 조금 넣으면 매운맛을 줄일 수도 있다. 고기 식감이 나는 콜리플라워 렌틸콩 타코 속과 신선한 로메인 상추, 아삭한 플랜테인 칩, 차가운 캐슈 사워크림 등으로 만들어진 이 요리는 웬만한 배달음식보다 낫다.

1인분

캐슈 사워크림 재료:
비유제품 사워크림 1과 3/4컵(*추천 브랜드 – 토푸티, 팔로우 유어 하트, 카이트 힐[Kite Hill])
레몬즙 2테이블스푼
사과식초 2티스푼
바닷소금 3/4티스푼

퀴노아 재료:
저염 채소 육수 1/3컵
깍둑썰기한 양파 2테이블스푼
잘게 썬 피망 1/2컵
깍둑썰기한 당근 1개
퀴노아 1컵(*추천 브랜드 – 트레이더 조[Trader Joe's], 에인션트 하베스트[Ancient Harvest])
살사 또는 피코 데 가요 소스[멕시코의 대중적인 소스] 2테이블스푼

콜리플라워 렌틸콩 타코 속 재료:
저염 채소 육수 또는 올리브오일 2티스푼
깍둑썰기한 양파 1/4컵
다진 할라페뇨 1티스푼
콜리플라워 라이스 2컵(*추천 브랜드 – 트레이더 조, 스프라우츠[Sprouts], 그린 자이언트[Green Giant])

다진 마늘 1쪽
칠리 파우더 1티스푼
곱게 간 커민 1/2티스푼
곱게 간 고수 1/4티스푼
토마토 페이스트 3테이블스푼
렌틸콩 1/2컵(*추천 브랜드 – 트레이더 조)
바닷소금과 갓 간 후추 약간

종합:
잘게 썬 로메인 상추 1/2개
깍둑썰기한 아보카도 1/2개
반으로 쪼갠 방울토마토 1컵
구운 플랜테인 칩 1팩(*추천 브랜드 – 트레이더 조, 스라이브 마켓, 고야Goya)
잘게 썬 고수 잎 1/4컵
구운 호박씨 2테이블스푼(*추천 브랜드 – 트레이더 조)
살사 소스 약간

❶ 캐슈 사워크림 만들기: 모든 재료를 조그만 볼에 넣고 골고루 섞일 때까지 세게 젓는다. 뚜껑을 덮어 냉장고에 넣어두고 언제든 꺼내 먹는다. 일주일까지 보관 가능하다.

❷ 퀴노아 만들기: 중간 크기의 냄비에 채소 육수, 양파, 피망, 당근 등을 넣고 양파가 반투명해질 때까지 약 5분간 중약불로 볶는다. 퀴노아를 넣고 냄비 뚜껑을 닫은 뒤 냄비 속 물이 다 증발할 때까지 약 3~4분간 더 약불로 끓인다. 포크로 들어 올리면서 열을 식힌 뒤 살사 소스 또는 피코 데 가요 소스를 넣고 젓는다. 퀴노아가 완성되면 잠시 옆으로 치워둔다.

❸ 콜리플라워 렌틸콩 타코 속 만들기: 중간 크기의 냄비에 채소 육수나 올리브오일을 넣고 중불로 가열한다. 양파가 반투명해지고 할라페뇨가 부드러워질 때까지 5~7분 정도 볶는다. 콜리플라워 라이스, 마늘, 칠리 파우더 1/2티스푼, 커민 1/4티스푼, 고수 1/8티스푼을 추가한 뒤 5분간 더 익

힌다. 렌틸콩과 남은 칠리 파우더, 커민 그리고 고수를 넣는다. 소금과 후추로 간을 한다. 불을 약불로 낮춘 뒤 맛이 고루 배일 때까지 4분간 더 익힌다. 다 익으면 포크로 렌틸콩을 으깨 갈아 놓은 쇠고기처럼 만든다.

❹ 종합: 중간 크기의 볼에 퀴노아를 골고루 깐 뒤 콜리플라워 렌틸콩 타코 속, 로메인 상추, 아보카도, 방울토마토 그리고 한 줌의 플랜테인 칩을 넣는다. 그 위에 신선한 고수와 구운 호박씨를 고명으로 얹는다. 사워크림과 살사 소스를 조금 뿌려 먹는다.

1인분당 총 영양소

칼로리: 431	지방: 10.4그램	단백질: 17그램
섬유질: 17그램	탄수화물: 72그램	

케일 시저 샐러드

마라톤 선수 메리 슈나이더의 레시피
출처 『그린 바디 요리책』, 메리 슈나이더 저

녹색 채소 섭취를 더 늘려야 할 필요가 있다고 느껴질 땐 이 샐러드가 좋다. 케일은 영양가가 아주 높은 채소다. 철분을 비롯한 많은 영양소가 듬뿍 들어 있다. 철분은 비타민 C(이 경우에는 레몬즙)와 함께 섭취할 때 더 흡수가 잘 된다. 케일을 즐겨 먹는 사람이 아니더라도 시저 드레싱을 얹어 먹으면 입에 맞을 것이다. 맛을 내는 또 다른 비법은 먼저 레몬즙으로 케일 잎들을 '마사지'해주는 것으로, 그렇게 하면 케일 잎이 더 부드러워진다. 이 샐러드는 푸짐한 점심 식사로 그만이지만, 저녁 식사 때 사이드 메뉴로 먹어도 좋다.

2인분

구운 병아리콩 재료:
병아리콩 1캔(약 440그램)
영양 효모 2테이블스푼
양파 파우더 1/2티스푼
마늘 파우더 1/2티스푼
바닷소금 1/2티스푼

시저 드레싱 재료:
아보카도 2개
깍둑썰기한 마늘 2쪽 분량
디종 겨자 소스 1티스푼
물기 빼지 않은 케이퍼 1통(약 200그램)
레몬즙 2테이블스푼
바닷소금 1/4티스푼
막 간 후추 1/4티스푼

종합:
케일 1한 줌
레몬즙 2테이블스푼
햄프씨드 2테이블스푼
영양 효모 2테이블스푼

❶ 구운 병아리콩 만들기: 오븐을 섭씨 200도로 예열한다. 물기를 빼낸 병아리콩을 깨끗이 헹구되, 캔 속의 액체(아쿠아파바라 부르는 콩물) 1테이블스푼은 따로 보관해 둔다. 병아리콩은 중간 크기의 볼에 쏟는다. 거기에 영양 효모, 소금, 후추, 따로 보관한 아쿠아파바를 넣고 골고루 섞는다. 양념이 밴 병아리콩을 구이용 판 위에 깔고 바삭해질 때까지 30분 정도 굽는다.

❷ 시저 드레싱 만들기: 모든 재료를 믹서기 안에 넣고 골고루 갈릴 때까지 돌린다. 믹서기 옆에 재료가 붙으면 털어낸다. 너무 농도가 진하면 1테이

블스푼의 물을 넣어 드레싱을 묽게 만든다.

❸ 종합: 커다란 볼에 케일을 넣고 위에 레몬즙을 뿌린다. 케일 잎들이 부드러워지고 녹색 즙이 더 이상 나오지 않을 때까지 두 손으로 꽉 짜준다. 케일을 드레싱에 버무리고, 햄프씨드와 영양 효모를 더한다. 맨 위에 구운 병아리콩을 얹는다.

1인분당 총 영양소

칼로리: 512
지방: 29.4그램
단백질: 17.5그램
섬유질: 26.1그램
탄수화물: 56.2그램

시금치-두부 퀴노아 파스타 볼

복싱 선수 겸 역도 선수 바네사 에스피노자의 레시피

이 파스타 볼은 그야말로 복서에게 필요한 모든 걸 충족시켜주는 음식이다. 시간 안 들이고 편하게 점심 식사를 하는 데 그만인데, 영양가도 높다. 간단한 드레싱만 얹어도 아주 맛있다. 저칼로리로 만들어 먹을 수도 있다.

4인분

드레싱 재료:
레드와인 식초 1/4컵
올리브오일 3테이블스푼
다진 마늘 2쪽 분량
말린 오레가노 1테이블스푼
저염 간장 1티스푼

파스타 재료:
퀴노아 파스타 2컵

두부 3/4컵
시금치 한 줌
알팔파[콩과에 속하는 여러해살이 식물] 싹 한 줌

❶ 드레싱 만들기: 중간 크기의 볼에 재료들을 넣고 잘 섞은 뒤 잠시 옆으로 치워둔다.

❷ 파스타 만들기: 포장지에 있는 레시피대로 조리한다. 파스타를 헹구고 물기를 뺀 뒤 다시 냄비에 옮겨 담는다. 냄비에 두부, 시금치, 알팔파 싹을 넣는다. 잘 뒤적인 뒤 그 위에 드레싱을 뿌리고 다시 뒤적인다.

1인분당 총 영양소(드레싱 제외)

칼로리: 257	지방: 4그램	단백질: 10그램
섬유질: 5그램	탄수화물: 51그램	

1인분당 총 영양소(드레싱 포함)

칼로리: 357	지방: 14그램	단백질: 10그램
섬유질: 5그램	탄수화물: 52그램	

아사이베리 볼

보디빌더 코린 서튼의 레시피

난 이 아사이베리 볼 보다 나은 음식은 본 적이 없다. 따뜻한 플로리다 주에 살고 있어서 그런지 베리류의 새콤함과 과일의 신선함, 그래놀라의 아삭한 식감까지 더해진 이 음식은 언제 먹어도 질리지 않는다. 사람들은 항산화물질이 풍부하게 들어 있는 과일을 한 끼에 최대한 많이 먹기 위해 스무디를 마시는 경우가 많다. 그러나 스무디는 먹다 보면 질릴 수 있다. 특히 매일 먹는 경우 더 그렇다. 그럴 땐 스무디 대신 아사이베리 볼을 추천한다. 재료는 같지만 식감이 더해진 아사이베리 볼은 더없이 좋은 대안이 되리라 생각한다. 이 음식은 탄수화물과 과당이 함유돼 있어 아주 뛰어난 에너지원이기도 한다. 먹으면 기운이 나는 정도가 아니라 하루 종일 에너지가 넘칠 것이다.

2인분

무가당 아사이베리 2팩(약 200그램)
얼린 바나나 1개
무가당 아몬드 우유 1/4컵
그래놀라 2컵
딸기 1컵(약 150그램)
블루베리 1컵(약 150그램)
스테비아 1테이블스푼
코코넛 플레이크 1테이블스푼

❶ 아사이베리와 바나나 그리고 아몬드 밀크를 고출력 믹서기에 넣고 걸쭉해질 때까지 섞는다. 필요에 따라 믹서기 봉을 이용해야 할 수도 있다.
❷ 볼에 옮겨 담고, 기호에 따라 그 위에 토핑을 얹어 먹는다.

1인분당 총 영양소

칼로리: 744
지방: 34.2그램
단백질: 15.9그램
섬유질: 15.9그램
탄수화물: 103그램

채식 파워 볼

의학 박사 파멜라 퍼거슨의 레시피

푸짐한 음식이라 사이클링, 달리기, 수영, 기타 다른 운동을 오랜 시간 한 뒤 먹으면 좋다. 입맛을 다실 정도로 맛있고 근육을 키우는 데도 도움이 된다. 베이스는 구운 메밀로 만드는 카샤다.(변형하지 않고 그대로 카샤로 먹기 위해선 기름 두르지 않은 팬에 메밀을 넣고 몇 분간 굽기만 하면 된다.) 난 메밀을 좋아한다. 퀴노아처럼 완벽한 단백질 음식인데다, 북아메리카에서 자라는 작물이라 수입할 필요도 없기 때문이다. 또한 메밀에는 섬유질, 마그네슘, 철분, 구리가 풍부하게 들어 있다.

이 음식의 경우 직접 해바라기씨 사워크림을 만들어야 하는데, 수고를 덜기 위해 한 가지 방법을 권한다. 미리 충분히 만들어 냉장고 안에 보관해 두었다가 구운 감자와 채식주의자용 나초 등에 뿌려 먹는 것이다. 대부분의 사람들은 크림소스나 드레싱을 만들 때 캐슈를 찾지만, 캐슈보다는 해바라기씨가 더 좋다. 해바라기씨가 가격도 더 싸고 단백질도 더 풍부하다. 키우는 데 물도 덜 들어 환경에도 더 좋다.

1인분

해바라기씨 사워크림 재료:
하룻밤 물에 불리거나 끓인 뒤 헹군 생 해바라기씨 1컵
레몬즙 1테이블스푼
사과식초 2티스푼
바닷소금 1/2티스푼

파워 볼 재료:
깍둑썰기한 고구마 1개(껍질째)
올리브오일 2티스푼(선택 사항)
기름 두르지 않은 냄비에서 구운 카샤 또는 메밀 1컵
채소 육수 2컵 또는 물 2컵
익힌 검정콩 1/2컵
콘 옥수수 1/2컵
깍둑썰기한 빨간 피망 1/2컵
깍둑썰기한 아보카도 1/2개

❶ 해바라기씨 사워크림 만들기: 믹서기에 재료와 물 1/2컵을 넣고 완전히 섞일 때까지 2분간 돌린다. 경우에 따라서는 믹서기 안쪽에 묻은 재료들을 주걱 같은 것으로 긁어내야 할 수도 있다. 간이 약하면 소금을 좀 더 넣으면 된다. 완성된 사워크림은 3일 정도 냉장고 안에 보관해 두었다가 필요할 때 꺼내 먹는다.

❷ 파워 볼 만들기: 오븐을 섭씨 약 230도로 예열한다. 오븐 팬에 종이 포일를 깐다. 오일을 둘러 가며 고구마를 구워도 좋고, 오일을 쓰고 싶지 않을 경우 오븐 팬에 곧장 올려 구워도 좋다. 중간에 방향을 뒤집어 가며 25~30분간 굽는다.

❸ 작은 냄비 안에 카샤나 구운 메밀을 넣고 채소 육수 2컵 또는 물 2컵을 넣는다. 그대로 펄펄 끓이다가 불을 낮춰 보글보글 끓인 뒤 뚜껑을 덮고 졸아들 때까지 12분 정도 끓여야 한다.

❹ 볼 안에 카샤 1/2컵을 골고루 깐 뒤 콩, 옥수수, 피망, 아보카도, 군고구마 1/2컵을 넣는다. 그 위에 해바라기씨 사워크림 1/4컵을 뿌린다. 남은 고구마와 카샤는 뚜껑 있는 용기에 담아 냉장고에 보관한다. 5일 정도 보관 가능하다.

1인분당 총 영양소

칼로리: 1,501	지방: 94.8그램	단백질: 49.1그램
섬유질: 37그램	탄수화물: 138.5그램	

인도식 스튜

철인 3종 경기 선수 존 조셉의 레시피

흔히 키치리[인도식 죽]이라 불리는 이 음식의 최대 장점은 아주 값싸면서도 아주 맛있고 또 아주 영양가가 풍부하다는 것이다. 내가 인도 하레 크리슈나

교단 수도승이었던 1982년경 뉴욕시에서 노숙자들에게 채식 음식을 제공하기 시작했을 때 이 음식을 만든 이유도 그 때문이었다. 인도식 빵인 차파티는 하루 동안 필요한 영양소를 전부 공급해 준다. 요리를 하면서 인도식 요가 주문도 함께 외우면 긍정적인 정신 상태를 유지할 수 있다.

6인분

차파티 재료:
통밀가루 3컵
바닷소금 1과 1/2티스푼
녹인 채식주의자용 버터 1/2컵
미지근한 물 1과 1/3컵

스튜 재료:
코코넛오일 2테이블스푼
채식주의자용 유기농 버터 2테이블스푼(*추천 브랜드 - 미요코스 크리머리 Miyoko's Creamery)
씨를 빼고 다진 칠리 2개
커민씨 3티스푼
다진 생강 2티스푼
빻은 고수 2티스푼
빻은 강황 2티스푼
깍둑썰기하고 껍질을 벗긴 가지 4컵
콜리플라워 꽃 3컵
잘게 썬 토마토 8개
줄기를 떼내고 잘게 썬 시금치 4컵
익힌 병아리콩 2컵
히말라야 핑크 솔트 3티스푼

쌀 요리 재료:
코코넛오일 1티스푼
채식주의자용 버터 1/2티스푼

곱게 간 강황 1티스푼
흰 바스마티 쌀 3컵
통 캐슈 1/2컵
바닷소금 1과 1/2티스푼

❶ 차파티 만들기: 커다란 볼에 밀가루와 소금을 넣고 섞는다. 나무 주걱 같은 걸로 저으면서 천천히 버터와 물을 넣는다. 부드럽고 촉촉한 밀가루 반죽이 만들어지면 깨끗하고 마른 표면으로 옮긴다. 그 반죽을 8~10분간 두 손으로 주무른다. 반죽을 2시간 동안 젖은 천으로 덮어 둔다.
❷ 2시간 후 반죽이 완성되면, 밀가루 반죽을 골프공 크기로 잘라낸 뒤 공 모양으로 둥글린다. 20개 정도 만드는 게 좋다.
❸ 깨끗하고 평평한 표면에 밀가루를 바른 뒤 공 모양의 밀가루 반죽들을 밀어 약 0.5센티미터 두께의 납작한 원형으로 만든다. 차파티 하나를 팬에 넣고 30초 동안 익힌다. 한 번 뒤집어 차파티의 겉이 부풀어 오를 때까지 익힌다. 버너 하나를 더 켠 뒤 나무젓가락 등을 이용해 익은 차파티를 그 불 위에 가져다 댄다. 그러면 차파티가 부풀어 오르면서 속이 공기로 차게 된다. 몇 초 후 차파티를 뒤집어 같은 과정을 거친다. 차파티가 완성되면 기호에 따라 버터를 추가한다. 남은 반죽도 하나씩 가져다 같은 과정을 거친다.
❹ 스튜 만들기: 커다란 냄비를 중불 위에 올려놓고, 오일과 버터 1테이블스푼을 넣은 뒤 가열한다. 버터가 녹으면 칠리와 커민씨, 생강, 고수, 강황을 넣고 향긋한 향이 날 때까지 30초 정도 불을 뗀다. 가지를 넣은 뒤 노릇노릇 하니 부드러워지기 시작할 때까지 익힌다. 콜리플라워를 넣고 살짝 부드러워질 때까지 약 5분간 뒤섞으면서 익힌다. 토마토와 시금치를 넣고 잘 섞이게 저어준다.
❺ 병아리콩과 소금 그리고 물 1/4컵을 붓는다. 불을 중불로 낮춘 뒤 뚜껑을 덮고 10분간 끓인다. 남은 버터를 넣고 저어준다. 서로 들러붙지 않게 수시로 저어주면서 물이 다 졸아들 때까지 계속 가열한다. 스튜에 점성이 느

껴지면 다 된 것이다.

❻ 쌀 요리하기: 중간 크기의 냄비에 오일과 버터를 넣은 뒤 중불로 가열한다. 강황을 추가하고, 이어서 쌀을 넣는다. 잘 섞이게 저으면서 3분간 익힌다. 이때 쌀이 타지 않게 해야 한다.

❼ 물 6컵과 함께 캐슈와 소금을 추가한다. 펄펄 끓으면 젓고, 불을 약불로 낮춘다. 냄비 뚜껑을 덮은 뒤 냄비 바닥에 물이 거의 남지 않게 15~20분 동안 졸인다. 불을 끄고 뚜껑을 덮은 상태로 뜸을 들인다. 열로 인해 나머지 물이 증발하면, 쌀이 포슬포슬해질 것이다.

1인분당 총 영양소

칼로리: 725	지방: 33.7그램	단백질: 19.7그램
섬유질: 16.8그램	탄수화물: 95그램	

전설의 토스카나식 감자 수프

보디빌더 로버트 치키의 레시피

이는 기가 막히게 맛있는 수프 중 하나로, 아내가 수년째 만들고 있는 요리다. 우리 집을 찾아온 손님에게 이 수프를 해주면, 채식주의자든 아니든 이구동성으로 맛있다고 한다. 대개는 저녁 식사 때 아내와 둘이서 치아바타 빵, 사이드 샐러드와 함께 먹는데, 며칠 두고 점심 식사 때마다 먹기도 한다. 저녁 식사 주메뉴로보다는 오히려 점심 식사 주메뉴 더 자주 먹는 셈이다. 대개의 수프는 1년 중 어느 때든, 또 일주일의 어느 날이든 점심 식사로 즐길 수 있다. 이 이탈리아 토스카나식 수프 역시 예외는 아니다. 그러나 이 감자 수프는 특히 겨울에 먹기 좋다. 수프에 감자를 덩어리째 넣고 따뜻하게 먹으면 일품이다. 게다가 이 수프는 식물성 소시지를 넣은 덕에 풍미가 더 좋다. 한 번에 많이 만들어놓았다가 며칠간 조금씩 데워 먹을 수도 있다.

8인분

식물성 소시지 4개(*추천 브랜드 – 필드 로스트)
깍둑썰기한 커다란 양파 1개
다진 마늘 4쪽 분량
채소 육수 8컵
깍둑썰기한 러셋 감자 4개
채소로 만드는 헤비 크림[유지가 많은 크림] 1/2컵(*추천 브랜드 – 실크Silk, 리플 푸드Ripple Foods, 칼리피아 팜스Califia Farms)
리퀴드 스모크 소스 2티스푼(선택 사항)
컬리 케일 한 줌
코셔 솔트[요오드 같은 첨가물이 안 들어간 거친 소금]와 갓 간 후추 약간

❶ 소시지를 작은 입 크기로 썬다. 자른 소시지를 큰 냄비에 넣고 중불로 가열한다. 약간 노릇노릇해지면 볼에 옮겨 담는다.
❷ 같은 냄비에 양파를 넣고 중불 상태에서 표면이 갈색으로 변하기 시작할 때까지 약 6분간 익힌다. 마늘을 추가하고 향이 날 때까지 약 1분간 가열한다. 냄비에 육수와 감자를 넣고 펄펄 끓이다가 불을 낮춘다. 감자에 포크가 들어갈 정도가 될 때까지 약 20분간 그대로 둔다. 감자가 익으면 헤비 크림을 넣는다. 기호에 따라 리퀴드 스모크 소스도 추가한다. 케일이 선명한 녹색으로 변할 때까지 약 2분간 익힌다. 계속 저으면서 맛을 보고, 소금과 후추로 간을 맞춘다.
❸ 수프만 먹어도 좋고 치아바타 빵, 프랑스빵[긴 막대 모양의 흰빵], 사워도우 등과 함께 먹어도 좋다. 녹색 채소 샐러드를 곁들여 먹어도 훌륭하다.

1인분당 총 영양소

칼로리: 341	지방: 10.7그램	단백질: 18그램
섬유질: 5.7그램	탄수화물: 44.5그램	

저녁 식사

지중해식 굿볼

사이클 선수 닷시 바우시의 레시피
*셰프 제이슨 우로벨의 허락을 받아 활용

워낙 많은 맛과 식감이 어우러진 음식이어서, 일주일 내내 저녁 식사로 먹을 수 있을 정도다. 자타르[중동 지역 전통 요리] 맛이 나는 라이스 필라프, 신선한 루콜라 샐러드, 보석 색을 띤 찐 비트, 크림을 친 오이 차지키[그리스 전통 음식] 소스, 바삭한 병아리콩들이 잔뜩 들어 있다.

2인분

구운 병아리콩 재료:
구운 병아리콩 1과 1/2컵(*추천 브랜드 – 비에나Biena)

오이가 들어가는 차지키 소스 재료:
무가당 비유제품 플레인 요구르트 1/2컵
잘게 다진 큰 잉글리시 오이 1/2개 또는 페르시안 오이 2개
사과식초 또는 레몬즙 1/2티스푼
잘게 다진 딜 1테이블스푼 또는 말린 딜 2티스푼
바닷소금 1/4티스푼

라이스 필라프 재료:
저염 채소 육수 또는 비유제품 버터 또는 올리브오일 1테이블스푼
다진 양파 2테이블스푼
다진 마늘 1쪽 분량
미리 요리되어 얼린 또는 상온 보관 가능한 흰 바스마티 쌀 또는 현미 2컵(*추천 브랜드 – 트레이더 조Trader Joe's 또는 시드 오브 체인지Seeds of Change)
곱게 간 강황 1/8티스푼
곱게 간 커민 1/8티스푼

훈제 파프리카 가루 1/4티스푼
잘게 다진 신선한 파슬리 1/4컵
바닷소금과 막 간 후추 약간

루콜라 샐러드 재료:
루콜라 2컵
깍둑썰기한 토마토 1/2컵
얇게 썬 오이 1/2컵
올리브오일 1테이블스푼
레몬즙 1과 1/2테이블스푼
자타르 스파이스 믹스 또는 곱게 간 옻 1테이블스푼
바닷소금과 막 간 후추 약간

종합:
얇게 썬 적양파 1/3컵
얇게 썰어 익힌 비트 1/3컵
씨를 뺀 검은 올리브 또는 칼라마타 올리브 1/4컵
비유제품 페타 치즈 1/3컵(*추천 브랜드 – 바이오라이프[Violife])(선택 사항)
후무스 또는 바바 가누시[구운 가지를 주재료로 한 중동 음식] 2테이블스푼(선택 사항)
생 잣 또는 기름을 두르지 않고 구운 아몬드 2테이블스푼
구운 병아리콩 1/2컵

❶ 차지키 소스 만들기: 중간 크기의 볼에 모든 재료를 넣고 골고루 섞은 뒤 뚜껑을 덮어 냉장고에 넣어 두었다가 필요할 때 꺼내 먹는다. 3일 정도까지는 냉장 보관 가능하다.
❷ 라이스 필라프 만들기: 작은 냄비에 채소 육수를 붓고 약불로 데운다. 양파를 넣고 반투명해질 때까지 약 5분간 볶는다. 마늘을 추가한 뒤 향이 날 때까지 1분 정도 더 볶는다. 쌀, 강황, 커민, 파프리카 가루를 추가한다. 골고루 섞이게 저어가며 약 5분간 열을 가한다. 파슬리를 넣고 저어준 뒤 소금과 후추를 넣어 간을 하고 불을 끈다.
❸ 루콜라 샐러드 만들기: 중간 크기의 볼에 루콜라와 토마토, 오이를 넣고

잘 섞는다. 그 위에 올리브오일과 레몬즙을 치고 자타르, 소금, 후추를 뿌린다.

❹ 종합: 중간 크기의 볼에 루콜라 샐러드를 골고루 깐다. 라이스 필라프 몇 테이블스푼과 차지키 소스를 조금 추가한다. 그 위에 빨간 양파와 익은 비트, 올리브, 구운 잣 그리고 몇 테이블스푼의 구운 콩을 올린다. 기호에 따라 비유제품 페타 치즈나 후무스를 곁들인다.

1인분당 총 영양소

칼로리: 372	지방: 7.8그램	단백질: 12.6그램
섬유질: 9.8그램	탄수화물: 64.5그램	

병아리콩 카레

보디빌더 로버트 치키의 레시피

병아리콩은 세상에서 가장 단백질이 풍부한 콩 중 하나다. 심지어 그 모양까지 작은 이두박근을 닮았다. 병아리콩은 근육 회복 및 성장에도 도움이 되기 때문에 운동 후에 먹으면 아주 그만이다. 대체로 콩류는 아주 뛰어난 기본 재료인데, 약간의 허브와 향신료를 추가하면 더욱 좋다. 카레와 같이 먹는 이 병아리콩은 쌀밥보다 영양학적으로 더 낫다. 탄수화물과 단백질, 지방, 섬유질을 골고루 보충하는 데 그만이기 때문이다. 영양가를 더 높이고 싶으면 녹색 채소 샐러드를 곁들이고, 철분 섭취를 더 하고 싶으면 오렌지 또는 레몬 드레싱을 얹어 먹으면 된다. 맵게 만들어 먹는 것도 괜찮은 방법이다.

4인분

잘게 썬 양파 1개
다진 마늘 2쪽 분량
저칼로리 코코넛 우유 1캔(약 380그램)
병아리콩 4컵(또는 약 380그램짜리 2캔)
깍둑썰기한 토마토(가능하면 불에 구운) 1캔(약 400그램)
깍둑썰기한 유콘 골드 감자(부드러워질 때까지 끓인) 2컵
토마토 페이스트 1테이블스푼
카레 가루 1테이블스푼
가람 마살라[인도요리에 많이 사용되는 향신료 믹스] 1테이블스푼
빨간 피망 플레이크 1/2티스푼
시금치 2컵
현미 또는 통밀 피타[중동의 전통 음식으로 둥근 모양의 납작한 빵](선택 사항)

❶ 커다란 냄비를 중불로 가열하면서 물 1테이블스푼을 추가한 뒤 양파와 마늘을 넣고 부드러워질 때까지 약 3분간 볶는다. 필요하다면 물을 좀 더 추가해 타지 않도록 한다.

❷ 토마토 페이스트, 카레 가루, 가람 마살라, 빨간 피망 플레이크를 넣고 잘 섞는다. 시금치를 제외한 남은 재료를 다 넣는다. 재료들이 제대로 익고 맛이 골고루 스며들 때까지 약 10분간 수시로 저어준다.

❸ 시금치를 넣는다. 시금치가 부드러워지고 맛이 골고루 배일 때까지 5~10분 정도 더 익힌다. 기호에 따라 으깬 빨간 피망 플레이크를 추가해도 좋다. 완성되면 현미 또는 통밀 피타 위에 얹어 먹는다.

1인분당 총 영양소(선택 사항 제외)

칼로리: 489	지방: 21그램	단백질: 16.3그램
섬유질: 16.6그램	탄수화물: 65.3그램	

엔진 2 검정콩 쌀 요리

수영 선수 립 에셀스틴의 레시피
출처 『엔진 2 요리책』, 립 에셀스틴 저

저녁 식사 주메뉴로 정말 괜찮은 음식이다. 아침 식사 때 시리얼을 즐겨먹듯, 나는 30년 넘게 이 음식을 저녁 식사 때 먹어오고 있다. 저녁 식사 자리에 손님들을 초대했을 때 내놓아도 아주 좋은 음식이다. 건강에 좋은 칩이나 따뜻한 옥수수 토르티야와 함께 먹으면 더욱 좋다.

4인분

검정콩 2캔(약 440그램)
채소 육수 또는 물 1컵 또는 1과 1/2컵
익힌 현미 2컵
브래그Bragg 아미노 간장 1테이블스푼
칠리 파우더 1티스푼
잘게 썬 토마토 2~3개
잘게 썬 파 한 줌
물기를 뺀 물밤 1캔(약 230그램)
옥수수 1컵
잘게 썬 피망 2개
잘게 썬 고수 한 줌
얇게 썬 아보카도 1개
살사 소스 또는 타마리 간장 약간

❶ 중간 크기의 냄비에 콩과 육수 또는 물, 아미노 간장, 칠리 파우더를 넣고 가열한다.
❷ 큰 그릇에 현미를 테이블스푼 가득 몇 차례 퍼 담고, 그 위에 ❶에서 조리한 콩을 얹어 먹는다. 잘게 썬 토마토, 파, 피망, 고수, 물밤, 옥수수, 아보카도도 푸짐하게 올린다. 맛을 더하기 위해 살사 소스나 타마리 간장을 뿌려

도 좋다.

1인분당 총 영양소

칼로리: 474　지방: 8.3그램　단백질: 18.8그램
섬유질: 24.7그램　탄수화물: 85.6그램

렌틸콩 카레 스튜

마라톤 선수 메리 슈나이더의 레시피
출처 『그린 바디 요리책』, 메리 슈나이더 저

이 스튜는 항염증 효과가 뛰어나 특히 좋아한다. 카레도 건강에 아주 좋다. 각종 향신료들이 서로 시너지 효과를 내 소화를 촉진시켜 주고, 신진대사를 활발하게 해 주며, 통증과 염증도 완화시켜 준다. 이뿐만 아니다. 면역력을 높여주고, 뼈도 튼튼하게 해 준다. 또한 각종 채소 덕에 영양가가 높고, 렌틸콩이 들어가 단백질도 풍부하다. 이 스튜를 미리 많이 준비해 두었다가 며칠간 점심 때 데워 먹는 걸 좋아한다. 쌀밥 한 그릇에 스튜를 부어 먹으면 푸짐한 저녁 식사로도 손색없다.

2인분

채소 육수 또는 물 4컵
잘게 썬 당근 3개
잘게 썬 샐러리 줄기 2개
잘게 썬 양파 1개
다진 마늘 2쪽 분량
빨간 피망 플레이크 1/4티스푼 또는 카옌 고추 1/4티스푼(선택 사항)
코코넛 우유 1캔(약 430그램)
깍둑썰기한 토마토 1캔(약 430그램)

익히지 않은 렌틸콩 1컵
카레 가루 2테이블스푼
바닷소금 1티스푼
곱게 간 강황 1/4티스푼
막 간 후추 1/4티스푼
말린 월계수 잎 1장
잘게 썬 시금치 넘칠 정도로 2컵
현미밥(선택 사항)

❶ 큰 냄비를 불에 올리고 중불로 가열한다. 채소 육수 또는 물 1~2테이블스푼을 붓고 당근, 샐러리, 양파를 넣은 뒤 부드러워질 때까지 약 5~7분간 볶는다. 기호에 따라 마늘, 빨간 피망 플레이크 또는 카옌 고추를 넣고 채소들이 보다 부드러워질 때까지 2~3분간 더 볶는다.

❷ 남은 육수 또는 물, 코코넛 우유, 토마토, 렌틸콩, 카레 가루, 바닷소금, 강황, 후추, 월계수 잎을 넣고 저어가며 끓인다. 펄펄 끓으면 뚜껑을 덮고 약불로 30분간 가열한다.

❸ 월계수 잎을 빼낸다. 시금치는 마지막에 넣어 살짝 데치듯 한다. 보다 묽은 스튜를 원하면, 물을 1/3컵씩 더해 가면서 농도를 조절한다. 원하는 농도의 스튜가 완성되면 현미밥 위에 부어 먹는다.

1인분당 총 영양소(선택 사항 제외)

칼로리: 832
지방: 34.6그램
단백질: 32.3그램
섬유질: 27.6그램
탄수화물: 110.2그램

국수 호박 파스타

마라톤 선수 메리 슈나이더의 레시피
출처 『그린 바디 요리책』, 메리 슈나이더 저

흔히 먹는 파스타보다 영양가가 더 높아 이 요리를 좋아한다. 파스타는 가공된 식품인데 반해, 국수 호박은 식감이 파스타 비슷하지만 전혀 가공되지 않은 식품이다. 게다가 국수 호박에는 비타민 B, 엽산, 칼륨, 오메가-3 지방산, 오메가-6 지방산, 칼슘, 철분, 인, 아연 등 아주 많은 비타민과 미네랄이 들어 있다. 당연히, 글루텐은 전혀 들어 있지 않다. 국수 호박을 시중에 판매되는 파스타 면으로 대체해도 괜찮다. 내 경우엔 건강에 좋은 요리를 만들어 먹고 싶은데 시간이 없을 때 그렇게 한다.

언제 만들어 먹어도 좋지만, 특히 근육을 키우기 위해 강도 높은 운동을 하고 난 뒤 회복용으로 즐겨 먹는다. 근력을 필요로 하는 운동선수가 근육을 키우려는 목적을 가지고 있다면, 단백질이 풍부한 이 요리가 특히 도움이 되리라 본다. 약 230그램짜리 템페 한 팩이 2인분 양이다. 1인분당 20그램의 단백질이 들어 있다.

2인분

중간 크기의 국수 호박 1개
바닷소금 1티스푼
마늘 가루 1티스푼
막 간 후추 1/2티스푼
마리나라 소스 1병(약 700그램)
깍둑썰기한 마늘 1티스푼(약 1쪽 분량)
빨간 피망 플레이크 1/2티스푼
깍둑썰기한 템페 1팩(약 230그램)
파프리카 1/2티스푼
말린 바질 1/2티스푼
말린 오레가노 1/2티스푼

크레미니 버섯(또는 호박이나 주키니 같은 채소 잘게 썬 것) 1팩(약 230그램)
영양 효모(선택 사항)

❶ 오븐을 섭씨 200도로 예열한다. 커다란 오븐 팬에 포일을 깐다.
❷ 국수 호박을 길게 반으로 자른 뒤 속을 파낸다. 그 속에 바닷소금 1/2티스푼, 마늘 가루 1/2티스푼 그리고 후추를 뿌린다. 국수 호박의 자른 면을 밑으로 가게 오븐 팬 위에 올려놓고 40분간 굽는다.
❸ 그 사이에 큰 팬을 중불로 데운다. 팬 바닥에 살짝 깔릴 정도로 2테이블스푼 가량의 마리나라 소스를 넣는다. 마리나라 소스가 보글보글 끓기 시작하면 마늘과 빨간 피망 플레이크를 추가한다. 1분간 잘 저어 마리나라 소스가 재료에 배어들게 한다.
❹ 템페와 마리나라 소스 1테이블스푼을 추가한다. 이때 템페가 소스에 살짝 덮이게 한다. 파프리카와 바질, 오레가노 그리고 남은 바닷소금과 마늘 가루를 1/2티스푼 넣은 뒤 잘 섞어주고, 템페가 제대로 익을 때까지 3~5분간 계속 저어준다. 템페가 들러붙기 시작하면, 마리나라 소스 1~2테이블스푼을 더 넣고 저어준다.
❺ 템페와 마라나라 소스 섞은 걸 팬의 한쪽으로 민다. 빈 공간이 생기면 마리나라 소스 몇 테이블스푼과 얇게 썬 버섯을 넣는다. 잘 섞이게 저어주고 버섯(또는 다른 채소)이 부드러워질 때까지 3~5분간 볶는다. 이때 주기적으로 템페를 저어주어 서로 달라붙지 않게 해야 한다.
❻ 버섯과 템페를 충분히 저어준 뒤 남은 마리나라 소스를 넣는다. 약불로 줄여 소스가 따뜻한 상태로 유지되게 한다. 국수 호박이 완전히 익을 때까지 소스를 가끔씩 저어준다.
❼ 국수 호박이 익으면, 주걱을 사용해 조심스럽게 국수 호박 자른 면이 위로 향하게 뒤집는다. 이렇게 해야 국수 호박 아래쪽에 모아진 뜨거운 김이 날아간다. 몇 분간 국수 호박이 식게 내버려 둔 뒤, 포크를 사용해 속살을 채 썰 듯 썬다.

❽ 국수 호박 면을 큰 볼에 옮기고, 그 위에 소스를 올린다. 기호에 따라 영양 효모를 뿌려도 좋다.

1인분당 총 영양소

칼로리: 578　지방: 21그램　단백질: 35.2그램
섬유질: 18그램　탄수화물: 78.4그램

슬로피 비건 칠리

비키니 보디빌더 겸 피트니스 모델 나탈리 매튜스의 레시피

슬로피 조[샌드위치의 일종]와 칠리[매콤한 스튜]의 조합이니 어찌 좋아하지 않을 수 있을까? 옥수수빵에 얹어 먹어도 좋고 슬로피 조 샌드위치를 만들어 먹어도 좋다. 감자튀김이나 채식주의자용 케소 치즈와 함께 먹어도 맛있다. 단, 흘리기 쉬우니 냅킨은 꼭 준비해야 한다.

10인분

물 1/2컵
다진 양파 1/4컵
다진 마늘 3쪽 분량
검정콩 2캔(약 440그램)
식물성 단백질(TVP) 1컵
토마토 소스 1컵
토마토 페이스트 1/2컵
코코넛 슈가 2테이블스푼
겨자 2테이블스푼
백식초 1과 1/2테이블스푼
칠리 파우더 2티스푼

커민 2티스푼
오레가노 2티스푼
소금 1티스푼
채소 육수 또는 물 4컵

❶ 커다란 냄비를 중불 위에 올려놓고 물 1/2컵과 양파를 넣는다. 양파가 반투명해질 때까지 약 5분간 익힌다. 마늘을 추가하고 마늘이 노릇노릇해질 때까지 약 3분 동안 타지 않게 계속 저어가며 볶는다.
❷ 콩과 식물성 단백질, 토마토 소스, 토마토 페이스트, 코코넛 슈가, 겨자, 식초, 칠리 파우더, 커민, 오레가노, 소금을 넣고 잘 저어준다. 채소 육수 또는 물을 붓고 저어가며 끓인다. 펄펄 끓으면 뚜껑을 닫고 불을 낮춰 20분 정도 자작해질 때까지 끓인다.

1인분당 총 영양소

칼로리: 155	지방: 1그램	단백질: 11그램
섬유질: 9그램	탄수화물: 27그램	

검정콩 버거 패티

울트라마라톤 선수 브렌던 브레지어의 레시피
출처 『에너지를 높여주는 요리책』, 브렌던 브레지어 저

이번에 소개할 음식은 단백질이 풍부한 검정콩 버거 패티다. 이 자체로 맛있지만, 427페이지에 나오는 견과류가 들어가지 않는 채식주의자용 치즈 소스 같은 채식주의자용 체더 치즈와 함께 먹으면 더욱 맛있다. 번 빵 위에 패티를 올린 뒤 좋아하는 채소를 겹겹이 쌓아 먹어도 훌륭하다. 충분한 양을 만들어 냉장고 안에 넣어 두면, 단 몇 분 안에 맛있는 버거를 만들어 먹을 수 있다.

버거 패티 10개용

익힌 검정콩 2컵
으깬 귀리 1컵
익힌 현미 2/3컵
영양 효모 1/3컵
잘게 썬 데이야Daiya 치즈나 체더 치즈식 비유제품 치즈 1/4컵
잘게 썬 큰 양파 1개
잘게 썬 고수 한 줌
곱게 간 고수 2테이블스푼
파프리카 1테이블스푼
겨자 1테이블스푼
타마리 소스 2테이블스푼
바닷소금 1티스푼
튀김용 코코넛 오일 약간
발아 통밀빵 부스러기 1~2컵(*추천 - 글루텐이 들어가지 않은 실버 힐즈 치아 빵Silver Hills Chia Bread)

❶ 중간 크기의 볼에 검정콩, 귀리, 현미, 영양 효모, 치즈를 넣고 양손으로 잘 섞는다.

❷ 믹서기에 양파, 고수, 파프리카, 겨자, 타마리 소스를 넣고 제대로 섞일 때까지 돌린다.

❸ 믹서기에 간 재료들을 볼에 옮겨 담고, 소금을 추가한 뒤 잘 섞는다. 필요할 경우 소금을 더 넣어가며 간을 맞춘다. 발아 통밀빵 부스러기를 추가해 단단하게 만든다. 손에 달라붙지 않아야 잘 된 것이다. 통밀빵 부스러기와 귀리가 습기를 빨아들여 점점 더 섞기 힘들어지는 게 정상이다.

❹ 이렇게 섞은 재료를 이용해 약 2센티미터 두께의 패티 10개를 만든다. 달궈진 팬에 코코넛 오일을 조금 두른 뒤 패티를 올린다. 약간 노릇노릇해질 때까지 한쪽 면 당 약 1분간 튀기듯 굽는다.

❺ 잘 구워진 패티는 밀폐 용기에 넣어 냉장고에 5일까지 보관 가능하다.

1인분당 총 영양소

칼로리: 226 지방: 3.6그램 단백질: 10.1그램
섬유질: 8.9그램 탄수화물: 39그램

가든 '미트볼'

비키니 보디빌더 브리나 위글리의 레시피

렌틸콩으로 만드는 이 '미트볼'은 만드는 데 몇 분 안 걸린다. 꼭 렌틸콩이 아니어도 괜찮다. 좋아하는 콩으로 만들어 즐겨 먹는 파스타와 함께 먹으면 딱이다. 에어프라이어를 사용하면 만들기 쉬운데, 없어도 괜찮다. 오븐에 넣고 구워도 맛있다.

2인분(미트볼 8개)

미트볼 재료:
채소 육수 또는 물 2컵
바닷소금 약간
렌틸콩 1컵
깍둑썰기한 당근 1/4컵
완두콩 1/4컵
잘게 썬 버섯 1/4컵
잘게 썬 양파 1/4컵
토마토 페이스트 2테이블스푼
활성 밀 글루텐 또는 빵 부스러기, 글루텐 비함유 병아리콩 가루 2 테이블스푼
채식주의자용 우스터셔Worcestershire 소스 또는 데일즈Dale's 액체 마리네이드 1테이블스푼
올리브오일 1/2티스푼

소스 재료:
마리나라 소스 1병
영양 효모 1테이블스푼
마늘 가루 1/2테이블스푼
양파 가루 1/2테이블스푼
말린 오레가노 1/2테이블스푼
설탕 1티스푼(선택 사항)

종합:
기호에 맞는 파스타 1팩

❶ 미트볼 만들기: 오븐으로 만드는 경우라면, 먼저 오븐을 섭씨 190도로 예열한다. 중간 크기의 냄비에 채소 육수나 물을 넣고 끓인다. 약간의 소금과 렌틸콩을 넣는다. 포장지에 적힌 레시피대로 렌틸콩이 부드러워질 때까지 20~25분간 삶은 뒤 물기를 빼 둔다.

❷ 또 다른 조그만 냄비에 물 2컵을 넣고 끓인다. 소금 약간과 당근을 넣은 뒤 2~3분간 끓인다. 완두콩을 넣고 부드러워질 때까지 약 1분간 삶는다. 삶은 당근과 완두콩은 물기를 빼둔다.

❸ 믹서기에 다 익은 렌틸콩과 당근, 완두콩 외에 버섯, 양파, 토마토 페이스트, 밀 글루텐(또는 다른 대체품), 채식주의자용 우스터셔 소스를 넣고 골고루 섞는다. 믹서기는 작동 버튼을 3~4번씩 끊어 누르며 재료들이 어느 정도 섞일 때까지만 돌린다. 너무 돌리면 죽같이 되어 버린다.

❹ 다 섞인 재료를 가지고 미트볼 8개를 만든다. 미트볼은 대략 1테이블스푼 또는 1과 1/2테이블스푼 크기가 좋다.

❺ 미트볼을 에어프라이어로 굽는 경우라면, 에어프라이어 안에 포일을 깔고 오일을 골고루 바른다. 에어프라이어를 섭씨 190도로 12~13분간 돌리는데, 10분 후쯤에 노릇노릇하게 익었는지 미트볼 상태를 확인한다. 오븐으로 굽는 경우라면, 오븐 팬에 포일을 깔고 오일을 골고루 바른다. 미트볼

이 완전히 익을 때까지 20분간 굽는다.

❻ 완성된 미트볼은 꺼내기 전에 살짝 식히는 게 좋다. 안 그러면 서로 들러붙는다.

❼ 소스 만들기: 중간 크기의 냄비를 중약불로 가열하고, 거기에 마리나라 소스와 영양 효소, 마늘 가루, 양파 가루, 오레가노 그리고 설탕(설탕을 쓴다면)을 넣고 잘 섞는다. 이따금 저어가며 5~7분간 계속 끓인다. 재료 속에 맛이 배면, 미트볼을 넣어 소스가 골고루 묻게 한다. 완성된 미트볼을 파스타 위에 얹어 먹는다.

1인분당 총 영양소

칼로리: 588
지방: 7.1그램
단백질: 36.2그램
섬유질: 17.7그램
탄수화물: 102.4그램

아시아식 누들 볼

산악자전거 선수 소냐 루니의 레시피

가장 즐겨 먹는 음식 중 하나다. 간단히 해 먹을 수 있는 데다 다양한 채소가 들어가 맛과 양 모두 만족스럽기 때문이다. 땅콩 소스는 필요한 것보다 두세 배 많이 만들어 놓는 걸 권한다. 땅콩 소스만 있으면 무척 빨리 누들 볼을 완성할 수 있다.

2인분

땅콩 소스 재료:
땅콩버터 4테이블스푼
타마리 또는 간장 2테이블스푼

라임 1개의 즙
칠리 마늘 소스 2티스푼

누들 재료:
얇게 썬 훈제 두부 1모(약 230그램)
메밀 소바 면 1팩(약 250그램)
잘게 썬 표고버섯 1컵
콩나물 또는 숙주 1/2컵
얇게 채 썬 당근 1/2컵
얇게 채 썬 빨간색 또는 오렌지색 피망 1/2개
참깨(선택 사항)

❶ 땅콩 소스 만들기: 믹서기에 모든 재료와 물 2테이블스푼을 넣고 골고루 섞일 때까지 돌린다.
❷ 누들 만들기: 잘 들러붙지 않는 큰 팬을 중약불로 가열한 뒤 훈제 두부를 올려 약 3분간 데운다. 팬에서 두부를 빼내 옆에 둔다. 팬에 물 1테이블스푼과 표고버섯을 넣는다. 부드러워질 때까지 약 5분간 볶는다.
❸ 포장지에 있는 레시피대로 메밀 소바 면을 익힌다. 그 면을 볼 밑바닥에 깔고 그 위에 버섯과 두부를 얹는다. 땅콩 소스를 뿌려 골고루 묻게 뒤적이고, 그 위에 콩나물 또는 숙주, 당근, 피망, 참깨를 얹어 먹는다.

1인분당 총 영양소

칼로리: 500
지방: 23.7그램
단백질: 32.4그램
섬유질: 12.2그램
탄수화물: 51그램

채식주의자용 맥 앤 치즈

전 올림픽 스키 선수 겸 채식 영양사 줄리아 머레이의 레시피

이 요리를 알고 나면 버터와 치즈, 그리고 크림이 그립지 않을 것이다. 가히 미국인을 위한 소울 푸드의 재발명이라 할 만한 요리다. 게다가 집에서 간단히 해 먹을 수 있고, 건강에 안 좋은 음식도 멀리할 수 있다. 또한 당근, 감자, 영양 효모와 같이 영양가 풍부한 재료도 더 많이 먹을 수 있다. 견과류 맛과 치즈 맛은 영양 효모로 낼 수 있다. 영양 효모 안에는 미네랄과 비타민, 항산화 물질이 풍부하게 들어 있다. 손상된 세포를 회복시키고 염증을 완화시키는 데 특히 효과적이다.

4인분

당근-감자 치즈 소스 재료:
잘게 썬 러셋 감자 3개
잘게 썬 당근 4개
마늘 1쪽
양파 가루 1티스푼
미소 된장 1/4컵
디종 겨자 소스 1/8컵
영양 효모 3/4컵
레몬 1개의 즙
사과식초 1티스푼
무가당 두유 3/4컵
바닷소금과 갓 간 후추 약간

파스타 재료:
잘게 썬 큰 브로콜리 머리 부분 1개(줄기 부분은 후무스 재료로 사용)
좋아하는 파스타 1팩(약 450그램)
아보카도 오일 또는 좋아하는 다른 오일 1티스푼(강불용)
채식주의자용 소시지 1팩(*추천 브랜드-필드로스트)

스모키 파르메산 치즈(426페이지 참조) 또는 비건 파르메산 치즈

❶ 당근-감자 치즈 소스 만들기: 찜통이나 큰 냄비 바닥에 물 5센티미터 정도를 붓고 감자와 당근을 넣은 뒤 포크로 찌르면 푹 들어갈 때까지 10~15분간 찐다.
❷ 찐 감자와 당근을 믹서기에 옮겨 담고 남은 재료를 다 넣는다. 재료들 이 잘 섞여 걸쭉해질 때까지 2분 정도 돌려 치즈 소스를 완성한다.
❸ 찜통이나 큰 냄비 바닥에 물 5센티미터를 붓고 브로콜리를 넣은 뒤 약 5분간 쪄서 물기를 빼 둔다.
❹ 포장지에 나와 있는 레시피보다 1분 정도 짧게 파스타를 익혀 물기를 빼 둔다.
❺ 큰 냄비에 오일을 두른 뒤 소시지를 중불로 익힌다. 이때 1분 간격으로, 또는 소시지가 골고루 노릇노릇해질 때까지 약 5분간 이쪽저쪽으로 뒤집어준다.
❻ ❺의 냄비에 파스타와 브로콜리, 치즈 소스를 넣고 뒤적여 크림색이 될 때까지 잘 섞어주고, 그 위에 채식주의자용 파르메산 치즈를 뿌려 먹는다.

1인분당 총 영양소(치즈 소스 포함)

칼로리: 960 지방: 13.9그램 단백질: 57.6그램
섬유질: 37.5그램 탄수화물: 167.9그램

세 가지 콩으로 만드는 템페 칠리

보디빌더 로버트 치키의 레시피

이 템페 칠리는 맛있고 포만감을 준다. 게다가 쉽고 빠르게 만들어 먹을 수 있는데 칼로리는 낮고, 영양소 밀도는 높다. 한 번에 많이 만들어 두고 그다음 날 먹으면 훨씬 더 맛있기도 해서, 주말에 만들어 놓고 그다음 한 주 동안 먹으면 딱이다. 아니면 작은 용기에 옮겨 담아 냉장고 안에 보관해두었다가, 필요할 때 꺼내서 데워 먹어도 좋다. 절대 질릴 일 없을 것이다. 좋아하는 토핑을 얹어 먹을 수 있기 때문이다. 운동 후에, 또는 점심 식사나 저녁 식사로 먹길 권한다.

4인분

다진 마늘 2쪽 분량
깍둑썰기한 양파 1/2개
깍둑썰기한 샐러리 3줄기
깍둑썰기한 당근 3개
깍둑썰기한 녹색 피망 1/2개
으깬 템페 1팩(약 230그램)
곱게 간 커민 1테이블스푼
칠리 파우더 1/2테이블스푼
익힌 검정콩 1과 1/2컵(또는 약 440그램짜리 1캔)
익힌 핀토콩 1과 1/2컵(또는 약 440그램짜리 1캔)
익힌 빨간 덩굴강낭콩 1과 1/2컵(또는 약 440그램짜리 1캔)
깍둑썰기한 토마토 1캔(약 400그램)
구운 녹색 칠리 1캔(약 120그램)
옥수수 1컵
얇게 썬 아보카도(선택 사항)
얇게 썬 토마토(선택 사항)
잘게 썬 로메인 상추(선택 사항)
얇게 썬 검은 올리브(선택 사항)

빨간 고추 플레이크(선택 사항)
빵 또는 크래커(선택 사항)

❶ 큰 냄비를 중불로 가열한 뒤 2테이블스푼의 물과 마늘, 양파, 샐러리, 당근, 피망을 넣어 채소들이 부드러워지기 시작할 때까지 5분 정도 볶는다.
❷ 으깬 템페, 커민, 칠리 파우더를 넣고 재료에 맛이 제대로 밸 때까지 더 익힌다. 이때 탈 것 같으면 물을 더 추가한다.
❸ 남은 재료를 넣고 물 한 컵을 추가한 뒤 불을 약하게 줄인다. 살짝 걸쭉해질 때까지 끓인다. 좋아하는 토핑을 얹어 먹는다. 빵 또는 크래커와 함께 먹어도 좋다.

1인분당 총 영양소(선택 사항 제외)

칼로리: 465　지방: 8.7그램　단백질: 32.2그램
섬유질: 23.9그램　탄수화물: 71.3그램

고구마 라자냐

수영 선수 립 에셀스틴의 레시피
출처『엔진 2 요리책』, 립 에셀스틴 저

텍사스 주 오스틴에 자연식품 마켓 요리 센터가 새로 생겼을 때 생애 처음으로 요리 시범을 보였다. 당시 선보인 요리가 바로 이 라자냐다. 오스틴 지역 소방관인 팀 라퓨엔테[Tim Lafuente]의 요청으로 시범에 참가했는데, 한 세계 요리 대회 수상 경력이 있는 그 역시 시범을 보였다. 그는 닭고기, 베이컨, 버터, 오일을 가지고 엔젤 헤어 파스타[머릿결처럼 가느다란 파스타]를 만들었다. 시범에 참가한 소방관 모두 꽤 요리에 일가견이 있어서, 요리 경연 대회를 방불케 했다. 우승자 없는 이벤트성 시범이었지만, 난 꽤 기세 등등했다. 선보인 라

자냐가 대히트를 쳤기 때문이다. 이는 채식주의자용 음식의 또 다른 승리이기도 했다.

이 라자냐는 정말이지 맛있다. 참고로 아내와 난 결혼 피로연 메인 요리로 이 라자냐를 택했다.

10인분

잘게 썬 양파 1개
다진 마늘 1통
얇게 썬 버섯 약 230그램
잘게 썬 브로콜리 머리 부분 1개
잘게 썬 당근 2개
잘게 썬 빨간 피망 2개
옥수수 1캔(약 440그램)
단단한 두부 1모(약 450그램)
카옌 고추 1/2티스푼
잘게 썬 오레가노 1티스푼
잘게 썬 바질 1티스푼
잘게 썬 로즈메리 1티스푼
파스타 소스 2병(약 680그램)
통곡물 라자냐 면 2팩(약 450그램)
해동해서 물기를 뺀 시금치 약 450그램
으깬 고구마 2개
얇게 썬 로마 토마토 6개
곱게 간 생 캐슈 1컵

❶ 오븐을 섭씨 200도로 예열한다. 웍이나 들러붙지 않는 팬을 강불로 가열하면서 1테이블스푼의 물과 마늘을 넣고, 부드러워질 때까지 3분간 볶는다. 버섯을 추가한 뒤 흐물흐물해져 버섯액이 나올 때까지 약 5분간 익힌다. 웍이나 팬에 담긴 재료를 구멍 뚫린 큰 국자를 이용해 큰 볼로 옮겨 담는다. 버섯액은 버리지 말고 그대로 둔다.

❷ 팬에 브로콜리와 당근을 넣고 부드러워질 때까지 5분간 조리한다. 이때 물러지지 않도록 주의해야 한다. 익으면 볼로 옮겨 담는다. 피망과 옥수수도 부드러워질 때까지 약 3분간 볶은 뒤 볼에 옮겨 담는다.

❸ 두부를 키친타월로 싸 물기를 빼낸다. 조심스럽게 볼로 옮긴 뒤 잘 으깬다. 거기에 향신료를 뿌리고 잘 섞이게 뒤적인다.

❹ 9×13인치(약 22×33센티미터) 짜리 팬 바닥에 파스타 소스를 깐다. 그 위에 라자냐 면을 얇게 올리고 파스타 소스를 추가한다. (파스타 소스 안에서 라자냐 면이 익어 별도의 시간과 수고를 들일 필요가 없다.) 소스가 발라진 면 위에 채소 섞은 것들을 골고루 얹는다. 그 위에 다시 라자냐 면을 얹고 또 파스타 소스를 추가한다. 소스가 발라진 위쪽 면 위에 시금치를 골고루 얹는다. 시금치 위에 으깬 고구마를 얹고 다시 파스타 소스를 추가한다. 세 번째 라자냐 면을 얹은 뒤 다시 파스타 소스를 추가한다. 라자냐 면 맨 위에 얇게 썬 로마 토마토를 올리고 포일로 팬을 덮은 뒤 45분간 굽는다.

❺ 포일을 걷어내고 라자냐 위에 캐슈를 뿌린 뒤 15분간 더 굽는다. 라자냐를 오븐에서 꺼내 15분간 그대로 둔다. 실내 온도로 식힌 뒤 먹는다.

1인분당 총 영양소

칼로리: 612	지방: 14.5그램	단백질: 29.5그램
섬유질: 18.3그램	탄수화물: 101.9그램	

타코 베이크

비키니 보디빌더 브레아나 위글리의 레시피

간단한 타코 베이크 요리로, 가족끼리 먹어도 좋고 손님에게 대접하기도 좋다. 미리 많이 만들어 두었다가 혼자 여러 끼 해결하기에도 좋다. 토르티야 칩이나 여러 가지 곡물이 들어간 토르티야와 함께 먹으면 더 맛있다. 신선한 녹색 채소를 곁들이면 아삭아삭한 식감까지 즐길 수 있다.

난 유독 화요일에 먹길 좋아하는데, 굳이 화요일까지 기다릴 이유는 없다. 어느 요일에 해 먹어도 맛있는 음식이다.

6인분

기호에 맞는 식물성 오일 2테이블스푼
기호에 맞는 단백질 음식 약 230~280그램
타코 양념 1통
얇게 썬 피망 2컵
얇게 썬 양파 1개
즉석밥 1컵
채소 육수 2컵
검정콩 1~2캔(약 440그램)
얼린 옥수수 알 1컵
불에 구운 로텔RO-TEL 사의 토마토 1캔(약 280그램)
시금치 2컵
잘게 썬 비유제품 치즈 2테이블스푼
잘게 썬 적양파 약간
으깬 아보카도 1개 약간
잘게 썬 고수 약간

❶ 오븐을 섭씨 200도로 예열한다. 커다란 팬에 식물성 오일 1테이블스푼을 넣고 중불로 가열한다. 좋아하는 단백질 음식을 추가하고 타코 양념을 넉

넉히 뿌린다. 단백질 음식이 제대로 익을 때까지 7~8분간 가열한다. 다 익으면 작은 볼로 옮겨 둔다.

❷ 팬에 3테이블스푼의 물을 부은 뒤 중불로 가열한다. 피망과 양파를 추가하고 타코 양념도 조금 넣는다. 피망이 부드러워지고 양파가 살짝 반투명해질 때까지 5~7분간 익힌다. 팬을 오븐에서 꺼내 둔다.

❸ 중간 크기의 팬에 남은 오일을 뿌린다. (1테이블스푼 정도까진 필요하지 않을 것이다.) 팬 바닥에 밥을 골고루 편 뒤 채소 육수를 붓는다. 콩을 추가하고, 그 위에 남은 타코 양념을 뿌린다. 다 익은 단백질 음식과 옥수수, 구운 토마토, 시금치, 피망과 양파 섞은 것을 넣고 마지막으로 잘게 썬 치즈를 뿌린다. 이때 휘젓지 않아야 한다. 그래야 모든 재료의 제 모습을 살린 멋진 타코 베이크가 만들어진다.

❹ 재료가 담긴 팬을 포일로 밀봉한 채 30~35분간 굽는다. 밥이 모든 물기를 빨아들이면 포일을 제거하고 10분~15분간 더 열을 가한다. 치즈가 살짝 노릇노릇해질 때가지만 더 구워도 된다.

❺ 맨 위에 적양파와 으깬 아보카도를 올리고 잘게 썬 고수를 뿌려 먹는다.

1인분당 총 영양소

칼로리: 287	지방: 8.1그램	단백질: 14.5그램
섬유질: 12.3그램	탄수화물: 42.7그램	

디저트

건강에 좋은 퍼지 바

철인 2종 경기 선수 로라 클라인의 레시피

디저트? 그렇다. 나는 한창 훈련 중일 때 종종 사탕이나 과자같이 달달한 음식을 즐겨 먹는다. 디저트가 너무 먹고 싶을 때 먹으려고 대추가 주재료인 이 퍼지 바[초콜릿, 견과류 등으로 만드는 바]를 늘 준비해 두곤 한다.

8인분

씨를 빼낸 대추 1컵
아몬드 1/2컵
호두 1/4컵
무가당 코코아 가루 1/2컵
바나나 2개
아몬드 버터 1/4컵
아가베액 1/4컵

❶ 대추를 따뜻한 물에 30분간 담가둔 뒤 물기를 뺀다.
❷ 푸드프로세서에 대추, 아몬드, 호두, 코코아 가루 1/4컵을 넣고 재료들이 잘 섞일 때까지 돌린다. 잘 섞인 재료를 22×12센티미터 또는 20×20센티미터짜리 팬 바닥에 꾹꾹 눌러 담는다.
❸ 푸드프로세서를 깨끗이 닦아낸 뒤 바나나와 아몬드 버터, 아가베액 그리고 남아 있는 코코아 가루 1/4컵을 넣고 재료들이 잘 섞일 때까지 돌린다. 잘 섞인 재료를 앞서 만들어 둔 재료 위에 고루 펼친 뒤 최단 30분간 얼린다.
❹ 단단히 굳으면 똑같은 크기로 8등분 한다. 완성된 퍼지 바는 냉장고에 보

관하다가 생각날 때마다 꺼내 먹는다.

1인분당 총 영양소

칼로리: 232.8 지방: 11.6그램 단백질: 5.8그램
섬유질: 6.8그램 탄수화물: 34그램

바나나 트러플

울트라마라톤 선수 맷 프레이저의 레시피

정확히는 여동생 크리스틴Christine의 트러플[동그란 모양의 초콜릿 과자] 레시피로, 난 '은근히 건강에 좋은 디저트'라 부른다. 설탕이 별로 들어가지 않는 데다 타히니 소스 덕에 건강에 좋은 지방까지 섭취할 수 있기 때문이다. 입에 넣으면 마치 아이스크림같이 달달하니 맛있다. 바나나가 근육 속에 글리코겐을 저장하는 역할도 하기 때문에, 이 트러플을 먹으면 힘도 난다.

1인분

얼린 바나나 4개
타히니 소스 2테이블스푼
메이플 시럽 4티스푼
무알콜 바닐라 추출물 2티스푼
바닷소금 1/2티스푼
코코아 가루 1/3컵
잘게 썬 무가당 코코넛 1/2컵
잘게 썬 호두 1/2컵

❶ 믹서기에 바나나, 타히니 소스, 메이플 시럽, 바닐라 그리고 소금을 넣은 뒤 부드러운 크림색이 될 때까지 돌린다. 기호에 따라 아가베액을 더 넣어

단맛을 조정한다.

❷ 잘 섞인 재료를 약 1.5리터짜리 용기에 나눠 붓고 4시간 또는 하룻밤 동안 냉동실에서 단단하게 굳힌다.

❸ 트러플을 만들 준비가 되면 별도의 접시 위에 코코아와 코코넛, 호두를 펼쳐 놓는다. 멜론 볼러[멜론을 공 모양으로 떠 내는 기구] 또는 미니 아이스크림 스쿠프를 이용해 얼린 ❷의 재료를 한 입 거리로 퍼내 접시 위에 굴린다. 가능한 한 빨리 토핑을 묻힌 뒤 다시 용기에 담아 냉동실에 넣는다. 냉동실에 보관된 나머지 용기들도 하나씩 꺼내 같은 과정을 되풀이한다.

❹ 트러플이 단단해질 때까지 약 1시간 동안 얼린다. 냉동실에서 2주까지 보관할 수 있다.

1인분당 총 영양소(약 2.5센티미터 트러플)

칼로리: 99　　지방: 6.1그램　　단백질: 2그램
섬유질: 2.6그램　　탄수화물: 11.4그램

아보카도 무스

크로스핏 선수 제임스 뉴버리의 레시피

단 몇 분이면 만들 수 있는 디저트다. 크리미한 초콜릿 같은 맛이 난다. 이 무스를 먹으면 아보카도 덕에 건강에 좋은 지방을 섭취할 수 있다. 카카오도 들어 있어 칼슘, 철분, 마그네슘 그리고 항산화 물질도 얻을 수 있다.

1인분

아보카도 1개
생 카카오 1테이블스푼
메이플 시럽 1테이블스푼

바닷소금 약간
아몬드 우유 약간

❶ 모든 재료를 믹서기에 넣고 부드러워질 때까지 돌린다.
❷ 그대로 먹는다. 냉장고에서 차게 식히면 퍼지 바 같은 식감으로 먹을 수도 있다.

1인분당 총 영양소

칼로리: 378 지방: 28.1그램 단백질: 4그램
섬유질: 11그램 탄수화물: 32.5그램

고구마 브라우니

피겨 스케이팅 선수 메건 두하멜의 레시피

이 레시피의 비밀 병기는 고구마다. 비타민 A, B5, B6, C는 물론 칼륨과 섬유질도 풍부한 고구마는 믿기 어려울 만큼 유용한 식재료라 할 수 있다. 고구마의 영양소가 그대로 담긴 초콜릿 브라우니 만드는 방법은 다음과 같다.

브라우니 16개

코코넛 슈가 1컵
으깬 고구마 3/4컵
너트버터 1/2컵(*추천 – 땅콩버터)
카카오 가루 1/2컵
다목적용 밀가루 1/3컵(*추천 브랜드 – 밥스 레드 밀)
베이킹파우더 1티스푼

바닐라 추출물 1티스푼
초콜릿 칩 또는 초콜릿 덩어리 1/2컵

❶ 오븐을 섭씨 180도로 예열한다. 큰 볼에 설탕, 고구마, 너트버터, 카카오 가루, 밀가루, 베이킹파우더, 바닐라 추출물을 넣고 잘 섞는다. 반죽에 초콜릿 칩을 추가한다.
❷ 23×23센티미터짜리 오븐 팬에 반죽을 넣고 가장자리 부분이 바삭해지고 가운데 부분이 부드러우면서도 폭신하게 익을 때까지 40분간 굽는다. 브라우니는 15분간 식힌 뒤 똑같은 크기로 16등분 한다.

1인분당 총 영양소

칼로리: 183	지방: 6.7그램	단백질: 4.9그램
섬유질: 4.1그램	탄수화물: 29그램	

단백질 푸딩

복싱 선수 겸 역도 선수 바네사 에스피노자의 레시피

이 디저트는 채식 기반의 식사를 하면서 동물성 단백질을 따로 섭취할 필요가 없다는 걸 보여주는 또 다른 증거다. 이 푸딩을 먹으면 단것을 먹고 싶다는 욕구가 충족될 뿐 아니라, 매일 필요로 하는 다량영양소 또한 고루 섭취할 수 있기 때문이다.

고속 믹서기가 없으면, 캐슈를 하룻밤 물에 담가 두어야 한다. 푸딩을 만든 뒤 몇 시간 지났을 때 가장 맛있다. 완벽한 타이밍을 위해선 약간의 인내가 필요하다는 이야기다. 그러나 만드는 건 아주 쉽다.

4인분

캐슈 1컵
순두부 1팩
초콜릿 단백질 파우더 2스쿱(*추천 – TRU 식물성 단백질 파우더)
메이플 시럽 2테이블스푼
코코아 가루 2테이블스푼
바닐라 추출물 1티스푼

믹서기에 모든 재료와 물 1컵을 붓는다. 재료들이 부드러워질 때까지 돌린다.

1인분당 총 영양소

칼로리: 345	지방: 18그램	단백질: 26.8그램
섬유질: 2.2그램	탄수화물: 21.3그램	

바나나 빵

사이클 선수 크리스틴 바르다로스의 레시피

가장 즐겨 만들어 먹는 빵 중 하나다. 20년 넘게 채식을 해오고 있지만, 식사 때마다 다양한 음식을 먹으려 하고 있어서 무언가 부족하다거나 아쉽다고 느낀 적은 없다. 경기력 향상을 위해 늘 건강에 좋은 식물성 자연식품을 먹는데, 아주 격렬한 경주를 하고 났을 때나 훈련을 하루 쉬는 날엔 이 바나나 빵을 먹는다. 그러면 죄책감 섞인 즐거움을 느낄 수 있다. 더 큰 죄책감 섞인 즐거움을 느끼고 싶으면, 빵을 굽기 전에 크럼블[과일에 밀가루, 버터, 설탕을 섞은 반죽을 씌운 뒤 오븐에 구운 것] 토핑을 뿌리면 된다. 모두 나만큼 이 빵을 좋아했으면 좋겠다.

6인분

크럼블 토핑 재료(선택 사항):
다목적용 밀가루 2테이블스푼
계피 1/2티스푼
육두구 1/4티스푼
마가린 1테이블스푼

바나나 빵 재료:
두유 1/4컵
사과식초 1티스푼
다목적용 밀가루 1컵
통밀가루 1컵
백설탕 1/2컵
흑설탕 1/2컵
베이킹 소다 1/2티스푼
계피 1티스푼
육두구 1/2티스푼
바닷소금 1/2티스푼
으깬 바나나 3개
마가린 1/2컵
바닐라 추출물 1티스푼

❶ 크럼블 토핑 만들기: 작은 볼에 밀가루, 계피, 육두구, 마가린을 넣은 뒤 푸석푸석한 질감이 될 때까지 섞는다.

❷ 바나나 빵 만들기: 오븐을 섭씨 180도로 예열한다. 빵틀에 마가린을 두르거나 종이 포일을 깐다.

❸ 작은 볼에 두유와 사과식초를 넣고 잘 섞는다.

❹ 큰 볼에 밀가루, 설탕, 베이킹 소다, 계피, 육두구, 소금을 넣고 잘 섞는다. 두유, 식초, 으깬 바나나, 마가린, 바닐라 추출물을 추가한다. 골고루 섞일 때까지 저어 준다.

❺ 준비된 빵틀에 반죽을 붓고 크럼블 토핑을 원하는 만큼 반죽 위에 골고루 묻힌다. 이쑤시개로 반죽 한가운데를 찔렀을 때 반죽이 묻어 나오지 않을 때까지 1시간에서 1시간 15분 정도 굽는다.

1인분당 총 영양소(선택 사항 제외)

칼로리: 382	지방: 16그램	단백질: 5.9그램
섬유질: 4.6그램	탄수화물: 56.4그램	

코코넛 캐러멜 쿠키

사이클 선수 크리스틴 바르다로스의 레시피

이 코코넛 캐러멜 쿠키는 행복한 기분을 느끼고 싶을 때 즐겨 먹는 디저트다. 경주에서 좋은 성과를 내지 못한 날이든 훈련을 망친 날이든, 이 쿠키만 먹으면 늘 절로 힘이 난다. 이 쿠키의 가장 좋은 점은 먹고 나서 양심의 가책 같은 걸 느낄 필요가 거의 없다는 것이다.

초콜릿 맛을 좀 더 즐기고 싶으면 쿠키 한 쪽 끝을 녹인 초콜릿에 담가 먹으면 된다. 먼저 쿠키의 한쪽 끝을 녹인 초콜릿에 담그고, 그 쿠키를 쟁반 위에 놓은 뒤, 그 위에 남은 초콜릿을 살살 뿌리면 금상첨화다.

4인분

코코넛오일 1/2티스푼(팬에 바를 오일은 별도)
잘게 썬 무가당 코코넛 1컵
대추 1컵
다크초콜릿 칩 또는 바 1/4컵

❶ 오븐을 섭씨 190도로 예열한다. 넓은 팬이나 접시에 코코넛오일을 살짝 바른다.

❷ 다른 깨끗한 오븐 팬 위에 잘게 썬 코코넛을 펼쳐 놓은 뒤, 노릇노릇해질 때까지 약 3분간 오븐에 굽는다. 코코넛이 타지 않게 계속 주시한다.

❸ 믹서기에 구운 코코넛과 대추를 넣고 돌린다. 잘 섞인 재료를 지름 약 5센티미터짜리 공 모양으로 만들어, 미리 준비한 팬이나 접시 위에 가지런히 놓는다. 공 모양의 재료를 엄지손가락으로 눌러 약간 납작하게 만든 다음 20분간 얼린다.

❹ 초콜릿을 전자레인지에 넣고 30초 돌려 녹인다. 녹인 초콜릿에 코코넛오일을 넣어가며 젓는다. 쿠키 위에 붓고, 초콜릿이 굳을 때까지 적어도 10분간 냉동실에 둔다.

1인분당 총 영양소

칼로리: 267　지방: 19.5그램　단백질: 2.9그램
섬유질: 5.3그램　탄수화물: 23.6그램

조미 식품, 디핑 소스, 드레싱

오이 아보카도 드레싱

울트라마라톤 선수 브렌던 브레지어의 레시피
출처 『에너지를 높여주는 요리책』, 브렌던 브레지어 저

이 드레싱을 알면 많은 채소를 더 맛있게 먹을 수 있다.

8과 1/4컵 분량

굵게 썬 영국 오이 2개
굵게 썬 아보카도 1개
신선한 고수 2줌
마늘 2쪽 분량
라임즙 1/2컵
포도씨오일 1/4컵에 2테이블스푼 추가
물 1/4컵에 2테이블스푼 추가
바닷소금 1과 1/2테이블스푼
막 간 후추 1/4티스푼

❶ 믹서기에 모든 재료를 넣고 섞는다. 부드러운 크림색이 될 때까지 고속으로 돌린다.
❷ 소금으로 간을 한다. 뚜껑 달린 용기에 담아 냉장고 안에 넣어두면 일주일까지 먹을 수 있다.

1인분당 총 영양소

칼로리: 132　지방: 12.9그램　단백질: 0.8그램
섬유질: 1.9그램　탄수화물: 5그램

표고버섯 베이컨

울트라마라톤 선수 맷 프레이저의 레시피

가끔은 씹을 것도 좀 있고 맛이 짭짤한 훈제 음식도 먹어야 한다. 이 아삭한 버섯 베이컨을 미리 충분히 만들어두면 각종 볶음 요리나 곡물 요리, 샐러드, 수프 그리고 두부 스크램블과 같이 먹기 좋다.

약 1컵 분량

얇게 썬 표고버섯 약 227그램
올리브오일 1테이블스푼
바닷소금 1/2티스푼
막 간 후추 1/8티스푼
훈제 파프리카 가루 약간

오븐을 섭씨 180도로 예열한다. 오븐 팬에 버섯과 올리브오일, 소금, 후추, 파프리카 가루를 넣고 잘 뒤적인다. 재료의 바깥쪽은 바삭하고 안쪽은 쫄깃하게 25분간 굽는다.

1인분당 총 영양소(1컵)

칼로리: 197
지방: 14.6그램
단백질: 5.1그램
섬유질: 5.7그램
탄수화물: 15.6그램

스모키 파르메산 치즈

전 올림픽 스키 선수 겸 채식 영양사 줄리아 머레이의 레시피

그 어떤 음식이든 이 치즈를 뿌리면 다 건강에 좋은 음식이 된다. 캐슈는 우리 몸이 필요로 하는 구리(체내에서 철분을 신진대사에 활용하고 에너지를 생성하는 데 필수)를 100퍼센트 제공해 주며, 파프리카는 항산화 물질과 항염증 특성을 갖고 있다. 해바라기씨는 또 다른 놀라운 구리 제공원으로 비타민 E와 비타민 B1도 풍부하다. 비타민 E와 비타민 B1은 지방 및 단백질을 분해하는 것은 물론 심혈관 기능에도 도움이 된다.

4와 1/4컵 분량

생 캐슈 3/4컵
해바라기씨 1테이블스푼
영양 효모 1/4컵
마늘 가루 1티스푼
훈제 파프리카 가루 1/4티스푼
바닷소금 3/4티스푼

믹서기나 향신료 빻는 기구에 모든 재료를 넣고 파르메산 치즈와 비슷한 농도가 될 때까지 약 30초 정도 돌린다. 밀폐 용기에 담아 냉장고 안에 넣어두면 3주 정도까지 먹을 수 있다.

1인분당 총 영양소

칼로리: 204　지방: 12.4그램　단백질: 12.6그램
섬유질: 4.6그램　탄수화물: 13.7그램

채식주의자용 치즈 소스

전 올림픽 스키 선수 겸 채식 영양사 줄리아 머레이의 레시피

이 치즈 소스는 그야말로 만능이다. 뭔가 부드럽고 쫄깃하며 치즈 맛도 나는 음식이 그리울 때 먹으면 그만이다. 콜리플라워와 당근, 양파, 마늘 덕에 영양가도 아주 높다. 파스타에 섞어 먹어도 좋고, 채소 위에 뿌려 먹어도 좋다. 그냥 찍어 먹거나 숟가락으로 퍼먹어도 맛있다.

4와 1/4컵 분량

대충 썬 중간 크기의 콜리플라워 머리 부분 1개
잘게 썬 중간 크기의 당근 6개
깍둑썰기한 큰 양파 1/2개(또는 양파 가루 1테이블스푼)
마늘 2쪽(또는 마늘 가루 1테이블스푼)
영양 효모 3/4컵
디종 겨자 1테이블스푼
미소 된장 1테이블스푼
곱게 간 강황 1/4티스푼
훈제 파프리카 가루 1/8티스푼(선택 사항)
무가당 아몬드 우유 또는 다른 식물성 우유 1컵

❶ 찜통이나 큰 냄비 바닥에 약 2.5센티미터 정도 되게 물을 붓고 콜리플라워와 당근이 부드러워질 때까지 약 10분간 삶는다.

❷ 동시에 큰 냄비를 중불로 가열하면서 1테이블스푼의 물을 붓고 양파와 마늘을 넣은 뒤 노릇노릇하니 부드러워질 때까지 약 7분간 볶는다. (양파 가루와 마늘 가루를 사용하면 이 과정은 생략해도 된다.) 채소가 들러붙기 시작하면 냄비에 물을 더 붓는다. 채소가 익으면, 냄비에 2테이블스푼의 물을 더 붓고 나무 숟가락이나 주걱으로 냄비 바닥에 눌어붙은 음식 재료들을 떼낸다.

❸ 믹서기에 양파와 마늘 섞은 것, 콜리플라워, 당근 그리고 남은 재료들을

다 넣고 돌린다. 디핑 소스로 쓸 예정이라면, 오븐에 넣어도 되는 용기에 옮겨 담은 뒤 3분간 높은 온도에서 돌린다.

1인분당 총 영양소

칼로리: 264　지방: 3.5그램　단백질: 27.5그램
섬유질: 16.6그램　탄수화물: 35.6그램

풋콩 시금치 후무스

비키니 보디빌더 겸 피트니스 모델 나탈리 매튜스의 레시피

병아리콩을 으깨 만드는 이집트 음식 후무스가 건강에 좋다는 건 새삼스러운 이야기도 아니지만, 이 후무스는 그보다 한 차원 더 높다. 시중에서 있는 그 어떤 후무스보다 영양가가 높다고 자부한다. 여기에 다른 녹색 채소를 더 추가하는 것도 아주 좋은 방법이다. 단백질을 더 섭취하고 싶으면 풋콩을 추가하면 된다. 생 채소와 함께 먹어도 좋고, 샌드위치에 얹어 먹어도 좋다.

6인분

풋콩 1컵
시금치 1컵
레몬즙 3테이블스푼
타히니 소스 2테이블스푼
영양 효모 1테이블스푼
아가베액 1티스푼
양파 가루 1/2티스푼
마늘 가루 1/2티스푼
바닷소금 1/4티스푼

모든 재료를 믹서기 안에 넣는다. 골고루 섞여 부드러워질 때까지 믹서기를 고속으로 돌린다. 뚜껑 달린 용기에 담아 냉장고에 넣어두면 일주일까지 먹을 수 있다.

1인분당 총 영양소

칼로리: 76
지방: 3.7그램
단백질: 5.1그램
섬유질: 2그램
탄수화물: 6.5그램

감사의 글

맷 프레이저:

가장 큰 영감을 준 에린Erin, 홀든Holden 그리고 엘라리 프레지어Ellari Frazier에게 감사를 표한다. 세 사람이 있어 해낼 수 있었다.

친구이자 이 책의 공동 저자인 로버트 치키는 스포츠계 채식주의 운동의 진정한 대부다. 내게 '채식주의자가 되고 싶다'는 생각을 갖게 한 최초의 채식하는 운동선수이기도 하다. 로버트 옆에 나란히 이름을 올리게 되어 더없는 영광이다.

마이클 그레거 박사께도 깊은 감사를 전한다. 이 책과 이전 집필 작업은 물론 스포츠계 채식주의 운동에 큰 도움을 주셨다. 우리에게 이야기를 공유해 준 선수 여러분께도 감사드린다. 일반 대중들의 인식과 다른 길을 걷고 있는 모든 이들을 진심으로 존경한다.

친구이자 사업 파트너인 맷 툴먼Matt Tullman은 지혜와 추진력, 신뢰 그리고 장대한 비전을 가져다주었다. '우리 팀'이라고 부르는 놀라운 인맥을 구축하기 위해 그간 해 온 모든 노력에 고맙다는 말을 전하고 싶다.

'육식하지 않는 운동선수No Meat Athlete'와 '컴플먼트Complement', '80/20 플랜츠80/20 Plants' 그리고 '플랜트 바이츠Plant Bites'에서 함께 일하는 더그 헤이Doug Hay, 이스터 자파Ester Jaffa, 제리 세버Jerry Sever, 앤드류 카터Andrew Carter, 마이클 팜Michael Palm, 크리스 램브로우Chris Lambrou, 줄리아 머레이Julia Murray, 맷 재거Matt Jager, 이지 피셔Izzy Fischer, 알리사 호덴필드Alyssa Hodenfield, 맥케나 워커Mckenna Walker 그리고 에밀리아 구이도보노Emilia Guidobono에게도 감사하다. 매일 만들어내는 마법 같은 일들에, 특히 스포츠계 채식주의 운동이라는 대의에 큰 열정을 갖고 있다는 사실에 늘 자부심을 느낀다.

사업 파트너인 조엘 칸Joel Kajm 박사와 오션 로빈스Ocean Robbins, T.K. 필란Pilan, 마르코 안토니오 레길Marco Antonio Regil 그리고 브라이언Brian과 안드레아 보르그Andrea Borg에게도 감사의 말을 전하고 싶다. 글쓰기와 마케팅의 초창기 멘토였던 세스 고딘Seth Godin과 브라이언 클라크Brian Clark에게도 감사하다. 두 사람이 아니었다면 모든 게 지금과는 달랐을 것이다.

이 책을 우리가 생각한 것보다 더 훌륭하고 멋진 책으로 만드는 데 도움을 준 출판사 하퍼원의 시드니 로저스Sydney Rogers, 라셸 홀츠만Rachel Holtzman, 재니스 도나우드Janis Donnaud에게도 감사드린다. 이들은 진정한 전문가다.

끝으로 채식하는 운동선수들의 커뮤니티인 '육식하지 않는 운동선수'에 속해 있는 모든 이들께 영광을 돌린다. 여러분을 대신해 이 일을 할 수 있었다. 이 책이 출간될 수 있도록 모든 이야기를 공유해 준 것에 대해, 더 나은 세상을 만들기 위한 노력에 진심으로 감사하다.

로버트 치키:

10년 넘게 사업 파트너 역할을 해 준 아름다운 아내 카렌 옥슬리[Karen Oxley]에게 감사를 전한다. *카렌, 10년간 자비 출판으로 책을 쓰는 데 도움을 줘 고마워. 그 덕에 너무도 자랑스러운 이 책이 나올 수 있게 됐어. 당신이 없었더라면 난 해내지 못했을 거야. 사랑해. 당신의 배려와 인내 그리고 이 모든 게 가능할 거라는 믿음. 모두 고마워.*

그리고 반려견 베니[Benny]와 엘리[Ellie]. *집필 작업을 하는 수년간, 정말 오랜 시간 내 곁을 지켜주어 고맙다.*

친구이자 이 책의 공동 저자인 맷 프레이저는 삶의 우선순위에 대해, 그리고 진정 중요한 것에 대해 정말 많이 가르쳐 주었다. *맷, 우리가 드디어 해냈어! 스포츠계 채식주의 운동에 대한 자네의 헌신과 열정에 경의를 표하네. 자네는 많은 사람들에게 영감을 주고 있어.*

마이클 그레거 박사께도 감사를 전한다. 그는 우리 삶에 큰 영향을 주고 있는 인물이다. 맷과 내가 채식을 통해 영양분을 섭취하는 방법에도 더없이 큰 도움을 주었다. *그레거 박사님, 당신의 도움을 받을 수 있었던 건 큰 영광이었습니다. 이렇게 의미 있는 일을 하는데 박사님의 지지를 얻어 영광스럽게 생각하며 깊은 감사를 전합니다.*

내 꿈들을 좇아 정말 의미 있는 일을 할 수 있게 격려해 주신 어머니 에드나[Edna]와 아버지 피터[Peter] 두 분께도 감사드린다. 25년도 더 전에 내가 채식주의자가 되는 데 큰 영향을 미친 누나 타냐[Tanya]에게도 고맙다. 이 책이 세상에 나오게 된 것은 누나의 영향 덕이다.

작가가 되겠다는 꿈을 인정해 준 이들에게도 감사를 전한다. 초등학교 3학년 때 이미 언젠가 많은 사람들의 삶에 변화를 주는 영향력 있는 책을 쓰게 될 거라는 믿음을 갖게 해주신 여러 선생님이 계셨다. 캐롤 영[Carol Young], 릴

리언 스미스Lillian Smith, 에릭 데이지Eric Dazey, 토니 반데미르Tony Vandermeer, 메이나드 프리몰Maynard Freemole 선생님께 감사드린다.

소꿉친구 조던 배스커빌Jordan Baskerville에게도 고마움을 전한다. 그는 나를 보디빌딩의 세계로 이끌어 주었고, 채식하는 운동선수들 사이에서 나름대로 역할을 할 수 있게 도와주었다. 처음 책을 집필할 때부터 격려해 주었고 좋은 책을 쓸 수 있게 조언도 아끼지 않았다.

'베가'와 '비건 스트롱' 같은 단체에서 정직원으로 일하던 내게 작가라는 꿈을 이룰 기회를 준 찰스 창Charles Chang, 숀 코왈레브스키Shawn Kowalewski, 사티시 카란디카르Satish Karandikar, 샬린 샤Shaleen Shah, 크리스 챔버린Chris Chamberlin, 수전 피터Susan Petersd에게도 고마움을 전한다.

브라이언 웬델Brian Wendel에게도 감사하다. '포크스 오버 나이브스Forks Over Knives'에서 일할 기회를 준 그는 채식에 대한 내 생각을 바꾸었다. 또 이 책이 세상에 나올 수 있게 재니스 도나우드를 소개해 준 인물이기도 하다.

출판사 하퍼원의 재니스 도나우드와 라셸 홀츠만, 시드니 로저스 그리고 기타 모든 팀원들에게도 감사드린다. 맷과 내게 출간 기회를 주었고 출판 과정 내내 도움을 주었으며, 이 책이 큰 성공을 거둘 수 있다고 진심으로 믿어 주었다. *여러분의 비전, 여러분의 지혜, 여러분의 지도에 감사드리며, 우리가 함께 만들어낸 것에 대해 더없이 큰 자부심을 느낍니다.*

이 책 집필 과정에서 채식하는 운동선수들을 소개해 주고, 인터뷰할 수 있게 해준 닷시 바우시에게, 그리고 드러내지 않은채 채식을 해온 놀라운 재능을 지닌 운동선수들을 찾아내는 데 도움을 준 립 에셀스틴에게 고마움을 전한다.

이 책에 가장 먼저 지지를 보내준 린다 플로라이트Linda Plowright, 크리스틴 케스트너Christine Kestner, 콜린 캠벨Colin Campbell, 콜드웰 B. 에셀스틴 주니어Caldwell B.

Esselstyn Jr., 마이클 클래퍼Michael Klaper를 비롯한 의학계 전문가에게도 감사드린다. 이들은 수년에 걸친 여러 연구를 통해 큰 영감을 주었다.

집필 과정에 아낌없는 도움을 준 쉐릴 그린버그Sheryl Greenberg와 밥 그린버그Bob Greenberg 부부께도 감사하다. 두 분의 도움은 내게 너무나도 소중했다. 인터뷰에 응해 준 100명 가까운 채식하는 운동선수들에게도 깊은 감사 말씀을 올린다. *여러분은 성공적인 채식하는 운동선수의 모범을 보였고 동시에 미래를 위한 길을 닦았습니다.*

현명한 조언자로 아낌없는 비전을 제시해 주는 카이 우Kai Wu와 맷 세드라섹Matt Sedlacek에게도 감사드린다. 두 사람 덕에 www.veganbodybuilding.com이 오늘날과 같은 웹사이트로 성장할 수 있었다.

끝으로 거의 20년간 생사고락을 같이 해온 커뮤니티 '비건 보디빌딩 & 피트니스'에도 고맙다. 여러 해에 걸쳐 채식하는 운동선수의 생활 방식에 지지와 격려 그리고 헌신을 보여주었다. 이 책은 여러분 덕에 나온 결과물이다. 진심으로 감사하다.

참고문헌

1장 채식하는 운동선수들

1 Sean Coughlan, "Gladiators Were 'Mostly Vegetarian,'" BBC News, October 22, 2014, https://www.bbc.com/news/education-29723384#:~:text=Roman%20gladiators%20had%20a%20diet,the%20arena%20fighters%20were%20buried.&text=They%20found%20the%20gladiator%20diet,drink%20made%20from%20plant%20ashes.

2장 음식 속에 감춰진 힘 이해하기: 다량영양소, 미량영양소, 칼로리 밀도

1 G. H. Boutros et al., "Is a Vegan Diet Detrimental to Endurance and Muscle Strength?," European Journal of Clinical Nutrition (April 24, 2020), https://doi.org/10.1038/s41430-020-0639-y.

2 K. Wirnitzer et al., "Health Status of Female and Male Vegetarian and Vegan Endurance Runners Compared to Omnivores—Results from the NURMI Study (Step 2)," Nutrients 11, no. 1 (January 2019): 29, https://dx.doi.org/10.3390%2Fnu11010029.

3 N. D. Barnard et al., "Plant-Based Diets for Cardiovascular Safety and Performance in Endurance Sports," Nutrients 11, no. 1 (January 2019): 130,https://dx.doi.org/10.3390%2Fnu11010130.

4 "Macronutrients: The Importance of Carbohydrate, Protein, and Fat," McKinley Health Center, Univ. of Illinois at Urbana-Champaign, February 4, 2014, https://mckinley.illinois.edu/sites/default/files/docs/macronutrients.pdf.

3장 이제 단백질 이야기를 할 때

1 K. M. Mangano et al., "Dietary Protein Is Associated with Musculoskeletal Health Independently of Dietary Pattern: The Framingham Third Generation Study," American Journal of Clinical Nutrition 105, no. 3 (March 2017): 714-722, https://doi.org/10.3945/ajcn.116.136762.

2 S. Mettler, C. Mannhart, and P. C. Colombani, "Development and Validation of a Food Pyramid for Swiss Athletes," International Journal of Sport Nutrition and Exercise Metabolism 19, no. 5 (October 2009): 504-518, https://doi.org/10.1123/ijsnem.19.5.504.

3 W. Chai et al., "Dietary Red and Processed Meat Intake and Markers of Adiposity and Inflammation: The Multiethnic Cohort Study," Journal of the American College of Nutrition 36, no. 5 (2017): 378-385, https://dx.doi.org/10.1080%2F07315724.2017.1318317.

4 GBD 2017 Causes of Death Collaborators, "Global, Regional, and National Age-Sex-Specific Mortality for 282 Causes of Death in 195 Countries and Territories, 1980-2017: A Systematic Analysis for the Global Burden of Disease Study 2017," Lancet 392, no. 10159 (November 10, 2018): 1736-1788, https://doi.org/10.1016/S0140-6736(18)32203-7.

5 Loma Linda University Adventist Health Sciences Center, "New Study Associates Intake of Dairy Milk with Greater Risk of Breast Cancer: Evidence Suggests Consistently Drinking as Little as One Cup per Day May Increase Rate of Breast Cancer up to 50%," ScienceDaily, February 25, 2020, https://www.sciencedaily.com/releases/202%2/200225101323.htm.

6 S.-W. Park et al., "A Milk Protein, Casein, as a Proliferation Promoting Factor in Prostate Cancer Cells," World Journal of Men's Health 32, no. 2 (August 2014): 76-82, https://dx.doi.org/10.5534%2Fwjmh.2014.32.2.76.

7 A. Thompson, "From Fish to Humans, a Microplastic Invasion May Be Taking a Toll," Scientific American, September 4, 2018, https://www.scientificamerican.com/article/from-fish-to-humans-a-microplastic-invasion-may-be-taking-a-toll/.

8 J. K. Nelson, "Expert Answers: Fish and Polychlorinated Biphenyls," FAQ-20348595, Healthy Lifestyle, Nutrition and Healthy Eating, Mayo Clinic, https://www.mayoclinic.org/healthy-lifestyle/nutrition-and-healthy-eating/expert-answers/fish-and-pbcs/faq-20348595#:~:text=Farmed%20salmon%20that%20are%20fed,lakes%2C%20streams%20and%20drinking%20water.

9 "Thirsty Food: Fueling Agriculture to Fuel Humans," National Geographic, accessed June 2020, https://www.nationalgeographic.com/environment/freshwater/food/.

10 N. Babault, "Pea Proteins Oral Supplementation Promotes Muscle Thickness Gains During Resistance Training: A Double-Blind, Randomized, Placebo-Controlled Clinical Trial vs. Whey Protein," Journal of the International Society of Sports Nutrition 12, no. 3 (2015), https://dx.doi.org/10.1186%2Fs12970-014-0064-5.

11 J. M. Joy et al., "The Effects of 8 Weeks of Whey or Rice Protein Supplementation on Body Composition and Exercise Performance," Nutrition Journal 12, no. 86 (2013), https://dx.doi.org/10.1186%2F1475-2891-12-86.

12 National Research Council, Recommended Dietary Allowances, 10th ed. (Washington, DC: National Academies Press, 1989).

13 D. T. Thomas, K. A. Erdman, and L. M. Burke, "Position of the Academy of Nutrition and Dietetics, Dietitians of Canada, and the American College of Sports Medicine: Nutrition and Athletic Performance," Journal of the Academy of Nutrition and Dietetics 116, no. 3 (March 1, 2016): 501-528, https://doi.org/10.1016/j.jand.2015.12.006.

14 "High-Protein Plant-Based Diet Versus a Protein-Matched Omnivorous Diet to Support Resistance Training Adaptations: A Comparison Between Habitual Vegans and Omnivores," https://link.springer.com/article/10.1007/s40279-021-01434-9.

15 "Soy," NutritionFacts.org, accessed June 2020, https://nutritionfacts.org/topics/soy/.

16 G. Paul and G. J. Mendelson, "Evidence Supports the Use of Soy Protein to Promote Cardiometabolic Health and Muscle Development," Journal of the American College of Nutrition 34, no. sup1 (2015): 56-59, https://doi.org/10.108%7315724.2015.1080531.

5장 지방: 무조건 나쁜 건 아니다

1 G. Zong et al., "Monounsaturated Fats from Plant and Animal Sources in Relation to Risk of Coronary Heart Disease Among US Men and Women," American Journal of Clinical Nutrition 107, no. 3 (March 2018): 445-453, https://doi.org/10.1093/ajcn/nqx004.

6장 보충제: 복용해야 하나 복용하지 말아야 하나

1 A. S. Prasad, "Zinc Is an Antioxidant and Anti-inflammatory Agent: Its Role in Human Health," Frontiers in Nutrition 1 (September 1, 2014), https://dx.doi.org/10.3389%2Ffnut.2014.00014.

2 M. Foster et al., "Effect of Vegetarian Diets on Zinc Status: A Systemic Review and Meta-analysis of Studies in Humans," Journal of the Science of Food and Agriculture 93, no. 10 (August 15, 2013): 2362-2371, https://doi.org/10.1002/jsfa.6179.

3 M. Ruscigno, "What Every Vegetarian Needs to Know About Iron," No Meat Athlete, accessed June 2020,

https://www.nomeatathlete.com/iron-for-vegetarians/.
4 S. J. Bailey et al., "Dietary Nitrate Supplementation Reduces the O_2 Cost of Low-Intensity Exercise and Enhances Tolerance to High-Intensity Exercise in Humans," Journal of Applied Physiology 107, no. 4 (October 2009): 1144–1155, https://doi.org/10.1152/japplphysiol.00722.2009.
5 J. L. Viana et al., "Evidence for Anti-inflammatory Effects of Exercise in CKD," Journal of the American Society of Nephrology 25, no. 9 (September 2014): 2121–2130, https://doi.org/10.1681/ASN.2013070702.
6 K. C. Carpenter et al., "Baker's Yeast ß-Glucan Supplementation Increases Monocytes and Cytokines Post-Exercise: Implications for Infection Risk?," British Journal of Nutrition 109, no. 3 (February 14, 2013): 478–486, https://doi.org/10.1017/S0007114512001407.
7 S. Talbott and J. Talbott, "Effect of Beta 1, 3/1, 6 Glucan on Upper Respiratory Tract Infection Symptoms and Mood State in Marathon Athletes," Journal of Sports Science and Medicine 8, no. 4 (December 1, 2009): 509–515.
8 T. C. Campbell, "Casein Is a Carcinogen," T. Colin Campbell Center for Nutrition Studies, December 4, 2014, updated January 4, 2019, https://nutritionstudies.org/provocations-casein-carcinogen-really/.
9 S.-W. Park et al., "A Milk Protein, Casein, as a Proliferation Promoting Factor in Prostate Cancer Cells," World Journal of Men's Health 32, no. 2 (2014): 76–82, https://dx.doi.org/10.5534%2Fwjmh.2014.32.2.76, https://www.ncbi.nlm.nih.gov/pmc/articles/PMC4166373/.
10 W. Lu et al., "Dairy Products Intake and Cancer Mortality Risk: A Meta-analysis of 11 Population-Based Cohort Studies," Nutrition Journal 15, no. 91 (2016), https://dx.doi.org/10.1186%2Fs12937-016-0210-9.
11 See https://www.health.harvard.edu/heart-health/brewing-evidence-for-teas-heart-benefit. See also D. M. Main, "Citrus Juice, Vitamin C Give Staying Power to Green Tea Antioxidants," Purdue University, November 13, 2007, https://www.purdue.edu/uns/x/2007b/071113FerruzziTea.html.

8장 더 빨리 회복하고 더 많이 훈련하기

1 "Foods That Fight Inflammation," Harvard Health Publishing, June 2014, updated August 29, 2020, https://www.health.harvard.edu/staying-healthy/foods-that-fight-inflammation.
2 G. Howatson et al., "Influence of Tart Cherry Juice on Indices of Recovery Following Marathon Running," Scandinavian Journal of Medicine and Science in Sports 20, no. 6 (December 2010): 843–852, https://doi.org/10.1111/j.1600-0838.2009.01005.x.
3 P. G. Bell et al., "Montmorency Cherries Reduce the Oxidative Stress and Inflammatory Responses to Repeated Days High-Intensity Stochastic Cycling," Nutrients 6, no. 2 (2014): 829–843, https://doi.org/10.3390/nu6020829.
4 Bell et al., "Montmorency Cherries"; J. L. Bowtell et al., "Montmorency Cherry Juice Reduces Muscle Damage Caused by Intensive Strength Exercise," Medicine and Science in Sports and Exercise 43, no. 8 (August 2011): 1544–1551, https://doi.org/10.1249/mss.0b013e31820e5adc.
5 Z. Yu et al., "Associations Between Nut Consumption and Inflammatory Biomarkers," American Journal of Clinical Nutrition 104, no. 3 (September 2016): 722–728, https://dx.doi.org/10.3945%2Fajcn.116.134205.

저자에 대해

맷 프레이저는 채식하는 울트라마라톤 선수 겸 사업가다. 웹사이트 '육식하지 않는 운동선수No Meat Athlete' 운영자로 잘 알려져 있으며, 그간 쓴 책들은 5개 언어로 번역되어 10만 부 이상 판매되었다. 그와 그가 해온 일들은 리치 롤, 세스 고딘, 캐시 프레스톤 같은 이들이 쓴 책에서 다뤄졌다. 〈러너스 월드Runner's World〉, 〈트레일 러너Trail Runner〉, 〈아웃사이드Outside〉, 〈헬스Health〉, 〈베그뉴스VegNews〉 같은 매거진은 물론 CNN, 〈스포츠 일러스트레이티드Sports Illustrated〉, 〈피플〉People, 〈허핑턴 포스트Huffington Post〉, 〈포브스Forbes〉, 〈비즈니스 인사이더Business Insider〉, WebMD 같은 미디어에도 소개되었다. 맷은 스포츠계 채식주의 운동을 확대해 채식주의자의 수를 늘리는 데 도움을 주는 세 단체인 '컴플먼트', '80/20 플랜츠', '플랜트 바이츠'의 공동 설립자이기도 하다. 그는 지금 아내와 두 아이 그리고 유기견과 함께 미국 노스캐롤라이나 주 애슈빌에 살고 있다.

로버트 치키는 체중 54킬로그램에 불과하던 1995년, 열다섯 나이에 채식주의자가 되었다. 오늘날 그는 『비건 보디빌딩 & 피트니스Vegan Bodybuilding & Fitness』, 『채를 썰어라!Shred It!』, 『채식에 의한 근육Plant-Based Muscle』 등의 책을 쓴 작가로 알려져 있다. 유아기 상태였던 2002년의 보디빌딩계 채식주의 운동을 오늘날의 수준으로 끌어올려 보디빌딩계의 채식주의 대부로 불리기도 한다. 약물 복용 없이 두 차례 보디빌딩 챔피언 자리에 오른 로버트는 매거진 〈베그뉴스〉에 의해 '가장 영향력 있는 채식하는 운동선수' 중 한 명으로 선정되기도 했다. 그는 전 세계를 돌아다니며 비쩍 마른 시골 농장 소년에서 채식하는 보디빌더로 챔피언에 오른 자신의 이야기를 들려주고 있다. 또한 그는 '비건 보디빌딩 & 피트니스'의 설립자 겸 대표로, 유명 웹사이트 VeganBodybuilding.com을 운영하고 있기도 하다. 웹사이트 '육식하지 않는 운동선수', '포크스 오버 나이브스', '비건 스트롱'에는 고정적으로 기고하고 있다. 여러 종목을 넘나드는 운동선수 겸 사업가로 20년 넘게 채식 기반의 식단을 유지해 오고 있는 그는 지금 아내, 그리고 치와와 두 마리와 함께 미국 콜로라도 주에 살고 있다.

채식하는 운동선수

경기력을 극대화하는 게임 체인저: 최강의 채식 식단

초판 1쇄 발행 2022년 6월 2일

지은이 맷 프레이저·로버트 치키
옮긴이 엄성수
펴낸이 김영조
콘텐츠기획1팀 김은정, 김희현, 조형애
콘텐츠기획2팀 윤민영
디자인팀 정지연
마케팅팀 이유섭, 김민수, 구예원
경영지원팀 정은진
펴낸곳 싸이프레스
주소 서울시 마포구 양화로7길 44, 3층
전화 (02)335-0385/0399
팩스 (02)335-0397
이메일 cypressbook1@naver.com
홈페이지 www.cypressbook.co.kr
블로그 blog.naver.com/cypressbook1
포스트 post.naver.com/cypressbook1
인스타그램 싸이프레스 @cypress_book
싸이클 @cycle_book
출판등록 2009년 11월 3일 제2010-000105호

ISBN 979-11-6032-166-1 13590